程 杰 曹辛华 王 强 主编
中国花卉审美文化研究丛书
19
唐宋植物文学与文化研究

石润宏 陈 星 著

北京燕山出版社

图书在版编目（CIP）数据

唐宋植物文学与文化研究 / 石润宏 , 陈星著 . -- 北京 : 北京燕山出版社 , 2018.3
　ISBN 978-7-5402-5119-2

　Ⅰ . ①唐… Ⅱ . ①石… ②陈… Ⅲ . ①植物－审美文化－研究－中国－唐宋时期②中国文学－古典文学研究－唐宋时期 Ⅳ . ① Q94 ② B83-092 ③ I206.42

中国版本图书馆 CIP 数据核字 (2018) 第 087851 号

唐宋植物文学与文化研究

责 任 编 辑： 李涛
封 面 设 计： 王尧
出 版 发 行： 北京燕山出版社
社　　　址： 北京市丰台区东铁营苇子坑路 138 号
邮　　　编： 100079
电 话 传 真： 86-10-63587071（总编室）
印　　　刷： 北京虎彩文化传播有限公司
开　　　本： 787×1092　1/16
字　　　数： 389 千字
印　　　张： 34
版　　　次： 2018 年 12 月第 1 版
印　　　次： 2018 年 12 月第 1 次印刷
ISBN 978-7-5402-5119-2
定　　　价： 800.00 元

版权所有　侵权必究

内容简介

本论著为《中国花卉审美文化研究丛书》之第 19 种。由石润宏硕士学位论文《唐诗植物意象研究》、石润宏论文集《唐宋植物文化论丛》以及陈星硕士学位论文《杨万里诗歌植物意象研究》组成。

《唐诗植物意象研究》论述唐代诗歌中的植物意象，总结出唐诗经典的十大植物意象，梳理了唐人歌咏植物的诗歌作品，指出了唐代植物题材诗歌繁盛的原因，此外还考察了唐代外来植物进入文学与文化领域的历史过程。《唐宋植物文化论丛》收录有关唐宋时期植物文学与文化方面的研究论文数篇，从中可见植物对于唐宋古人日常生活和文学创作的影响。《杨万里诗歌植物意象研究》论述宋代诗歌大家杨万里诗中的植物意象，通过植物意象的考论充分展示了杨万里的诗学追求和诗人性格、审美态度等个性特征。

作者简介

石润宏，男，1990年6月生，江苏省丹阳市人。文学博士，现为安徽师范大学文学院讲师。主要从事唐代文学与植物审美文化研究。著有学者传记《金启华先生传略》（南京师范大学出版社2016年版），在《中南大学学报》《阅江学刊》《太原理工大学学报》等刊物发表学术论文20余篇。

陈　星，男，1991年4月生，江西省吉安市人。2016年毕业于南京师范大学文学院，获文学硕士学位，发表硕士学位论文《杨万里诗歌植物意象研究》。现为南京市燕子矶中学语文教师。就读研究生期间研究方向为宋代文学中的植物文学与文化。

《中国花卉审美文化研究丛书》前言

所谓"花卉",在园艺学界有广义、狭义之分。狭义只指具有观赏价值的草本植物;广义则是草本、木本兼而言之,指所有观赏植物。其实所谓狭义只在特殊情况下存在,通行的都应为广义概念。我国植物观赏资源以木本居多,这一广义概念古人多称"花木",明清以来由于绘画中花卉册页流行,"花卉"一词出现渐多,逐步成为观赏植物的通称。

我们这里的"花卉"概念较之广义更有拓展。一般所谓广义的花卉实际仍属观赏园艺的范畴,主要指具有观赏价值,用于各类园林及室内室外各种生活场合配置和装饰,以改善或美化环境的植物。而更为广义的概念是指所有植物,无论自然生长或人类种植,低等或高等,有花或无花,陆生或海产,也无论人们实际喜爱与否,但凡引起人们观看,引发情感反应,即有史以来一切与人类精神活动有关的植物都在其列。从外延上说,包括人类社会感受到的所有植物,但又非指植物世界的全部内容。我们称其为"花卉"或"花卉植物",意在对其内涵有所限定,表明我们所关注的主要是植物的形状、色彩、气味、姿态、习性等方面的形象资源或审美价值,而不是其经济资源或实用价值。当然,两者之间又不是截然无关的,植物的经济价值及其社会应用又经常对人们相应的形象感受产生影响。

"审美文化"是现代新兴的概念,相关的定义有着不同领域的偏倚和形形色色理论主张的不同价值定位。我们这里所说的"审美文化"不具有这些现代色彩，而是泛指人类精神现象中一切具有审美性的内容，或者是具有审美性的所有人类文化活动及其成果。文化是外延，至大无外，而审美是内涵，表明性质有限。美是人的本质力量的感性显现，性质上是感性的、体验的，相对于理性、科学的"真"而言；价值上则是理想的、超功利的，相对于各种物质利益和社会功利的"善"而言。正是这一内涵规定，使"审美文化"与一般的"文化"概念不同，对植物的经济价值和人类对植物的科学认识、技术作用及其相关的社会应用等"物质文明"方面的内容并不着意，主要关注的是植物形象引发的情绪感受、心灵体验和精神想象等"精神文明"内容。

将两者结合起来，所谓"花卉审美文化"的指称就比较明确。从"审美文化"的立场看"花卉"，花卉植物的食用、药用、材用以及其他经济资源价值都不必关注，而主要考虑的是以下三个层面的形象资源：

一是"植物"，即整个植物层面，包括所有植物的形象，无论是天然野生的还是人类栽培的。植物是地球重要的生命形态，是人类所依赖的最主要的生物资源。其再生性、多样性、独特的光能转换性与自养性，带给人类安全、亲切、轻松和美好的感受。不同品种的植物与人类的关系或直接或间接，或悠久或短暂，或亲切或疏远，或互益或相害，从而引起人们或重视或鄙视，或敬仰或畏惧，或喜爱或厌恶的情感反应。所谓花卉植物的审美文化关注的正是这些植物形象所引起的心理感受、精神体验和人文意义。

二是"花卉"，即前言园艺界所谓的观赏植物。由于人类与植物尤其是高等植物之间与生俱来的生态联系，人类对植物形象的审美意识可以说是自然的或本能的。随着人类社会生产力的不断提高和社会财富的不断积累，人类对植物有了更多优越的、超功利的感觉，对其物色形象的欣赏需求越来越明确，相应的感受、认识和想象越来越丰富。世界各民族对于植物尤其是花卉的欣赏爱好是普遍的、共同的，都有悠久、深厚的历史文化传统，并且逐步形成了各具特色、不断繁荣发展的观赏园艺体系和欣赏文化体系。这是花卉审美文化现象中最主要的部分。

三是"花"，即观花植物，包括可资观赏的各类植物花朵。这其实只是上述"花卉"世界中的一部分，但在整个生物和人类生活史上，却是最为生动、闪亮的环节。开花植物、种子植物的出现是生物进化史的一大盛事，使植物与动物间建立起一种全新的关系。花的一切都是以诱惑为目的的，花的气味、色彩和形状及其对果实的预示，都是为动物而设置的，包括人类在内的动物对于植物的花朵有着各种各样本能的喜爱。正如达尔文所说："花是自然界最美丽的产物，它们与绿叶相映而惹起注目，同时也使它们显得美观，因此它们就可以容易地被昆虫看到。"可以说，花是人类关于美最原始、最简明、最强烈、最经典的感受和定义，几乎在世界所有语言中，花都代表着美丽、精华、春天、青春和快乐。相应的感受和情趣是人类精神文明发展中一个本能的精神元素、共同的文化基因；相应的社会现象和文化意义是极为普遍和永恒的，也是繁盛和深厚的。这是花卉审美文化中最典型、最神奇、最优美的天然资源和生活景观，值得特别重视。

再从"花卉"角度看"审美文化"，与"花卉"相关的"审美文化"则又可以分为三个形态或层面：

一是"自然物色"，指自然生长和人类种植形成的各类植物形象、风景及其人们的观赏认识。既包括植物生长的各类单株、丛群，也包括大面积的草原、森林和农田庄稼；既包括天然生长的奇花异草，也包括园艺培植的各类植物景观。它们都是由植物实体组成的自然和人工景观，无论是天然资源的发现和认识，还是人类相应的种植活动、观赏情趣，都体现着人类社会生活和人的本质力量不断进步、发展的步伐，是"花卉审美文化"中最为鲜明集中、直观生动的部分。因其侧重于植物实体，我们称作"花卉审美文化"中的"自然美"内容。

二是"社会生活"，指人类社会的园林环境、政治宗教、民俗习惯等各类生活中对花卉实物资源的实际应用，包含着对生物形象资源的环境利用、观赏装饰、仪式应用、符号象征、情感表达等多种生活需求、社会功能和文化情结，是"花卉"形象资源无处不在的审美渗透和社会反应，是"花卉审美文化"中最为实际、普遍和复杂的现象。它们可以说是"花卉审美文化"中的"社会美"或"生活美"内容。

三是"艺术创作"，指以花卉植物为题材和主题的各类文艺创作和所有话语活动，包括文学、音乐、绘画、摄影、雕塑等语言、图像和符号话语乃至于日常语言中对花卉植物及其相应人类情感的各类描写与诉说。这是脱离具体植物实体，指用虚拟的、想象的、象征的、符号化植物形象，包含着更多心理想象、艺术创造和话语符号的活动及成果，统称"花卉审美文化"中的"艺术美"内容。

我们所说的"花卉审美文化"是上述人类主体、生物客体六个层面的有机构成，是一种立体有机、丰富复杂的社会历史文化体系，包含着自然资源、生物机体与人类社会生活、精神活动等广泛方面有机交融的历史文化图景。因此，相关研究无疑是一个跨学科、综合性的工作，需要生物学、园艺学、地理学、历史学、社会学、经济学、美学、文学、艺术学、文化学等众多学科的积极参与。遗憾的是，近数十年相关的正面研究多只局限在园艺、园林等科技专业，着力的主要是园艺园林技术的研发，视角是较为单一和孤立的。相对而言，来自社会、人文学科的专业关注不多，虽然也有偶然的、零星的个案或专题涉及，但远没有足够的重视，更没有专门的、用心的投入，也就缺乏全面、系统、深入的研究成果，相关的认识不免零散和薄弱。这种多科技少人文的研究格局，海内海外大致相同。

我国幅员辽阔、气候多样、地貌复杂，花卉植物资源极为丰富，有"世界园林之母"的美誉，也有着悠久、深厚的观赏园艺传统。我国又是一个文明古国和世界人口、传统农业大国，有着辉煌的历史文化。这些都决定我国的花卉审美文化有着无比辉煌的历史和深厚博大的传统。植物资源较之其他生物资源有更强烈的地域性，我国花卉资源具有温带季风气候主导的东亚大陆鲜明的地域特色。我国传统农耕社会和宗法伦理为核心的历史文化形态引发人们对花卉植物有着独特的审美倾向和文化情趣，形成花卉审美文化鲜明的民族特色。我国花卉审美文化是我国历史文化的有机组成部分，是我国文化传统最为优美、生动的载体，是深入解读我国传统文化的独特视角。而花卉植物又是丰富、生动的生物资源，带给人们生生不息、与时俱新的感官体验和精神享受，相应的社会文化活动是永恒的"现在进行时"，其丰富的历史经验、人文情趣有着直接的现实借鉴和融入意义。正是基于这些历史信念、学术经验和现实感受，我们认为，对中国花卉审美文化的研究不仅是一项十分重要的文化任务，而且是一个前景广阔的学术课题，需要众多学科尤其是社会、人文学科的积极参与和大力投入。

我们团队从事这项工作是从1998年开始的。最初是我本人对宋代咏梅文学的探讨，后来发现这远不是一个咏物题材的问题，也不是一个时代文化符号的问题,而是一个关乎民族经典文化象征酝酿、发展历程的大课题。于是由文学而绘画、音乐等逐步展开,陆续完成了《宋代咏梅文学研究》《梅文化论丛》《中国梅花审美文化研究》《中国梅花名胜考》《梅谱》(校注)等论著,对我国深厚的梅文化进行了较为全面、系统的阐发。从1999年开始,我指导研究生从事类似的花卉审美文化专题研究,俞香顺、石志鸟、渠红岩、张荣东、王三毛、王颖等相继完成了荷、杨柳、桃、菊、竹、松柏等专题的博士学位论文,丁小兵、董丽娜、朱明明、张俊峰、雷铭等20多位学生相继完成了杏花、桂花、水仙、蘋、梨花、海棠、蓬蒿、山茶、芍药、牡丹、芭蕉、荔枝、石榴、芦苇、花朝、落花、蔬菜等专题的硕士学位论文。他们都以此获得相应的学位,在学位论文完成前后,也都发表了不少相关的单篇论文。与此同时,博士生纪永贵从民俗文化的角度,任群从宋代文学的角度参与和支持这项工作,也发表了一些花卉植物文学和文化方面的论文。俞香顺在博士论文之外,发表了不少梧桐和唐代文学、《红楼梦》花卉意象方面的论著。我与王三毛合作点校了古代大型花卉专题类书《全芳备祖》,并正继续从事该书的全面校订工作。目前在读的博士生张晓蕾及硕士生高尚杰、王珏等也都选择花卉植物作为学位论文选题。

以往我们所做的主要是花卉个案的专题研究,这方面的工作仍有许多空白等待填补。而如宗教用花、花事民俗、民间花市,不同品类植物景观的欣赏认识、各时期各地区花卉植物审美文化的不同历史情景,以及我国花卉审美文化的自然基础、历史背景、形态结构、发展规律、民族特色、人文意义、国际交流等中观、宏观问题的研究,花卉植物文献的调查整理等更是涉及无多,这些都有待今后逐步展开,不断深入。

"阴阴曲径人稀到，一一名花手自栽"（陆游诗），我们在这一领域寂寞耕耘已近20年了。也许我们每一个人的实际工作及所获都十分有限，但如此络绎走来，随心点检，也踏出一路足迹，种得半畦芬芳。2005年，四川巴蜀书社为我们专辟《中国花卉审美文化研究书系》，陆续出版了我们的荷花、梅花、杨柳、菊花和杏花审美文化研究五种，引起了一定的社会关注。此番由同事曹辛华教授热情倡议、积极联系，北京采薇阁文化公司王强先生鼎力相助，继续操作这一主题学术成果的出版工作。除已经出版的五种和另行单独出版的桃花专题外，我们将其余所有花卉植物主题的学位论文和散见的各类论著一并汇集整理，编为20种，统称《中国花卉审美文化研究丛书》，分别是：

1.《中国牡丹审美文化研究》（付梅）；

2.《梅文化论集》（程杰、程宇静、胥树婷）；

3.《梅文学论集》（程杰）；

4.《杏花文学与文化研究》（纪永贵、丁小兵）；

5.《桃文化论集》（渠红岩）；

6.《水仙、梨花、茉莉文学与文化研究》（朱明明、雷铭、程杰、程宇静、任群、王珏）；

7.《芍药、海棠、茶花文学与文化研究》（王功绢、赵云双、孙培华、付振华）；

8.《芭蕉、石榴文学与文化研究》（徐波、郭慧珍）；

9.《兰、桂、菊的文化研究》（张晓蕾、张荣东、董丽娜）；

10.《花朝节与落花意象的文学研究》（凌帆、周正悦）；

11.《花卉植物的实用情景与文学书写》（胥树婷、王存恒、钟晓璐）；

12.《〈红楼梦〉花卉文化及其他》（俞香顺）；

13. 《古代竹文化研究》（王三毛）；

14. 《古代文学竹意象研究》（王三毛）；

15. 《蘋、蓬蒿、芦苇等草类文学意象研究》（张俊峰、张余、李倩、高尚杰、姚梅）；

16. 《槐桑樟枫民俗与文化研究》（纪永贵）；

17. 《松柏、杨柳文学与文化论丛》（石志鸟、王颖）；

18. 《中国梧桐审美文化研究》（俞香顺）；

19. 《唐宋植物文学与文化研究》（石润宏、陈星）；

20. 《岭南植物文学与文化研究》（陈灿彬、赵军伟）。

我们如此刈禾聚把，集中摊晒，敛物自是快心，乱花或能迷眼，想必读者诸君总能从中发现自己喜欢的一枝一叶。希望我们的系列成果能为花卉植物文化的学术研究事业增薪助火，为全社会的花卉文化活动加油添彩。

程　杰

2018 年 5 月 10 日

于南京师范大学随园

总　目

唐诗植物意象研究………………………………………石润宏　1

唐宋植物文化论丛………………………………………石润宏　255

杨万里诗歌植物意象研究………………………………陈　星　379

唐诗植物意象研究

石润宏 著

目 录

导 言 ……………………………………………………………… 7
第一章 全唐诗植物大观 ………………………………………… 14
　第一节 唐诗植物构成 ………………………………………… 14
　第二节 植物作为意象 ………………………………………… 25
　　一、植物意象的符号意义与文学典故 ……………………… 26
　　二、文学范式中的植物意象 ………………………………… 30
　　三、集体的文思与个体的玩味 ……………………………… 33
　第三节 唐诗十大植物意象 …………………………………… 37
　　一、竹 ………………………………………………………… 37
　　二、松柏 ……………………………………………………… 43
　　三、杨柳 ……………………………………………………… 47
　　四、莲 ………………………………………………………… 49
　　五、苔藓 ……………………………………………………… 55
　　六、桃 ………………………………………………………… 58
　　七、兰 ………………………………………………………… 60
　　八、桂 ………………………………………………………… 64
　　九、梅 ………………………………………………………… 68
　　十、荆棘 ……………………………………………………… 72
第二章 唐代咏植物诗 …………………………………………… 75

第一节　唐人咏植物诗概览 ……………………………… 76
一、咏茶诗 …………………………………………… 81
二、咏菊诗 …………………………………………… 86

第二节　唐代题花木画诗 ……………………………… 90
一、唐代题花木画诗的数量与题材 …………………… 90
二、唐代题花木画诗的类型与意义 …………………… 96

第三节　咏节气诗中的物候现象 ……………………… 101
一、咏节气诗的源起 …………………………………… 101
二、文人的咏节气诗与物候 …………………………… 102
三、敦煌卷子中的咏节气诗 …………………………… 104

第三章　唐诗中的外来植物 …………………………… 107

第一节　佛教植物 ……………………………………… 107
一、娑罗 ……………………………………………… 109
二、贝多 ……………………………………………… 110
三、菩提 ……………………………………………… 114
四、优昙花 …………………………………………… 117
五、曼陀罗 …………………………………………… 120

第二节　其他外来植物——两个个案的考察 ………… 124
一、茉莉 ……………………………………………… 125
二、罂粟 ……………………………………………… 129

第三节　菠菜入华考 …………………………………… 133
一、菠菜入华的时间及其来华后的境况 ……………… 134
二、菠菜在宋以后的流播及其文献反映 ……………… 143
三、菠菜的食疗功效 …………………………………… 149

第四章 唐人生活与植物及诗歌 ……154
第一节 唐诗药用植物 ……155
一、咏药诗——无病之药 ……155
二、苦病诗——治病之药 ……161
三、药名诗——文人的游戏 ……165
第二节 唐诗民俗植物 ……168
一、清明之俗 ……168
二、端午之俗 ……170
三、重阳之俗 ……171
第三节 唐之国花——牡丹 ……174

第五章 植物文化杂论 ……186
第一节 丝不如竹 ……186
第二节 敦煌卷子咏节气组诗注译 ……193
一、卢相公咏廿四气诗 ……195
二、二十四气时令诗 ……198
三、文本注译 ……201
第三节 何以莲花似六郎 ……217
一、杨再思的处世哲学 ……221
二、帝王术与神龙无政变 ……222
三、莲花的佛教属性及武则天、张氏兄弟与佛教之关系 ……229
四、本喻体的逻辑顺序及莲花的"性别" ……234
五、比喻句的诗化及杨再思于文学史之贡献 ……238

征引文献目录 ……245

导　言

黄四娘家花满蹊，千朵万朵压枝低。

留连戏蝶时时舞，自在娇莺恰恰啼。①

　　杜甫的这首绝句清新活泼，传唱千古，但笔者所以将其置于卷首，并非为了品鉴，而是为本文的论题做一番引言。中国历史数千年，无数的诗人留下了无数的文学作品，他们在作品中描写什么、用诗文来关注什么、通过这些描写传递什么样的讯息……这都是古代文学研究所要解决的问题。要回答这些问题其实并不难，诗人笔下所写的，无非人与自然两端。小到沐浴祷告、自身感悟，大到功名社稷、朝代更迭，皆属"人"类，而"自然"类则是人所见所感之物。在古代，诗人一生之所见，无非是自然中那些固有之物，正所谓位我上者，灿烂星空；位我下者，山川石淙；我所感者，雷电雨风；我所见者，草木鱼虫。这些外界的事物，进入诗人的眼中，必会引发一些情思，以诗文的形式歌咏而出，正应了陆机的那句"伫中区以玄览，颐情志于典坟"②了。而寻常可见的花草树木，在众多外界事物中无疑占了很大的比重。

　　杜甫的这首绝句正描写了与人们关系最为密切的两类自然事物，即植物与动物。黄四娘家的花压弯了枝头，恐怕也压在了杜甫的心头。

---

① 杜甫：《江畔独步寻花七绝句》其六，《全唐诗》卷二二七。
② 陆机：《文赋》，[清]严可均辑：《全上古三代秦汉三国六朝文》，中华书局1958年版，第2013页。

解读唐人以花草入诗表露何等样心境，这是唐诗研究领域一个很重要的问题。

一、本论题研究之意义

第一，唐诗及唐代文学研究视野的拓展。人们研究唐诗，往往重在研究诗歌本身的体式、意蕴、流别、接受及影响等方面，而不注重探究诗人如何通过诗歌与外界，即社会（朝廷、友人、妻儿）与自然（山川、草木、虫鱼）发生联系。也就是说，文献文本的考察多，而哲学心灵的思索少。本文选定植物这一自然界的重要组成部分为研究的切入点，希望通过一系列个案的考索，探寻到唐人与自然的联系，在诗、人，以及自然之间架起一座桥梁，回答类似"年年岁岁花相似，岁岁年年人不同"，"昔时红粉照流水，今日青苔覆落花"，"人面不知何处去，桃花依旧笑春风"这样的哲学追问。本文的选题，意图将诗歌的研究放置在人与自然这样一个大的哲学关照中，从而把唐诗研究人生化、哲学化。这是笔者的期待，亦是本论题的意义。唐以诗盛，唐代文学虽众体皆备，然诗歌无疑是大宗。因此，唐诗研究的深入自然也有益于唐代文学研究的进一步开拓，这是显而易见的。

第二，唐人对于植物的文学心境的探究。在唐代，人们对植物的关照已经进入了艺术和审美层面。开始注意到花之红、叶之绿、茎干之亭亭、子实之绵绵，并将其写入诗歌之中。唐代疆域的变迁、国势的盛衰、中外的交流、经济的繁荣，使人们认识世界的能力进一步提高。诗人对于自古就有的花花草草，也必然有一些新的思考，这些思考融入了诗歌当中。我们研究诗歌中的植物意象，可以了解诗人的思想观念、审美取向和为文心境。

第三，诗歌理解的深发。诗歌是诗人的创作，所谓"诗言志"也，虽然文艺学中有"作者死了"这种批评模式，但诗歌的理解终究是离不开创作者的。对于作品的解读和对于作者的认知是相辅相成的，文如其人，人亦如其文。以七律杜甫的《狂夫》和晏殊的《寄远》为例，二诗的颔联分别是"风含翠筱娟娟静，雨裛红蕖冉冉香"和"梨花院落溶溶月，柳絮池塘淡淡风"。这样的景色大约无多少差异，而晏殊写出了一番闲适，杜甫写的却是强作欢笑背后的凄凉。如果我们更进一步，继续透视诗中几种植物的寓意，就会有新的发现。竹的气节、荷出淤泥而不染的纯净正呼应了杜甫狂夫的形象，而晏诗以"梨"谐"离"，以"柳"寓"留"，正表寄远方友人的心境。

第四，本论题之研究有助于深化我们对诗歌发展史的研究。唐代社会是中古的最后一个时期，是一个古典时代的总结，有着早期社会的单纯与和谐，在文化上则有着内在的统一性。这便于进行植物世界及其审美意识这样一些大课题的宏观把握和理论分析。我们讨论唐诗的植物文化，首先要解决如下问题：唐人与自然的关系如何？唐人以植物入诗意图何在？植物为唐诗贡献了什么？现实与艺术的关系在植物与唐诗之间如何表现？就是要研究文学中植物的知识体系、审美表现结构和模式、植物题材和意象的意义，以及它们与实际生活和知识传统的关系。然后要在整个诗歌（主题、题材）发展史的行程中考察唐代的情况。唐人的植物知识和意识有一个划时代的变化，从物种上说，以诗、骚、文选为代表的系统向唐以后的现实生活和国际交流的状况转变；从文化认识上说，科学认知的深入、生活内容的丰富、观赏情趣的兴起等都显示了新的转变，具体到初盛中晚唐的不同时期也有区别，至少中晚唐有着明确的变化。

严复在《与熊纯如书》中说："若研究人心政俗之变，则赵宋一代历史，最宜究心。中国所以成于今日现象者，为善为恶，姑且不论，而为宋人之所造就什八九，可断言也。"①而造就我们今日民族审美意识的宋人，他们的认识也并非是全然的原创，他们也有承继与变革的一面。李唐乃赵宋之先声，宋人在对待唐诗的盛绩时，有刻意规避别出新语者，也有叹服敬仰亦步亦趋者，然而不论他们的做法如何，都无法抹煞唐诗的影响。因此我们探讨唐代的情形，上可溯诗骚魏晋之源流，下可明宋元明清之章法，此即上文所谓之诗史意义。

二、本论题之研究现状

从文化的角度切入唐代文学研究，前人已有丰硕成果。如程千帆的《唐代进士行卷与文学》②、傅璇琮的《唐代科举与文学》③、余恕诚的《唐诗风貌》④，诸位先生的著述皆是这一研究领域的扛鼎之作。

从文化的层面研究唐诗，亦不乏博士与硕士论文，比如硕士学位论文有张全晓《〈全唐诗〉岁时文化研究》⑤、马豫鄂《〈全唐诗〉中的服饰文化研究》⑥、马亮亮《简论洞庭文化在唐诗中的映现》⑦、崔晓莉《唐诗与商业文化》⑧等。李惠的《唐诗柳意象审美文化价值

---

① 严复著，王宪明编：《严复学术文化随笔》，中国青年出版社1999年版，第261页。
② 程千帆：《唐代进士行卷与文学》，上海古籍出版社1980年版。
③ 傅璇琮：《唐代科举与文学》，陕西人民出版社2007年版。
④ 余恕诚：《唐诗风貌》，中华书局2010年版。
⑤ 张全晓：《〈全唐诗〉岁时文化研究》，华中师范大学硕士学位论文，2007年。
⑥ 马豫鄂：《〈全唐诗〉中的服饰文化研究》，华中师范大学硕士学位论文，2006年。
⑦ 马亮亮：《简论洞庭文化在唐诗中的映现》，陕西师范大学硕士学位论文，2009年。
⑧ 崔晓莉：《唐诗与商业文化》，西北大学硕士学位论文，2007年。

新探》①则属于植物文化的范畴，作者选取了"柳"这一意象，讨论了柳在唐诗中的审美文化意蕴。

博士学位论文中，海滨的《唐诗与西域文化》②试图探寻唐诗中的西域文化现象及其诗学影响，姜革文的《商业·商人·唐诗》③分析了唐诗中的商贾文化，并进行了农商的对比，揭示了唐诗中的商业文学现象，如广告诗、商人对诗歌流播的作用等。

植物文化方面，现在国内出版了潘富俊的专著《唐诗植物图鉴》④，它是从植物学的角度出发的，主要是图鉴，有相关文字论述，但并非文学研究，而是鉴赏与介绍唐诗中写到的植物。王世祥的《经典唐诗植物图鉴》⑤则如作者所说，是"丰富知识的唐诗普及读本"，而且并非出于原创，是潘书的改编。梅庆吉编著的《唐诗植物园》⑥一书，与潘书体例相仿，只是将书中的配图由现代的摄影换成了中国历代的绘画作品。

将植物与文学联系起来的（非农学类）专著，鲜少见到，程杰著有《宋代咏梅文学研究》⑦及《梅文化论丛》⑧，较多地关注了文学。其他相关专著还有不少，但似乎重在讲述花文化在中国历史上的大致状况与表现，对于花卉文学实际关注不多，主要是梳理各个朝代的咏花卉诗词，

---

① 李惠：《唐诗柳意象审美文化价值新探》，西北民族大学硕士学位论文，2010年。
② 海滨：《唐诗与西域文化》，华东师范大学博士学位论文，2007年。
③ 姜革文：《商业·商人·唐诗》，南京师范大学博士学位论文，2007年。
④ 潘富俊：《唐诗植物图鉴》，上海书店2003年版。
⑤ 王世祥：《经典唐诗植物图鉴》，中州古籍出版社2005年版。
⑥ 梅庆吉：《唐诗植物园》，大连出版社2009年版。
⑦ 程杰：《宋代咏梅文学研究》，安徽文艺出版社2002年版。
⑧ 程杰：《梅文化论丛》，中华书局2007年版。

并非专业研究。如周武忠与陈筱燕合著的《花与中国文化》①、同名的何小颜的《花与中国文化》②、周裕苍等的《菊韵：中国的菊文化》③、周建忠的《兰文化》④、陈瑜的《文人与茶》⑤等，但这类专著涉及文学研究的比重不高，大量篇幅在论述园艺、瓶花艺术、烹饪茶饮等方面，还有的是为了配合地方发展经济作物的介绍类书刊，比如赵丰才的《中国栗文化初探》⑥等。

而相关硕博论文多重于对单个植物意象的系统研究，并未局限于唐诗，而是纵览整个中国古代文学，属于意象主题史的研究。比如博士学位论文有俞香顺的《中国荷文化研究》、石志鸟的《中国古代文学杨柳题材与意象研究》、渠红岩的《中国古代文学桃花题材和意象研究》、张荣东的《中国古代菊花文化研究》、王三毛的《中国古代文学竹子题材与意象研究》等。硕士学位论文有丁小兵的《杏花意象的文学研究》、张俊峰的《中国古代文学蕨意象研究》、雷铭的《梨花题材文学与审美文化研究》、朱明明的《中国古代文学水仙意象与题材研究》、赵云双的《唐宋海棠题材文学研究》、孙培华的《茶花题材文学与审美文化研究》、张余的《中国古代文学蓬蒿意象研究》、徐波的《中国古代芭蕉题材的文学与文化研究》、王功绢的《中国古代文学芍药题材和意象研究》（以上均为南京师范大学学位论文）等。

---

① 周武忠等：《花与中国文化》，农业出版社1999年版。
② 何小颜：《花与中国文化》，人民出版社1999年版。
③ 周裕苍等：《菊韵：中国的菊文化》，山东画报出版社2011年版。
④ 周建忠：《兰文化》，中国农业出版社2001年版。
⑤ 陈瑜：《文人与茶》，华文出版社1997年版。
⑥ 赵丰才：《中国栗文化初探》，中国农业出版社2006年版。

三、本论题之研究方法

1. 统计法。用大量数据的统计揭示出唐诗植物意象的使用情况。将各类数据编写为表格,使得我们能够直观地了解唐人歌咏植物的种类、数量,也表明了唐人的某种偏好。

2. 历时研究法。本文在论述唐诗的情况时,不仅仅作单个朝代的介绍,也注意联系魏晋与宋明,将唐代的情况放置在意象题材发展史的脉络中提炼总结。

3. 跨学科研究。周勋初先生在《程千帆先生的诗学历程》一文中说:"学问之道又贵触类旁通。这也就是说,学者掌握的知识门类越多,那他通过交叉学科的渗透而酝酿出新成果的可能性就越大。"[①]本论题之研究还旁及农艺、医药、绘画之学,这种跨学科的文学研究使得我们的认识更为全面。

---

① 周勋初:《当代学术研究思辨》,《周勋初文集》第6册,江苏古籍出版社2000年版,第142页。

第一章　全唐诗植物大观

中国文学,自《诗经》开始,就与自然界缤纷的花木结下了不解之缘。《关雎》咏荇菜,屈原餐菊英,自其而后的中国士大夫们,不以花木入诗的,大抵没有几个。花草植物已深深浸润到了中国文化之中,到了文气崇隆的宋代,陆游竟发出了"为爱名花抵死狂"的感慨。是什么内在动因,驱使诗人们如此喜爱花草呢?让我们顾望古昔,回到有"诗国"之称的唐代,去探寻其中的究竟。

第一节　唐诗植物构成

唐以诗盛,有唐一代,近四千位诗人留下了五万五千余首诗歌[①],这些文化遗产集中保留在康熙年间开始编纂的《全唐诗》中,其后历代学人陆续有增补拾遗,到1999年中华书局出版了增订本《全唐诗》,总结了前人的成果,可以说是至今为止收录唐诗最多最全的读本了[②],本文正是参照这一版本讨论唐诗植物文化的。

据笔者统计,《全唐诗》共涉及植物种类186种,涉及诗句计

---

① 牛鹏志:《唐诗何故不齐鲁》,潍坊日报,2011年3月11日(A11版)。原文为"《全唐诗》及其补编共收诗五万五千七百三十首,诗人近四千位,真正是超迈前代"。

② 《全唐诗》增订本前言第4页:"这样做,可以说是至今为止有关《全唐诗》补遗的最大数量了,也是最全的一部《全唐诗》了。"

40171 句。经过统计，汇成了下文的表格，按照出现频次的多少排序，这一统计基于以下标准。

1. 只计含具体植物名的诗歌，如柳、菊等，泛写的花、草、萼、红、绿等不计，这里的计数指的是诗歌的句数；

2. 诗文中未含植物名，而题为咏植物诗，仍计数，如李世民《赋得樱桃》；

3. 在统计专门歌咏植物的诗篇数量时，以诗题出现植物名为据；

4. 植物名包含在特殊名词之中，仍计数，如长杨赋、扶桑等；

5. 断篇残句一并计入；

6. 一句或一首诗中数次出现植物名有重复计数；

7. 诗歌版本有争议，恰好一含植物名另一不含的，亦计入；

8. 不作诗歌时代的考据，如有以他朝诗编入《全唐诗》者，亦统计在内；

9. 《全唐诗》收录的五代诗亦统计在内，唐五代词作则不作统计；

10. 汉语植物名称情况复杂，多有异名同物现象，又有同物同音而异字等现象，本文之统计难免疏漏，特此说明。

需要说明的是，植物有不同的分类方法，有的分为五类（藻类植物、菌类植物、苔藓植物、蕨类植物、种子植物）[1]，有的分为不同的五类（原核生物、真核藻类、真核菌类和地衣、苔藓植物、维管植物）[2]，有的分为六类（藻类植物、菌类植物、地衣植物、苔藓植物、蕨类植物、种子植物）[3]。笔者在此仅按照通行的分类方法进行表述，分为藻类、

---

[1] 刘国桢：《植物的类群》，上海教育出版社1962年版。
[2] 梁家骥、汪劲武：《植物的类群》，人民教育出版社1985年版。
[3] 刘世彪：《红楼梦植物文化赏析》，化学工业出版社2011年版。

菌类、苔藓、蕨类、裸子植物、被子植物六类，又分为草本、木本和藤本三类。另外，现代生物学因为菌类没有叶绿素而不再将其归入植物，为方便我们讨论古代文学，仍然将菌类算作植物。

表1：唐诗植物意象统计表					
序号	植物名称	同类异名[1]	诗句总数（句）	有无专门歌咏z的诗篇及篇数（首）	分类
1	竹	篁、筠、筝、筱、篠、笋、簟、籆、箬、竿、檀栾	4662	有，357	草本、被子植物
2	松柏		3696	有，192	木本、裸子植物
3	杨柳		3488	有，260	木本、被子植物
4	莲	荷、芰、藕、芙蓉、菡萏、芙蕖、红蕖	2245	有，162	草本、被子植物
5	苔藓	莓、（苔）钱	1550	有，17	苔藓植物
6	桃		1487	有，145	木本、被子植物
7	兰		1397	有，17	草本、被子植物
8	桂		1389	有，30	木本、被子植物
9	梅		931	有，110	木本、被子植物
10	荆棘		869	无	木本、被子植物
11	梧桐		821	有，31	木本、被子植物
12	蓬		812	有，5	草本、被子植物

		（续表）		
13	桑	蚕叶、椹、葚	781	有，25	木本、被子植物
14	菊	金英、黄花	722	有，100	草本、被子植物
15	茅	茨、茆	673	有，70	草本、被子植物
16	萝	茑	618	有，2	藤本、被子植物
17	茶	茗	572	有，119	木本、被子植物
18	枫	红叶	455	有，15	木本、被子植物
19	蒲	菖、浦叶	450	有，17	草本、被子植物
20	稻	粳、糯、米	443	有，9	草本、被子植物
21	芦苇		440	有，7	草本、被子植物
22	杏		430	有，48	木本、被子植物
23	芝		414	有，7	菌类植物
24	李		393	有，3	木本、被子植物
25	粟	禾	351	有，3	草本、被子植物
26	蘋	苹[2]	330	有，10	蕨类植物
27	槐		327	有，11	木本、被子植物
28	橘	枳、柑	325	有，27	木本、被子植物
29	梨		308	有，23	木本、被子植物
30	藻		301	无	藻类植物
31	麻		296	无	草本、被子植物
32	萍		292	有，5	草本、被子植物
33	黍	稷	274	无	草本、被子植物
34	莎		248	有，5	草本、被子植物
35	榆	枌	246	有，1	木本、被子植物

		（续表）		
36	蒿		245	无	草本、被子植物
37	杉		235	有，4	木本、裸子植物
38	葛		227	有，6	藤本、被子植物
39	麦		224	有，5	草本、被子植物
40	棠	棣	216	有，30	木本、被子植物
41	菱		214	有，8	草本、被子植物
42	藜	莱	207	无	草本、被子植物
43	薜		190	有，1	藤本、被子植物
44	瓜		170	有，11	藤本、被子植物
45	薇		160	有，66	草本、被子植物
46	葫	瓠、瓢	156	有，5	藤本、被子植物
47	樱		152	有，56	木本、被子植物
48	槿	蕣	138	有，19	木本、被子植物
49	菰	雕胡、彫胡、彫菰、蒋、茭	138	无	草本、被子植物
50	蕉		137	有，9	草本、被子植物
51	椒		131	有，2	木本、被子植物
52	榛		129	无	木本、被子植物
53	檀		127	无	木本、被子植物
54	榴		125	有，49	木本、被子植物
55	葵		124	有，18	草本、被子植物
56	荻	菼	124	有，6	草本、被子植物
57	牡丹		123	有，128	木本、被子植物

			（续表）	
58	茱萸		119	有，13	木本、被子植物
59	辛夷	木兰	113	有，35	木本、被子植物
60	荔		113	有，18	木本、被子植物
61	豆	菽	112	有，1	草本、被子植物
62	芸		105	有，3	草本、被子植物
63	蓼		96	有，1	草本、被子植物
64	粱	秫	94	无	草本、被子植物
65	蒹葭		94	有，1	草本、被子植物
66	芍药	红药	92	有，13	草本、被子植物
67	栗		86	有，3	木本、被子植物
68	桧		76	有，11	木本、裸子植物
69	荪	荃	75	有，1	草本、被子植物
70	枣		72	有，2	木本、被子植物
71	菌	菇	71	无	菌类植物
72	梓		69	无	木本、被子植物
73	蓷		66	有，1	草本、被子植物
74	苁[3]		65	有，1	草本、被子植物
75	蕨		64	无	蕨类植物
76	萱		63	有，6	草本、被子植物
77	艾		62	无	草本、被子植物
78	芷	茝	58	无	草本、被子植物
79	橡	栎、柞	56	有，1	木本、被子植物
80	荇		55	有，1	草本、被子植物
81	莼		53	无	草本、被子植物

		(续表)		
82	藿		53	无	草本、被子植物
83	葡萄	蒲桃、蒲萄、蒼葡	53	有，6	藤本、被子植物
84	柚		50	有，1	木本、被子植物
85	蓂		50	有，1	草本、被子植物
86	合欢		44	有，1	木本、被子植物
87	蘖	檗	43	无	木本、被子植物
88	苎		41	有，2	草本、被子植物
89	楸	檟	40	有，4	木本、被子植物
90	玉蕊		39	有，20	木本、被子植物
91	芋		37	无	草本、被子植物
92	芹		36	无	草本、被子植物
93	茯苓		36	有，3	菌类植物
94	荑		35	无	草本、被子植物
95	椿		34	无	木本、被子植物
96	楠	柟	33	有，12	木本、被子植物
97	杜若		31	无	草本、被子植物
98	樗		30	有，3	木本、被子植物
99	蘅		30	无	草本、被子植物
100	蘼芜		28	有，1	草本、被子植物
101	郁金		28	无	草本、被子植物
102	柿		27	有，2	木本、被子植物
103	棕		27	有，6	木本、被子植物
104	橙		25	有，2	木本、被子植物

			（续表）		
105	稗	稊	25	无	草本、被子植物
106	蔗		24	无	草本、被子植物
107	黄精		24	有，1	草本、被子植物
108	荠		23	有，1	草本、被子植物
109	玫瑰		21	有，4	木本、被子植物
110	木棉	木绵、橦	21	无	木本、被子植物
111	茜		20	无	草本、被子植物
112	芡		20	无	草本、被子植物
113	栀		19	有，2	木本、被子植物
114	苜蓿		19	无	草本、被子植物
115	薏苡		18	无	草本、被子植物
116	芥		18	有，1	草本、被子植物
117	豆蔻	荳蔻	18	无	草本、被子植物
118	红豆	相思树	18	有，3	木本、裸子植物
119	莠		17	无	草本、被子植物
120	丁香		17	有，3	木本、被子植物
121	茶		17	无	草本、被子植物
122	姜		16	有，2	草本、被子植物
123	柰		16	无	木本、被子植物
124	蘩		14	无	草本、被子植物
125	樛		14	无	木本、被子植物
126	兔丝	菟丝	14	有，1	藤本、被子植物
127	莸	薰	14	无	草本、被子植物
128	椰		14	有，1	木本、被子植物

			（续表）	
129	贝多		13	有，1	木本、被子植物
130	萱		13	无	草本、被子植物
131	香草		12	无	草本、被子植物
132	杜鹃花		12	有，8	木本、被子植物
133	韭		12	无	草本、被子植物
134	桄榔		11	无	木本、被子植物
135	龙脑		11	无	木本、被子植物
136	楂	樝	10	无	木本、被子植物
137	枇杷		9	有，6	木本、被子植物
138	菉		9	无	草本、被子植物
139	稂		8	无	草本、被子植物
140	槟榔		8	无	木本、被子植物
141	紫藤		8	有，6	藤本、被子植物
142	菩提树		7	无	木本、被子植物
143	蒴菲		7	无	草本、被子植物
144	苋		7	无	草本、被子植物
145	人参		7	无	草本、被子植物
146	榕		6	有，1	木本、被子植物
147	梗		5	无	木本、被子植物
148	蒜		5	有，1	草本、被子植物
149	昙花	优昙花	4	无	木本、被子植物
150	蕈		4	无	菌类植物
151	枸杞		4	有，4	木本、被子植物
152	苴		4	有，1	草本、被子植物

			（续表）		
153	黄连		3	无	草本、被子植物
154	茄		3	无	草本、被子植物
155	芩		3	无	草本、被子植物
156	蒟		3	无	草本、被子植物
157	乌桕	乌臼	3	无	木本、被子植物
158	慈菇	慈姑、茨菰	3	无	草本、被子植物
159	龙眼		3	无	木本、被子植物
160	决明		2	无	草本、被子植物
161	茉莉		2	无	木本、被子植物
162	蘧		2	无	木本、被子植物
163	薯蓣		2	无	草本、被子植物
164	榉		2	无	木本、被子植物
165	槲		2	无	木本、被子植物
166	罂粟	米囊花	2	有，2	草本、被子植物
167	金盘草		2	有，1	草本、被子植物
168	半夏		2	无	草本、被子植物
169	卷耳	苍耳	2	有，2	草本、被子植物
170	蒹		1	无	草本、被子植物
171	女贞		1	无	木本、被子植物
172	平仲		1	无	木本、裸子植物
173	防风		1	无	草本、被子植物
174	仙灵毗	淫羊藿	1	有，1	草本、被子植物
175	曼陀罗		1	无	草本、被子植物
176	娑罗		1	无	木本、被子植物

（续表）

[1] 这里的异名只标识《全唐诗》中出现的。
[2] 现代汉语简化字系统中，以"苹"为"蘋"的简化字，但《全唐诗》中既出现了"蘋"，也有"苹"字，谨慎起见，分开统计。
[3] 朮，直律切，用于中药名白朮、赤朮，现代汉语写作"白术"，为了避免与"术"和"術"混淆，反映唐诗原貌，未用简化字。

这张表格集中反映了唐诗使用植物意象的情况。需指出的是，表格中显示的植物种类比上文所说少了10种，这是由于有10种植物因名称关系包含在其中而没有单列，它们是：紫荆花、海棠、黄瓜、木瓜、紫薇、蔷薇、樱桃、杨树、红蕉和荞麦。

经过统计，我们发现唐诗中一共出现了186种植物，其中草本植物91种，木本植物79种，藤本植物7种，苔藓、菌类、蕨类和藻类共9种。另外当中还包括18种水生植物以及7种粮食作物。可以说唐诗触及了当时人生活中所用所见的几乎所有植物种类。唐代诗歌的这种生活性和写实性与其文学性和艺术性糅合交融，相得益彰，成为了唐代文学的代表，也成了唐朝的代表，难怪闻一多先生直呼为"诗唐"[①]了。

[①] 郑临川笔录：《闻一多先生说唐诗》，见闻一多：《唐诗杂论》，中华书局2009年版，第228页。原文为："一般人爱说唐诗，我却要讲'诗唐'，诗唐者，诗的唐朝也。"

第二节　植物作为意象

什么是意象，文艺理论研究者有很多种解释、定义，古人更有诸多妙论，王弼《周易略例·明象》说"夫象者，出意者也"，"言生于象，故可寻言以观象，象生于意，故可寻象以观意"，"立象以尽意"①。《文心雕龙》神思篇也说"窥意象而运斤"是"驭文之首术，谋篇之大端"②。胡应麟《诗薮》则说"古诗之妙，专求意象"③。笔者认为所谓意象者，即文意之象也，盖诗人心中之意借物象而生发也。文意就是作品的意思、意蕴，作家的意向、意图。人说话是为了表达和交流，诗人写诗也是为了表达某种意思、宣泄某种情感，但诗人与生活中的常人不同之处在于，常人想说什么可以用直白的语言说明，比如"我饿了，要吃饭"，但诗人不能这样说，因为这是白话，是生活的语言，不是诗的语言。诗人要表达同样的意思需要借助某件事物，以其作为情感表达的支点，于是上文的白话便成了"君看随阳雁，各有稻粱谋"④的诗句了。诗人所借重的这件事物，就是意象。它可以是拥有真实形态的"具体"之象，也可以是某个典故、某种情感、某一事件等非物之象。植物意象无疑在文学意象中占有重要的地位。王安石《游褒禅山记》云："古人之观于天地、山川、草木、虫鱼、鸟兽，往往有得，以其求思之深而无不在也。"⑤佛偈有言曰，一花一世界，一叶一如来。

---

① ［魏］王弼著，楼宇烈校释：《王弼集校释》，中华书局1980年版，第609页。
② ［南北朝］刘勰著，周振甫注：《文心雕龙注释》，人民文学出版社1981年版，第295页。
③ ［明］胡应麟：《诗薮》，中华书局1958年版，第1页。
④ 杜甫：《同诸公登慈恩寺塔》诗末句，《全唐诗》卷二一六。
⑤ ［宋］王安石：《王安石全集》卷二七，河洛图书出版社1974年版，第165页。

花草树木到了诗人笔下就拥有了文学性，披上了艺术的面纱，面纱之下除却现实世界的花木，自然还有一颗诗人的文心。唐诗中的植物意象，除秉承前代的文学典故与传统外，还注入了一股诗人的个性气息。

一、植物意象的符号意义与文学典故

中国文学的创作者很早就开始使用植物意象，从《诗经》第一章的"参差荇菜"开始，到唐代初年也已经一千余年。唐代以前的很多文学现象随着时间的推移，其积聚的文学内涵逐步沉淀、固定下来，成为了表达特定含义的文学典故。具体到植物意象来说，某些植物由于唐前的典故，使得它在唐诗中的出现就如同数学或交通指示符号一般，含有相对固定的意义，表达了一些类同的情感。唐诗植物意象中反映这一现象颇具代表性的便是"莼"了。

图 01　处于花期的莼菜。引自陈耀东等编著《中国水生植物》，河南科学技术出版社 2012 年版，第 63 页。

莼菜是江南水乡习见的一种菜蔬，《齐民要术》卷六引《诗义疏》云："（莼）皆可生食，又可汋，滑美。江南人谓之莼菜，或谓之水葵"，又引《本草》称莼菜可以"杂鲤鱼作羹，亦逐水而性滑，谓之淳菜，或谓之水芹"。①

莼菜做的菜羹深得当地人的喜爱，生于江东而羁旅他乡的游子，常常写诗怀念家乡的美味莼羹来寄托思乡之情。西晋时张翰更因思念莼羹而毅然辞官，《晋书·张翰传》记其事曰："翰因见秋风起，乃思吴中菰菜、莼羹、鲈鱼脍，曰：'人生贵得适志，何能羁宦数千里以要名爵乎？'遂命驾而归。"②这件史实引来不少诗人歌咏，遂成"莼鲈之思"的文学典故，"莼"因着张翰的举动而成了思乡归隐的一个文学符号。唐诗中的莼意象常与江南、送别、怀乡等联系在一起。

严维诗《状江南·季春》曰："江南季春天，莼叶细如弦。池边草作径，湖上叶如船。"③以莼之一叶而见江南春，与杨万里之"小荷才露"④一般清丽而韵味悠长。莼与送别怀乡的联系更为普遍，如：

归路随枫林，还乡念莼菜。（刘长卿《早春赠别赵居士还江左，时长卿下第归嵩阳旧居》，《全唐诗》卷一五〇）

六月槐花飞，忽思莼菜羹。（岑参《送许子擢第归江宁拜亲，因寄王大昌龄》，《全唐诗》卷一九八）

我恋岷下芋，君思千里莼。（杜甫《赠别贺兰铦》，《全唐诗》卷二二〇）

---

① ［北魏］贾思勰：《齐民要术》，中华书局1956年版，第95页。
② ［唐］房玄龄：《晋书》，中华书局1974年版，第2384页。
③ 《全唐诗》卷二六三。
④ 杨万里：《小池》，傅璇琮等主编：《全宋诗》第42册，北京大学出版社1998年版，第26165页。

橘花低客舍，莼菜绕归舟。（钱起《送外甥范勉赴任常州长史兼觐省》，《全唐诗》卷二三七）

　　从来此地夸羊酪，自有莼羹定却人。（韩翃《送客之江宁》，《全唐诗》卷二四三）

　　莼羹若可忆，惭出掩柴扉。（郎士元《赠万生下第还吴》，《全唐诗》卷二四八）

　　莼菜动归兴，忽然闻会吟。（李群玉《送处士自番禺东游便归苏台别业》，《全唐诗》卷五六八）

　　托兴非耽酒，思家岂为莼。可怜今夜月，独照异乡人。（唐彦谦《客中感怀》，《全唐诗》卷六七一）

　　值春游子怜莼滑，通蜀行人说鲙甜。（李洞《曲江渔父》，《全唐诗》卷七二三）

莼意象作为思乡符号在唐诗中虽然很常见，但真正将其发扬光大的还是宋人。唐诗中莼意象总共出现了53次，而到了宋诗中，这一数字变成了606。如果说在唐人的印象中，莼还只是江南的一种特产，一个代表而已的话，那么到了宋代，苏东坡的一句"若话三吴胜事，不惟千里莼羹"①，便把莼推到了一个提及江南舍莼其谁的高度，直接将莼与江南画等号了。身为越州山阴人的陆游更是爱在诗中写莼，他一人的诗中莼就出现了71次，这甚至超过了整个唐代！陆游在《叹老》②中感叹：

　　晨起梳头满镜霜，岂堪着脚少年场。酒徒分散情疏索，

---

① 苏轼：《忆江南寄纯如五首》其二，傅璇琮等主编：《全宋诗》第14册，北京大学出版社1993年版，第9475页。
② 《全宋诗》第40册，第25238页。

图02 做成汤羹的莼菜。图片引自网络（本书所引用的图片有很多来源于网络。凡图片所在网页明确标注摄影者、作者或上传者真实姓名或其他名号的，均依所见网页注明，称"某某摄，某网站"。若图作者未注明，则径称"引自某网站"。若图片是通过网络搜索引擎检索获得，来源网站不明，则只简注"图片引自网络"。因本书属于学术研究著作，所有图片之征引，皆为学术研究之目的，不用于营利，故相关图片之引用均不向有关作者支付酬金，祈请图片的摄影者和作者谅解海涵。在此谨向图片的摄影者、作者、上传图片的网友等各界朋友表示诚挚的敬意、祝福和感谢。本书其他章节有类似引用网络图片的情形，不再详细说明）。

棋敌凭陵意颉颃。寓世极知均醉梦，余生只合老耕桑。石帆山下莼丝长，待我还东泊野航。

果然人一年老便开始怀旧，老年的陆游思念起故乡的风物，最难以忘却的便是石帆山脚下那清水河塘中的莼菜了。莼这一植物，因其所生地域上的人与事，作为意象进入到诗歌中，经过众多诗人的描摹传承，固化成了诗歌里代表江南的符号，于是忆江南便是"忆莼"①，忆莼便是忆江南。

二、文学范式中的植物意象

意象是唐诗的情感符号，诗人对意象的运用实是其心迹的有意识或无意识的流露，但这种表达心意的意象并不包括程式化的意象，或曰文学范式中的意象。这里的范式指的是诗歌体裁的范式，即律诗中对仗的范式。律诗中的颔颈二联要求对仗自不待言，有时绝句也对仗，比如杜甫的《绝句四首》其三"两个黄鹂鸣翠柳，一行白鹭上青天。窗含西岭千秋雪，门泊东吴万里船"②，就是两个对句组成的绝句。诗歌创作要求对仗的规定使得一些律诗中植物意象成对出现，有时并不表达什么意思，而只是为了诗句的工整。

清人车万育的《声律启蒙》③总结了前代诗歌中一些经典的对仗用语，书分上下卷，共30韵，其中涉及植物意象的仅前5韵就有14对：

> 杨柳绿—杏花红；杨柳雨—芰荷风；绿竹—苍松；芍药—芙蓉；蓉裳—蕙帐；黄花—绿竹；红菡萏—白荼蘼；枣—葵；梅酸—李苦；海棠春睡—杨柳昼眠；霜菊瘦—雨梅肥；桃灼灼—柳依依；杨花—桂叶；棣棠—杨柳

---

① 陆游：《舟中夜赋》："寓居尚复能栽竹，羁宦悬知正忆莼。"《全宋诗》1998年版，第41册，第25630页。
② 《全唐诗》卷二二八。
③ [清]车万育：《声律启蒙》，成都古籍书店1981年版。

图03　一株兰花。石润宏摄。

　　类似这样的植物对子在唐诗中很多见，为求诗句工整而堆叠意象的情况较为常见。梅和柳在律句中相对就是个典型例子。"隋与初唐时期，随着自然风景诗写作的繁兴和律诗创作技巧的逐步成熟，诗歌中'梅'与'柳'对偶为言成了春景诗中最普遍的现象"，梅与柳的配搭，"几成描写春色尤其是早春景色的固定套式"①。既然成为了范式，就很难说这种成对出现的意象除了应景外还蕴含什么深意，至少唐诗中看不出来，到了宋代，"当诗人们不只是客观地感春写景，不只流连于物色风景之美，而是生发出其他表现动机，尤其是透过物色进求深刻的思想认识，或寄托性格意趣时，则对事物就有了不同的

---

① 程杰：《宋代咏梅文学研究》，安徽文艺出版社2002年版，第250—251页。

体认和理会"[1]。这是唐宋诗的不同风格,钱钟书先生谓唐诗与宋诗"乃体格性分之殊"[2],可谓一语中的。唐人写的这些植物意象,可能入眼便落笔,也可能不假思索便配对,但无论什么情况,其表意之单薄,诗味之寡淡,则是毋庸辩驳的。

又如兰和桂也是常见的对偶搭配。如以下诗例:

不挹兰樽圣,空仰桂舟仙。(任希古《和东观群贤七夕临泛昆明池》,《全唐诗》卷四四)

桂筵含柏馥,兰席拂沉香。(李峤《床》,《全唐诗》卷六〇)

泛兰清兴洽,折桂野文遒。(武三思《宴龙泓》,《全唐诗》卷八〇)

桂宫男掌仆,兰殿女升嫔。(赵良器《郑国夫人挽歌》,《全唐诗》卷二〇三)

更有甚者一首诗中连用多个这样的对子,完全是铺陈辞藻了,如权德舆的《酬陆四十楚源春夜宿虎丘山,对月寄梁四敬之兼见贻之作》:

东风变蓟薄,时景日妍和……蕙香袭闲趾,松露泫乔柯……悬圃尽琼树,家林轻桂枝……落落杉松直,芬芬兰杜飘。(《全唐诗》卷三二二)

这种过分堆砌意象的写诗方法深为后人所诟病,徐夤就说:"凡为诗,须搜觅。未得句,先须令意在象前,象生意后,斯为上手矣。

---

[1] 程杰:《宋代咏梅文学研究》,安徽文艺出版社2002年版,第256页。
[2] 钱钟书:《谈艺录》,中华书局1984年版,第2页。

不得一向只构物象、属对，全无意味。"①明确指出了写诗如果意象对子太多便失去了诗味。宋人更以整个唐代诗歌作比，告诫作诗者诗歌须平淡些，不要过分繁丽铺陈，"用意十分，下语三分，可几风骚，下语六分，可追李杜，下语十分，晚唐之作也"②。如此看来，权诗显然是"晚唐之作"了。尽管有人批评，但只要律诗对仗的规矩不动摇，这种范式中的意象"属对"就是不可避免的。

三、集体的文思与个体的玩味

历史上一些有关植物寓意的典故得到诗家的普遍使用，这就成了集体的文思，比如香草美人、莼鲈之思与折柳送别等。在这些普遍的文思中还有一些诗人个体的玩赏，俗语云"萝卜白菜，各有所爱"，每个人都有自己的偏好，明皇以海棠比玉环，元稹"花中偏爱菊"，周敦颐"独爱莲"，皆是他们个人趣味的体现。

唐人的个性和趣味反映在诗歌中，有两种形式，一曰古物新义，二曰新物新咏。

所谓古物新义，就是历来有很多吟咏它的诗章的植物，诗人往往寄寓新的含义，使之有别于他人。比如咏柳诗，人常以柳寄惜别之意，如"赠行多折取，那得到深秋"③和"无力摇风晓色新，细腰争妒看来频……东门门外多离别，愁杀朝朝暮暮人"④便是如此。但有些诗

---

① [唐]徐夤：《雅道机要》，见王运熙等主编：《中国文学批评通史》隋唐五代卷，上海古籍出版社1996年版，第767页。句读为笔者略改。
② [宋]佚名：《漫斋语录》，见傅璇琮等主编：《中国诗学大辞典》，浙江教育出版社1999年版，第188页。
③ 戴叔伦：《赋得长亭柳》，《全唐诗》卷二七三。
④ 杜牧：《新柳》，《全唐诗》卷五二六。

人颇能发他人所未发，比如贺知章的《咏柳》①诗：

  碧玉妆成一树高，万条垂下绿丝绦。不知细叶谁裁出，二月春风似剪刀。

该诗完全写景，既无灞桥柳之思，又无章台柳之怨，在众多的咏柳诗中显得尤为清新可人。又如柳宗元的《种柳戏题》②：

  柳州柳刺史，种柳柳江边。谈笑为故事，推移成昔年。
  垂阴当覆地，耸干会参天。好作思人树，惭无惠化传。

全诗重在一个"戏"字，名为戏题，却有深意。柳刺史为地方百姓种了很多柳树，还自谦没有任何政绩可以流传。其实地方官没有大兴土木或压榨百姓，而去种植柳树，数年或十数年之后大树种成，荫蔽百姓，这便是最大的政绩了，但这份功绩不到"耸干参天"的时候是显露不出来的，而"十年树木"，其彰显出来的时限已远超出官员任职调动的时限了，因而柳宗元用召公奭的典故③，自我解嘲般地说，我现在没有什么政绩，但后人看到覆地参天的柳树会想到我。民国年间，冯玉祥将军进驻徐州时曾作诗："老冯驻徐州，大树绿油油。谁砍我的树，我砍谁的头。"与此诗颇有情趣相通之处。再如咏竹，往往重在歌咏竹的挺拔、虚心等品格，但李贺的一首《竹》④却别出新义，不与他人为伍。诗曰：

---

① 《全唐诗》卷一一二。
② 《全唐诗》卷三五二。
③ 《史记·燕召公世家》："召公巡行乡邑，有棠树，决狱政事其下，自侯伯至庶人各得其所，无失职者。召公卒，而民人思召公之政，怀棠树不敢伐，哥咏之，作《甘棠》之诗。"[汉]司马迁：《史记》，中华书局1959年版，第1550页。
④ 《全唐诗》卷三九〇。

入水文光动，抽空绿影春。露华生笋径，苔色拂霜根。

织可承香汗，裁堪钓锦鳞。三梁曾入用，一节奉王孙。

前几句写景状物，都很平常，唯末句写竹的用途，说竹可以让猢狲立地，拄杖戴冠，实常人所不能想见，真乃诗鬼思诡也。

所谓新物新咏，就是古人没怎么表现过的植物，唐人由于个人的趣味或特殊的经历，对这种植物进行了玩味，在诗歌中加以表现。譬如沈佺期的《题椰子诗》[①]。椰子这种植物前人几乎没有在文学中描写过，《先秦汉魏晋南北朝诗》只收录了一首提到椰子的诗，即沈约的《咏甘蕉诗》[②]，椰在其中还是作为配角出现的，只是为了反衬蕉的甘甜。沈佺期是高宗、武后朝的文学侍臣，诗与宋之问齐名，多应制待诏之作，颇得武则天嘉赏，后因谄附二张，神龙复辟后被流放驩州，"朝官房融……沈佺期……等皆坐二张窜逐，凡数十人"[③]。于是诗人"有幸"见到了关中文人们很难看到的热带植物椰树，写下了这首诗。诗曰：

日南椰子树，香袅出风尘。丛生调木首，圆实槟榔身。

玉房九霄露，碧叶四时春。不及涂林果，移根随汉臣。

本诗前三联写椰树的风姿，长春袅娜，末联以乐景写哀情，感叹因椰树无法栽种到关陇地区，所以这么好的树木诗人无法带走，实际暗含了诗人猜测自己将复官无望，流离他乡，因而失落苦闷的情绪。

唐人于花木颇多玩味，这种玩赏在一定程度上是受社会风气影响

---

① 《全唐诗》卷九六。
② ［南北朝］沈约：《咏甘蕉诗》："抽叶固盈丈，擢本信兼围。流甘掩椰实，弱缕冠絺衣。"见逯钦立辑：《先秦汉魏晋南北朝诗》，中华书局1988年版，第1659页。
③ 《旧唐书》卷七八列传第二八《张行成传附族孙易之、昌宗传》。［后晋］刘昫等撰：《旧唐书》，中华书局1975年版，第2708页。

的，以至于一些不随风潮的诗人还被人疑怪。比如晚唐诗人薛能在他的《海棠》诗序中说："蜀海棠有闻，而诗无闻。杜子美于斯，兴象靡出，没而有怀。天之厚余，谨不敢让，风雅尽在蜀矣，吾其庶几。"①薛能很庆幸杜甫没有写过咏海棠的诗，正好让他当仁不让填补空白。当时蜀中盛产海棠，"蜀之海棠，诚为天下之奇艳"②，而在成都草堂住了多年的杜甫却没有写海棠的诗，引来后人怪之。《声律启蒙》上说"杜陵不作海棠诗"，并解释道："《王禹偁诗话》杜陵无海棠

图04 ［元］钱选《八花图卷》之海棠花。该图卷绘有水仙、栀子、梨花等八种花卉。北京故宫博物院藏。

---

① 《全唐诗》卷五六〇。
② ［宋］宋祁：《益部方物略记》，《影印文渊阁四库全书》史部地理类杂记之属。

诗，以母名海棠也。陆放翁云，老杜不应无海棠诗，意必失传耳。"①这一番海棠诗案，诚为诗坛一件趣事②。

总之，植物作为意象，有写实也有象征，有典故赋予的含义，也揉入了诗人的情感与思想，集体的文思与个人的玩味相映成趣，共同组成了唐诗的植物意象群。

第三节 唐诗十大植物意象

如上文表格所见，唐诗十大植物意象以出现频率为序，依次是竹、松柏、杨柳、莲、苔藓、桃、兰、桂、梅和荆棘。这些植物意象在唐诗中具有如此重要的地位，不是没有原因的。唐诗是中国诗歌发展史的高峰，但这一高度不是一蹴而就的，要达到更高的位置，它必须站在前辈的肩膀上，这一前辈就是先唐诗。站得更高，看得更远更深了，才能有所创新发展。初唐诗之为齐梁的余绪，便是承前，四杰、杜审言、沈佺期、宋之问、陈子昂的诞生，便是发展革新，"唐代文学这才扯开六朝的罩纱，露出自家的面目"③。整个唐诗是如此，诗家对植物意象的运用也是如此。

一、竹

王三毛的博士学位论文《中国古代文学竹子题材与意象研究》④

---

① ［清］车万育：《声律启蒙》，成都古籍书店1981年版，第8页。
② 可参看林岫：《千秋公案海棠诗》，光明日报，2012年10月13日（09版）。
③ 闻一多：《唐诗杂论》，中华书局2009年版，第1页。
④ 王三毛：《中国古代文学竹子题材与意象研究》，南京师范大学博士学位论文，2010年。

在讨论古代文学中的竹时,重在讨论其文化内涵,如竹蕴含的生殖文化,及道教、佛教中的竹文化等,具体到文学题材与意象时,则重在研究竹笋与竹林的题材与意象,并深入讨论了竹的象征意义。该论文关于唐诗中竹意象的论述散见于各章中,将唐诗中的竹意象作为一个时代的共识,置于整个古代文学之中论述,没有单独讨论。唐诗中的竹,实是集成了汉魏六朝咏竹的所有"成就",唐诗中与竹相关的现象在汉魏六朝诗中都可找到"先行者"。但唐代作为诗歌与生活难以分开的朝代,其对竹的歌咏,除了秉承传统外,确有发扬光大之处。

唐人对竹的审美,正应了爱屋及乌的成语,从晋人的爱竹扩大为爱竹及竹周边之物。举凡竹叶、竹花、竹实、竹枝、竹根,以至竹酒、竹影、竹房、竹楼,在唐诗中均有表现。古人的生活中竹的应用广泛,而竹与人的任何一种联系在唐诗中几乎都有篇章歌咏,这是竹意象在唐诗所有植物意象中独占鳌头的重要原因。

《世说新语·任诞》记载了王子猷爱竹的事迹,这是先唐人爱竹注重其本身的体现。

> 王子猷尝暂寄人空宅住,便令种竹。或问:"暂住何烦尔?"王啸咏良久,直指竹曰:"何可一日无此君?"①

王子猷所爱的乃是居处之竹,他对竹的欣赏较为质朴而单纯,这是先唐人们对竹审美的共同之处,也符合人对于一般事物的审美规律。事物入人之目,人首先有一个初步印象,好坏美丑的基调在此时便奠定了,然后人才去探寻事物美在何处,对事物的观察描摹逐渐由粗入细,越加注重其细枝末节的美态。唐人对竹的审美,正处于这一由粗入细

---

① [南朝宋]刘义庆著,余嘉锡笺疏:《世说新语笺疏》,中华书局2007年版,第893页。

的阶段,到了宋代,更进一步,人们非但爱竹,且注重体会竹与我的关系,将文人与竹融汇起来,将人们对竹的审美提到一个新的高度。

图05 [宋]文同《墨竹图》。台北故宫博物院藏。

唐诗中竹意象细化的一个代表便是"竹影"。"竹影"在先唐诗中只出现了一次,即贺循《赋得夹池修竹诗》的"绿竹影参差,葳蕤带曲池"①,在唐诗中则出现了六十余次。古希腊少年纳西索斯顾影自怜的神话凄美动人,"影"相较于本体,带给人的审美体验常常柔弱而感伤。竹子挺拔修长,竹影却黯淡萧疏,诗人如果内心欢畅,入眼的定然是茎茎翠筱、丛丛修竹,如果心怀悲情,凄楚的竹影就进入诗人的视线了。例如以下诗章。

晚竹疏帘影,春苔双履痕。(刘长卿《留题李明府雪溪水堂》,《全唐诗》卷一四九)

东林竹影薄,腊月更须栽。(杜甫《舍弟占归草堂检校聊示此诗》,《全唐诗》卷二二七)

竹月泛凉影,萱露澹幽丛。(张籍《奉和舍人叔直省时思琴》,《全唐诗》卷三八三)

竹影冷疏涩,榆叶暗飘萧。(张籍《雨中寄元宗简》,《全唐诗》卷三八三)

岳色鸟啼里,钟声竹影前。(姚合《寄嵩岳程光范》,《全唐诗》卷四九七)

岂知名出遍诸夏,石上栖禅竹影侵。(李山甫《赋得寒月寄齐己》,《全唐诗》卷六四三)

逼砌蛩声断,侵窗竹影孤。(李中《秋雨》二首之一,《全唐诗》卷七四八)

终日秋光里,无人竹影边。(齐己《赠浙西李推官》,《全

---

① 逯钦立:《先秦汉魏晋南北朝诗》,中华书局1988年版,第2554页。下文所引先唐诗若无特殊说明均出于此,不再另行注明。

唐诗》卷八三九)

如果诗人观察得再细致些,便能看到竹影随光移动的场景,而看到这一场景需要很长时间甚至整日整晚。比如温庭筠的《赠知音》[①]:

翠羽花冠碧树鸡,未明先向短墙啼。窗间谢女青蛾敛,门外萧郎白马嘶。星汉渐移庭竹影,露珠犹缀野花迷。景阳宫里钟初动,不语垂鞭上柳堤。

图 06　竹有君子比德的象征意义,中国古代文人园林中常用竹来造景。图为苏州拙政园中的一处丛竹假山景观。石润宏摄。

是如何的一夜无眠、心绪难平,才能看到星汉移竹影呢?这首诗

---

① 《全唐诗》卷五七八。

别名"晓别",我们可以想见,诗人看着庭中的竹影慢慢移动,整晚都处在不舍友人离去的情感状态中。至于他是独自看还是与友人一边话别一边看我们不得而知,但到了天明时分真要分别时,却"不语垂鞭上柳堤"了,一切尽在不言中。这里移动的竹影正是诗人心绪的最佳表露载体。人一夜未眠地看着影子的移动,这其中所含的凄苦之情真正溢出诗外。元人周玉晨的《十六字令》:"眠,月影穿窗白玉钱。无人弄,移过枕函边。"其"影"与"孤情"的联系与齐己的"无人竹影边"可谓异曲同工。清人评之曰:

图07 安徽省马鞍山市当涂县的李白墓,墓冢四周遍植松柏。石润宏摄。

(周玉晨)有《晴川词》之作,即"无人弄,移过枕函边"

八字,想见空灵萧爽之致,可谓家传珠玉,人握兰荃矣。①

"空灵萧爽"这四字用来评价唐诗中竹影意象的文学表达效果,亦可谓贴切。

二、松柏

松柏意象在先唐诗中,常与坟茔及仙道联系。魏晋时许多诗人写的游仙诗都含有松柏意象。比如:

> 嵇康《游仙诗》:遥望山上松,隆谷郁青葱。自遇一何高,独立迥无双。愿想游其下,蹊路绝不通。王乔弃我去,乘云驾六龙。飘飖戏玄圃,黄老路相逢。授我自然道,旷若发童蒙。采药钟山隅,服食改姿容。蝉蜕弃秽累,结友家板桐。临觞奏九韶,雅歌何邕邕。长与俗人别,谁能睹其踪。(《先秦汉魏晋南北朝诗》第488页)

> 何劭《游仙诗》:青青陵上松,亭亭高山柏。光色冬夏茂,根柢无彫落。吉士怀真心,悟物思远托。扬志玄云际,流目瞩严石。羡昔王子乔,友道发伊洛。迢递陵峻岳,连翩御飞鹤。抗迹遗万里,岂恋生民乐。长怀慕仙类,眇然心绵邈。(《先秦汉魏晋南北朝诗》第649页)

松柏与仙道的联系在魏晋时期被迅速强化,这可能与一些得道成仙的传说有关,比如传说中上古有个神仙叫赤松子,名字中恰好有个"松"字,这在不经意间将"松"与"仙"联系了起来。此外松柏有成仙的寓意还有社会现实的原因,"魏晋之际,道教迅速发展,贵族与平民分别在自己生活的基础上创造了一些食松柏而成仙的故事,食

---

① [清]况周颐:《宋人词话》,浙江图书馆珍藏善本。

图08 [五代]周文矩《文苑图》（局部）。此图描绘唐代诗人王昌龄与诗友雅集的场景，参与集会者可能还有刘眘虚、岑参等人。图中展卷者正对着一株松树托颐静思。北京故宫博物院藏。

用松柏成为道教修道成仙的一种方法。①"松柏与仙道的联系，还与其在往生世界中的应用有关。中国先民的墓地历来广植松柏，"墓地松柏作为一种文化意象，与我国古代的丧葬制度、社稷制度有着密切的关联，寄托着先民渴慕长生、祖灵尊崇和土地崇拜的情感，反映了我们民族特有的观念、心理。②"于是松与墓地成了互相的代表：

> 高坟郁兮巍巍，松柏森兮成行。（曹植《寡妇诗》，《先秦汉魏晋南北朝诗》第464页）

> 芒芒丘墓间，松柏郁参差。（傅玄《挽歌》，《先秦汉魏晋南北朝诗》第566页）

> 坟垒日月多，松柏郁芒芒。（陆机《门有车马客行》，《先秦汉魏晋南北朝诗》第660页）

> 长松何郁郁，丘墓互相承。（陆机《驾言出北阙行》，《先秦汉魏晋南北朝诗》第662页）

> 青松罗前隧，翠碑表高坟。（曹毗《郗公墓诗》，《先秦汉魏晋南北朝诗》第889页）

人们看到墓地往往能看到松柏，看到松柏也就想到了墓地。杜甫《蜀相》③诗说"丞相祠堂何处寻，锦官城外柏森森"，松柏为人们指示了墓地的方位。

文学中的松柏意象还因松树柏树现实中的生物学特性而含有比喻文人德行的意味。孔子说"岁寒，然后知松柏之后凋也"④，建安时

---

① 唐娜：《仙道小说中服食松柏成仙情节的现实背景》，《南京师范大学文学院学报》2007年第1期，第24页。
② 王颖：《墓地松柏意象的文化意蕴》，《阅江学刊》2011年第4期，第127页。
③ 《全唐诗》卷二二六。
④ 《论语·子罕》。

期的刘桢有《赠从弟》诗：

> 亭亭山上松，瑟瑟谷中风。风声一何盛，松枝一何劲。
>
> 冰霜正惨悽，终岁常端正。岂不罹凝寒，松柏有本性。（《赠从弟》三首其二，《先秦汉魏晋南北朝诗》第371页）

这首诗将松的劲节与人的品性联系起来，是先唐诗中以松喻人的典范之作。唐人毫无疑问继承了松柏的上述内蕴，而略有丰富。"唐人笔下的松柏常常是文人感物咏怀、托物自喻的媒介，是渴望材用又个性鲜明的文士的象征，既充满信心、激情，渴望建功立业，又孤直、耿介，与世俗格格不入。"①

唐人的这种继承不是宽泛的拿来主义，而是有选择的，这与诗人个人的偏好有关，比如李白就很喜欢使用松意象。松在李白诗歌中出现的频率极高，是李白最爱运用的植物意象（松出现138次，桃90次，莲、荷、芙蓉、菡萏共63次，竹58次，兰46次，柳37次，桂33次，苔29次，梅23次）。这与李白的"道"气及松与道教的联系有关。松柏常青，是道观中最常见的植物，《史记·龟策列传》："松柏为百木长，而守门闾。"②相传老子西行化胡，曾在柏树上系牛。中国古老的道观松柏参天是常见的景象。虽然松与道教的关系不如莲与佛教那样密切，但也是很有关联寓意的。李白在寻仙访道的诗歌中是必写松柏的，如：

> 先君怀圣德，灵庙肃神心。草合人踪断，尘浓鸟迹深。
>
> 流沙丹灶灭，关路紫烟沈。独伤千载后，空余松柏林。（《谒

---

① 王颖：《中国古代文学松柏题材与意象研究》，南京师范大学博士学位论文，2012年，第26页。

② ［汉］司马迁：《史记》，中华书局1959年版，第3237页。

老君庙》，《全唐诗》卷一八〇）

> 犬吠水声中，桃花带雨浓。树深时见鹿，溪午不闻钟。野竹分青霭，飞泉挂碧峰。无人知所去，愁倚两三松。（《访戴天山道士不遇》，《全唐诗》卷一八二）

当然，松的挺拔苍劲暗合了李白的气质，这也是李白爱松的原因。

三、杨柳

石志鸟总结古代文学中杨柳意象的情感意蕴，主要有三个方面，相思的载体、思乡的触媒和离别的象征，她同时还发现杨柳意象的人格象征存在着从名士到隐士、从男士到美女、从美女到娼妓和小人的变化。这些意象特征在唐诗中都有体现，唐代的咏柳诗数量很多。"咏柳文学的繁荣，不仅表现在数量上，而且表现在质量上，从成就上来说，出现了不少咏柳大家和名家，刘禹锡、白居易是咏柳大家。"[①]唐人咏柳的形式、寄意，可以用不拘一格来形容，这与柳意象内涵的丰富有直接关系。

柳意象在文学中的寓意有一种摇摆性和善变性，这是其有别于其他植物意象的地方。梅、兰、竹、菊、松等植物，都有积极向上的寓意，茑萝、茅、蓬、萍等植物也有相对贬义的色彩，柳则常常在褒贬之间徘徊，这是柳的生物学特性造就的。柳树的生命力强，发芽抽枝的速度快，这使其含有一种蓬勃的朝气，但柳树长成后却体态袅娜，全不似松的遒劲与梅的疏旷，这使之又含有一种垂顺的娇气。

因此，如果用柳树来比喻人，便既可形容大丈夫"濯濯如春月

[①] 石志鸟：《中国杨柳审美文化研究》，巴蜀书社2009年版，第4页。

图09 敦煌残卷宋代纸本彩绘《柳枝观音图》。俄罗斯艾尔米塔什博物馆藏。

柳"①，又可形容小女子"行动处似弱柳扶风"②。柳作为两种极端的结合体，成了为数不多的可供人谈笑戏谑的植物之一。李商隐就有《谑柳》③一诗：

已带黄金缕，仍飞白玉花。长时须拂马，密处少藏鸦。眉细从他敛，腰轻莫自斜。玳梁谁道好，偏拟映卢家。

李商隐对柳的这种态度还引来后世诗家的批评，纪昀就说："此题更恶，若从此一路入手，即终身落狐鬼窟中。"④纪昀认为李商隐这种写诗方法是剑走偏锋了，但实际上李诗是集合了历代诗人对柳的几乎所有非议

---

① ［南朝宋］刘义庆著，余嘉锡笺疏：《世说新语笺疏》，中华书局2007年版，第737页。"有人叹王恭形茂者，云：'濯濯如春月柳。'"
② 《红楼梦八十回校本》，人民文学出版社1958年版，第32页。"林姑妈之女（林黛玉）……闲静时如娇花照水，行动处似弱柳扶风。"
③ 《全唐诗》卷五三九。
④ ［清］纪昀：《抄诗或问》，见黄世中：《类纂李商隐诗笺注疏解》，黄山书社2009年版，第969页。

写成的,从谄事权贵的小人到人老珠黄的歌姬,从柔媚的轻佻者到奸佞的妒妇都包含其中。李商隐对柳的嘲谑实在不能怪诗人,只能怪柳自身的多面性。

图10 夏日荷塘。Tuyet Nguyen 摄。引自免费图片网(www.publicdomainpictures.net)。

四、莲

莲荷意象在唐诗中甚为常见,它在《全唐诗》中出现的频率,据俞香顺《中国荷花审美文化研究》(以下简称俞书)一书统计,包含"荷"的单句908个,"莲"1212个,"芙蓉"476个①。然据笔者统计,

---

① 俞香顺:《中国荷花审美文化研究》,巴蜀书社2005年版,第7页。

包含这些意象的诗句,莲1024句,荷557句,芙蓉386句,另有藕91句,芰87句,菡萏75句,蕖65句,莲荷意象总共在唐诗中出现2245句。俞书与笔者的统计有较大的出入,笔者认为,除了一些技术上的差异外,这是俞书审慎不清所致。

首先,莲花在古代文学中出现很早,有很多的别称异名,《尔雅·释草》曰:"荷,芙蕖。其茎茄,其叶蕸,其本蔤,其华菡萏,其实莲,其根藕,其中的,的中薏。"① 此外还有"朱华"之名,如曹植《公䜩诗》之"秋兰被长坂,朱华冒绿池"②,还有单名"芰"者,如杜甫《佐还山后寄》三首之三的"隔沼连香芰,通林带女萝"③。要全面了解莲荷意象在唐诗中的使用情况,就要把这些异名都考虑进去,这样才更能反映真实情况,全面说明问题。其次,"荷"在古文中并不仅指植物荷花,还有背负的意思。实际上"荷"用作动词比用作名词出现更早,李时珍在解释荷花的命名时说:"《尔雅》以荷为根名,韩氏以荷为叶名,陆玑以荷为茎名。按茎乃负叶者也,有负荷之义,当从陆说。"④ 俞书关于"荷"的统计数据比笔者多出了将近一倍,显然是未排除作动词的"荷",比如张九龄《酬宋使君见诒》"庭闱际海曲,韬传荷天慈"⑤,沈佺期《紫骝马》"荷君能剪拂,躞蹀喷桑干"⑥之类,都应该剔除,俞书使用电脑系统检索,显然忽视了这一点。

---

① 胡奇光等:《尔雅译注》,上海古籍出版社1999年版,第299页。"的"指果实,"薏"指胚芽。
② 《先秦汉魏晋南北朝诗》,中华书局1988年版,第450页。
③ 《全唐诗》卷二二五。
④ [明]李时珍:《本草纲目》,中国中医药出版社1998年版,第805页。
⑤ 《全唐诗》卷四九。
⑥ 《全唐诗》卷九五。

图11 鱼戏莲叶间。石润宏摄。

唐人咏荷诗作很多，俞书"唐代荷花审美认识的发展"一章总结了五点唐人对荷花审美的贡献，分别是"清美的发现，哀美的发现，喻义多端，秋荷人格象征意义的生成，白莲人格象征意义的生成"[①]，较为全面地论述了荷花审美在唐代的新发展。然而笔者认为唐人对荷花的欣赏还有另外一个独特之处，即对荷花动态美的发现和欣赏。

莲荷是植物，是水生植物，它本身是无法运动的，因此要现出动态只有借助外力，这些外力大抵由空中的风、雨和水生的鱼或禽鸟构成。试看以下诗例：

因风而动者：

> 夜半酒醒人不觉，满池荷叶动秋风。（窦巩《秋夕》，《全唐诗》卷二七一）
>
> 绿荷舒卷凉风晓，红萼开萦紫菂重。（李绅《新楼诗·重台莲》，《全唐诗》卷四八一）
>
> 风过渚荷动，露含山桂幽。（许浑《月夜期友人不至》，《全唐诗》卷五三一）
>
> 风吹荷叶动，无夜不摇莲。（裴諴《南歌子词》三首之二，《全唐诗》卷五六三）
>
> 风翻荷叶一向白，雨湿蓼花千穗红。（温庭筠《溪上行》，《全唐诗》卷五七八）
>
> 风荷似醉和花舞，沙鸟无情伴客闲。（司空图《王官》二首之一，《全唐诗》卷六三三）
>
> 自有池荷作扇摇，不关风动爱芭蕉。（司空图《偶书》

[①] 俞香顺：《中国荷花审美文化研究》，巴蜀书社2005年版，第154—207页。

五首之二，《全唐诗》卷六三三）

卷荷忽被微风触，泻下清香露一杯。（韩偓《野塘》，《全唐诗》卷六八一）

因雨而动者：

宿阴繁素柰，过雨乱红蕖。（杜甫《寄李十四员外布十二韵》，《全唐诗》卷二二八）

曾为江客念江行，肠断秋荷雨打声。（李端《荆门歌送兄赴夔州》，《全唐诗》卷二八四）

暝色投烟鸟，秋声带雨荷。（白居易《浔阳秋怀赠许明府》，《全唐诗》卷四四〇）

菊艳含秋水，荷花递雨声。（许浑《送同年崔先辈》，《全唐诗》卷五二八）

萍皱风来后，荷喧雨到时。（温庭筠《卢氏池上遇雨赠同游者》，《全唐诗》卷五八二）

欹枕卧吟荷叶雨，持杯坐醉菊花天。（方干《宋从事》，《全唐诗》卷六五一）

因水中生物而动者：

潭清疑水浅，荷动知鱼散。（储光羲《杂咏·钓鱼湾》，《全唐诗》卷一三六）

翠羽戏兰苕，赪鳞动荷柄。（孟浩然《晚春卧病寄张八》，《全唐诗》卷一五九）

百本败荷鱼不动，一枝寒菊蝶空迷。（张贲《奉和袭美题褚家林亭》，《全唐诗》卷六三一）

野兽眠低草，池禽浴动荷。（杜荀鹤《和吴太守罢郡山

村偶题》二首之一，《全唐诗》卷六九一）

唐人发现了荷的运动之态，也品出了因这种动态而生的姗姗可爱之美，这些观察可谓细致入微，但也只是细致而已，并不精深。纵观全唐的咏荷诗，能发人所未发，思及深处的，恐怕也只有诗家圣手的杜甫了。他的《狂夫》[①]一诗云：

万里桥西一草堂，百花潭水即沧浪。风含翠筱娟娟静，雨裛红蕖冉冉香。厚禄故人书断绝，恒饥稚子色凄凉。欲填沟壑唯疏放，自笑狂夫老更狂。

图12　白莲盛开，高洁出尘。Mark Yang 摄。引自免费图片网。

金圣叹赞誉这首诗说"味此诗，有何人浊人清，人醉人醒，看先

---

① 《全唐诗》卷二二六。

生何等胸次"，又说"风含翠筱而云娟娟静，言其得雨而娟娟也；雨裹红蕖而云冉冉香，言其得风而冉冉也，立言之妙如此。①"这句颔联之"含""静""裹""香"与诗题之"狂"全不相干，与下二联之诗亦可谓大相径庭，然辛辣如老杜者却毫不在意，信手拈来，浑成一诗。王国维《人间词话·乙稿序》谓："文学之事，其内足以摅己而外足以感人者，意与境二者而已。上焉者意与境浑，其次或以境胜，或以意胜。苟缺其一，不足以言文学。"②杜甫此诗，小竹、荷花之动与静，竹荷之为象与诗之深意，相契相合，正王国维所谓上焉者。

五、苔藓

苔藓是最低级的高等植物，根茎叶的区分度很小，常常生长在潮湿幽暗处，因此文学中的苔藓意象蕴含的意思也就离不开忧愁幽怨了。诗人常以苔藓意象寄寓闺怨、郁闷不得志、世事无常等意思，苔藓出现在诗中，大抵有一种破落残败感。比如：

> 春苔暗阶除，秋草芜高殿。（陆机《班婕妤》，《先秦汉魏晋南北朝诗》第 661 页）

> 青苔依空墙，蜘蛛网四屋。感物多所怀，沉忧结心曲。（张协《杂诗》十首之一，《先秦汉魏晋南北朝诗》第 745 页）

> 青苔芜石路，宿草尘蓬门。（谢庄《怀园引》，《先秦汉魏晋南北朝诗》第 1254 页）

> 坐视青苔满，卧对锦筵空。（鲍照《代陈思王京洛篇》，

---

① ［清］金圣叹：《四才子书：金圣叹选批杜诗》，成都古籍书店 1983 年版，第 56 页。
② ［清］王国维著，滕咸惠译评：《人间词话》，吉林文史出版社 2004 年版，第 126 页。

《先秦汉魏晋南北朝诗》第 1259 页）

寒苔卷复舒，冬泉断方续。（沈约《伤春诗》，《先秦汉魏晋南北朝诗》第 1650 页）

缘阶已漠漠，泛水复绵绵。微根如欲断，轻丝似更联。长风隐细草，深堂没绮钱。萦郁无人赠，葳蕤徒可怜。（沈约《咏青苔诗》，《先秦汉魏晋南北朝诗》第 1652 页）

舟庭斜草径，素壁点苔钱。（刘孝威《怨诗》，《先秦汉魏晋南北朝诗》第 1867 页）

翠带留余结，苔阶没故基。（梁简文帝萧纲《伤美人诗》，《先秦汉魏晋南北朝诗》第 1941 页）

何言飞燕宠，青苔生玉墀。谁知同辇爱，遂作裂纨诗。（梁元帝萧绎《班婕妤》，《先秦汉魏晋南北朝诗》第 2034 页）

如果说魏晋是文学自觉的时代[①]的话，那么唐代就是诗歌自觉的时代了，从前文的统计表格可以看出，唐人的写诗，几乎到了万物入诗的地步，仿佛没有什么是唐诗不能表现的。苔藓意象到了唐诗中，除了魏晋以来一贯的那些喻义外，还有了新的内容。这种新内容的出现，令我们不得不佩服唐人对事物的观察能力及诗歌创作的自觉性。这一新内容，便是"雨"与"苔"的联系。

雨后发春笋的情景众所周知，但雨后发新苔的入诗，则是唐人的首创了。苔藓植物虽然在陆地生长，但"还保留着许多水生植物的特点"，"苔藓是靠营养体的全部细胞，特别是位于表面的细胞吸收水分和养料的，这点与藻类植物颇相似"，由于这个原因，苔藓植物"在

---

① 袁行霈主编：《中国文学史》第二卷，高等教育出版社 2006 年版，第 1—7 页。

其整个生活史过程中,有某一阶段必须生活在水环境中,否则便不能完成世代交替"①。这使得雨水的滋润会促使苔藓迅速生长,这一现象被唐人注意到了,并在诗歌中加以表现。比如:

图 13　岩石上的苔藓。Piotr Siedlecki 摄。引自免费图片网。

　　宿雨冒空山,空城响秋叶……夜雾著衣重,新苔侵履湿。(韦应物《郡中对雨赠元锡兼简杨凌》,《全唐诗》卷一八八)

　　春雨暗重城,讼庭深更寂……湿鸟压花枝,新苔宜砌石。(钱起《李士曹厅对雨》,《全唐诗》卷二三六)

　　远村寒食后,细雨度川来……槿篱悬落照,松径长新

---

① 胡人亮:《苔藓植物学》,高等教育出版社 1987 年版,第 17 页。

苔。(李德裕《春暮思平泉杂咏·望伊川》,《全唐诗》卷四七五)

曙雨新苔色,秋风长桂声。(姚合《和裴令公新成绿野堂即事》,《全唐诗》卷五〇一)

这是唐人对生活的自觉和对诗歌创作的自觉,唐人的另一个自觉便是对苔藓意象的文学表达功用的自觉。试看:

茅堂阶岂高,数寸是苔藓……眼前无此物,我情何由遣。(姚合《题金州西园·莓苔》,《全唐诗》卷四九九)

底物最牵吟,秋苔独自寻。(孙鲂《春苔》,《全唐诗》卷八八六)

这说明唐人对苔藓能引发何种情绪有了清晰的认识,并且认为苔藓是表达该类情绪最佳的媒介,这是唐人对苔藓意象发展的最大贡献。

六、桃

渠红岩的《中国古代文学桃花题材与意象研究》一书总结唐代文学中桃花意象的情感寓意,主要有三点,一是对青春红颜的叹惋,二是文人身世之感慨,三是隐逸与求仙理想的寓托[①]。似乎唐人的桃花总也离不开愁闷遁世的灰色情调,实际上桃花的明艳靓丽是惹人欢喜的,并非总发愁情,唐人有很多单纯写桃花风景的诗作,其心绪也多是明快欢欣的。例如下列诗作:

百叶双桃晚更红,窥窗映竹见玲珑。应知侍史归天上,故伴仙郎宿禁中。(韩愈《题百叶桃花》,《全唐诗》卷三四三)

---

① 渠红岩:《中国古代文学桃花题材与意象研究》,中国社会科学出版社2009年版,第50—55页。

图14 [宋]佚名《碧桃图》纨扇。北京故宫博物院藏。

几叹红桃开未得,忽惊造化新装饰。一种同沾荣盛时,偏荷清光借颜色。(施肩吾《玩新桃花》,《全唐诗》卷四九四)

上帝春宫思丽绝,夭桃变态求新悦。便是花中倾国容,牡丹露泣长门月。(李咸用《绯桃花歌》,《全唐诗》卷六四四)

满树和娇烂漫红,万枝丹彩灼春融。何当结作千年实,

59

将示人间造化工。（吴融《桃花》，《全唐诗》卷六八七）

只应红杏是知音，灼灼偏宜间竹阴。几树半开金谷晓，一溪齐绽武陵深。艳舒百叶时皆重，子熟千年事莫寻。谁步宋墙明月下，好香和影上衣襟。（李中《桃花》，《全唐诗》卷七四七）

千株含露态，何处照人红。风暖仙源里，春和水国中。流莺应见落，舞蝶未知空。拟欲求图画，枝枝带竹丛。（齐己《桃花》，《全唐诗》卷八三八）

金圣叹曾说："人看花，花看人。人看花，人销陨在花里边去；花看人，花销陨到人里边来。"①人如果心事"销陨"，自然会销陨到花当中去，但不是每个写诗的人都有着销陨的心事的，比如断尽烦恼丝的齐己，禅修生活，清心静性，他眼中的桃花自然是开得欢畅的，没有那些灰暗的色彩。唐人在诗歌中表现桃意象时，常写惹人注目的桃花，但也有诗人标新立异偏不写花，比如刘长卿就说过"桃叶宜人诚可咏"②的话，这是唐人的可爱之处。

七、兰

历来有不少学者认为诗经楚辞时代的兰并非我们现在熟知的兰花，而是菊科植物的泽兰（兰草）。周建忠的《兰文化》采用了"比较可取"的"兰草、兰花并存说"③，潘富俊的《楚辞植物图鉴》坚持认为"泽兰是古人惯常使用的'兰'"④，并说"中国古诗词如唐诗、《诗经》、《楚

---

① ［清］金圣叹著，艾舒仁编次，冉苒校点：《金圣叹文集》，巴蜀书社1997年版，第138页。
② 刘长卿：《送子婿崔真父归长城》，《全唐诗》卷一五一。
③ 周建忠：《兰文化》，中国农业出版社2001年版，第45页。
④ 潘富俊：《楚辞植物图鉴》，上海书店出版社2003年版，第21页。

辞》中提到的兰都是泽兰类"①，陈彤彦的《中国兰文化探源》②一书则从古籍记载的兰花特征与当代兰花特征的对比入手，得出了"古兰即今兰"的结论。由于"花""草"之辨涉及生物、农业、考古等范畴，我们且存之不论，将问题大而化之，分析唐诗中兰意象的文学特色。

诗人之赏兰，无非视觉、味觉两端，赏其花，观其叶，品其香，味其气，笔触之下，常含高洁清孤之意，兰向来是比喻君子的最佳喻体。例如：

图15 ［宋］赵孟坚《墨兰图》。北京故宫博物院藏。

兰之花：

寄君青兰花，惠好庶不绝。（李白《自金陵溯流过白璧山玩月达天门寄句容王主簿》，《全唐诗》卷一七三）

曙色传芳意，分明锦绣丛。兰生霁后日，花发夜来风。（钱起《赋得丛兰曙后色，送梁侍御入京》，《全唐诗》卷二三七）

---

① 潘富俊：《唐诗植物图鉴》，上海书店出版社2003年版，第7页。
② 陈彤彦：《中国兰文化探源》，云南科技出版社2004年版。

蕙草春已碧，兰花秋更红。四时发英艳，三径满芳丛。（李德裕《春暮思平泉杂咏·花药栏》，《全唐诗》卷四七五）

身事岂能遂，兰花又已开。（贾岛《病起》，《全唐诗》卷五七三）

曾乞兰花供，无书又过春。（唐彦谦《寄同上人》，《全唐诗》卷六七一）

兰之叶：

莫言阙下桃花舞，别有河中兰叶开。（张说《舞马千秋万岁乐府词》，《全唐诗》卷二八）

梅花扶院吐，兰叶绕阶生。（卢照邻《首春贻京邑文士》，《全唐诗》卷四二）

兰叶春葳蕤，桂华秋皎洁。（张九龄《感遇》十二首之一，《全唐诗》卷四七）

闻道慈亲倚门待，到时兰叶正萋萋。（李嘉祐《送从弟永任饶州录事参军》，《全唐诗》卷二〇七）

吴王旧国水烟空，香径无人兰叶红。（陈羽《吴城览古》，《全唐诗》卷三四八）

香径自生兰叶小，响廊深映月华空。（杨乘《吴中书事》，《全唐诗》卷五一七）

长随圣泽堕尧天，濯遍幽兰叶叶鲜。（韩琮《露》，《全唐诗》卷五六五）

兰之馨香：

烟开兰叶香风暖，岸夹桃花锦浪生。（李白《鹦鹉洲》，《全唐诗》卷一八〇）

鸿鹄志应在，荃兰香未衰。（钱起《送任先生任唐山丞》，《全唐诗》卷二三八）

兰溪春尽碧泱泱，映水兰花雨发香。（杜牧《兰溪》，《全唐诗》卷五二二）

兰香佩兰人，弄兰兰江春。尔为兰林秀，芳藻惊常伦。（李群玉《送萧绾之桂林》，《全唐诗》卷五六八）

砌竹拂袍争草色，庭花飘艳妒兰香。（李山甫《赠徐三十》，《全唐诗》卷六四三）

真魄肯随金石化，真风留伴蕙兰香。（徐夤《伤前翰林杨左丞》，《全唐诗》卷七一〇）

种兰幽谷底，四远闻馨香。（陈陶《种兰》，《全唐诗》卷七四五）

人安宜远泛，沙上蕙兰香。（无可《送姚宰任吉州安福县》，《全唐诗》卷八一三）

兰花与芙蓉，满院同芳馨。（贯休《古意》九首之一，《全唐诗》卷八二六）

兰之气息：

兰气已熏宫，新蕊半妆丛。（李世民《赋得花庭雾》，《全唐诗》卷一）

兰气添新酌，花香染别衣。（王勃《九日怀封元寂》，《全唐诗》卷五六）

兰气飘红岸，文星动碧浔。（钱起《和范郎中宿直中书晓玩清池赠南省同僚两垣遗补》，《全唐诗》卷二三八）

幽圃蕙兰气，烟窗松桂姿。（武元衡《秋日对酒》，《全

唐诗》卷三一六）

兰气入幽帘，禽言傍孤枕。（李德裕《思山居·思乡园老人》，《全唐诗》卷四七五）

松花飘鼎泛，兰气入瓯轻。（李德裕《忆平泉杂咏·忆茗芽》，《全唐诗》卷四七五）

上文在论述其他植物意象时多次提到，唐人为很多植物意象的文化寓意作了定义和总结，兰意象也是如此。宋之问的一句"兰芳空自幽"①促使人们思考人与花的关系，是花幽耶？是人幽耶？不是花幽，不是人幽，底是心幽。卢纶的一句"君子即芳兰"②将"似""如"等比喻词去除，直说君子就是兰花，使得屈原以来的兰与君子的关系终于明晓、确定。唐人于兰花审美文化之助益，不啻汗马。

八、桂

桂意象是文学意象中的元老了，屈原在《九歌·湘君》中就有"美要眇兮宜修，沛吾乘兮桂舟"和"桂櫂兮兰枻，斫冰兮积雪"③的句子，因为这一传统，唐人也喜欢使用桂舟、桂楫的意象，比如：

桂楫中流望，京江两畔明。（孟浩然《渡扬子江》，《全唐诗》卷一六〇）

和风引桂楫，春日涨云岑。（杜甫《过津口》，《全唐诗》卷二二三）

兰舟桂楫常渡江，无因重寄双琼珰。（张籍《寄远曲》，

---

① 宋之问：《春日郑协律山亭陪宴饯郑卿同用楼字》，《全唐诗》卷五三。
② 卢纶：《送尹枢令狐楚及第后归觐》，《全唐诗》卷二七六。
③ [宋]朱熹撰，蒋立甫校点：《楚辞集注》，上海古籍出版社2001年版，第34—35页。

《全唐诗》卷三八二）

图16　[元]钱选《八花图卷》之桂花。该图卷绘有水仙、栀子、梨花等八种花卉。北京故宫博物院藏。

　　桂舟兰作栧,芬芳皆绝世。(李德裕《思平泉树石杂咏·泛池舟》,《全唐诗》卷四七五)

　　桂楫谪湘渚,三年波上春。(杜牧《宣城赠萧兵曹》,《全唐诗》卷五二六)

　　桂楫美人歌木兰,西风袅袅露溥溥。(许浑《酬康州韦侍御同年》,《全唐诗》卷五三八)

　　桂楫木兰舟,枫江竹箭流。(刘绮庄《扬州送人》,《全唐诗》卷五六三)

桂又常常与月联系，这与神话传说有关，段成式的《酉阳杂俎》卷一就有下面的记载：

> 旧言月中有桂，有蟾蜍，故异书言月桂高五百丈，下有一人常斫之，树创随合。人姓吴名刚，西河人，学仙有过，谪令伐树。释氏书言，须弥山南面有阎扶树，月过，树影入月中。或言月中蟾桂，地影也；空处，水影也。此语差近。①

唐诗中"月·桂"的意象出现了一百多次，许多诗歌大家也喜欢表现桂与月的这种联系，例如以下诗章：

> 山寺月中寻桂子，郡亭枕上看潮头。（白居易《忆江南》，《全唐诗》卷二八）
>
> 桂子月中落，天香云外飘。（宋之问《灵隐寺》，《全唐诗》卷五三）
>
> 每年海树霜，桂子落秋月。（李白《送崔十二游天竺寺》，《全唐诗》卷一七五）
>
> 斫却月中桂，清光应更多。（杜甫《一百五日夜对月》，《全唐诗》卷二二四）
>
> 翩联桂花坠秋月，孤鸾惊啼商丝发。（李贺《李夫人歌》，《全唐诗》卷三九〇）
>
> 昨夜西池凉露满，桂花吹断月中香。（李商隐《昨夜》，《全唐诗》卷五四〇）

楚辞中的桂舟典故与神话中的月桂意象在唐人的笔下，还结合了起来，这些诗歌常常富含着虚空飘遥的仙道气息，似乎诗人有寻仙求

---

① ［唐］段成式：《酉阳杂俎》，上海古籍出版社2000年版，第563页。

道的欲望，但实际上表露的是现实中的隐逸、遁世情结，而且这种表露通常是隐晦的，需细细体会诗意方可知晓。例如：

> 英藩筑外馆，爱主出王宫。宾至星槎落，仙来月宇空。玳梁翻贺燕，金埒倚晴虹。箫奏秦台里，书开鲁壁中。短歌能驻日，艳舞欲娇风。闻有淹留处，山阿满桂丛。（宋之问《宴安乐公主宅得空字》，《全唐诗》卷五三）

> 露滴梧叶鸣，秋风桂花发。中有学仙侣，吹箫弄山月。（丘丹《和韦使君秋夜见寄》，《全唐诗》卷三〇七）

> 沐发清斋宿洞宫，桂花松韵满岩风。紫霞晓色秋山霁，碧落寒光霜月空。华表鹤声天外迥，蓬莱仙界海门通。冥心一悟虚无理，寂寞玄珠象罔中。（刘沧《宿题天坛观》，《全唐诗》卷五八六）

> 欲陪仙侣得身轻，飞过蓬莱彻上清。朱顶鹤来云外接，紫鳞鱼向海中迎。姮娥月桂花先吐，王母仙桃子渐成。下瞰日轮天欲晓，定知人世久长生。（吕岩《七言》六十三首之三十二，《全唐诗》卷八五七）

当然，这种消极的情绪不是一概而论的，《晋书·郤诜传》所派生出的蟾宫折桂的佳言[①]，使得诗人们往往以月桂意象来表达及第高中后的欣喜，比如：

> 自喜寻幽夜，新当及第年。还将天上桂，来访月中仙。（施

[①] 《晋书·郤诜传》："武帝于东堂会送，问诜曰：'卿自以为何如？'诜对曰：'臣举贤良对策，为天下第一，犹桂林之一枝，昆山之片玉。'"后世遂以"蟾宫折桂"谓科举及第。[唐]房玄龄等撰：《晋书》，中华书局1974年版，第1443页。

肩吾《及第后夜访月仙子》，《全唐诗》卷四九四）

文学宗师心秤平，无私三用佐贞明。恩波旧是仙舟客，德宇新添月桂名。兰署崇资金色重，莲峰高唱玉音清。羽毛方荷生成力，难继鸾皇上汉声。（李潜《和主司王起》，《全唐诗》卷五五二）

唐诗中的桂意象大抵是美好的，没有引来什么批评与指摘，如果非要为桂寻些区别于其他植物意象的特质的话，那就要数它的仙气了，当然桃也有神话色彩，不过似乎没有月桂、仙桂来得普遍。

九、梅

唐代是咏梅文学的一个过渡阶段，是魏晋咏梅文学的渐起到宋代咏梅文学的繁盛之间的一个阶段，虽然这一时期诗人们开始"不断抬高梅花在花卉中的地位，从梅花寂寞野处、抗寒早芳等特征演绎其高尚的意义，从而使梅花意象逐步具有了人格情操的象征意蕴"[①]，但毕竟只是开始，距离宋代梅的文人化还有很长的道路，梅在唐代依然具有比较浓重的世俗气。这一世俗气的重要体现便是梅与闺情的联系。梅是春花，故诗人常以梅寄托春情与闺怨，比如：

共君结新婚，岁寒心未卜。相与游春园，各随情所逐……今日玉庭梅，朝红暮成碧。碧荣始芬敷，黄叶已渐沥。何用念芳春，芳春有流易。（乔知之《定情篇》，《全唐诗》卷八一）

铁骑几时回，金闺怨早梅。雪中花已落，风暖叶应开。夕逐新春管，香迎小岁杯。感时何足贵，书里报轮台。（沈

[①] 程杰：《宋代咏梅文学研究》，安徽文艺出版社2002年版，第13页。

佺期《梅花落》,《全唐诗》卷一八)

正月金闺里,微风绣户间。晓魂怜别梦,春思逼啼颜。绕砌梅堪折,当轩树未攀。岁华庭北上,何日度阳关。(袁晖《正月闺情》,《全唐诗》卷一一一)

图17 梅花。石润宏摄。

紫梅发初遍,黄鸟歌犹涩……玉闺青门里,日落香车入。游衍益相思,含啼向彩帷。(王维《早春行》,《全唐诗》卷一二五)

昔住邯郸年尚少,只是娇羞弄花鸟。青楼碧纱大道边,绿杨日暮风袅袅……韶光日日看渐迟,摽梅既落行有时……深闺愁独意何如。花前拭泪情无限,月下调琴恨有余。(权

德舆《薄命篇》，《全唐诗》卷三二八）

　　台阁仁贤誉，闺门孝友声……好风初婉软，离思苦萦盈。金马旧游贵，桐庐春水生。雨侵寒牖梦，梅引冻醪倾。（杜牧《寄内兄和州崔员外十二韵》，《全唐诗》卷五二三）

　　门前梅柳烂春辉，闲妾深闺绣舞衣。（张窈窕《春思》二首之一，《全唐诗》卷八〇二）

梅花在唐代显然不是花中魁首，与宋人以梅喻士人品格的崇敬之情甚不相同。宋人有时嬉笑梅花，是含着泪的苦笑，其目的依然是以梅之德反衬他物之低劣。比如下面两首诗：

　　恰喜相逢又语离，愁于江上送君时。清谈未了风吹断，白发可怜天不知。樗木自肥伤竹瘦，海棠偷放笑梅迟。黄堂若问痴顽老，新有登楼二十诗。（戴复古《送别朱兼金》，《全宋诗》第 54 册，第 33589 页）

　　此生毕竟已蹉跎，有酒何妨醉且歌。人世尽缘愁得老，春花偏被雨相魔。草欺兰瘦能香否，杏笑梅残奈俗何。试上东楼看春景，海山无数列青螺。（戴昺《此生》，《全宋诗》第 59 册，第 36982 页）

戴复古诗以竹梅比喻友人朱兼金，反衬现实中的樗木、海棠"们"小人的本质。戴昺诗亦是以兰梅反衬草杏的俗不可耐。唐人笑梅则是真笑，是心情愉悦的快乐歌咏，施肩吾的"笑摘青梅叫阿侯"[1]，李商隐的"笑倚墙边梅树花"[2]，李衢的"轻摇梅共笑"[3]皆是此类。

---

[1] 施肩吾：《少妇游春词》，《全唐诗》卷四九四。
[2] 李商隐：《昨日》，《全唐诗》卷五四〇。
[3] 李衢：《都堂试贡士日庆春雪》，《全唐诗》卷五四二。

通观《全唐诗》，咏梅的诗作有100余首，其中创作数量在三首以上的诗人共有十位，白居易5首居冠，王初、崔道融、徐铉皆为4首，杜甫、刘禹锡、李商隐、罗隐、韩偓、吴融皆为3首。在白居易的笔下，梅只是生活中的一部分，是现实生活，而非精神生活。他多次与友人寻梅对酒，并写诗记之，如：

图18　丛生的荆棘。George Hodan摄。引自免费图片网。

忽惊林下发寒梅，便试花前饮冷杯。白马走迎诗客去，红筵铺待舞人来。歌声怨处微微落，酒气熏时旋旋开。若到岁寒无雨雪，犹应醉得两三回。(《和薛秀才寻梅花同饮见赠》，《全唐诗》卷四四三)

马上同携今日杯，湖边共觅去春梅……诗思又牵吟咏发，酒酣闲唤管弦来。(《与诸客携酒寻去年梅花有感》，《全唐诗》

卷四四三)

三年闲闷在余杭,曾为梅花醉几场。(《忆杭州梅花因叙旧游寄萧协律》,《全唐诗》卷四四六)

白居易在《寄情》①诗中还说"灼灼早春梅……持来玩未足",他为梅花而醉,却不是宋人式的迷醉,而是真的酒醉,他对梅的把玩仅仅停留在手中,没有入心中。总之,唐人笔下的梅要比宋人多了些生活气息,显得更加自然,性灵的体悟更是少见。

十、荆棘

荆棘大抵是一种多刺丛生的灌木植被,中国的先民们很早就接触到了这种植物,《山海经》里多次出现了有关荆棘的记载。

又东四百里,曰摩勺之山,其上多梓枬,其下多荆杞。

又西八十里,曰小华之山,其木多荆杞。

又北二百里,曰北岳之山,多枳、棘、刚木。

又南三百八十里,曰余峩之山,其上多梓枬,其下多荆芑。

凡东次三经之首,曰尸胡之山,其上多金玉,其下多棘。②

由于荆棘的外观纷乱聚集,嶙峋糙杂,令人难生好感,因此它出现在文学中多与颓败、萧条、祸乱等景象相关。比如:

弃故乡,离室宅,远从军旅万里客。披荆棘,求阡陌,侧足独窘步。(曹丕《陌上桑》,《先秦汉魏晋南北朝诗》第395页)

芃芃荆棘,葛生绵绵。感彼风人,惆怅自怜。(曹叡《步

---

① 《全唐诗》卷四四五。
② [晋]郭璞注,[清]毕沅校:《山海经》,上海古籍出版社1989年版,第14、17、37、48、49、50页。

出夏门行》,《先秦汉魏晋南北朝诗》第415页)

洛阳何寂寞,宫室尽烧焚。垣墙皆顿擗,荆棘上参天。(曹植《送应氏》二首之一,《先秦汉魏晋南北朝诗》第454页)

荆棘被原野,群鸟飞翩翩。(阮籍《咏怀诗》八十二首之二十六,《先秦汉魏晋南北朝诗》第501页)

荆棘笼高坟,黄鸟声正悲。良人不可赎,泫然沾我衣。(陶渊明《咏三良诗》,《先秦汉魏晋南北朝诗》第984页)

唐诗中的荆棘意象的含义与先唐没什么区别,多出现在挽歌、墓地凭吊等类型诗歌中。例如:

长戟今何在,孤坟此路傍。不观松柏茂,空余荆棘场。(李隆基《过王浚墓》,《全唐诗》卷三)

郭门从此去,荆棘渐蒙笼。(崔融《韦长史挽词》,《全唐诗》卷六八)

前有松柏林,荆榛结朦胧。(刘湾《虹县严孝子墓》,《全唐诗》卷一九六)

凡吊先生者,多伤荆棘间。不知三尺墓,高却九华山。(杜荀鹤《经九华费征君墓》,《全唐诗》卷六九一)

荆棘与美丽的花卉显然无法同流,故诗人多以荆棘喻小人,用植物世界荆棘与花卉的对比影射现实世界中的小人与君子。白居易有《读汉书》一诗,开篇即用狗尾草、荆棘等植物与粮食、桃李作比较,引出下文对忠臣与奸佞的论述,其诗曰:

禾黍与稂莠,雨来同日滋。桃李与荆棘,霜降同夜萎。草木既区别,荣枯那等夷。茫茫天地意,无乃太无私。小人与君子,用置各有宜。奈何西汉末,忠邪并信之。不然尽信忠,早绝邪臣窥。不然尽信邪，早使忠臣知。优游两不断，盛业日已衰。痛矣萧京辈，终令陷祸机。每读元成纪，愤愤令人悲。寄言为国者，不得学天时。寄言为臣者，可以鉴于斯。（《全唐诗》卷四二四）

本来生在自然界没什么过错的荆棘到了诗人笔下竟成了极端不好的东西，就连与世无争的僧人贯休也愤慨地说"我恐荆棘花，只为小人开。伤心复伤心，吟上高高台"[①]，这正是植物与人类关系的暧昧之处，口赞笔伐，全在诗人一念之间。真可谓：棘花何故有余辜，却奈丛生蔓墓途。形似青松还略小，色无芍药若霞朱。

总之，植物意象的运用在唐人的笔下是纯熟的，本章之分析探讨只能是窥其一斑，对此，金圣叹有一番深刻的点评，他说：

唐律诗，凡写景处所用一切花木虫鸟等物，彼俱细细知其名字、相貌、性情、香气、疗治、占验，无不精切，先时罗列胸中，一齐奔走腕下，故有时合用几物，却是只成一义。今之人不然，写一物只是一物，写两物便是两物，甚至欲作闲斋即事诗。假如庭中却有三五样物，彼则心手沾沾然，竟不知应写此物耶，应写彼物耶。[②]

唐人熟悉自然界的花草树木，也深谙社会中的世故人情，在唐诗中彼与此交互影响，融为一体，百千人物早逝去，万首诗篇永流传，青青桑梓，漫漫芳华，尽是唐音。

---

① 贯休：《古意》九首之六，《全唐诗》卷八二六。
② 林乾主编：《金圣叹评点才子全集》，光明日报出版社1997年版，第21页。

第二章　唐代咏植物诗

　　中国的咏物文学，发源于《诗经》，但《诗经》中的篇什还只是咏物诗的雏形。翻检《诗经》，我们发现其中多数的篇章皆以"物"开篇，荇菜、卷耳、茉莒、螽斯、蟋蟀等不一而足，后世称此种写作方式为"兴"。《诗经》中的这种"兴"与兴起之后的内容有时并无关联，这与唐代的咏物诗紧紧围绕所咏之物写作有很大不同。唐人的咏物诗，必经过一个状物的阶段，之后才达到作诗的缘由或曰本旨，甚而有时通篇细述物之情状，只在不经意间，淡淡一笔，使读者领略诗人的深意。

　　李白的《咏桂》①用南山桂的芳茂与桃李的难耐天霜作对比，表达了对"金张门"中权贵们的鄙夷，以及自己无捷径可走的无奈，正是前一种写法的代表。杜甫的《严郑公宅同咏竹》②看似通篇写竹，但读者仔细读来自可体会到一种内在的情绪，是后一种写法的代表。唐代咏物诗的一个很重要的部分便是咏植物诗，植物存在于诗人生活的庭院中，存在于诗人游玩的山林间，存在于诗人玩赏的画卷上，与

---

① 李白《咏桂》：世人种桃李，皆在金张门。攀折争捷径，及此春风暄。一朝天霜下，荣耀难久存。安知南山桂，绿叶垂芳根。清阴亦可托，何惜树君园。《全唐诗》卷一八三。
② 杜甫《严郑公宅同咏竹（得香字）》：绿竹半含箨，新梢才出墙。色侵书帙晚，阴过酒樽凉。雨洗娟娟净，风吹细细香。但令无剪伐，会见拂云长。《全唐诗》卷二二八。

诗人的关系极为密切，引来了众多诗人的歌咏。

第一节　唐人咏植物诗概览

唐代的咏植物诗，可以用繁盛来形容。笔者以诗题中出现植物名称为据作了一番统计（见下表），唐代共有咏植物诗2388首，占全唐诗的近5%，歌咏植物96种，众多大家名家皆有创作。

表2：唐代咏植物诗数量统计表		
植物	个体数量	总数
竹	357	357
柳	260	260
松柏	192	192
荷莲	162	162
桃	145	145
牡丹	128	128
茶	119	119
梅	110	110
菊	100	100
樱	56	56
薇	53	53
榴	49	49
杏	48	48
木兰	35	35

（续表）		
桑	34	34
梧桐	31	31
桂、棠	30	60
橘	27	27
梨	23	23
槿	19	19
葵、荔枝	18	36
兰、苔	17	34
枫	15	15
蒲、茱萸、芍药	13	39
楠	12	12
桧、槐、瓜	11	33
	10	10
稻、蕉	9	18
杜鹃花、菱	8	16
芦、芝	7	14
葛、葡萄、紫藤、荻、茅、枇杷、萱、棕	6	48
葫、麦、蓬、莎、萍	5	25
枸杞、玫瑰、杉、楸	4	16
栗、丁香、樽、冬青、茯苓、红豆、李、粟	3	24
椒、柿、栀子花、橙、枣、姜、萝、罂粟、苎	2	18
豆、蘼芜、榕、蒜、仙灵毗、合欢、蓂、苃、荪、兔丝、橡、榆、贝多、蒹葭、芥、蓼花、荠菜、薤、椰、薜荔、金盘草、苣	1	22

唐代咏植物诗能有这样的状况，不是一蹴而就的，究其原因，借用孔子的一句话来说便是"温故而知新"[①]。这里的"故"，指的是陆机《文赋》所谓"体物浏亮"[②]的文学传统。

首先，就诗歌发展史来说，魏晋南北朝诗渐重咏物。宋人张戒的《岁寒堂诗话》总结道："建安陶阮以前，诗专以言志。潘陆以后，诗专以咏物，兼而有之者李杜也。言志乃诗人之本意，咏物特诗人之余事。"[③]尽管张戒本人对诗歌的这种发展历程颇有微词，认为咏物诗的繁盛是失了诗"言志"的"本意"的，诗人重咏物使诗的"本旨扫地尽矣"[④]，但历史没有假设，诗歌发展的史实便是咏物诗渐多。

然后，诗的这种发展取向是受了当时的主流文学——赋的莫大影响的。朱弁在《风月堂诗话》中说："诗人体物之语多矣，而未有指一物为题而作诗者。晋宋以来始命操觚，而赋咏兴焉。"[⑤]魏晋以降，以《鹦鹉赋》为代表的一大批咏物赋相继涌现，而赋之所以在这一时期重"体物"，则有社会与文学思潮的转机以及荀子《赋篇》体物传统的影响等原因[⑥]。

具体到咏植物的题材上来说，魏晋时期，"动物、植物、器物及

[①] 《论语·为政》。
[②] ［晋］陆机《文赋》："诗缘情而绮靡，赋体物而浏亮。"［清］严可均辑：《全上古三代秦汉三国六朝文》，中华书局1958年版，第2013页。
[③] ［宋］张戒：《岁寒堂诗话》，中华书局1985年版，第1页。
[④] 张戒：《岁寒堂诗话》，中华书局1985年版，第1页。
[⑤] ［宋］惠洪、朱弁、吴沆：《冷斋夜话·风月堂诗话·环溪诗话》，中华书局1988年版，第99页。
[⑥] 参见程章灿：《魏晋南北朝赋史》，江苏古籍出版社1992年版，第一章、第二章。

自然现象更广泛地进入赋家的视野"①。据程章灿的统计,魏晋赋中专咏的植物有柳、槐、瓜、橘、芙蓉、桑、朝生暮落树、长生树、茅、宜男花、都蔗、舜、菽等②,这为唐代咏植物诗的创作提供了某种文学借鉴,可以说是唐人的"故"师。

唐人注重"温故",也善于"知新",唐代咏植物诗的"新"主要体现在以下两个方面。

第一,诗家创作视野的扩大与咏物题材的博泛。经过魏晋的文学自觉时代,唐人比前人更有意识地用诗歌来记录生活、抒发情感,生活中习见的花草树木也就大量进入了诗人的视野之中。唐诗歌咏的植物种类很多,约有百种,题材较之前代更为博泛,很多素材都是首次入诗,比如仙灵毗、米囊花等,这些新题材的不断涌现,表露了唐人别样的生活情趣与文学品味。

第二,咏植物诗数量的两极分化与文学主流的确立。唐代的咏植物诗有个很显著的特点,就是不同种类植物题材的诗歌数量,多者极多,少者极少,呈两极分布,如下图所示:

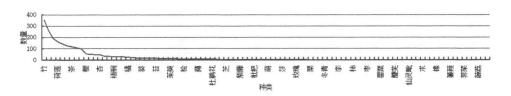

图19 唐代各题材咏植物诗数量图。

---

① 程章灿:《魏晋南北朝赋史》,江苏古籍出版社1992年版,第122页。
② 程章灿:《魏晋南北朝赋史》,江苏古籍出版社1992年版,第62—63、123页。

仅前九位①的植物题材,诗歌数量就占总数的近66%,其余87种的总和才占约35%。唐人的这种创作实践使得咏植物诗的主流与旁支泾渭相异,植物的人文气息与意蕴内涵也因之浓淡分明。咏植物诗的数量排位某种程度上揭示了唐人的审美意趣与思想取向,排名靠前的植物题材,诗人创作的特意程度多一些,排名靠后的那些植物,诗人在歌咏时偶然的因素多一些。

图20 红色茶花。石润宏摄。

为什么竹、柳等植物会成为主流,前文在论述十大意象时已提到了原因,无非传统与现实两端。我们可以结合具体咏植物诗来说明这

---

① 前九位的数量都在一百首以上,因此取样截至到第九位。

一问题。因竹、柳、松柏、荷、桃、梅六种植物前文已论及，而牡丹笔者将在下文专门论述，这里就只介绍咏茶诗和咏菊诗的情况，又恰好这两种植物成为主流的原因，一为现实，一为传统，故更具代表性了。

一、咏茶诗

唐代咏茶诗的繁盛得益于唐代社会饮茶风气的兴盛及茶道的初步形成。

茶高度介入人们的生活是咏茶诗大量产生的直接原因。茶乃国饮，唐代社会饮茶成风，有不少诗歌描写了当时的茶会、茶宴（讌）的盛况，也有不少饮茶品茗的联句，比如鲍君徽的《东亭茶宴》、刘长卿的《惠福寺与陈留诸官茶会》、钱起的《与赵莒茶讌》、颜真卿与皎然等的《五言月夜啜茶联句》[1]等。这些都说明了时人爱茶，乐于因茶而宴会的情况。人们不光爱喝茶，也爱到栽茶、采茶的茶山、茶岭去踏青游玩，比如袁高《茶山诗》、白居易《夜闻贾常州、崔湖州茶山境会想羡欢宴因寄此诗》、姚合《寄杨工部，闻毗陵舍弟自罨溪入茶山》、杜牧《茶山下作》、李郢《自水口入茶山》[2]等。文士间因茶而起的交游酬唱之作就更不胜枚举了。元稹有一首一字至七字的《茶诗》[3]，前几句是"茶。香叶，嫩芽。慕诗客，爱僧家"，这一句其实应是"诗客慕，僧家爱"，诗人为押韵而改变了语序。诗僧齐己就是个极爱茶的人。宋人范致明的《岳阳风土记》记载了灉湖地区产茶的情况：

> 灉湖诸山旧出茶，谓之灉湖茶，李肇所谓岳州灉湖之含膏也。唐人极重之，见于篇什。今人不甚种植，惟白鹤僧园

---

[1] 分见《全唐诗》卷七、卷一四九、卷二三九、卷七八八。
[2] 分见《全唐诗》卷三一四、卷四四七、卷四九七、卷五二二、卷五九〇。
[3] 元稹：《一字至七字诗：茶》，《全唐诗》卷四二三。

有千余本，土地颇类此苑。所出茶，一岁不过一二十两，土人谓之白鹤茶，味极甘香，非他处草茶可比并，茶园地色亦相类，但土人不甚植尔。①

"李肇所谓"指的是李肇在《国史补》中介绍唐代的名茶时说的话："风俗贵茶，茶之名品益众。剑南有蒙顶石花……岳州有浥湖之含膏。"②而灉湖茶见于唐人篇什，应是指齐己的诗作。齐己有两首诗盛赞了灉湖茶：

图21　粉色茶花。石润宏摄。

---

① [宋]范致明：《岳阳风土记》，《影印文渊阁四库全书》第589册，上海古籍出版社1987年版，第113页。
② [唐]李肇：《唐国史补》，上海古籍出版社1979年版，第60页。

应游到滩岸，相忆绕茶丛。（《送中观进公归巴陵》，《全唐诗》卷八三八）

潋湖唯上贡，何以惠寻常。还是诗心苦，堪消蜡面香。碾声通一室，烹色带残阳。若有新春者，西来信勿忘。（《谢潋湖茶》，《全唐诗》卷八四〇）

窥一斑而想见全豹，可知在唐人的生活中，茶占有很重要的地位，如果要用一句话来概括说明这种地位，那杜牧的一句"茶称瑞草魁"[①]就再合适不过了。

随着种茶、采茶、制茶、煮茶、品茶等一系列茶事的兴盛，逐渐产生了具有总结性质的茶经、茶道。茶道是对茶事的行为总结，是实践的，茶经则是对茶事的文字总结，是理论的。茶经和茶道的产生极大地促进了咏茶诗的写作。晚唐诗歌名家皮日休和陆龟蒙有一系列组诗来描写茶事，正是茶道的雏形。皮日休先作了《茶中杂咏》十首，陆龟蒙又奉和了十首，这二十首诗从多个角度细致描摹了有关茶的活动，篇名分别是茶坞、茶人、茶笋、茶籯、茶舍、茶灶、茶焙、茶鼎、茶瓯和煮茶。这说明了当时人们饮茶之前，已经有了一套相对固定的程序，这套程序后来东传日本，又加入了禅悟、修身等心境活动，成了我们现在熟知的茶道。而陆羽《茶经》的问世，一方面是茶事显赫的产物，另一方面又反过来促进了茶道的发展。陆羽的这部关于茶的专书，从源、具、造、器、煮、饮、事、出、略、图这十个方面论述了有关茶的知识，在我国茶文化发展史上具有里程碑式的意义。是书写成之后影响很大，多为人们所赞扬。徐铉《和门下殷侍郎新茶二十

[①] 杜牧：《题茶山》，《全唐诗》卷五二二。

韵》①说"任公因焙显,陆氏有经传。爱甚真成癖,尝多合得仙",齐己更盛赞道"陆生夸妙法,班女恨凉飙"②,"曾寻修事法,妙尽陆先生"③。《茶经》可以说为咏茶诗提供了理论支持。

唐人在咏茶(这里单指植物茶树)时,特重其新发之叶的嫩、香、色,歌咏茶的新芽成了咏茶的一种模式。如:

紫芽连白蕊,初向岭头生。(张籍《和韦开州盛山十二首·茶岭》,《全唐诗》卷三八六)

芳新生石际,幽嫩在山阴。(姚合《寄杨工部,闻毗陵舍弟自罨溪入茶山》,《全唐诗》卷四九七)

泉嫩黄金涌,牙香紫璧裁。(杜牧《题茶山》,《全唐诗》卷五二二)

嫩芽香且灵,吾谓草中英。(郑愚《茶诗》,《全唐诗》卷五九七)

轻烟渐结华,嫩蕊初成管。(陆龟蒙《奉和袭美茶具十咏·茶笋》,《全唐诗》卷六二〇)

二月山家谷雨天,半坡芳茗露华鲜。(陆希声《阳羡杂咏十九首·茗坡》,《全唐诗》卷六八九)

另外需要指出的是,茶是南国树,亦是春景,故歌咏新茶亦属咏春的一种表达方式。茶树的活跃生长需要20℃以上的气温,因而茶树适宜栽种的地方是亚热带和热带地区。乾隆帝有一首《焙茶坞》④诗

---

① 《全唐诗》卷七五五。
② 齐己:《谢人惠扇子及茶》,《全唐诗》卷八四一。
③ 齐己:《咏茶十二韵》,《全唐诗》卷八四三。
④ 《清高宗御制诗》第9册,《故宫珍本丛刊》第558册,海南出版社2000年版,第226页。

就指出了茶的生长范围:"北地无茶岂藉焙,佳名偶取副清陪。亦看竹鼎烹顾渚,早是南方精制来。"茶树是全年常绿植物,但不是全年都萌发新芽,新茶大约在清明以前陆续萌发,之后旺盛生长,明前茶是很受茶客欢迎的品类。唐人在写新茶时将其作为春景来写,如:

图22 各种颜色的菊花。David Wagner 摄。引自免费图片网。

闻道新年入山里,蛰虫惊动春风起。天子须尝阳羡茶,百草不敢先开花。仁风暗结珠琲瓃,先春抽出黄金芽。(卢仝《走笔谢孟谏议寄新茶》,《全唐诗》卷三八八)

自云凌烟露,采掇春山芽。(李群玉《龙山人惠石廪方及团茶》,《全唐诗》卷五六八)

满火芳香碾麹尘,吴瓯湘水绿花新。愧君千里分滋味,寄与春风酒渴人。(李群玉《答友人寄新茗》,《全唐诗》卷五七〇)

春风三月贡茶时,尽逐红旌到山里。(李郢《茶山贡焙歌》,《全唐诗》卷五九〇)

武夷春暖月初圆,采摘新芽献地仙。(徐夤《尚书惠蜡面茶》,《全唐诗》卷七〇八)

暖吹入春园,新芽竞粲然。(徐铉《和门下殷侍郎新茶二十韵》,《全唐诗》卷七五五)

昨日东风吹枳花,酒醒春晚一瓯茶。(李郢《酬友人春暮寄枳花茶》,卷八八四)

二、咏菊诗

唐代咏菊诗的繁盛得益于唐人对文学传统的承继。中国文学歌咏菊花的传统由来已久,《夏小正》中便有九月"荣鞠"①的记载,屈原餐菊英②,陶渊明采菊东篱下③,成为后世咏菊文学中习见的典故。唐代咏菊诗受陶渊明的影响最巨,"东篱"是唐诗中出现最多的有关菊的典故,也成了菊的代称。

勿弃东篱下,看随秋草衰。(刘湾《即席赋露中菊》,《全唐诗》卷一九六)

传书报刘尹,何事忆陶家。若为篱边菊,山中有此花。(李

---

① 夏纬瑛:《夏小正经文校释》,农业出版社1981年版,第61页。
② 屈原《离骚》:"朝饮木兰之坠露兮,夕餐秋菊之落英。"〔宋〕朱熹:《楚辞集注》,上海古籍出版社2001年版,第7—8页。
③ 陶渊明《饮酒》:"采菊东篱下,悠然见南山。"《先秦汉魏晋南北朝诗》,第998页。

图 23　一丛白菊。石润宏摄。

端《和张尹忆东篱菊》，《全唐诗》卷二八六）

秋丛绕舍似陶家，遍绕篱边日渐斜。（元稹《菊花》，《全唐诗》卷四一一）

仙郎小隐日，心似陶彭泽。秋怜潭上看，日惯篱边摘。（白居易《和钱员外早冬玩禁中新菊》，《全唐诗》四三七）

愧君相忆东篱下，拟废重阳一日斋。（白居易《酬皇甫郎中对新菊花见忆》，《全唐诗》卷四五五）

篱东菊径深，折得自孤吟。（杜牧《折菊》，《全唐诗》卷五二二）

有时南国和霜立，几处东篱伴月斜。（张贲《和鲁望白菊》，

《全唐诗》卷六三一）

  陶公岂是居贫者，剩有东篱万朵金。（徐夤《菊花》，《全唐诗》卷七〇八）

  含露东篱艳，泛香南浦杯。（萧彧《送德林郎中学士赴东府（得菊）》，《全唐诗》卷七五七）

  东篱摇落后，密艳被寒催。（无可《菊》，《全唐诗》卷八一三）

  上举数例中，张贲、无可、萧彧的诗中就是以东篱指代菊花的。除陶菊外，唐人当然还用了其他的典故，但出现的频率极低，只有零星的几个。无名氏的《霜菊》提到了屈原，"骚人有遗咏，陶令曾盈掬"[①]，骚人的遗咏指的是《离骚》中的"夕餐秋菊之落英"。张荣东的《中国菊花审美文化研究》一书总结唐前诗文中的菊意象，认为潘岳诗文中菊意象只出现了一次[②]，即《河阳县作》二首其二中的"鸣蝉厉寒音，时菊耀秋华"。其实张书失察了，唐人李郢的《寄友人乞菊栽》[③]诗就提到了潘岳赋中的菊意象，诗曰"潘岳赋中芳思在，陶潜篱下绿英无"。潘岳赋指的是潘岳的《秋兴赋》，其中有"泉涌湍于石间兮，菊扬芳于崖筮"[④]的句子。

  唐人咏菊诗中还提到了"谢公"，许浑《南海使院对菊怀丁卯别墅》[⑤]诗中说"罢酒惭陶令，题诗答谢公"，这谢公何指呢？文学史上有名

---

① 《全唐诗》卷七八七。
② 张荣东：《中国菊花审美文化研究》，巴蜀书社2011年版，第164页。
③ 《全唐诗》卷八八四。
④ ［清］严可均辑：《全上古三代秦汉三国六朝文》，中华书局1958年版，第1980页。
⑤ 《全唐诗》卷五三七。

的谢公有两位，一是谢灵运，一是谢朓。他们都写过有关菊的诗，谢灵运有一首，《捣衣诗》的"白露滋园菊，秋风落庭槐"；谢朓有三首，《冬日晚郡事隙诗》的"临潭饵秋菊"，《落日怅望诗》的"寒槐渐好束，秋菊行当把"和《暂使下都夜发新林至京邑赠西府同僚诗》的"常恐鹰隼击，时菊委严霜"（据张荣东书）。陈贻焮主编的《增订注释全唐诗》认为应指谢灵运[①]，但并未给出理由，笔者认为许诗中的"谢公"应指谢朓。因为味许浑之诗义，是欲为前辈作答语，且以"惭陶令"和"答谢公"为对，则"答语"应与"本诗"有相关意才对。谢灵运之诗是写景，并无怀思之义，而谢朓诗有怀思之义，又含愁苦之情，恰与许诗有旨意相通之处。另外，许浑诗中提到"谢公"的共有三首，除这首外，另两首之"谢公"可确定是指谢朓，因为它们都与谢朓楼有关。

朝讌华堂暮未休，几人偏得谢公留。风传鼓角霜侵戟，云卷笙歌月上楼。（《将为南行陪尚书崔公宴海榴堂》，《全唐诗》卷五三五）

谢公楼上晚花盛，扬子宅前春草深。（《寄阳陵处士》，《全唐诗》卷五三五）

许浑还有《谢亭送别》[②]一诗，谢亭又称谢公亭，也是谢朓任宣城太守时所建，可见许浑爱用与谢朓相关的典故。故此可以断定《南海使院对菊怀丁卯别墅》诗中的谢公指的是谢朓。

---

① 陈贻焮主编：《增订注释全唐诗》，文化艺术出版社2001年版，第1399页。
② 《全唐诗》卷五三八。

第二节　唐代题花木画诗

　　本章的引言中说到，植物不仅存在于自然环境之中，还存在于诗人玩赏的画卷之上。自然与人文的和谐统一，是唐人观瞻植物之审美心态的普遍情状。在唐人的眼中，自然界的植物是可爱的，画卷上的水墨花木则是可敬的，因为它已然寄寓着画师的苦心孤诣了，而文人赏花观画之后的题咏，更是将这样一份旨归"形诸舞咏"[①]了。唐人始终明白，离了作画之人，离了作画人的心意，那么画中的一切大河高山、花木虫石也就失去了温度，成了冷冰冰的卷轴。彼时一位名重当时的道芬上人因作画而逝，诗人徐凝听闻后伤心不已，询问高天"五劳消瘦五株松"，"画到青山第几重？"[②]表明了唐人观画（花）更重人的精神内核。

一、唐代题花木画诗的数量与题材

　　唐代题画诗的数量大约为 250 首[③]，在整个《全唐诗》中可谓微乎其微，而笔者翻阅中华书局增订本《全唐诗》后，检得专题花草树木画的诗歌仅 43 首，更显单薄。尽管数量较少，后世绘画中的经典题材，如松竹梅兰等都出现了。具体的画作、诗歌题材可见下表。

[①]　钟嵘：《诗品》序。
[②]　徐凝：《伤画松道芬上人（因画钓台江山而逝）》，《全唐诗》卷四七四。
[③]　据孔寿山编：《唐朝题画诗注》，四川美术出版社 1988 年版。

\multicolumn{3}{c}{表 3：唐代题花木画诗数量与题材统计表}
题材	数量	诗　篇
松	27首	宋之问《题张老松树》；杜甫《戏为双松图歌》《题李尊师松树障子歌》；钱起《咏门上画松，上元王杜三相公》（一作崔峒诗）；皇甫冉《同韩给事观毕给事画松石》；窦庠《赠道芬上人（善画松石）》；王建《寄画松僧》；刘商《山翁持酒相访以画松酬之》《与湛上人院画松》《袁德师求画松》《酬道芬寄画松》《画树后呈濬师》；朱湾《题段上人院壁画古松》；元稹《画松》；徐凝《伤画松道芬上人》；施肩吾《观吴偃画松》；张祜《招徐宗偃画松石》；李商隐
松	27首	《李肱所遗画松诗书两纸得四十韵》；李群玉《长沙元门寺张璪员外壁画》；方干《水墨松石》；陆龟蒙《松石晓景图》；郑谷《传经院壁画松》《西蜀净众寺松溪八韵兼寄小笔崔处士》；徐夤《画松》；皎然《咏敳上人座右画松》《观裴秀才松石障歌》；景云《画松》
竹	5首	李昂《题程修己竹障》；白居易《画竹歌》；方干《方著作画竹》；吴融《壁画折竹杂言》；韦遵《题施璘画竹图》
花	3首	顾况《梁广画花歌》；施肩吾《观叶生画花》；杜荀鹤《题花木障》
梅	1首	詹敦仁《介庵赠古墨梅酬以一篇》
柏	1首	吴融《题画柏》
海棠	1首	崔涂《海棠图》
梨花	1首	顾况《题梨花睡鸭图》
牡丹	1首	罗隐《扇上画牡丹》
桃花	1首	裴谐《观修处士画桃花图歌》
莲花	1首	白居易《画木莲花图寄元郎中》

以上诗歌题目中出现的几位画师，比如毕宏（毕给事）、道芬、张璪、程修己等，都是名重一时的人。唐张彦远的《历代名画记》录本朝画师百余人，都有简要介绍。

> 毕宏，大历二年为给事中，画松石于左省厅壁，好事者皆诗咏之。改京兆少尹，为左庶子。树石擅名于代。树木改步变古，自宏始也。①

> 张璪，字文通，吴郡人。初，相国刘晏知之，相国王缙奏检校祠部员外郎、盐铁判官。坐事贬衡州司马，移忠州司马。尤工树石山水，自撰《绘境》一篇，言画之要诀，词多不载。初，毕庶子宏擅名于代，一见惊叹之。异其唯用秃毫，或以手摸绢素，因问璪所受。璪曰："外师造化，中得心源。"毕宏于是阁笔。彦远每聆长者说璪以宗党，常在予家，故予家多璪画。曾令画八幅山水障，在长安平原里，破墨未了，值朱泚乱，京城骚扰，璪亦登时逃去。家人见画在帧，苍忙擎落，此障最见张用思处。又有士人家有张松石障，士人云亡，兵部李员外约好画成癖，知而购之，其家弱妻已练为衣里矣。唯得两幅，双柏一石在焉，嗟惋久之，作《绘练纪》，述张画意极尽，此不具载。②

> 会稽僧道芬、郑町处士、梁洽处士、天台项容处士、青州吴恬处士。已上并画山水。道芬格高，郑町淡雅，梁洽美秀，

---

① ［唐］张彦远：《历代名画记》，《影印文渊阁四库全书》第812册，上海古籍出版社1987年版，第352页。
② ［唐］张彦远：《历代名画记》，《影印文渊阁四库全书》第812册，上海古籍出版社1987年版，第353页。

项容顽涩,吴恬险巧。①

程修己的介绍则见于朱景玄的《唐朝名画录》,该书中张璪作张藻,所记事可补《历代名画记》之缺。

图24 相传为唐代王维所作的《江山雪霁图》(局部)。日本京都小川家族收藏。国内书画鉴定家认为非王维真迹。

程修己,其先冀州人,祖大历中任越州医博士,父伯仪,少有文学。时周昉任越州长史,遂令修己师事,凡二十年中师其画。至六十,画中有数十病,既皆一一口授,以传其妙诀。宝历中,修己应明经擢第。大和中,文宗好古重道,以晋明帝朝卫协画毛诗图,草木鸟兽、古贤君臣之像,不得其真,遂召修己图之。皆据经定名,任意采掇,由是冠冕之制,生植之姿,远无不详,幽无不显矣。又尝画竹障于文思殿,

---

① [唐]张彦远:《历代名画记》,《影印文渊阁四库全书》第812册,上海古籍出版社1987年版,第355页。

> 文宗有歌云:"良工运精思,巧极似有神。临窗时乍睹,繁阴合再明。"当时在朝学士等皆奉诏继和。自贞元后,以画艺进身,累承恩称旨,京都一人而已。尤精山水、竹石、花鸟、人物、古贤、功德、异兽等,首冠于时,可居妙品也。①

> 张藻员外,衣冠文学,时之名流。画松石、山水,当代擅价。惟松石特出古今,得用笔法。尝以手握双管,一时齐下,一为生枝,一为枯枝。气傲烟霞,势凌风雨,槎枒之形,鳞皴之状,随意纵横,应手间出。生枝则润含春泽,枯枝则惨同秋色。其山水之状,则高低秀丽,咫尺重深,石尖欲落,泉喷如吼。其近也,若逼人而寒;其远也,若极天之尽。所画图障,人间至多。今宝应寺西院山水松石之壁,亦有题记。精巧之迹,可居神品也。②

文宗皇帝李昂的《题程修己竹障》③,别本又作"良工运精思,巧极似有神。临窗忽睹繁阴合,再盼真假殊未分",该诗一方面表明了程修己的画艺精深,另一方面也反映了文宗皇帝的艺术修养较高,能够用简练的文字阐释绘画的妙处,贵族上层对绘画的尚好,是唐代绘画及题画诗繁荣的很重要的原因。这里还需一提的是,为什么王维没有出现在上文的表格中?王维工于诗,也精于画,苏东坡赞扬他诗画交融,达到了很高的艺术水准。张彦远和朱景玄在书中介绍说:

> 王维,字摩诘,太原祁人。年十九,进士擢第,与弟缙

---

① [唐]朱景玄:《唐朝名画录》,《影印文渊阁四库全书》第812册,上海古籍出版社1987年版,第369—370页。
② [唐]朱景玄:《唐朝名画录》,《影印文渊阁四库全书》第812册,上海古籍出版社1987年版,第366页。
③ 《全唐诗》卷四。

并以词学知名，官至尚书右丞。有高致，信佛理，蓝田南置别业，以水木琴书自误。工画山水，体涉今古。人家所蓄，多是右丞指挥工人布色，原野簇成远树，过于朴拙，复务细巧，翻更失真。清源寺壁上画辋川，笔力雄壮。常自制诗曰："当世谬词客，前身应画师。不能舍余习，偶被时人知。"诚哉是言也。余曾见破墨山水，笔迹劲爽。①

王维字摩诘，官至尚书右丞，家于蓝田辋川，兄弟并以科名文学冠绝当时，故时称"朝廷左相笔，天下右丞诗"也。其画山水、松石，踪似吴生，而风致标格特出。今京都千福寺西塔院有掩障一合，画青枫树一图。又尝写诗人襄阳孟浩然马上吟诗图，见传于世。复画《辋川图》，山谷郁郁盘盘，云水飞动，意出尘外，怪生笔端。尝自题诗云："夙世谬词客，前身应画师"，其自负也如此。慈恩寺东院与毕庶子、郑广文各画一小壁，时号三绝。故庾右丞宅有壁画山水兼题记，亦当时之妙。故山水、松石，并居妙上品。②

读了这些对王维绘画的简介，我们有一个感觉，那就是王维比较注重辋川田园、江山雪霁的博大感官，而对于田园花草等细物的描摹不甚热心，或者说，他所更为倾心的，是由这些花木集合而构成的一种生活意境，苏东坡那句哲言式的诗"不识庐山真面目，只缘身在此山中"③恰可说明这样一种意趣，如果用王维本人的诗来概括，即所

---

① [唐]张彦远：《历代名画记》，《影印文渊阁四库全书》第812册，上海古籍出版社1987年版，第350页。
② [唐]朱景玄：《唐朝名画录》，《影印文渊阁四库全书》第812册，上海古籍出版社1987年版，第367—368页。
③ 苏轼：《题西林壁》，《全宋诗》第14册，第9339页。

谓"江流天地外，山色有无中"①是也。相传现于日本的题名王维的《江山雪霁图》，虽被国内书画鉴定家判为非真迹，但其艺术风格确与《历代名画记》所言的王维画风不差。此画设色古朴雅致，笔法灵动活泼，以点墨勾勒远山之轮廓，以重笔皴染水面之幽深，符合新雪初晴时的江山景物特点。山与树之间以留白来表现覆雪，颇有"山中一夜雨，树杪百重泉"②的画中有诗的意境。因而王维没有单写花木的作品也就不难理解了。

二、唐代题花木画诗的类型与意义

唐代的题画诗大抵可分为三类，即自画自题、他画我题（含题赠）和观画有感。自画自题的诗歌数量相对来说比较少，因为唐代的画师还没有元明以后的画家那样乐于题笺，其诗歌的内容浅近，多叙述画事。如果我们将其与王冕、郑板桥的题画诗对比，会感觉这些诗歌毫无神气。王冕题梅画的诗和郑板桥题竹画的诗，大都离不开颂扬梅竹的精神气质。而刘商的诗则无此特征，比如：

吾家洗砚池头树，个个花开淡墨痕。不要人夸好颜色，只流清气满乾坤。（王冕《墨梅》③）

清苦良自持，忘言养高洁。（王冕《梅花》④）

介于石，臭如兰，坚多节，皆易之理也，君子以之。（郑燮《兰竹石》⑤）

几枝修竹几枝兰，不畏春残，不怕秋寒。飘飘远在碧云端，

---

① 王维：《汉江临泛》，《全唐诗》卷一二六。
② 王维：《送梓州李使君》，《全唐诗》卷一二六。
③ ［元］王冕著，寿勤泽点校：《王冕集》，浙江古籍出版社1999年版，第223页。
④ ［元］王冕著，寿勤泽点校：《王冕集》，浙江古籍出版社1999年版，第229页。
⑤ ［清］郑燮：《郑板桥集》，上海古籍出版社1962年版，第164页。

云里湘山,梦里巫山。画工老兴未全删,笔也清闲,墨也斓斑。借君莫作画图看,文里机闲,字里机关。(郑燮《题兰竹石调寄一剪梅》①)

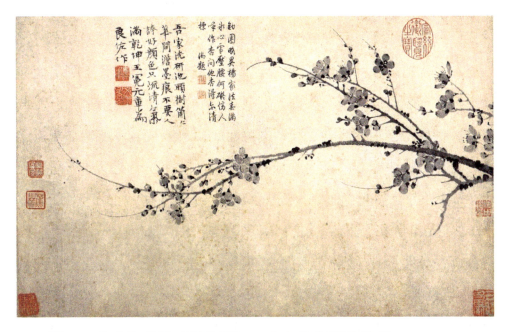

图 25 [元]王冕《墨梅图》。北京故宫博物院藏。

水墨乍成岩下树,摧残半隐洞中云。猷公曾住天台寺,阴雨猿声何处闻。(刘商《与湛上人院画松》,《全唐诗》卷三〇四)

柏偃松敧势自分,森梢古意出浮云。如今眼暗画不得,旧有三株持赠君。(刘商《袁德师求画松》,《全唐诗》卷三〇四)

《历代名画记》介绍刘商说:"刘商,官至检校礼部郎中,汴州

---

① [清]郑燮:《郑板桥集》,上海古籍出版社 1962 年版,第 166 页。

观察判官。少年有篇咏高情,工画山水树石。初师于张璪,后自造真为意。自张贬窜后,尝惆怅赋诗曰:'苔石苍苍临涧水,溪风袅袅动松枝。世间惟有张通会,流向衡阳那得知。'或云商后得道。"①但刘商并未通过题画诗来为自己延誉,而王冕、郑板桥的文字则很带有广告的性质,似乎在吹捧自己的高雅画作。这一点唐人还是很质朴的。

题他人的画作,和记别人作画之事,是绝不能提批评意见的,都是以盛赞为主。这与中国人的人际交往习惯有关,抬高别人和贬低自己是在社会上立足的必要手段。即便有鄙夷或轻视也不能轻易流露出来,更不会形诸笔端。这样过誉的结果是,反而使一些画作显得配不上诗歌的文字,甚至到了完美到失真的地步。

当然,作画者也会有意识地选择那些正统的,别人很难非议的题材。对此高居翰(James Cahill)先生指出:"随着人们对绘画的兴趣从图像向绘制过程及画家的转移,至少在精英的鉴赏层次上,被认为适合佳作的取材范围亦随之急剧缩小。有教养的画家总是唯恐被错误归入画匠的行列——画匠们愿意描绘受人指派的含有刺激性并供人消遣悦乐的题材,为此,常常将他本人的全副技巧限制在和谐的、带有吉祥寓意的题材方面,从而使人认为那些即反映了他本人丰富而稳定的内心世界。"②因此,松竹梅兰菊等传统高洁植物就成了他们笔下的常客,而评论者既不可能指责这些植物,更无法怀疑画家的匠心及其品格,于是一人作画数人赞扬,皆大欢喜。

---

① [唐]张彦远:《历代名画记》,《影印文渊阁四库全书》第812册,上海古籍出版社1987年版,第353页。
② [美]高居翰:《画家生涯:传统中国画家的生活与工作》,生活·读书·新知三联书店2012年版,第127页。

岁晚东岩下，周顾何凄恻。日落西山阴，众草起寒色。中有乔松树，使我长叹息。百尺无寸枝，一生自孤直。（宋之问《题张老松树》，《全唐诗》卷五一）

云湿烟封不可窥，画时唯有鬼神知。几回逢着天台客，认得岩西最老枝。（窦庠《赠道芬上人》，《全唐诗》卷二七一）

张璪画古松，往往得神骨。翠帚扫春风，枯龙戛寒月。流传画师辈，奇态尽埋没。纤枝无萧洒，顽干空突兀。乃悟埃尘心，难状烟霄质。我去淅阳山，深山看真物。（元稹《画松》，《全唐诗》卷三九八）

君有绝艺终身宝，方寸巧心通万造。忽然写出涧底松，笔下看看一枝老。（施肩吾《观吴偃画松》，《全唐诗》卷四九四）

心窍玲珑貌亦奇，荣枯只在手中移。今朝故向霜天里，点破繁花四五枝。（施肩吾《观叶生画花》，《全唐诗》卷四九四）

叠叶与高节，俱从毫末生。流传千古誉，研炼十年情。向月本无影，临风疑有声。吾家钓台畔，似此两三茎。（方干《方著作画竹》，《全唐诗》卷六四九）

写得长松意，千寻数尺中。翠阴疑背日，寒色欲生风。真树孤标在，高人立操同。一枝遥可折，吾欲问生公。（皎然《咏敭上人座右画松》，《全唐诗》卷八二〇）

海峤微茫那得到，楚关迢递心空忆。夕郎善画岩间松，远意幽姿此何极。千条万叶纷异状，虎伏螭盘争劲力。扶疏半映晚天青,凝澹全和曙云黑。烟笼月照安可道,雨湿风吹未曾息。能将积雪辨晴光,每与连峰作寒色。龙楼不竞繁花吐,骑省偏宜遥夜直。罗浮道士访移来,少室山僧旧应识。披垣深沈昼无事,终日亭亭在人侧。古槐衰柳宁足论,还对罘罳列行植。(皇甫冉《同韩给事观毕给事画松石》,《全唐诗》卷八八二)

我们在审视这些诗歌存在的意义时,惊喜地发现其中不乏一些哲理性的名言。这些诗歌毫无疑问带有朴素的画论属性,是以含蓄的诗歌语言所进行的无专业意识的绘画批评。高居翰先生在论及中国绘画时,曾引用过歌德(Goethe)的一句格言,称"图画与艺术家均无言"(Bilde, Künstler, rede nicht.)[①]。图画无言,但诗歌有声,题画诗歌的作用正是为图画发声,从而令诗歌成为画家的代言人。"艺术家将自己内心的秩序感呈现在条理分明的画面结构之中,而这些结构并不是一味地对自然进行模仿,或是以任何既往的艺术风格作为模拟的对象——换言之,这些结构可以看作是画家的心灵图像——如此一来,绘画提升到了与哲学思维并列的地位,并且和其他的'雅艺'(诗词、书法、音乐)一同成为艺术家自我实践的工具和体现。"[②]

图画一旦完成就无法改易了,但诗人的评论却能多种多样,如何将画作的弦外之音、言外之意体现在诗歌语言中,是诗人们在写作题画诗时很需要考虑的问题。我们看到唐人的题画诗,他们并非有意识

[①] [美]高居翰:《山外山:晚明绘画(一五七〇——一六四四)》,上海书画出版社2003年版,第224页。

[②] [美]高居翰:《气势撼人:十七世纪中国绘画中的自然与风格》,上海书画出版社2003年版,第40页。

地去评论画作，阐发画的主旨，只是不经意间难免触图生情，于是感慨一番，而这种感慨，就触及了画的精神内核。因而唐代的题画诗实是为宋元的文人画题画诗提供了一个良好的开局，本节讨论的唐代题花木画诗，意义也正在于此。

第三节　咏节气诗中的物候现象

我们在研究唐代的咏植物诗时，注意到一个现象，那就是唐人不仅爱写歌咏植物的诗歌，也喜欢在创作节令、节气诗时描写植物的萌芽、开花、枯荣等物候现象，这些表现物候的诗歌数量不少，因而有必要专门讨论。

一、咏节气诗的源起

中国是一个农耕文明的社会，自古以来的统治者都十分重视农业的发展，而农业的丰收除了农民的精心耕耘外，还离不开自然的因素，即所谓的"风调雨顺"。因此，如何利用天时为农业服务就成了一个需要统治者大力解决的问题。《农政全书》引《农桑通诀》谓"授时之说，始于尧典"，"先时而种，则失之太早而不生，后时而蓺，则失之太晚而不成"[①]，说明古人很早就意识到了顺应天时节候从事农业生产的重要性。故而历朝历代都相当重视历法历书的编制，夏商周均有各自的历法，但经过实践人们最终选择了夏历作为通行的历法。

通过长期的随时耕种，人们渐渐掌握了一套因自然生物的变化而

---

① ［明］徐光启撰，石声汉校注：《农政全书校注》，上海古籍出版社1979年版，第225页。

判断时节，从而播种相应的作物进行生产的方法，并在上古典籍中留下了记载。《大戴礼记·夏小正传》就是较早的记载各月物候的古书，它列举了韭、芸、柳、梅、杏、桃、堇、蘩、桑、麦等 20 余种植物随时节枯荣的现象，但是这种记载还是非常朴素的，还不具有文学性。据现存的文献，先民最早用文学形式歌咏物候现象的是《诗经》中的《豳风·七月》，这也成了后世咏节气诗的源起之作。

方玉润的《诗经原始》中有一张《豳公七月风化之图》，该图以月份分栏概括了《七月》诗中的各种时节现象，图首有一段总括性的文字，说道："仰观星日霜露之变，俯察昆虫草木之化，以知天时，以授民事……其祭祀也时，其燕飨也节。"①这段话对《七月》创作主旨的揭示可谓精准，《诗经》之后的咏节气诗亦遵循这一主旨。

二、文人的咏节气诗与物候

笔者以二十四节气为题检索《全唐诗》，发现此一题材的创作数量并不多，而在这些咏节气诗歌中，文人们重在表现春景，对于其他季节似乎兴味不大。各节气的歌咏诗章篇数如下表所示：

表4：唐代咏节气诗数量统计表			
季节	节气及篇数（首）		合计
春	立春53 雨水0 惊蛰0 春分4 清明53 谷雨0		110
夏	立夏1 小满0 芒种0 夏至4 小暑0 大暑0		5
秋	立秋21 处暑0 白露2 秋分0 寒露0 霜降0		23

---

① ［清］方玉润：《诗经原始》，中华书局 2006 年版，第 18 页。

冬	立冬 0　小雪 9　大雪 6 冬至 27　小寒 0　大寒 0	42

如上表所示，只有 10 个节气有诗人歌咏，而歌咏这 10 个节气的诗歌中有 9 个节气提到了与气候变化有关的植物，现统计如下：

表 5：唐代咏节气诗歌咏植物统计表		
季节	节气	植物
春	立春	梅、柳、杏、竹、萝茑、兰、苔、桃、生菜
	春分	桃、李、梅、杏、柳、榆、桑、松、雕胡、稊
	清明	杨、苔、槐、榆、柳、竹、桃、杏、梧桐、枫、、李、茶、萍、蓬、石楠、荇、梨
夏	夏至	筠、荷、竹
秋	立秋	李、萍、蕉、槿、桐、松、篁、蓬、艾、兰、莲、柳、荻、竹、蒲葵、茶、豆花
	白露	芦、菊、荷、葭苡
冬	小雪	梧、槿、枫、麦、松、茶、菊、竹
	大雪	松
	冬至	桂、梅、柳、蓬、茅、麦、蒲、苇、兰、菊、杉

由此可见，文人们在创作咏节气诗时，基本还是"应景"的，当然有一些植物并不是该节候所特有的，这正印证了本文上一章第二节所谓的"文学范式中的植物意象"，比如殷尧藩《冬至酬刘使君》[①]中的"梅含露蕊知迎腊，柳拂宫袍忆候朝"，如果这里的梅是腊梅的话，确是冬景，柳则是为了对仗而写的了。

---

① 《全唐诗》卷四九二。

文人的咏节气诗有两大特点，一是不完整、不系统。二十四个节气中有一半以上没有引来诗家的创作，这不得不说是个遗憾。第二个特点是文人歌咏时往往既不重"天时"，也不重"民事"，而重"本心"。很多诗歌都是以"有怀""书怀""见寄"为题的，如吴融《渚宫立春书怀》、顾非熊《长安清明言怀》、韦应物《立夏日忆京师诸弟》、令狐楚《夏至日衡阳郡斋书怀》、白居易《立秋夕有怀梦得》、李绅《奉酬乐天立秋夕有怀见寄》、周墀《酬李常侍立秋日奉诏祭岳见寄》、陆龟蒙《小雪后书事》、杜牧《冬至日遇京使发寄舍弟》[①]等。文人写物候是手段，借物抒怀才是本心。

三、敦煌卷子中的咏节气诗

《全唐诗》中没有完整的咏二十四节气诗，这是一个很大的遗憾，但这一缺憾随着20世纪初敦煌文献的发现而被弥补了。伯2624号卷子上就记载了一篇完整的咏二十四节气组诗，题为《卢相公咏廿四气诗》，斯3880号卷子上也记载了相同的诗章[②]。

这组诗从动物活动、植物生长、天气星象、农事生产等方面细致描写了一年二十四个节气中会发生的变化，其主旨便是上文说过的"以知天时，以授民事"。其中涉及植物的部分，笔者将之摘录如下：

> 一月发早梅，二月桃花开，三月柳絮飞，四月王瓜生，五月莲花放，六月菰蒲长，七月禾黍熟，八月蔬草白，九月菊渐黄，十月收田种。

十一月、十二月之所以没写植物，是因为此时正值隆冬，草木枯黄，

---

① 分别见于《全唐诗》卷六八四、卷五〇九、卷一九一、卷三三四、卷四五二、卷四八三、卷五六三、卷六二四、卷五二四。
② 具体文本见下文第五章第二节《敦煌卷子咏节气组诗注译》。

没有"活着"的植物，而若写常绿植物，则缺乏代表该月份的意义了，故而这两个月主要写动物和星象。

这组诗的特色便在于它的系统性。二十四首诗，每首都是五言律诗，其体式也较统一，大抵是首联点明节气，颔联与颈联写物候，尾联写人事。以《二月节》和《九月中》两首为例：

《二月节》：阳气初惊蛰，韶光大地周。桃花开蜀锦，鹰老化春鸠。时候争催迫，萌芽护矩修。人间务生事，耕种满田畴。

《九月中》：风卷清云尽，空天万里霜。野豺先祭兽，仙菊遇重阳。秋色悲疏木，鸿鸣忆故乡。谁知一罇酒，能使百愁亡。

《二月节》咏的是惊蛰，《九月中》咏的是霜降，都在首句体现出来了。春天桃花灿烂，万物萌芽，秋天树木萧疏，菊花独俏，都在二三联之中。尾联一写农民的耕种，一写诗人自己的借酒浇愁。这种"节气—物候—人事"的模式，可以说恰到好处，既合着咏节气诗"授时"的主旨，又没有喧宾夺主地大量描写诗人的内心活动，既完整又有系统，正是咏节气诗中的佳作。阅读这组诗歌，我们还可以体会到当时的人们对于丰收年景和美好生活的向往。

经过上文的论述，我们有一个感觉，那就是植物与诗人的关系，正如植物在物候变化中的地位一般——不全是，但也缺不得。人活于世，不可能不与植物发生关系，诗人遇见植物，挥笔作诗，或随性而写，或有感而发，但不论如何，其关照植物的方式，绝不是油画式的极尽逼真，也不是工笔画式的纤毫毕现，而是水墨画式的交织融合、晕染浑成，笔墨虽淡，却带着诗人的思绪，惟其近乎不见，方显诗味之醇浓。

我们可以借用唐人的诗句来说明唐人以植物入诗的情状，也作为本章的结尾，正是：檐下疏篁十二茎①，写尽千行说向谁②？

---

① 柳宗元：《清水驿丛竹天水赵云余手种一十二茎》，《全唐诗》卷三五一。
② 元稹：《阆州开元寺壁题乐天诗》，《全唐诗》卷四一五。

第三章 唐诗中的外来植物

所谓外来植物，就是指那些不是中国自然所产的，而是因人类活动、民族交往而传入，或因动物、水、风等自然原因逐渐散播进入中国的植物。中国接受外来植物，显然人类活动的因素更为重要。

20世纪之前，外来植物大量进入中国，大致有以下几个历史节点殊为关键，一是张骞通西域以来陆上丝绸之路的开辟，二是唐代以来海上丝绸之路的繁荣，三是宋代以后蒙古族统治的元帝国对亚欧大陆的征伐及随之而来的民族融合，四是明代前期郑和船队的西行及欧洲传教士的东来，五是清代晚期西方列强的武力叩关。

自汉至唐，华夏与外邦的交通在某些时期或有停滞，但从未停止，到了唐代更是达到了一个高峰，在这一历史时期，有许多自异域而来的植物进入了中国，它们的到来令中华的诗人们耳目一新，为诗歌创作提供了新鲜的素材。因本文并不企图从事生物科学类的专门研究，故无法论证究竟唐代有多少外来植物，本章只选择一些文献记载较为丰富的植物，且唐诗有歌咏者，作一论述。

第一节 佛教植物

今天我们说起佛教植物，大抵指的是与佛教典故有关联的植物，

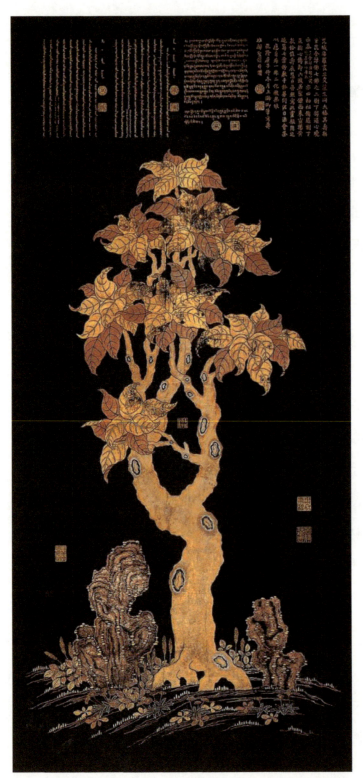

图 26 金墨磁青纸《金娑罗树图》立轴,乃清乾隆帝 1780 年为祝贺六世班禅额尔德尼寿辰御笔亲绘。民间私藏,见于中国嘉德国际拍卖有限公司 2000 年秋季拍卖会。

这其中既包括了释迦牟尼故乡的植物，也包括了佛教来到中国后吸收的一些本土植物，比如观世音菩萨净瓶中的柳枝等。本节讨论的内容，乃是一些唐诗中提到的来自异域的佛教的植物。

一、娑罗

张说《送考功武员外学士使嵩山署舍利塔》[①]诗中有两句"山中二月娑罗会，虚呗遥遥愁思人"。这其中提到的"娑罗"是梵语 sāla 的音译，娑罗树是原产于印度的高大乔木。这种植物在唐代张说写作该诗以前，并未在古诗中出现过，宋代的僧人倒是多有描写，比如：

犹忆娑罗双树院，月明相对坐胡床。（释道潜《寄俞伯谟宣义昆仲》，《全宋诗》第16册，第10744页）

如来涅槃日，娑罗双树间。（释克勤《为佛眼下火》，《全宋诗》第22册，第14424页）

娑罗树间，翻成活句。（释大观《偈颂五十一首》其三五，《全宋诗》第62册，第38950页）

娑罗双树间，瞿昙展脚睡。（释可湘《偈颂一百零九首》其一〇三，《全宋诗》第63册，第39310页）

拘尸罗城，娑罗双树。（释绍昙《偈颂一百零二首》其九，《全宋诗》第65册，第40752页）

老已无心走市廛，娑罗树下展身眠。（释如珙《偈颂二十首》其九，《全宋诗》第66册，第41229页）

读以上诗句，我们已经可以大略知道娑罗树与佛的联系，相传佛

---

① 《全唐诗》卷八六。

在娑罗双树间进入涅槃，《长阿含经·游行经第二》①说："佛自知时不久住也，是后三月，于本生处拘尸那竭娑罗园双树间，当取灭度。"至于张说诗中提到的"娑罗会"，用的则是佛与众弟子在娑罗林中论道的典故。《中阿含经》中有《牛角娑罗林经》两篇，记载了世尊与弟子们以互问对答的方式寻求智慧的事迹：

  一时，佛游跋耆瘦，在牛角娑罗林，及诸多知识上尊比丘大弟子等……尊者舍梨子遥见彼诸尊来已，尊者舍梨子因彼诸尊故说："善来，贤者阿难……我今问贤者阿难，此牛角娑罗林甚可爱乐，夜有明月，诸娑罗树皆敷妙香，犹若天花。贤者阿难！何等比丘起发牛角娑罗林？"……尊者阿难答曰："……"

故此，娑罗树可以说是佛教的神木了，后代文人在写作寺庙风景诗时，常常也写娑罗，以涂饰一种出尘之美，司马光的《灵山寺》②诗可谓翘楚，诗中有句曰：

  渐闻林下飞泉鸣，未到已觉神骨清。入门拂去衣上土，先爱娑罗阴满庭。

然而司马公一生与政敌相斗，不亦乐乎，在尘俗而拂土，未免有作态之嫌。

二、贝多

张乔有一首《兴善寺贝多树》③诗，诗曰：

---

① 本文所引之佛经，如无特殊说明，均引自中华电子佛典协会（Chinese Buddhist Electronic Text Association）编辑：《大正新修大藏经》电子版，台北，2010年。下文引用时不再说明。
② 《全宋诗》第9册，第6054页。
③ 《全唐诗》卷六三九。

还应毫末长,始见拂丹霄。得子从西国,成阴见昔朝。势随双刹直,寒出四墙遥。带月啼春鸟,连空噪暝蜩。远根穿古井,高顶起凉飙。影动悬灯夜,声繁过雨朝。静迟松桂老,坚任雪霜凋。永共终南在,应随劫火烧。

图27 贝多树。Peter Griffin摄。引自免费图片网。

可见贝多树是自西方而来的。贝多树学名贝叶棕,是原产印度等亚洲热带国家的高大乔木。这种树的叶子"叶片长1.5—2米,宽约2.5—3.5米,裂片80—100,裂至中部,剑形,先端浅2裂,长60—100厘米,裂片宽7—9厘米"[①],用刀具裁剪过后,形制类似中国的竹简,是书写佛经的材料。唐诗里写贝多,常常写的不是这种植物,而是贝多叶

---

① 中国科学院中国植物志编辑委员会主编:《中国植物志》第13(1)卷,科学出版社1991年版,第36页。

子做成的纸及上面的文字。

童子学修道，诵经求出家。手持贝多叶，心念优昙花。（张谓《送僧》，《全唐诗》卷一九七）

贝多文字古，宜向此中翻。（张鼎《僧舍小池》，《全唐诗》卷二〇二）

已取贝多翻半字，还将阳焰谕三身。（权德舆《酬灵彻上人以诗代书见寄》，《全唐诗》卷三二一）

既悟莲花藏，须遗贝叶书。（白居易《和李澧州题韦开州经藏诗》，《全唐诗》卷四四一）

若信贝多真实语，三生同听一楼钟。（李商隐《题僧壁》，《全唐诗》卷五三九）

小殿熏陆香，古经贝多纸。（皮日休《太湖诗二十章·孤园寺》，《全唐诗》卷六一〇）

静案贝多纸，闲炉波律烟。（皮日休《初冬章上人院》，《全唐诗》卷六一二）

贝多纸上经文动，如意瓶中佛爪飞。（皮日休《送圆载上人归日本国》，《全唐诗》卷六一四）

三卷贝多金粟语，可能心炼得成灰。（翁承赞《题景祥院》，《全唐诗》卷七〇三）

共辞嵩少雪，久绝贝多书。（李洞《锦城秋寄怀弘播上人》，《全唐诗》卷七二二）

张乔还有一首诗《吊栖白上人》①，诗中有句云："内殿留真影，

---

① 《全唐诗》卷六三八。

闲房落贝多"，这写的才是作为植物的贝多。贝多树的叶子是扇形或半月形的大叶，且有长柄，枯萎后自然下垂掉落，不可能落入"闲房"，因此这里的"落贝多"指的是贝多的小花。贝多的花序形制大而分枝多，上附众多小花，单朵花仅绿豆大，开放后掉落在树下，状若撒雪。张乔在屋里看见的，应该是被风吹入的贝多小花，而陆龟蒙《奉和袭美开元寺客省早景即事次韵》[①]诗"襐襚满地贝多雪，料峭入楼于阗风"所写的则是小花大量掉落，好像下雪一样铺满地面的情景。陆龟蒙还有《奉和袭美夏景无事因怀章来二上人次韵》[②]一诗，诗中提到了"定回衣染贝多香"，其实贝多的花是有臭味的，当然不是溷藩之中那种令人生厌的臭味，但也绝不是芬芳美好的气味，这里的"香"可能仅指它气味特殊吧。唐诗写到贝多的虽然仅有十余首，但贝多的花、叶、功用等方面都提到了，令人不禁再度感慨唐诗对生活的包容之深。

须得一提的是，和娑罗树不同，贝多树虽然也有与佛陀修道有关的典故[③]，甚至有专门的《贝多树下思惟十二因缘经》，但诗人们在诗中却并无运用。唐诗和宋诗中的贝多，仅是写录佛经的载体纸张，唐代还有诗人描写作为植物的贝多，宋代的诗人们则干脆只写"贝多经"[④]或"贝多文"[⑤]了。

---

① 《全唐诗》卷六二四。
② 《全唐诗》卷六二五。
③ 《修行本起经·卷下》："是时佛在摩竭提界善胜道场贝多树下，德力降魔，觉慧神静，三达无碍。度二贾客，提谓、波利，授三自归，及与五戒，为清信士。"
④ 苏颂《坤成节集英殿宴教坊口号》："译场初上贝多经"，《全宋诗》第10册，第6442页。
⑤ 宋庠《登龟山上方寺》："稽首贝多文"，《全宋诗》第4册，第2233页；沈辽《送智印师还会稽》："会为贝多文"，《全宋诗》第12册，第8244页；贺铸《送金坛慎令瓛》："细演贝多文"，《全宋诗》第19册，第12557页。

三、菩提

菩提树是典型的外来植物，也是典型的佛教植物。这种树与佛教及中国的因缘，唐段成式的《酉阳杂俎·木篇》述之甚详：

> 菩提树，出摩伽陀国，在摩诃菩提寺，盖释迦如来成道时树，一名思惟树。茎干黄白，枝叶青翠，经冬不凋。至佛入灭日，变色凋落，过已还生。至此日，国王、人民大作佛事，收叶而归，以为瑞也。树高四百尺，以下有银塔周回绕之。彼国人四时常焚香散花，绕树作礼。唐贞观中，频遣使往，于寺设供，并施袈裟。至高宗显庆五年，于寺立碑，以纪圣德。此树梵名有二：一曰宾拨梨婆（一曰梨婆）力叉，二曰阿湿曷咃婆（一曰娑）力叉。西域记谓之卑钵罗，以佛于其下成道，即以道为称，故号菩提婆（一曰娑）力叉，汉翻为道树。昔中天无忧王剪伐之，令事大婆罗门，积薪焚焉。炽焰中忽生两树，无忧王因忏悔，号灰菩提树，遂周以石垣。至设赏迦王复掘之，至泉，其根不绝，坑火焚之，溉以甘蔗汁，欲其焦烂。后摩揭陀国满胄王，无忧之曾孙也，乃以千牛乳浇之，信宿，树生如旧。更增石垣，高二丈四尺。玄奘至西域，见树出垣上二丈余。①

菩提树是佛教的神圣之木，原产印度恒河流域，因佛教的传播而进入中国。但菩提树进入中国的时间，《酉阳杂俎》的表述具有误导性，可能会让读者认为是因贞观遣使才使它来到中国的，其实不是这样。菩提树的来华，早于贞观九十余年，南朝梁武帝天监元年（502），

---

① ［唐］段成式：《酉阳杂俎》，上海古籍出版社2000年版，第695页。

天竺比丘智药三藏来到广州弘扬佛法，带来了菩提树，种植于光孝寺。明代光孝寺刻有《菩提碑》，叙述了这件事："梁天监元年智药三藏航海而至，自西竺国持来菩提树一株，植于戒坛。"①现在广州海珠区还有古树菩提榕三株，"相传是从光孝寺的菩提树分枝培植，至今仍枝叶苍劲"②。

由于菩提不光是植物的名称，还表示佛教一种大彻大悟的境界，因此它在诗歌中就会出现两种形态。写到菩提的唐诗可分为两类，一类说理，一类写景。

说理的这类诗，白居易写得比较多，他虽然在家持斋心向佛门，却不似传教士般一味劝人，而重在自身内心的感悟与修行。他写诗时并没有为自己的诗作预设读者，仅是将自己对佛理的研悟缓缓道出，先修己身再及世间，比如：

> 整顿衣巾拂净床，一瓶秋水一炉香。不论烦恼先须去，直到菩提亦拟忘。朝谒久停收剑珮，宴游渐罢废壶觞。世间无用残年处，祇合逍遥坐道场。（《道场独坐》，《全唐诗》卷四六〇）

> 交友沦殁尽，悠悠劳梦思。平生所厚者，昨夜梦见之。梦中几许事，枕上无多时。款曲数杯酒，从容一局棋。初见韦尚书，金紫何辉辉。中遇李侍郎，笑言甚怡怡。终为崔常侍，意色苦依依。一夕三改变，梦心不惊疑。此事人尽怪，此理

---

① 广州市地方志编纂委员会编：《广州市志》卷一六，广州出版社1999年版，第777页。

② 广州市海珠区地方志编纂委员会编：《广州市海珠区志》，广东人民出版社2000年版，第180页。

谁得知。我粗知此理，闻于竺干师。识行妄分别，智隐迷是非。若转识为智，菩提其庶几。（《因梦有悟》，《全唐诗》卷四五三）

图 28 菩提树。引自中国花木网（http://news.huamu.com）。

身为僧人的寒山，写起这样的诗来，则是直白唠叨，一心劝人了。他曾写诗说："男儿大丈夫，作事莫莽卤。劲挺铁石心，直取菩提路。

邪路不用行,行之枉辛苦。不要求佛果,识取心王主。"①读白居易诗至"逍遥坐道场",读者自然而生飘遥出世之念,这样的教化,比之寒山这样老和尚大师父式的喋喋不休,真不知要高到何处去了。

借菩提树来写景,所写的景色当然离不开僧院禅房了。早年曾出家为僧的贾岛和与僧人往来频繁的皮日休都写过这样的诗:

水岸寒楼带月跻,夏林初见岳阳溪。一点新萤报秋信,不知何树是菩提。(贾岛《夏夜登南楼》,《全唐诗》卷五七四)

十里松门国清路,饭猿台上菩提树。怪来烟雨落晴天,元是海风吹瀑布。(皮日休《寄题天台国清寺齐梁体》,《全唐诗》卷六一五)

比之说理的诗,写景的诗读来显然清新许多。唐诗中还提到了"菩提子",菩提树的"榕果球形至扁球形,直径1—1.5厘米,成熟时红色,光滑"②,非常适合做念佛的数珠。"珠穿闽国菩提子,杖把灵峰栟栗枝"③,"暗数菩提子,闲看薜荔花"④等诗句写的就是菩提树的种子做成的念珠。

四、优昙花

优昙花即昙花,又称作优昙钵花,它是梵语的音译,又译作优昙钵罗、优钵昙、乌昙跋罗等,就是我们熟知的无花果。何家庆《中国

---

① 寒山:《诗》三百三首之一百六十二,《全唐诗》卷八〇六。
② 中国科学院中国植物志编辑委员会主编:《中国植物志》第23(1)卷,科学出版社1998年版,第97页。
③ 曹松:《送乞雨禅师临遇南游》,《全唐诗》卷七一七。
④ 皮日休、陆龟蒙:《寂上人院联句》,《全唐诗》卷七九三。按此句作者皮日休。

外来植物》①考定，中国境内分布的无花果，西北是唐前经陆上丝绸之路传入的，西南是通过西南交通从印度来的，沿海是通过海上丝绸之路引入的。《中国植物志》说无花果"原产地中海沿岸。分布于土耳其至阿富汗。我国唐代即从波斯传入，现南北均有栽培，新疆南部尤多"。②优昙钵是桑科榕属的植物，拉丁学名Ficus carica，不是现在栽培广泛的仙人掌科昙花属的观赏植物昙花（Epiphyllum oxypetalum）。成语昙花一现说的是优昙钵，但由于外形似莲的昙花开放时间极短，因此易造成误解。事实上，原产中南美洲的昙花引入中国后，正因为具有"昙花一现"的成语描述的花期短、难得一见的属性，才被命名为昙花的。昙花一现是佛教的典故，因为无花果的花序隐于果实内壁，世人难以见到，就好像历经万般艰苦修行才获得的佛的道果一样，后来引申为形容时光白驹过隙或事物稍纵即逝。故而佛教涉及优昙钵的典故都与"稀有、难得"有关，比如：

  《佛说阿弥陀三耶三佛萨楼佛檀过度人道经》卷上：佛语阿难，如世间有优昙树，但有实无有华也。天下有佛，乃有华出耳，世间有佛，甚难得值也。

  《大般若波罗蜜多经》卷五七一：时，转轮王忽自叹曰："人身无常，富贵如梦，诸根不缺正信尚难，况值如来得闻妙法，不为希有如优昙花！"

  《大般涅槃经》卷二：优昙花世间希有，佛出于世亦复甚难，值佛生信闻法复难。

---

① 何家庆：《中国外来植物》，上海科学技术出版社2012年版。
② 中国科学院中国植物志编辑委员会主编：《中国植物志》第23（1）卷，科学出版社1998年版，第124页。

《金光明经》：尔时道场菩提树神，复说赞曰："……希有希有，佛出于世，如优昙华，时一现耳。"

图29　无花果。Piotr Siedlecki 摄。引自免费图片网。

唐人贯休的《闻无相道人顺世》五首之四[①]就使用了昙花稀有这一典故，用昙花的难见比况人的难遇，诗曰：

石霜既顺世，吾师亦不住。杉桂有猩猩，糠秕无句句。

土肥多孟蕨，道老如婴孺。莫比优昙花，斯人更难遇。

唐诗提到昙花的共有四首，除这首外，其他几首提到昙花的方式，不是专为写作，而是在写与寺庙僧人有关的诗章时将有佛教属性的昙

---

① 《全唐诗》卷八三〇。

花拿来"应景"的，如：

> 童子学修道，诵经求出家。手持贝多叶，心念优昙花。得度北州近，随缘东路赊。一身求清净，百毳纳袈裟。钟岭更飞锡，炉峰期结跏。深心大海水，广愿恒河沙。此去不堪别，彼行安可涯。殷勤结香火，来世上牛车。（张谓《送僧》，《全唐诗》卷一九七）

> 夜雨山草滋，爽籁生古木。闲吟竹仙偈，清于嚼金玉。蟋蟀啼坏墙，苟免悲局促。道人优昙花，迢迢远山绿。（贯休《闲居拟齐梁》四首之一，《全唐诗》卷八二七）

这种写法就好像提到春天就是"草长莺飞"，提到塞外就是"飞蓬走石"一般，虽说失了些趣味，但是中规中矩，也无可厚非。另外值得一提的是，由于律诗有格律的限制，而优、昙、钵、花四字分别是平平仄平，因此诗人作诗时会灵活调换字序使其合平仄。如：

> 方广寺开无俗路，优昙花现有灵根。（杨蟠《石桥》，《全宋诗》第8册，第5046页）

> 优钵昙花岂有花，问师此曲唱谁家。（苏轼《赠蒲涧信长老》，《全宋诗》第14册，第9504页）

> 天见已如摩勒果，佛求休待钵昙花。（张嵲《示疑者》，《全宋诗》第32册，第20517页）

> 优钵昙花果有花，不缘诗酒到君家。（虞俦《安奉观音》，《全宋诗》第46册，第28593页）

这也是汉语古诗中的一种独特现象。

五、曼陀罗

和上文说到的四种植物不同的是，曼陀罗的原产地并非印度，何家庆所著《中国外来植物》将其归入"原产美洲的植物"一类。曼陀罗在《全唐诗》里仅出现了一次,即卢仝《观放鱼歌》[①]中的"天雨曼陀罗花深没膝,四十千真珠璎珞堆高楼"两句。曼陀罗花像下雨一般自空中降下,铺满地面,甚至没过了人的双膝,这里卢仝所用的典故与佛所受供养有关,《大般涅槃经》和《妙法莲华经》等佛经中详细记载了有关事迹。

图30　曼陀罗花。引自回车桌面网(http://www.enterdesk.com)。

---

① 《全唐诗》卷三八七。

尔时，双树忽然生花，堕如来上，世尊即便问阿难言："汝见彼树非时生花供养我不？"阿难答言："唯然，见之。"尔时，诸天龙神八部，于虚空中，雨众妙花、曼陀罗花、摩诃曼陀罗花、曼殊沙花、摩诃曼殊沙花，而散佛上，又散牛头栴檀等香，作天伎乐、歌呗赞叹。佛告阿难："汝见虚空诸天八部供养我不？"阿难白言："唯然，已见。"（《大般涅槃经》卷中）

时，诸力士以新净绵及以细氎缠如来身，然后内以金棺之中，其金棺内散以牛头、栴檀、香屑及诸妙华，即以金棺内银棺中，又以银棺内铜棺中，又以铜棺内铁棺中，又以铁棺置宝舆上，作诸伎乐歌呗赞叹。诸天于空，散曼陀罗花、摩诃曼陀罗花、曼殊沙花、摩诃曼殊沙花，并作天乐，种种供养，然后次第下诸棺盖。（《大般涅槃经》卷下）

尔时世尊，四众围绕，供养、恭敬、尊重、赞叹。为诸菩萨说大乘经，名无量义，教菩萨法，佛所护念。佛说此经已，结加趺坐，入于无量义处三昧，身心不动。是时天雨曼陀罗华、摩诃曼陀罗华、曼殊沙华、摩诃曼殊沙华，而散佛上、及诸大众。（《妙法莲华经》卷一序品第一）

佛在世时和涅槃后都受到了种种虔诚的供养，天上下曼陀罗花雨就是佛受到供养的标志之一，卢仝之后的诗人在写到这种花时也经常提到"天雨"，且受汉语表达习惯的影响，曼陀罗在诗歌中常省称作"曼陀"。比如：

天上曼陀华，吾知悦清芬。（沈辽《送智印师还会稽》，《全宋诗》第12册，第8244页）

久陪方丈曼陀雨，羞对先生苜蓿盘。（苏轼《和子由柳

湖久涸忽有水开元寺山茶旧无花今岁盛开二首其二》，《全宋诗》第14册，第9153页）

> 醉中眼缬自斓斑，天雨曼陀照玉盘。（苏轼《游太平寺净土院观牡丹中有淡黄一朵特奇为作小诗》，《全宋诗》第14册，第9199页）

> 放尽穷鳞看圉圉。天公为下曼陀雨。（苏轼《蝶恋花·同安生日放鱼，取金光明经救鱼事》）①

> 同出泥涂，独标玉质，不是曼陀雨。（吴潜《念奴娇·白蘋影里》）②

顺带一提，有趣的是，由于曼陀罗花"含莨菪碱，药用，有镇痉、镇静、镇痛、麻醉的功能"③，它在史书中也留下了自己的身影。《宋史·卷四九五·蛮夷传三·环州传》记载了这样一件史事：

> 明年，转运使杜杞大引兵至环州，使摄官区晔、进士曾子华、宜州校吴香诱赶等出降，杀马牛具酒，给与之盟，置曼陀罗花酒中，饮者皆昏醉，稍呼起问劳，至则推仆后庑下。比暮，众始觉，惊走，而门有守兵不得出，悉擒之。后数日，又得希范等，凡获二百余人，诛七十八人，余皆配徙。仍醢希范，赐诸溪峒，绩其五藏为图，传于世，余党悉平。④

用美丽的曼陀罗花来行杀人之事，不知道受过曼陀雨的供养，慈悲为怀的佛陀知悉后，又当会作何感想呢？

---

① 唐圭璋编：《全宋词》第一册，中华书局1965年版，第321—322页。
② 唐圭璋编：《全宋词》第四册，中华书局1965年版，第2758页。
③ 中国科学院中国植物志编辑委员会主编：《中国植物志》第67(1)卷，科学出版社1978年版，第144页。
④ [元]脱脱等撰：《宋史》，中华书局1977年版，第14221页。

第二节　其他外来植物——两个个案的考察

本章伊始笔者已经强调，不作生物科学方面的专门考察，一是因笔者学力不济，二是中外学者对外来植物的研究已经相当成熟，因而也无考察之必要。尤其何家庆所著的《中国外来植物》一书，搜罗甚广，列出了827种（含亚种和变种）外来植物，"实为目前中国外来植物搜罗最为完备之一书"（该书序）。作者对唐代外来植物的考证多引用当时的医书、农书、文人笔记、诗词作品等，可谓考研颇精，其与唐诗有涉者，亦多引唐诗论之，因而本文实无重复之必要。但是笔者又发现何书有些失察之处，所论不当，故将何书失察的两个个案在此详论，以期通过个案的考察略窥唐代外来植物进入中国的端倪。

图31　茉莉花。图片由百度网友"zhangxueyanc"上传分享。

一、茉莉

近些年来，凡是中国主办或与中国有关的国际会议、展览上，国际友人常常能听到一首曲调悠扬活泼的中国民歌，它就是来自南京六合的《茉莉花》。随着这首歌传唱得越来越广，知名度也越来越高，使得它甚至被誉为是中国的"第二国歌"。然而，与梅花、牡丹等其他中国名花不同的是，茉莉花并不是产于中国本土的花卉，而是从西国引进的，现代植物学认为茉莉原产于南亚次大陆，也就是古代的天竺。宋人王十朋写有《又觅没利花》[①]诗，云：

没利名嘉花亦嘉，远从佛国到中华。老来耻逐蝇头利，故向禅房觅此花。

这首诗就说明了茉莉原产佛国印度。"没利"就是茉莉，《康熙字典》"茉"字条解释说："《嵇含·草木状》作'末利'，《洛阳名园记》作'抹厉'，佛经作'抹利'，《王龟龄集》作'没利'，《洪迈集》作'末丽'，盖'末利'本外国语，无正字，随人会意而已。"说明了茉莉原来是这种植物的外语名音译。茉莉自外国而来，这是没有争议的，有争议的是它进入中国的时间，何家庆《中国外来植物》认为茉莉是宋代引入栽培的。这种说法显然不正确，因为宋代以前，已经至少有一首唐诗描写了茉莉[②]。李群玉《法性寺六祖戒坛》[③]诗云：

初地无阶级，余基数尺低。天香开茉莉，梵树落菩提。

[①] 《全宋诗》第36册，第22654页。
[②] 《先秦汉魏晋南北朝诗》并无提及茉莉的诗歌，《全唐诗》写到茉莉的共有两首，除李群玉诗外，还有另一首赵鸾鸾的《檀口》诗："衔杯微动樱桃颗，咳唾轻飘茉莉香"，见《全唐诗》卷八〇二。但据考赵鸾鸾乃是元人，该诗虽然被收入《全唐诗》，但并非唐诗。
[③] 《全唐诗》卷五六九。

惊俗生真性，青莲出淤泥。何人得心法，衣钵在曹溪。

一种外来植物从刚进入中国到出现在文人的诗歌中，是有一个时间差的，如果茉莉只是初步引入，栽培不广的话，恐怕李群玉不会注意到这种花卉。《康熙字典》"茉"字条引明杨慎的《丹铅录》说："《晋书》都人簪柰花，即今茉莉，佛书茉莉花，言柰花也。"笔者按，《晋书》并未明言"都人簪柰花"事，只在卷三二《成恭杜皇后传》中记载道："三吴女子相与簪白花，望之如素柰，传言天公织女死，为之著服，至是而后崩。"①杜皇后是东晋成帝司马衍的皇后，史书所言"三吴"虽不是京都，倒是离都城（南京）不远，这说明了至迟在东晋，江南女子已有簪戴茉莉花的风气。唐代栖复所著《法华经玄赞要集·卷三四·法师功德品》说："经言末利者，此云鬘华，堪作鬘故"，《杭州府志》也说："都人汎湖，为避暑之游。时物以茉莉为最盛，妇人簇带多至七插"②，更说明了这种风气的兴盛。那么茉莉的栽培当在东晋以前了。西晋嵇含在《南方草木状》中专门介绍了茉莉，他说：

> 耶悉茗花、末利花，皆胡人自西国移植于南海，南人怜其芳香，竞植之。陆贾《南越行纪》曰："南越之境，五谷无味，百花不香，此二花特芳香者，缘自胡国移至，不随水土而变，与夫橘北为枳异矣。彼之女子以彩丝穿花心以为首饰。"末利花似蔷蘼之白者，香愈于耶悉茗。③

嵇含所引的陆贾《南越行纪》成书于西汉，彼时佛教尚未传入中国，

---

① [唐]房玄龄：《晋书》，中华书局1974年版，第974页。
② 《杭州府志·卷七八·物产一·花果属》引《武林旧事》，民国铅印本。
③ [晋]嵇含：《南方草木状》，《影印文渊阁四库全书》第589册，上海古籍出版社1987年版，第3页。

因此陆贾说"胡国"而王十朋说"佛国"。由这段文字，我们可以知道：第一，茉莉传入中国的时间至迟也在陆贾生活的西汉初年；第二，茉莉传入中国的路线，是由南亚次大陆经印度支那即今中南半岛，最先传入闽广琼桂等地，再自南向北推广栽培。关于茉莉在中国的初产地，地方志及文人笔记、诗歌中也有一些佐证，比如：

  黄仲昭《八闽通志》：茉莉：夏开白色，妙丽而芳郁，此花惟闽中有之。佛经谓之"末丽"。蔡襄诗云："团圆茉莉丛，繁香暑中折。"又有一种红色，曰"红茉莉"，穗生，有毒。①

  周去非《岭外代答》：茉莉花，番禺亦多，土人爱之。以渐米浆日溉之，则作花不绝，可耐一夏。花亦大，且多叶，倍常花。六月六日，又以治鱼腥水一溉，益佳。②

  叶廷珪《茉莉花》：露花洗出通身白，沈水熏成换骨香。近说根苗移上苑，休惭系本出南荒。（《全宋诗》第29册，第18613页）

这些都说明了茉莉进入中国后，是先在南方栽培，然后逐渐向北扩散的。而由于茉莉原产热带，性喜温热，因此其传播的极北之地也就是亚热带与温带的分界地区了，大致是淮河以南地区，再往北自然气候就不适合茉莉生长了。茉莉花不起眼，但气味馨香沁人，因此从

---

① ［明］黄仲昭：《八闽通志·卷二五·食货·土产·福州府》，明弘治刻本。笔者按，蔡襄诗《移居转运宇别小栏花木》，《全宋诗》作："三年对小栏，花蘤见颜色。红薇开已久，春风长先得。素馨出南海，万里来商舶。团团末利丛，鲦香暑中拆。余畦十数种，亦自尚风格。念尔幽芳性，乞致多手植。瑶草固微生，栽培子岂德。别去重来看，犹使中情恻。"第7册，第4763页。

② ［宋］周去非：《岭外代答·卷八·花木门·茉莉花》，知不足斋丛书本。

李群玉开始，诗人们在写到茉莉时，很少不提及它的香气的。比如：

  桄榔叶暗临江圃，茉莉香来酿酒家。（章岘《和李升之夜游漓江上》，《全宋诗》第4册，第2689页）

  茉莉一如知我意，并从轩外送香来。（邹浩《闻茉莉香》，《全宋诗》第21册，第14040页）

  寓轩居士心如铁，默坐惟闻茉莉香。（李纲《梅雨》，《全宋诗》第27册，第17576页）

  荔枝受暑色方好，茉莉背风香更幽。（郑刚中《封州》，《全宋诗》第30册，第19137页）

  深丛茉莉香有余，秾李争春俗不除。（李吕《和吴微明疏影横斜水清浅七咏韵》其一，《全宋诗》第38册，第23840页）

  离离荔子丹，冉冉茉莉香。（喻良能《闳中堂》，《全宋诗》第43册，第26925页）

  红透荔枝日，香传茉莉风。（葛绍体《送赵献可福州抚干》，《全宋诗》第60册，第37956页）

  水晶帘挂小池亭，茉莉花香酒易醒。（王镃《西亭新暑》，《全宋诗》第68册，第43205页）

  光摇珠箔梧桐月，香透纱厨茉莉风。（黄庚《凉夜即事》，《全宋诗》第69册，第43578页）

"好一朵茉莉花，好一朵茉莉花，满园花草，香也香不过它"，民歌《茉莉花》的传唱更让茉莉的馨香举世闻名。原本产自异域的茉莉花，随着历代园艺匠人的精心培育，随着各朝诗人的倾心歌咏，经过了漫长的岁月，竟逐渐成了代表中国的一个文化符号，墙里开花墙外香，此其谓耶？

二、罂粟

罂粟这一植物是《中国外来植物》失收者。对于罂粟的原产地，植物学界有多种看法，但通常认为是欧洲，《中国植物志》罂粟（Papaver somniferum）条介绍其产地时说："原产南欧，我国许多地区有关药物研究单位有栽培。印度、缅甸、老挝及泰国北部也有栽培。"[①]提起罂粟，中国人的情感是复杂的，一方面人们醉心于它艳丽动人的花姿，另一方面又痛恨以它为原料制作的鸦片[②]，尤其是大烟带给近代中国的苦难更令人切齿。罂粟花是随着鸦片烟向世界传播的，而鸦片传入中国的时间，学术界普遍认为是隋朝末年[③]至唐朝初年[④]，也有学者认为这样考定鸦片入华的时间是有失偏颇的[⑤]，他们认为鸦片进入中国至少是15世纪以后的事情了。之所以产生这样的争议，是因为"鸦片"这一事物是有严格定义的，它一定是指由罂粟果渗出的乳汁经干燥后制作的有刺激性的麻醉毒品，仅含有一定比例的罂粟蒴果乳汁干

---

① 中国科学院中国植物志编辑委员会主编：《中国植物志》第32卷，科学出版社1999年版，第52页。
② 《中国植物志》"罂粟"条总结罂粟的别称，计有鸦片、大烟、米壳花、罂子粟、御米、象谷、米囊、囊子、阿芙蓉等。
③ 所据史料为朝鲜医书《医方类聚》引隋代《五藏论》之"底野迦善除万病"。[朝鲜]金礼蒙等著：《医方类聚》第一册，人民卫生出版社1981年版，第83页。"底野迦"是希腊文 ti-yeh-ka 的音译，是西方著名的一种解毒药，也作"底也伽""底也迦"。
④ 所据史料为《旧唐书·西戎传·拂菻传》之"乾封二年，（拂菻王波多力）遣使献底也伽"。[后晋]刘昫等撰：《旧唐书》，中华书局1975年版，第5315页。
⑤ 吴志斌、王宏斌：《中国鸦片源流考》，《河南大学学报（社会科学版）》1995年第5期。"这（底也伽）是含有鸦片质的药丸偶尔的少量输入，而不是真正鸦片输入的开端。"

燥物不能视为鸦片。而作为花卉引入的罂粟进入中国的时间则不存在上述争议，一般认为是初唐。《全唐诗》出现"罂粟"的诗歌共有四首，分别是：

> 开花空道胜于草，结实何曾济得民。却笑野田禾与黍，不闻弦管过青春。（郭震《米囊花》，《全唐诗》卷六六）

> 行过险栈出褒斜，出尽平川似到家。万里客愁今日散，马前初见米囊花。（雍陶《西归出斜谷》，《全唐诗》卷五一八）

> 蝉啸秋云槐叶齐，石榴香老庭枝低。流霞色染紫罂粟，黄蜡纸苞红瓠犀。玉刻冰壶含露湿，斒斑似带湘娥泣。萧娘初嫁嗜甘酸，嚼破水精千万粒。（无名氏《石榴》，《全唐诗》卷七八五）

> 倒排双陆子，希插碧牙筹。既似牺牛乳，又如铃马兜。鼓搥并瀑箭，直是有来由。（李贞白《咏罂粟子》，《全唐诗》卷八七○）

其中年代最早的郭震生于唐高宗显庆元年（656），卒于唐玄宗开元元年（713），这首《米囊花》诗应是高宗时期的作品。而由于一个新物种从初入中国到进入文学作品有个过渡期，因此笔者推定罂粟花大抵于唐贞观年间（627—649）进入中国。除无名氏外，另外两位诗人雍陶是中晚唐人，李贞白是南唐人，因此可以说整个唐代，诗人们对罂粟都处于观望的态势之中，这是十分合理的。外来植物刚到中国，肯定是小范围少量种植，之后才逐渐发展、推广，种植数量和地域也逐步扩大。相应的，提到这些植物的诗歌，先是新奇地描写这种从未见过的植物的形态，然后逐渐熟悉，才开始介绍其种植或应用等有关情况。具体到罂粟来说，唐人是初见，而宋人则是熟识了，因此宋代出现了不少"种罂粟"题材的诗歌，比如：

图32　某鸦片产地的罂粟种植场，大片成熟的罂粟蒴果。Petr Kratochvil 摄。引自免费图片网。

前年阳亢骄，旱日赤如血……饱闻食罂粟，能涤胃中热。问邻乞嘉种，欲往愧屑屑……堂下开新畦，布艺自区别。（李复《种罂粟》，《全宋诗》第19册，第12426页）

墙根有地一弓许，人言可种数十竹……竹成须待五六年，我已归乡卜新筑。园夫笑谓主人言，不如锄苗种罂粟。（周紫芝《种罂粟》，《全宋诗》第26册，第17267页）

庾郎十饭九不肉，家无斗储饭不足。穷儿朝来忽乍富，墙下千罂俱有粟。只今锦烂花争妍，想见云翻釜初熟。（周

紫芝《罂粟将成》，《全宋诗》第26册，第17326页）

　　小雨翻锄土带沙，戎葵罂粟送诗家。（方回《中秋前一日雨送罂粟戎葵子与刘元煇》，《全宋诗》第66册，第41675页）

图33　虞美人，罂粟科罂粟属，原产欧洲，是有名的观花植物，现在我国各地已有广泛栽培。Brunhilde Reinig摄。引自免费图片网。

　　由此可见，罂粟可以治胃病，也可以食用，文人之间还以其种子相馈赠。方回诗中提到的戎葵和罂粟都是赏花植物，为文人所喜种者，张镃的《夏日南湖汎舟因过琼华园》六首其三①就说"照畦罂粟红灯密，绕舍戎葵紫绶繁"，可见诗人常在屋舍旁种植罂粟以赏其花。

罂粟花虽以其芳姿赢得了诗家的欢心，但随着明清以来鸦片的大量输入，苦难和屈辱开始折磨中国人民，在这种背景下，人们开始如禁烟一般"禁花"了，直至今日非科研机构种植罂粟都是非法的。力主禁烟的人士大都主张从源头消灭这种植物，但也有学者指出，鸦片之罪实罪在人，而非罪在花。清人吴其濬就特意为罂粟花正名，将其与鸦片区别对待，他在所著《植物名实图考》中说："明时一粒金丹多服为害。近来阿芙蓉流毒天下，与断肠草无异，然其罪不在花也。列之群芳。"②罂粟入华已逾千年，罪之者斥其可恶，知之者谓其何辜，然而不论世人以何种眼光看待它，罂粟那翩跹的花瓣总会年复一年迎风招展的吧。

第三节 菠菜入华考

菠菜几乎人人都吃过，但并非人人都了解它的一些故事，它在某种程度上可以说是一种比较特殊的蔬菜了。首先菠菜是从外国来的，《中国植物志》说它"原产伊朗，我国普遍栽培，为极常见的蔬菜之一"③，因而李时珍的《本草纲目》说它别名"波斯草"④。然后还有

---

① 《全宋诗》第60册，第31654页。
② ［清］吴其濬：《植物名实图考》，中华书局1963年版，第664页。
③ 中国科学院中国植物志编辑委员会主编：《中国植物志》第25（2）卷，科学出版社1979年版，第46页。
④ ［明］李时珍：《本草纲目》，中国中医药出版社1998年版，第697页。

比较特殊的一点是，它是一种口味很有争议的蔬菜。现在我们都知道，经霜经雪的菠菜发甜（尤其根部），口感好，而其他季节的菠菜比较涩口，李时珍说："波棱八月、九月种者，可备冬食；正月、二月种者，可备春蔬。"菠菜属于冬春季节的"打霜菜"，无论炒烩炖煮皆佳。正因为菠菜有甜涩两种口感，所以爱吃的人极喜，而不爱吃的人视若凡品。南唐人钟谟就是菠菜的拥趸，宋陶谷的《清异录》记载道："钟谟嗜菠薐菜，文其名曰'雨花菜'，又以蒌蒿、莱菔、菠薐为'三无比'"①，莱菔就是萝卜，这些菜都有或辛或辣的味道，看来钟大人的口味还是异于常人的。明人王世懋在笔记《蔬疏》中说："菠菜，北名'赤根'。菜之凡品，然可与豆腐并烹，故园中不废"②，他认为菠菜在厨房中的地位完全是由豆腐拯救的，可见他认为菠菜是上不了台面的。

菠菜是由外国传入的，口味又比较特殊，然而善用诗歌抒写生活万象的唐人却没有提到过这种新奇的蔬菜。这不是一个待解的疑问吗？因此尽管唐诗中没有出现菠菜，我们还是将这一问题放在这里讨论一下。

一、菠菜入华的时间及其来华后的境况

菠菜何时来到中国，这一问题的答案应该是确切无疑的，它是在贞观二十一年（647）由尼泊尔人带到长安的。史书记载道：

（贞观）二十一年，遣使献波棱菜。（《唐会要》"泥婆罗国"条）③

二十一年，遣使入献波稜、酢菜、浑提葱。（《新唐书·卷

---

① ［宋］陶谷：《清异录》卷二，民国景明宝颜堂秘籍本。
② ［明］王世懋：《学圃杂疏·蔬疏》，《四库全书存目丛书》子部第81册，齐鲁书社1995年版，第647页。
③ ［宋］王溥：《唐会要》，中华书局1955年版，第1789页。

二二一·西域传上·泥婆罗传》）①

《册府元龟》也记载了这一史事：

> 太宗贞观……二十一年……三月……泥钵罗献波稜菜，类红蓝，实如蒺梨，火熟之能益食味。②

泥婆罗和泥钵罗都是外国国名的音译，就是今天的尼泊尔（Nepal）。该国向来与中华亲善，李斌城主编的《唐代文化》总结了一张"外国进献植物表"③（见下），可见尼泊尔是奉献物品最多的，好多并非其国原产的植物，他们也搜罗来献给大唐。

\multicolumn{5}{c}{表6：外国进献植物表}				
纪年	贡献国家	贡献物品	资料来源	备注
贞观一一	637	康国	金桃、银桃	册府/970/11398
贞观一五	641	天竺	菩提树	册府/970/11399
贞观二一	647	摩伽陀	菩提树	册府/970/11400
贞观二一	647	康国	金桃	册府/970/11400
贞观二一	647	罽宾	俱物头花	册府/970/11400	即印度白睡莲
贞观二一	647	伽毕失	泥楼婆罗	册府/970/11400	即印度青莲
贞观二一	647	健达	佛土叶	册府/970/11400	新书作佛土菜
贞观二一	647	泥婆罗	波稜菜、酢菜、胡芹、浑提葱、桂椒	册府/970/11400
天宝五	746	陀拔斯单	千年枣	册府/970/11412

---

① ［宋］欧阳修等撰：《新唐书》，中华书局1975年版，第6214页。
② ［宋］王钦若等编：《册府元龟》，中华书局1960年版，第11400页。
③ 李斌城主编：《唐代文化》，中国社会科学出版社2002年版，第1881页。

图 34　菠菜地。图片引自网络。

菠菜就不是尼泊尔的原产,而是来自其他国家。"这种新输入的蔬菜的汉文名称,似乎是记录了某种类似'palinga'(波稜)的外国语的名称。"①美国的劳费尔博士(Berthold Laufer)在他的著作《中国伊朗编》里花了数千字的篇幅来论述菠菜的原产地。他引述了上文《册府元龟》中的记载,并推测说:"它证明在当时菠菜不仅对于中国人是新奇的东西,而且对于尼泊尔人恐怕也是新奇的,否则他们就不会把这东西拿来当作礼物送给中国,他们献礼是应太宗皇帝的要求:

---

① [美]谢弗(Edward H. Schafer)著,吴玉贵译:《唐代的外来文明》(原名"撒马尔罕的金桃——唐朝的舶来品研究",The Golden Peaches of Samarkand: A Study of Tang Exotics),中国社会科学出版社 1995 年版,第 316 页。

凡是属国都要把他们所出产最精选的菜蔬进贡。"①唐人亦是知道菠菜的原产国的，《太平广记》引中唐韦绚的《刘宾客嘉话录》曰：

> 菜之菠薐者，本西国中有僧，自彼将其子来，如苜蓿、蒲萄，因张骞而至也。菠薐本是颇陵国将来，语讹耳，多不知也。②

对此，宋人孙奕引严有翼撰《艺苑雌黄》云："蔬品有'颇陵'者，昔人有颇陵国将其子来，因以为名。今俗乃从'艹'而为菠薐。呜呼，字书之不讲久矣。"③劳费尔也从语源上作了一番考证，他说："汉语的'菠薐'肯定是代表某种印度方言的译音。在印度斯坦语里菠菜叫做palak，糖萝卜叫作palan或palak，在普什图语为pālak，显然是从梵语pālanka，palakyū，pālakyā演变而来的。我们字典给这字所下的定义是：'一种菜蔬，一种甜菜，Beta bengalensis；'在孟加拉语为palun。为了要使这名字和汉语更符合，我们还可以找到梵语的Pālakka或Pālaka，那是一个国名，这名字使得佛教僧侣产生了'菠菜出产于颇棱国'的说法。尼泊尔人因此把一个本地植物的名字用在新移植来的菠菜上，然后把这名字连同这产品一块传到中国。"④最终得出结论："我们在适当地考虑了植物学上和历史上所有事实以后，不得不承认菠菜是从伊朗某地传到尼泊尔，从尼泊尔又

---

① [美]劳费尔著，林筠因译：《中国伊朗编：中国对古代伊朗文明史的贡献，着重于栽培植物及产品之历史》（SINO-IRANICA Chinese Contributions to the History of Civilization in Ancient Iran, With Special Reference to the History of Cultivated Plants and Products），商务印书馆1964年版，第218页。
② [宋]李昉等编：《太平广记》，中华书局1961年版，第3344页。
③ [宋]孙奕：《履斋示儿编》卷二二，元刘氏学礼堂刻本。
④ [美]劳费尔：《中国伊朗编》，商务印书馆1964年版，第222—223页。

于公元647年移植到中国的。"①

我们有必要再来仔细阅读一下《册府元龟》的记载。唐人看到的菠菜"类红蓝,实如蒺梨",说明菠菜的植株和种子他们都见到了。"蒺梨"就是蒺藜,菠菜籽和蒺藜的种子相似,形状都像武术中使用的流星。"红蓝"应是指某种蓝属植物,就是成语"青出于蓝"中的蓝草。蓝有木蓝、菘蓝、蓼蓝、板蓝等,看菠菜的叶子,倒是跟菘蓝类似。那么问题就来了,尼泊尔与长安相隔万里,他们进献菜蔬,一路走来是如何保鲜的呢?即便是现在,要把尼泊尔的菠菜运到西安,还能使西安人从菠菜没有干瘪的叶子上看出它"类红蓝",除了空运似乎也别无他法。那么回到千余年前的唐代,我们只能作这样一番猜测。尼泊尔的使节团带着他们国王交好大唐的使命,带着他们搜罗来的奇珍异品,不远万里来到长安,并没有立刻入朝,而是先居住在长安的某处庭院,将他们预备进贡的植物播种繁殖。这样做很有必要,因为如果他们带来的植物无法在关中平原生长,或者能够生长但出现了橘变为枳的情况,那么岂不是得罪了大唐吗,唐人怎么会看得上酸枳呢?而且现在我们知道菠菜"变枳"的风险还是很大的,它原产伊朗,伊朗纬度比长安低,且南部大片属于热带沙漠气候,那里的植物能否在处于北温带的长安生长还真不好说。因此只有等到尼泊尔使臣们确定了带来的植物可以在中国生长,才会向朝廷通告朝贡。于是唐朝负责接待的官员们甚至太宗本人,就看到了绿叶红根、青翠欲滴的新鲜菠菜了,使臣还提供了种子,方便中国人繁殖,如此他们就顺利地完成了外交使命。这样的推测是很合情理的,史册虽未明载,但事实应该相去不远。尼泊尔

---

① [美]劳费尔:《中国伊朗编》,商务印书馆1964年版,第223页。

人是在贞观二十一年的三月进献菠菜及其种子的,那么算上他们繁殖一茬菠菜的时间,菠菜实际初次在中国的土地上生长应该在贞观二十年(646)。

现在我们知道了菠菜的来源(包括地源及语源),也知道了它初到中国的时间,那么它传入中国之后,唐人给予它何种关注呢?

事实上,菠菜来华的消息传出不久,有人就注意到了这种植物。我们可以将这个有心人归入植物学家的行列,他就是研究草药的医学家孟诜。孟诜生于唐高祖武德四年(621),卒于唐玄宗先天二年(713),其著作《食疗本草》是世界上现存最早的食疗专著。原书本佚,幸赖敦煌石室残卷得以复见,孟诜在该书中就论述了菠菜的药性。其"菠薐"条曰:

> 冷,微毒。利五脏,通肠胃热,解酒毒。服丹石人食之佳。北人食肉面,即平。南人食鱼鳖、水米,即冷。不可多食,冷大小肠。久食令人脚弱不能行,发腰痛。不与蛆鱼同食,发霍乱吐泻。①

这是菠菜见于典籍的最早记载,大抵与其入华同时,相差不过一二十年。须得一提的是,成书于显庆四年(659)的《大唐新修本草》并未记录菠菜,可能编者苏敬没有注意到这一新来植物,也可能菠菜算不得药草因而没有著录。孟诜的著作偏重"食疗",对蔬菜给予了较多的关注,菠菜刚在长安传播他就注意研究它的食疗功效,经十几年的观察、验证,才总结出菠菜的药性,也符合做研究工作的一般时限。接着出现菠菜的典籍是郭橐驼的《种树书》和上文引用过的《嘉

---

① 孟诜:《食疗本草》,见[唐]孟诜原著,范凤源订正,李启贤校订:《敦煌石室古本草》,新文丰出版公司1977年版,第146页。

话录》①。劳费尔博士以为"就农业方面的文献来说，菠菜第一次出现在八世纪末期的《种树书》"②，这可能是因为在作者撰写《中国伊朗编》的时候，即20世纪初期，敦煌文献还没有经过系统整理，劳费尔没有见到《食疗本草》的残卷。柳宗元（773—819）有《种树郭橐驼传》，是文约作于唐德宗贞元十九年至二十一年（803—805），可知郭橐驼大约生活于八世纪末至九世纪初。郭橐驼在书中说：

图35　菠菜的种子。图片引自网络。

　　菠薐过月朔乃生，今月初二、三间种与二十七、八间种者，皆过来月初一乃生。验之，信然。盖颇棱国菜。③

---

① 记刘禹锡（772—842）事。
② ［美］劳费尔：《中国伊朗编》，商务印书馆1964年版，第217页。
③ ［唐］郭橐驼：《种树书》卷下，明夷门广牍本。

他指出菠菜的生长习性是有些特殊的,这个月播下种,必得等到来月才生①,经过检验后确实是这样,说明郭橐驼不是道听途说的,而是自己有种菠菜的实践。柳宗元在传文中说:

> 郭橐驼,不知始何名。病偻,隆然伏行,有类橐驼者,故乡人号之"驼"。驼闻之曰:"甚善,名我固当。"因舍其名,亦自谓橐驼云。其乡曰丰乐乡,在长安西。驼业种树,凡长安豪富人为观游及卖果者,皆争迎取养。视驼所种树,或移徙,无不活,且硕茂早实以蕃。他植者虽窥伺效慕,莫能如也。②

将以上材料联系起来看,我们可以知道,八世纪末时,菠菜的栽培已推广至长安西部的农村。因此我们又有一个猜测,即菠菜在京都长安的传播是否有一段宫苑栽培期呢?是不是唐朝的高层初见菠菜以为稀奇,之后视之为寻常菜蔬,才允许其流波于民间的呢?孟诜在中书省任职,属于高级官员,他得到番邦进贡的菠菜应该不难,当然这也与菠菜本身的普通有关,类似"金桃"③那样的仙品就只能是皇帝的专属物,孟诜等官员及百姓是决不可能染指的。郭橐驼虽然是农民,

---

① 现代农业大规模栽培菠菜都采用浸种催芽法,将种子浸12小时后,放在4℃低温的冰箱中处理24小时,然后在15—25℃条件下催芽数日,待大部分发芽后再撒播。可见自然条件下的菠菜籽确实不易发芽。
② 《柳宗元集》,中华书局1979年版,第473页。
③ 谢弗说:"金桃那金灿灿的颜色,使唐朝朝廷乐于将它栽种在皇家的果园。唐朝的花园和果园从外国引进了大大小小许多植物品种,其中有些植物长久地留传了下来,而有些则只存在了很短的时期。作为这些外来植物的代表和象征,金桃确实是很合适的。目前还没有记载表明,这种金桃曾经传播到长安御苑之外的地方,甚至就是在御苑中,七世纪之后也没有金桃的存在。"[美]谢弗:《唐代的外来文明》,中国社会科学出版社1995年版,第263页。

但他种出来的作物长安豪富人家都争相抢购，他从豪富手中得到菠菜也不是没有可能。菠菜的生物学特性使得它易种易活，也没有虫害，但它虽然栽培容易却不能救荒，常食还"令人脚弱不能行"，因而没有官方推广的可能。菠菜不可能享受类似明代传入的玉米的待遇，它的播散只能是靠钟谟那样的爱吃者，或者因经济匮乏而种来聊以添菜的农民。

图 36　蒺藜的种子，外形与菠菜籽相似。图片引自网络。

自郭氏而后，唐代典籍中就没有关于菠菜的记录了，菠菜也没有出现在唐代的任何文学作品中。这样，我们可以总结一下菠菜在唐朝的境况了。菠菜来华以后先在长安小范围种植，之后逐渐向郊区农村扩散，以农家的散点种植为主要生产方式。随着人口流动渐渐向全国各地播散，到了唐朝末年，已经传播到了江苏、浙江、福建（钟谟的活动范围）等地。由于菠菜栽培不广，且并非富贵菜，食用多了还有副作用，因此文人墨客没有注意到它，注意到它的是一些本草学家、炼丹术士和没什么好菜吃的农民。

二、菠菜在宋以后的流播及其文献反映

到了宋代，菠菜的身影就在典籍中频频出现了。这一方面是由于宋人喜著述，另一方面是由于菠菜的广泛栽培。《中国外来植物》"菠菜"条称它"至宋元方广为种植，成为冬春季节常见蔬菜"，依据的也是菠菜在宋代文献记录的突然增加。

宋人论述菠菜，多引用孟诜和韦绚的说辞，如《证类本草》《嘉祐本草》《全芳备祖》等。也有些新语，比如张君房辑《云笈七签》所载：

> 敢问今数面肿，何也？答，其面肿者只为饮食侵肺，痰水上冲，气壅不行，所以如此。其食中尤忌葫荽、芸苔、韭薤、菠薐、葱蒜，此物皆木之精，能损脾乱气，必不可食。①

又如谢维新《事类备要》引《格物总论》云：

> 菠薐，外国种，茎微紫，叶圆而长，绿色。性冷，食之利五脏，通肠胃，与蛆鱼同食佳。②

《云笈七签》书成于宋仁宗天圣七年（1029），《格物总论》撰者及成书年代均不可考，然《事类备要》书成于宋理宗宝祐（1253—1258）年间，则《格物总论》当约成书于南宋初。这两书所述的菠菜功效均与前人相悖，其原因可能是引书有误，《格物总论》的说法与《食疗本草》差近，然一是一否，当以孟诜为确。也可能是不同人对菠菜

---

① ［宋］张君房：《云笈七签》卷六二，《四部丛刊》景明正统道藏本。
② ［宋］谢维新：《事类备要》别集卷六〇疏门，《影印文渊阁四库全书》本。

的适应性不同，有人吃了通肠胃，有人吃了却损脾乱气，中医本就是人学，人有不同的感受因而医书也有不同的记载，这是可以理解的。现代营养学研究表明菠菜对人体是很有益处的，是一种健康蔬菜。风靡全球的卡通《大力水手》的主人公卜派吃了菠菜就会力大无穷，随着这部动漫的热映，美国的菠菜销量猛增了30%，也说明菠菜营养丰富，确实受到人们的欢迎。金代张从正的《儒门事亲》记录了一位老翁食用菠菜延年益寿的故事：

> 有老人年八十岁，脏腑涩滞，数日不便，每事后时目前星飞，头目昏眩，鼻塞腰痛，积渐食减，纵得大便，结燥如弹。一日友人命食血藏葵羹油渫菠菠菜，遂顿食之，日日不乏，前后皆利，食进神清，年九十岁无疾而终。①

菠菜的这些好处博得了一些老饕的青睐，苏东坡就是其中之一。他的《春菜》②诗说：

> 蔓菁宿根已生叶，韭芽戴土拳如蕨。烂蒸香荠白鱼肥，碎点青蒿凉饼滑。宿酒初消春睡起，细履幽畦掇芳辣。茵陈甘菊不负渠，鲙缕堆盘纤手抹。北方苦寒今未已，雪底波稜如铁甲。岂如吾蜀富冬蔬，霜叶露芽寒更茁。久抛松菊犹细事，苦笋江豚那忍说。明年投劾径须归，莫待齿摇并发脱。

苏东坡晚于张君房数十年，他的诗说明了两个问题，一是北宋初年菠菜已经传入四川，二是苏东坡十分懂得菠菜采食的最佳时机，即经雪冻过之后会"更茁"更香甜，这一生活经验真不负美食家之名。《全宋诗》中写到菠菜的诗共计8首，这些诗提到了菠菜的一些吃法，

---

① ［金］张从正：《儒门事亲》卷二，《影印文渊阁四库全书》本。
② 《全宋诗》第14册，第9248页。

比如菠菜粥和菠菜饼。

> 朔风吹雪填庐屋，一味饥寒寻范叔。绨袍安敢望故人，藜苋从来诳空腹。近闻陶令并无储，不独鲁公新食粥。波稜登俎称八珍，公子未应讥世禄。山僧一食不过午，忍饥学道忘辛苦。书生事业乃尔勤，夜然膏火穷今古。要将五鼎同釜铛，箪瓢未可轻原生。肉食纷纷固多鄙，吾宁且啜小人羹。（苏过《和吴子骏食波稜粥》，《全宋诗》第23册，第15474页）

> 饼炊菠薐，鲊酿苞芦。（邵桂子《疏屋诗为曹云西作》，《全宋诗》第69册，第43461页）

结合另外一些诗我们发现，菠菜在僧侣中很受欢迎，出家人似乎是菠菜的主要消费者。比如刘一止《寄云门长老持公一首》①云：

> 梦境清游记昔曾，而今双鬓已鬅鬙。此生有分寻云水，到处逢人说葛藤。紫芋波稜真在眼，青鞋布袜未输僧。会投枯木堂中老，只恐诗情罢不能。

明代冯梦龙的笑话书《古今谭概》里也记载了一则与菠菜和僧人有关的故事：

> 松阳（引者按：今浙江丽水）诗人程渠南，滑稽士也，与僧觉隐同斋食蕈。觉隐请渠南赋蕈诗，应声作四句云："头子光光脚似丁，只宜豆腐与菠薐。释迦见了呵呵笑，煮杀许多行脚僧。"闻者绝倒。②

蕈就是蘑菇之类的食用菌，它头圆脚长，外形像个和尚，与豆腐、菠菜同煮，是寺院里的一道斋食。联系上文的论述，我们可以得出一

---

① 《全宋诗》第25册，第16700页。
② ［明］冯梦龙：《古今谭概》卷二七文戏部，明刻本。

个结论，那就是菠菜在相当长的一段时间内，大约整个唐代至宋初，都流行于僧侣、方士等少数阶层，而诗人多数是做官的人，很少吃到菠菜，可能也不屑吃这种普通的蔬菜，这是唐宋文学都很少提到菠菜的一个重要原因。有些士人因为生病或荤腥吃腻了才考虑进食菠菜，赵长卿有一首《如梦令·寄蔡坚老》[①]词云：

> 居士年来病酒，肉食百不宜口。蒲合与波薐，更着同蒿葱韭。亲手，亲手，分送卧龙诗友。

吃不了肉食，别无选择，才想到菠菜。这可能是唐宋富人阶层与菠菜发生联系的一般情景。

检阅方志，我们发现，大约在南宋孝宗淳熙（1174—1189）以后，著录菠菜的地方志数量就急速增长，可知菠菜的广布应在南宋以后。我们可以借助下表来了解方志（主要是其中的食货志）记载菠菜的大概状况，亦可窥见菠菜传播的大致情况。

表7：宋以后地方志记载菠菜一览表

纪年			记载菠菜的方志	地域（今地名）
宋	淳熙	1174—1189	三山志	福建福州
	嘉泰	1201—1204	吴兴县志	浙江湖州
元	大德	1297—1307	昌国州志	浙江舟山
	至顺	1330—1333	镇江府志	江苏镇江

---

① 唐圭璋编：《全宋词》第四册，中华书局1965年版，第1818页。

			续表	
明	永乐	1403—1424	湖州府志	浙江湖州
			广州府志	广东广州
	弘治	1488—1505	八闽通志	福建省
	正德	1505—1521	袁州府志	江西袁州
			常德府志	湖南常德
			南宁府志	广西南宁
			青州府志	山东潍坊
			宁夏新志	宁夏回族自治区
	嘉靖	1521—1566	南安府志	福建南安
			南雄府志	福建南雄
			建宁府志	福建武夷山、建瓯、建阳、浦城、松溪、政和、寿宁、周宁等地
			延平府志	福建南平、三明
	隆庆	1567—1572	临江府志	吉林临江
	万历	1573—1620	嘉定县志	上海嘉定
			会稽县志	浙江绍兴
			南昌府志	江西南昌
	崇祯	1627—1644	清江县志	江西樟树

续表

清	康熙	1661—1722	延绥镇志	陕西榆林
			盛京通志	辽宁沈阳
	雍正	1722—1735	畿辅通志	河北省
			陕西通志	陕西省
	乾隆	1736—1795	鄞县志	浙江宁波鄞州区
			西安府志	陕西西安
	嘉庆	1795—1820	凤台县志	安徽淮南
	道光	1821—1850	遵义府志	贵州遵义
	光绪	1875—1908	香山县志	广东中山
			吉林通志	吉林省
			天津府志	天津市
			蒙古志	蒙古国、内蒙古自治区
			湖南通志	湖南省
			顺天府志	北京市及通州、蓟州、涿州、霸州、昌平和大兴、宛平、良乡、房山、东安、固安、永清、保定、大城、文安、武清、香河、宝坻、宁河、三河、平谷、顺义、密云、怀柔

续表			
中华民国	1912—1949	黑龙江通志	黑龙江省
		杭州府志	浙江杭州

这说明了菠菜在南宋以后确实遍及中华大地，且产量甚丰，因为方志记载的多为当地富产的物种。这也与文学中菠菜的地位变化相吻合，宋孝宗时期的诗人员兴宗有一首《菜食》[①]诗，写道：

员子一寒世无有，爱簌生盘如爱酒。菠薐铁甲几戟唇，老苋绯裳公染口。骈头攒玉春试笋，掐指探金暮翻韭。达官堂馔化沟坑，我诵菜君人解否。

员兴宗在诗前小序中写道："东坡谓竹为君，鲁直谓棕榈为君，仆以菜为君，盖不钦其味钦其德也。食之者无后悔，不谓之君可乎？"将菠薐等蔬菜与竹君并提，赋予了蔬菜人文的内涵。文人"钦其德"的这种精神层面的拔高在菠菜"中国化"的进程中具有特出的意义。

三、菠菜的食疗功效

苏门四学士之一的张耒，也有一首专写菠菜的诗，诗曰：

谁从西域移佳蔬，遍植中原葵苋俱。清霜严雪冻不死，寒气愈盛方芳敷。贯金锐箭脱秋竹，剪罗巧带飘华裾。中含金气抱劲利，穿涤炎热清烦纡。老人食贫贪易得，大釜日煮和甘腴。饭炊香白煮饼滑，一饱尽钵无赢余。空厨萧条烟火冷，可但食客歌无鱼。男儿五鼎食固美，当念就镬还愁吁。[②]

---

① 《全宋诗》第36册，第22546页。
② 《全宋诗》第20册，第13151页。

开头两句交待了菠菜的来历，之后两句赋予了菠菜凌霜不凋的坚贞品格，整体上写得颇有闲趣。这首诗的题目很有意思，叫作"波稜乃自波陵国来，盖西域蔬也。甚能解面毒，予颇嗜之，因考本草，为作此篇"。张耒说明了自己喜爱吃菠菜的原因，因为菠菜很能释解"面毒"，那么什么是面毒呢？

面就是小麦去皮后磨成的面粉。《本草纲目》"小麦"条引甄权曰："（小麦）平，有小毒"，李时珍还指出小麦面"（气味）甘，温，有微毒"，又引孟诜言"面有热毒者，多是陈黦之色，又为磨中石末在内故也。但杵食之，即良"[①]。孟诜说古时候小麦多用石磨磨成面粉食用，因而石头中的一些粉末也进入到了面里，人吃了就会发热毒，如果使用木制的杵具，就没有问题了。可见当时制作的面粉不甚精良，保存技术也不过关，放置久了有些泛灰的就有毒素，但古人不能像今天一样食品略有变质就丢弃，还是得吃，于是就会中毒。须得一提的是，中医所谓的"毒"范围十分宽泛，但凡对人体不利的皆可称之为毒。所谓面毒者，并不一定会使人出现致命的症状，大抵不太好就是了。小麦及其制品面粉都有微毒，处理不好对人不利，古人很早就知道。小麦也是外来植物，《永乐大典》引方仁声[②]的《泊宅编》云：

> 小麦种来自西国寒温之地，中华人食之，率致风壅。小说载"天麦毒"，乃此也。昔达磨游震旦，见食面者，惊曰："安得此杀人之物？"后见菜菔，曰："赖有此耳。"盖菜菔解面毒也。世人食面已，往往继进面汤，云能解面毒，此大误。

[①] ［明］李时珍：《本草纲目》，中国中医药出版社1998年版，第620页。
[②] 方仁声，即方勺，自号泊宅村翁，生卒年均不详，约宋哲宗元符（1098—1100）末前后在世。《宋史·艺文志》记其著有《泊宅编》十卷。

> 东平董汲尝著论戒人，煮面须设二锅汤，煮及半，则易锅煮，令过熟，乃能去毒。则毒在汤明矣。①

董先生的祛毒法颇费锅，但似乎很有效。通过沸水烹煮来消毒，可见面毒不是面粉变质易产生的黄曲霉毒素，因为这种毒素在达到280℃之后才会裂变消失，沸水对它显然是无效的。方仁声说面毒就是小说中记载的"天麦毒"，这一小说应是指的宋人钱希白的《洞微志》。叶廷珪《海录碎事》"天麦毒"条说：

> 显德（954—959）中，齐有人病狂，每歌曰："踏阳春，人间二月雨和尘。阳春踏尽秋风起，肠断人间白发人。"又歌曰："五云华盖晓玲珑，天府由来汝腹中。惆怅此情言不尽，一丸萝卜火吾宫。"后遇一道士作法治之，云每梦中，见一红衣少女引入，宫殿皆红，多不知名小姑令歌。道士曰："此正犯天麦毒，女即心神，小姑即脾神也。按《医经》：萝卜治面毒，故曰火吾宫。"即以药兼萝卜食，其疾遂愈。出《洞微志》。②

《说郛》引《洞微志》的文字略有差别：

> 《洞微志》载齐州人有《病狂歌》曰："五灵叶盖晚玲珑，天府由来汝府中。惆怅此情言不尽，一丸萝菔火吾宫。"后遇道士作法治之，云："此犯天麦毒，按《医经》芦菔治面毒。"即以药并萝菔食之，遂愈，以其能解面毒故耳。③

---

① ［明］解缙等编：《永乐大典》卷二二一八一，北京图书馆出版社2004年版，第9页。
② ［宋］叶廷珪：《海录碎事》卷一七农田部，《影印文渊阁四库全书》本。
③ ［明］陶宗仪：《说郛》第10册卷七五，中国书店1988年版，第417页。

莱菔、芦菔、萝菔、芦萉、萝葍等,都是萝卜的别名(见《本草纲目》"莱菔"释名),它的主要药效是"利关节,理颜色,练五脏恶气,制面毒,行风气,去邪热气。(萧炳)利五脏,轻身,令人白净肌细。(孟诜)"①。萝卜可以消解面毒,利于五脏,菠菜也有这个功效,元人胡古愚的《树艺篇》引《兴化府志》称:

> 菠薐:《闽中记》谓叶如波纹有棱道,未知何据。北人呼赤根菜,莆人呼面菜,谓宜面也。②

菠菜的宜于和面同食,张耒已经实践过了,而且效果不错,不然也不会写诗专咏其事。上文所引《泊宅编》提到的"风壅"之症,其实就是风热壅盛导致的一种头痛症,对于该病症的论述,可见明方广(约之)所编的《丹溪心法附余·风热门》。而据现代营养学的研究,菠菜富含尼克酸(又称烟酸),尼克酸有较强的扩张血管的作用,临床常用于治疗头痛、偏头痛、耳鸣、内耳眩晕等症。可见服食菠菜对于风壅的治愈也是很有帮助的。

通过上文的叙述,我们对于菠菜进入中国的情况有了一个大致的了解,知道了菠菜在中国人的生活中有什么样的应用,也知道了中国的医师、文人等群体是如何看待这一外来物种的。那么我们可以回答本节初始提出的问题了,为什么唐诗没有提到菠菜,因为菠菜在唐代始终是一种小众的菜蔬,食用者只是本草学家、炼丹服丹者、苦于面毒的人和一些境况不佳的农民,诗人们没有注意到菠菜是不奇怪的。到了宋元以后,随着菠菜种植的遍布全国,地方志开始著录它,文人

---

① [明]李时珍:《本草纲目》,中国中医药出版社1998年版,第685页。
② [元]胡古愚:《树艺篇》蔬部卷二,明纯白斋钞本。

也开始品题并赋予菠菜一些耐寒植物的类似"凌寒独自开"[①]的品质，加之苏轼、苏过父子等名家的题咏，这一切使得菠菜在中国的饮食文化中占据了一方小小的地盘。

  唐代，是中国与外邦交往颇为频繁的一个历史时期，这一时期很多外国的新鲜物产传入中国，唐诗中出现的外来植物就是其中不可忽视的一部分。对于这些新植物，唐代的诗人们是兴味盎然的，他们不吝笔墨地对其进行品题，为我们留下了一笔可贵的文学遗产。

---

① 王安石：《梅花》，《全宋诗》第 10 册，第 6682 页。

第四章 唐人生活与植物及诗歌

地球上的一切无不因为太阳能而生机盎然，这是中学的地理课本就教会人们的常识。而太阳能与人类之间，横着一座桥梁，这便是植物。植物依靠太阳能进行光合作用而生长，人类则依赖植物的果实、茎干、生化特性等材用而存活繁衍。植物与人类的关系如此亲密，以至于在人类创造的一切文明成果中几乎都能见到植物的影子。古埃及的法老王在松香的孕化下得以永生，巴比伦的能工巧匠建起空中楼阁养育国王的奇花异草，希腊神话中的美少年因恋慕自己的倒影而变作水仙花，佛陀的俗身悉达多王子踏着莲花降落人间，葱翠山林间的竹节心里住着日本人的月宫仙子①，遥远东方的一棵叫扶桑的大树上睡着中国人的太阳……简而言之，人类根本就生活在植物的世界中。人们在生活中使用植物，也在诗歌中歌咏植物。如果恰好诗中的植物正是生活中所用的植物，而不是山中的野花和水中的萍藻的话，那么人类的生活与诗中的植物便借着这韵律和谐的语句融为一体了。而这种交融正是本章所要讨论的内容。

---

① 指创作于十世纪初的《竹取物语》。《竹取物语》又称《辉夜姬物语》，是日本最早的物语文学。"竹取"即伐竹之意，讲一位伐竹翁在竹心里捡到了一个小女孩，起名"细竹辉夜姬"。辉夜姬长大后美貌异常，引来五名贵族子弟甚至是皇帝的追求，但辉夜姬都拒绝了他们。她这样不食人间烟火是因为她原是月亮世界的人，终于在某年某月的十五日，辉夜姬流泪辞别伐竹翁夫妇，升天而去。

第一节　唐诗药用植物

人的一生，有许多事情是无法避免的，生老病死便是最无法躲开的东西，人们面对生、老、死向来束手无策，唯一能左右的便是"病"了。生了病就要吃药，而中药里绝大多数是草药，是由植物经过曝晒、粉碎、熏蒸等工序转化而来的。诗人当然也会生病，当诗人在病中歌咏时，这些药用植物便自然进入诗歌当中了。

一、咏药诗——无病之药

"药"在古代汉语中是很多义的，与西文的 Medicine 或 Drug 之类绝不能画等号。药可以泛指能治病的草，也可以特指白芷，可以泛指花，也可以特指芍药。唐诗中的"药"，有"有病之药"，也有"无病之药"，前者治病，后者养生。就其创作缘由或体裁而言大致有三类，分述如下。

第一类是养生类。诗人为了延年益寿、强筋健骨而服用药物，类似今天我们服用补品或保健品。他们写这类诗歌时，并无明显的疾患，可谓无病"呻吟"[①]。

> 家丰松叶酒，器贮参花蜜。且复归去来，刀圭辅衰疾。（王绩《采药》，《全唐诗》卷三七）

> 汲井向新月，分流入众芳。湿花低桂影，翻叶静泉光。露下添馀润，蜂惊引暗香。寄言养生客，来此共提筐。（钱起《月下洗药》，《全唐诗》卷二三七）

> 溪上药苗齐，丰茸正堪掇。皆能扶我寿，岂止坚肌骨。

[①] 杜甫《同元使君舂陵行》："遭乱发尽白，转衰病相婴……作诗呻吟内，墨澹字欹倾。"《全唐诗》卷二二二。

味掩商山芝，英逾首阳蕨。（李德裕《思山居一十首·忆药苗》，《全唐诗》卷四七五）

郁金堂北画楼东，换骨神方上药通。露气暗连青桂苑，风声偏猎紫兰丛。（李商隐《药转》，《全唐诗》卷五三九）

当然也有诗人反其意而用之，不写补药而写戒药，劝说世人不要迷信服药能养生，指出了药没有长生不死的功用。比如：

自学坐禅休服药，从他时复病沉沉。此身不要全强健，强健多生人我心。（白居易《罢药》，《全唐诗》卷四三八）

促促急景中，蠢蠢微尘里。生涯有分限，爱恋无终已。早夭羡中年，中年羡暮齿。暮齿又贪生，服食求不死。朝吞太阳精，夕吸秋石髓。徼福反成灾，药误者多矣。以之资嗜欲，又望延甲子。天人阴骘间，亦恐无此理。域中有真道，所说不如此。后身始身存，吾闻诸老氏。（白居易《戒药》，《全唐诗》卷四五九）

白居易有感于"药误者多"的现实情况而作这样的诗篇，意在警醒世人，人生有涯，生老病死乃是常态，不要做那贪生不死的迷梦，倒颇具教育意义。

第二类是求仙忘俗类。蟠桃仙草的功效令人神往，阮肇、刘晨入仙山采药的奇遇①也令人憧憬，诗人因忘俗求仙而咏药，或见山中药草而生忘俗之意，无论哪种情况，他们超脱浮生的渴望都只能是美好

---

① 见［宋］李昉等撰：《太平御览》卷四一，引南朝宋刘义庆：《幽明录》，《影印文渊阁四库全书》第 893 册，上海古籍出版社 1987 年版。

的愿望罢了。这类诗有代表性的有:

> 今日游何处,春泉洗药归。悠然紫芝曲,昼掩白云扉。鱼乐偏寻藻,人闲屡采薇。丘中无俗事,身世两相违。(宋之问《春日山家》,《全唐诗》卷五二)

> 有卉秘神仙,君臣有礼焉。(宋之问《药》,《全唐诗》卷五二)

> 苦县家风在,茅山道录传。聊听骢马使,却就紫阳仙。江海生岐路,云霞入洞天。莫令千岁鹤,飞到草堂前。(张南史《送李侍御入茅山采药》,《全唐诗》卷二九六)

> 扰扰浮生外,华阳一洞春。道书金字小,仙圃玉苗新。芝草迎飞燕,桃花笑俗人。(刘言史《题茅山仙台药院》,《全唐诗》卷四六八)

> 幽人寻药径,来自晓云边。衣湿术花雨,语成松岭烟。解藤开涧户,踏石过溪泉。林外晨光动,山昏鸟满天。(温庭筠《清旦题采药翁草堂》,《全唐诗》卷五八一)

在诗人的笔下,求仙的热情与隐逸的情感往往是很难分清的,读者在诵读这些飘飘欲仙的诗句时,往往也能感受到诗人身为"俗人"的无奈。钱起的《锄药咏》[①]诗写道:

> 莳药穿林复在巘,浓香秀色深能浅。云气垂来浥露偏,松阴占处知春晚。拂曙残莺百啭催,萦泉带石几花开。不随飞鸟缘枝去,如笑幽人出谷来。对之不觉忘疏懒,废卷荷锄嫌日短。岂无萱草树阶墀,惜尔幽芳世所遗。但使芝兰出萧艾,

---

① 《全唐诗》卷二三六。

不辞手足皆胼胝。宁学陶潜空嗜酒,颓龄舍此事东菑。

图 37 [宋]佚名《鹡鸰荷叶图》。北京故宫博物院藏。

连隐逸诗人之宗陶渊明都搬出来了,其出世之意可谓"昭然若揭",陶渊明锄豆①,钱起锄药,诗中的"不随飞鸟缘枝去,如笑幽人出谷来"

---

① 陶渊明《归园田居》:"种豆南山下,草盛豆苗稀。晨兴理荒秽,带月荷锄归。"逯钦立:《先秦汉魏晋南北朝诗》,中华书局 1988 年版,第 992 页。

两句，也颇近似《饮酒》的"山气日夕佳，飞鸟相与还"①。然而诗人钱起明明仕途平坦却故作"幽芳遗世"之叹，与《饮酒》和《归园田居》相比竟有些东施效颦之憾，其于"细微曲折之处，不免有点似是而非罢了"②，到底未得陶诗真谛。

第三类是交游玩赏类。《说文解字》谓"药"乃"治病草"③也，当然我们现在所用的中药有些是木本和藤本的，但大多数还是草本，在笔者家乡的吴方言中就称中药是"草头"。药草的体型不大，这意味着它们能够栽植于房舍庭院之中，以供爱好者莳弄。当好之者独自观赏时，写出的诗歌就是玩赏类，当好之者逢着知音同好时，便产生了交游类。韦应物的《种药》④诗可谓开文人吟咏种药草玩药草的先河，诗中说："好读神农书，多识药草名。持缣购山客，移莳罗众英。不改幽涧色，宛如此地生……悦玩从兹始，日夕绕庭行。"韦应物虽然爱好药草，但他到底不是农民，不谙种植之道，充其量也就是移栽而已，而药草的来源他也交待得很清楚了，他是从"山客"那里买来的。这里的"山客"指的是专职采药的人，大抵像韦应物一样爱好"不改幽涧色"的药草的人不在少数，官老爷们的需求催生了这么一个职业。唐诗中不乏写给采药人的诗：

玉英期共采，云岭独先过。应得灵芝也，诗情一倍多。（刘商《酬澹上人采药见寄》，《全唐诗》卷三〇四）

老去唯将药裹行，无家无累一身轻。却教年少取书卷，

---

① 逯钦立：《先秦汉魏晋南北朝诗》，中华书局1988年版，第998页。
② 金庸：《天龙八部》，生活·读书·新知三联书店1994年版，第1686页。
③ ［清］段玉裁：《说文解字注》，凤凰出版社2007年版，第72页。
④ 《全唐诗》卷一九三。

小字灯前斗眼明。（施肩吾《赠采药叟》，《全唐诗》卷四九四）

劚尽春山土，辛勤卖药翁。莫抛破笠子，留作败天公。（李群玉《嘲卖药翁》，《全唐诗》卷五七〇）

皮日休和陆龟蒙各有两首与元达上人因药草而交游的唱和诗。元达上人喜好种植珍稀的药草，他这些药草也不是自己繁殖的，是从各个采药人那里搜罗来的，皮日休听闻后"奇而访之"，故有此诗。

雨涤烟锄伛偻赍，绀牙红甲两三畦。药名却笑桐君少，年纪翻嫌竹祖低。白石静敲蒸术火，清泉闲洗种花泥。怪来昨日休持钵，一尺雕胡似掌齐。（皮日休《重玄寺元达年逾八十，好种名药，凡所植者多至自天台四明包山句曲，丛翠纷糅，各可指名，余奇而访之，因题二章》之一，《全唐诗》卷六一三）

香蔓蒙茏覆昔邪，桂烟杉露湿袈裟。石盆换水捞松叶，竹径穿床避笋芽。藜杖移时挑细药，铜瓶尽日灌幽花。支公谩道怜神骏，不及今朝种一麻。（皮日休《重玄寺元达年逾八十，好种名药，凡所植者多至自天台四明包山句曲，丛翠纷糅，各可指名，余奇而访之，因题二章》之二，《全唐诗》卷六一三）

药味多从远客赍，旋添花圃旋成畦。三桠旧种根应异，九节初移叶尚低。山英便和幽涧石，水芝须带本池泥。从今直到清秋日，又有香苗几番齐。（陆龟蒙《奉和袭美题达上人药圃二首》之一，《全唐诗》卷六二五）

净名无语示清羸，药草搜来喻更微。一雨一风皆遂性，花开花落尽忘机。教疏兔镂金弦乱,自拥龙刍紫秉肥。莫怪独亲幽圃坐,病容销尽欲依归。(陆龟蒙《奉和袭美题达上人药圃二首》之二,《全唐诗》卷六二五)

这组诗写得不落尘俗,饱含着禅院生活的幽静气息。另外需要指出的是,药虽然有着异于其他植物的医疗功效,但药草却也会跟其他植物一样随着季节而枯荣。多数药草是在春天旺盛生长的,因而药园也是春天的一处好景致。唐代有不少诗人描写春天的药园,比如:

春畦生百药,花叶香初霁。好容似风光,偏来入丛蕙。(钱起《蓝田溪杂咏二十二首·药圃》,《全唐诗》卷二三九)

春风生百药,几处术苗香。人远花空落,溪深日复长。(卢纶《蓝溪期萧道士采药不至》,《全唐诗》卷二七八)

春园芳已遍,绿蔓杂红英。独有深山客,时来辨药名。(司空曙《药园》,《全唐诗》卷二九二)

二、苦病诗——治病之药

诗人免不了会生病,如果天生身体羸弱,病痛缠身,得了经久不愈的慢性病,那就颇为痛苦了。杜甫和白居易就是这一类型的代表,杜甫诗中提到病和药的有208句,白居易更是多达455句。他们写药就不是无病呻吟了,而是"种药扶衰病,吟诗解叹嗟"[①],他们需要药物来疗治疾患,写诗不过是为了排遣病中的忧郁而已。

杜甫素有肺疾,又有消渴之症,老病衰容写进诗中,甚是苦涩。例如以下诗章:

叹时药力薄,为客羸瘵成……肺枯渴太甚,漂泊公孙城。

---

① 杜甫:《远游》,《全唐诗》卷二二七。

图38 [宋]徐崇嗣《牡丹蝴蝶图》。美国弗利尔美术馆藏。

(《同元使君春陵行》,《全唐诗》卷二二二)

峡中一卧病,疟疠终冬春。春复加肺气,此病盖有因……听说松门峡,吐药揽衣巾……余病不能起,健者勿逡巡。(《寄薛三郎中》,《全唐诗》卷二二二)

幽栖地僻经过少,老病人扶再拜难……不嫌野外无供给,乘兴还来看药栏。(《有客》,《全唐诗》卷二二六)

多病所须唯药物,微躯此外更何求。(《江村》,《全唐诗》卷二二六)

老病巫山里,稽留楚客中。药残他日裹,花发去年丛。(《老病》,《全唐诗》卷二二九)

飘零仍百里,消渴已三年。(《秋日夔府咏怀奉寄郑监李宾客一百韵》,《全唐诗》卷二三〇)

省郎忧病士,书信有柴胡。饮子频通汗,怀君想报珠。亲知天畔少,药味峡中无。(《寄韦有夏郎中》,《全唐诗》卷二三一)

才微岁老尚虚名,卧病江湖春复生。药裹关心诗总废,花枝照眼句还成。(《酬郭十五受判官》,《全唐诗》卷二三八)

白居易患有眼病,根据他诗中对病情的描述,其眼病可能是散光。在《题东武丘寺六韵》①中他详细说明了眼病的症状及治疗的手段:

散乱空中千片雪,蒙笼物上一重纱。纵逢晴景如看雾,不是春天亦见花。僧说客尘来眼界,医言风眩在肝家。两头

---

① 《全唐诗》卷四四七。

图 39 宋代制作的缂丝牡丹花挂毯。美国弗利尔美术馆藏。

治疗何曾瘥,药力微茫佛力赊。眼藏损伤来已久,病根牢固去应难。医师尽劝先停酒,道侣多教早罢官。案上谩铺龙树论,盒中虚撚决明丸。人间方药应无益,争得金篦试刮看。

决明子有益肾明目的功效,正对眼疾,《本草纲目》说:"此马蹄决明也,以明目之功而名。又有草决明、石决明,皆同功者。"[1]但白居易吃药之后似乎效果不佳,他晚岁颇为眼病所苦,甚至责怪自己早年不该过度用眼,以至病成难治全是咎由自取。其《眼暗》[2]诗云:

早年勤倦看书苦,晚岁悲伤出泪多。眼损不知都自取,病成方悟欲如何。夜昏乍似灯将灭,朝暗长疑镜未磨。千药万方治不得,唯应闭目学头陀。

光景很是凉苦。白居易和病痛纠缠得久了,也颇有些心得体会,比如上文所说的《罢药》《戒药》诗,真有些看开了的意思。他还写过一首《病气》[3]诗,诗云:"自知气发每因情,情在何由气得平。若问病根深与浅,此身应与病齐生。"于病中反而悟出一番哲理来了。

三、药名诗——文人的游戏

唐诗提到药物的诗歌中,还有一类别致的药名诗,其中的药与病痛并没有什么关系。这类诗其实是文人利用了中药名称的典雅性与双关义制作的一款文字游戏。诗人们将药物的名称嵌入诗句之中,既表达了诗歌要歌咏的意思,又含着一份别样的创作情趣,如同酒桌上行酒令时规定要带出什么典故一般,是文人自己或与朋友之间的娱乐和消遣。

---

[1] [明]李时珍:《本草纲目》,中国中医药出版社1998年版,第459页。
[2] 《全唐诗》卷四三七
[3] 《全唐诗》卷四三七。

权德舆的《药名诗》[①]写道："七泽兰芳千里春，潇湘花落石磷磷。有时浪白微风起，坐钓藤阴不见人。"其中的一、三两句如果译成白话，意思是春天的七泽，兰花烂漫，绵延千里，有时微风拂来，凌波微茫，泛起白色的浪花。乍一看描写的是一幅美好的景色，但一、三句诗中又嵌入了两种药草名，分别是泽兰和白薇（微）。这就是药名诗的一般模式。皮日休、张贲与陆龟蒙共写过一首《药名联句》[②]，诗曰：

  为待防风饼，须添薏苡杯。（张贲）香然柏子后，尊泛菊花来。（皮日休）石耳泉能洗，垣衣雨为裁。（陆龟蒙）从容犀局静，断续玉琴哀。（张贲）白芷寒犹采，青葙醉尚开。（皮日休）马衔衰草卧，乌啄蠹根回。（陆龟蒙）雨过兰芳好，霜多桂末摧。（张贲）朱儿应作粉，云母讵成灰。（皮日休）艺可屠龙胆，家曾近燕胎。（陆龟蒙）墙高牵薜荔，障软撼玫瑰。（张贲）鼯鼠啼书户，蜗牛上研台。（皮日休）谁能将藁本，封与玉泉才。（陆龟蒙）

除了末句以外，每句诗中都含着一味药的名称。这类诗以药名作题材，重在"名"，不重在"药"，更与疾病无涉，全是文人的游戏之作。因着这一原因，本文在第一章统计植物意象种类时，没有包含这些药草。

药名诗还有另外一种形态，叫"药名离合"，这类诗中，药名不再出现在句中，而是上一句的末字与下一句的首字相合，组成一个名字，由于古代书写时没有标点，实际阅读时上下句是相连的，故名"离合"。皮日休和陆龟蒙有十首诗唱和了《药名离合》，卒录于下：

[①]《全唐诗》卷三二七。
[②]《全唐诗》卷七九三。

季春人病抛芳杜，仲夏溪波绕坏垣。衣典浊醪身倚桂，心中无事到云昏。（皮日休《奉和鲁望药名离合夏月即事三首》之一，《全唐诗》卷六一六）

数曲急溪冲细竹，叶舟来往尽能通。草香石冷无辞远，志在天台一遇中。（皮日休《奉和鲁望药名离合夏月即事三首》之二，《全唐诗》卷六一六）

桂叶似茸含露紫，葛花如绶蘸溪黄。连云更入幽深地，骨录闲携相猎郎。（皮日休《奉和鲁望药名离合夏月即事三首》之三，《全唐诗》卷六一六）

暗窦养泉容决决，明园护桂放亭亭。历山居处当天半，夏里松风尽足听。（皮日休《怀锡山药名离合二首》之一，《全唐诗》卷六一六）

晓景半和山气白，薇香清净杂纤云。实头自是眠平石，脑侧空林看虎群。（皮日休《怀锡山药名离合二首》之二，《全唐诗》卷六一六）

乘屐着来幽砌滑，石甖煎得远泉甘。草堂祗待新秋景，天色微凉酒半酣。（陆龟蒙《药名离合夏日即事三首》之一，《全唐诗》卷六三〇）

避暑最须从朴野，葛巾筠席更相当。归来又好乘凉钓，藤蔓阴阴着雨香。（陆龟蒙《药名离合夏日即事三首》之二，《全唐诗》卷六三〇）

窗外晓帘还自卷，柏烟兰露思晴空。青箱有意终须续，断简遗编一半通。（陆龟蒙《药名离合夏日即事三首》之三，《全唐诗》卷六三〇）

鹤伴前溪栽白杏，人来阴洞写枯松。萝深境静日欲落，石上未眠闻远钟。（陆龟蒙《和袭美怀锡山药名离合二首》之一，《全唐诗》卷六三〇）

佳句成来谁不伏，神丹偷去亦须防。风前莫怪携诗藁，本是吴吟荡桨郎。（陆龟蒙《和袭美怀锡山药名离合二首》之二，《全唐诗》卷六三〇）

诗中的杜仲、垣衣、桂心等都是中药的名字，这种写作方式很像今天的成语接龙，既考验了作者记识药草的多寡，又考验了他们写诗运化的能力，与其说是在写诗，倒不如说是在炫才学。读这类诗时，往往先觉新奇，后觉枯燥，这和读《镜花缘》这类小说的感受是一样的，单看故事情节还有些引人入胜，至于通篇铺陈典故、堆叠知识，就落了掉书袋的窠臼了，终令人欢喜不起来。

第二节 唐诗民俗植物

民俗的范围甚广，不仅地域范围广，各种乡风俚俗均可算作民俗，而且涉及面广，举凡饮食、器用、婚丧礼制、节令庙会甚至餐桌禁忌等，都可视为民俗，本节所讨论之范围，仅限定于唐诗中的民俗现象且与植物相关联者。

一、清明之俗

在表现清明节的唐诗中，多次提到了一个现象，就是"榆柳火"。清明前一日为寒食，各家以至宫廷均不开炊，至清明当日重新生火，而火种则是靠钻木而取得，木的材质可用榆树，也可用柳树。这一风俗并非唐代才开始有的，郑玄在注释《周礼·夏官》中的"司爟"这一职官时说："春取榆柳之火，夏取枣杏之火，季夏取桑柘之火，秋取柞楢之火，冬取槐檀之火。"①可见古人很早就这样做了。李峤的《寒食清明日早赴王门率成》②诗说"槐烟乘晓散，榆火应春开"，可见唐人还有用槐木取火的，但榆火和柳火应是主流。

> 清明千万家，处处是年华。榆柳芳辰火，梧桐今日花。（杨巨源《清明日后土祠送田彻》，《全唐诗》卷三三三）

> 晓榆新变火，轻柳暗飞霜。（方干《清明日送邓芮还乡》，《全唐诗》卷六四八）

> 榆火轻烟处处新，旋从闲望到诸邻。（罗衮《清明赤水寺居》，《全唐诗》卷七三四）

> 榆柳开新焰，梨花发故枝。（徐铉《翰林游舍人清明日入院中途见过余明日亦入西省上直，因寄游君》，《全唐诗》卷七五二）

有时皇帝还将宫中新生的火种赐给大臣，以示荣宠，臣子受之者莫不感恩戴德，引为荣耀，作诗颂扬其事，无非粉饰太平而已。比如史延、韩濬、郑辕、王濯就都写过《清明日赐百僚新火》一诗。

> 颁赐恩逾洽，承时庆自均。翠烟和柳嫩，红焰出花新。（史延，《全唐诗》卷二八一）

> 朱骑传红烛，天厨赐近臣。火随黄道见，烟绕白榆新。荣耀分他日，恩光共此辰。（韩濬，《全唐诗》卷二八一）

> 改火清明后，优恩赐近臣。漏残丹禁晚，燧发白榆新。（郑

---

① ［清］阮元校刻：《十三经注疏》，中华书局1980年版，第843页。
② 《全唐诗》卷五八。

辕，《全唐诗》卷二八一）

御火传香殿，华光及侍臣。（王濯，《全唐诗》卷二八一）

清明还有"插柳"的风俗，"插柳于门，祭先祖，培坟墓"，"折柳插檐，男女戴于首"①，但唐诗中未见有咏此风俗的诗章。

二、端午之俗

殷尧藩有一首《端午日》②诗，诗云：

少年佳节倍多情，老去谁知感慨生。不效艾符趋习俗，但祈蒲酒话升平。鬓丝日日添头白，榴锦年年照眼明。千载贤愚同瞬息，几人湮没几垂名。

诗中提到了端午节的两个习俗，一是悬挂艾符，一是饮用蒲酒。《荆楚岁时记》记载了这一民俗："五月五日……采艾以为人，悬门户上，以禳毒气，以菖蒲或镂或屑以泛酒。"③悬艾是为了抵制毒气，菖蒲酒也有这个作用，这一风俗的产生与中医药密切相关。关于艾草的功用，李时珍在《本草纲目》中说道："艾叶生则微苦太辛，熟则微辛太苦，生温熟热，纯阳也。可以取太阳真火，可以回垂绝元阳。服之则走三阴，而逐一切寒湿，转肃杀之气为融和。"④古人认为端午这一时节正值万物隆盛，恐有阴气袭人，故想方设法杜绝之。《本草纲目》在"菖蒲"条附方中引《洞天保生录》说菖蒲能"除一切恶"，"端午日，切菖

---

① 丁世良主编：《中国地方志民俗资料汇编·华北卷》，书目文献出版社1989年版，第16、25页。
② 《全唐诗》卷四九二。
③ ［梁］宗懔：《荆楚岁时记》，《影印文渊阁四库全书》第589册，上海古籍出版社1987年版，第22页。
④ ［明］李时珍：《本草纲目》，中国中医药出版社1998年版，第407页。

蒲渍酒饮之,或加雄黄少许"①。菖蒲主治风寒湿痹,正是端午时节那一点残存的阴寒之气的克星。

图40　人们在端午日悬挂蒲叶和艾草。引自《中国日报》中文网(http://cn.chinadaily.com.cn)。

三、重阳之俗

重阳节有登高饮酒的风俗,又采菊,插茱萸或佩戴茱萸香囊。《太平御览》引《齐民月令》云:"重阳之日,必以糕酒,登高眺迥,为时序之游赏,以畅秋志。酒必采茱萸、甘露以泛之,既醉而还。"②

---

① [明]李时珍:《本草纲目》,中国中医药出版社1998年版,第584页。
② [宋]李昉等撰:《太平御览》卷三二,《影印文渊阁四库全书》第893册,上海古籍出版社1987年版,第411页。

想必当时举国之人尽从是俗,以至有诗人径呼重阳为"茱萸节",比如张说《湘州九日城北亭子》的"西楚茱萸节"[①]和《九日进茱萸山诗》五首之一的"刻作茱萸节"[②]。茱萸和菊花是九月九日重阳节最具代表性的民俗植物。

  绛叶从朝飞著夜,黄花开日未成旬……城远登高并九日,茱萸凡作几年新。(张谔《九日》,《全唐诗》卷一一〇)

  独在异乡为异客,每逢佳节倍思亲。遥知兄弟登高处,遍插茱萸少一人。(王维《九月九日忆山东兄弟》,《全唐诗》卷一二八)

  风俗尚九日,此情安可忘。菊花辟恶酒,汤饼茱萸香。(李颀《九月九日刘十八东堂集》,《全唐诗》卷一三二)

  茱萸正可佩,折取寄情亲。(孟浩然《九日得新字》,《全唐诗》卷一六〇)

  九日茱萸熟,插鬓伤早白……手持一枝菊,调笑二千石。(李白《宣州九日闻崔四侍御与宇文太守游敬亭,余时登响山,不同此赏,醉后寄崔侍御》二首之一,《全唐诗》卷一七三)

  缀席茱萸好……摇荡菊花期。(杜甫《九日曲江》,《全唐诗》卷二二四)

  发稀那更插茱萸……更望尊中菊花酒。(耿湋《九日》,《全唐诗》卷二六九)

  菊暖花未开……浅酌茱萸杯。(白居易《九日登巴台》,

---

① 《全唐诗》卷八七。
② 《全唐诗》卷八九。

《全唐诗》卷四三四）

黄菊紫菊傍篱落，摘菊泛酒爱芳新。不堪今日望乡意，强插茱萸随众人。（杨衡《九日》，《全唐诗》卷四六五）

黄花罗粔籹，绛实簇茱萸。（李群玉《九日越台》，《全唐诗》五六九）

图 41　山茱萸的果子红了。图片引自网络。

人们为什么要在重阳这一天饮菊酒戴茱萸呢？《续齐谐记》记载了一则故事说明了这一风俗的来由：

> 汝南桓景随费长房游学累年。长房谓曰："九月九日汝家中当有灾，宜急去，令家人各作绛囊，盛茱萸以系臂，登高饮菊花酒，此祸可除。"景如言，齐家登山，夕还，见鸡犬牛羊一时暴死，长房闻之曰："此可代也。"今世人九日

登高饮酒，妇人带茱萸囊盖始于此。①

这件事情现在看来颇为神异，即便是牲畜得了疫病，由于鸡犬牛羊的体质不同，也不可能同时死去，但菊和茱萸的确有些祛毒的作用。"九月，萸囊辟毒，菊叶迎祥"②，是这一时节一道引人注目的风景，也随着"每逢佳节倍思亲"的传唱，成了中华传统节日的一个文化符号。

第三节　唐之国花——牡丹

现在如果做一个问卷调查，问问今人哪种花卉能代表唐代，恐怕很多人会脱口而出——牡丹。的确，以女儿身君临天下的武则天和丰满娴静的杨贵妃，以及"万国衣冠拜冕旒"③的大唐盛世，无不使人联想到姿色冠绝群芳的牡丹。唐代诗人刘禹锡的一句"唯有牡丹真国色，花开时节动京城"④传唱千古，更是几乎明确了牡丹花中魁首的地位。

正如金银注定成为货币一般，牡丹也注定成为花王，因为其变幻无穷的风姿令人一见便为之折服。随着匠人们不断地精心培育、选种，牡丹开出的花几乎穷尽了我们常见的花色，实非桃红李白之流所能比肩。唐人舒元舆的《牡丹赋》就详细描摹了这种"王"的情姿：

> 英之甚红，钟乎牡丹。拔类迈伦，国香欺兰。我研物情，次第而观。暮春气极，绿苞如珠。清露宵偃，韶光晓驱。动

---

① ［梁］吴均：《续齐谐记》，《影印文渊阁四库全书》第 1042 册，上海古籍出版社 1987 年版，第 557 页。

② 丁世良主编：《中国地方志民俗资料汇编·华北卷》，书目文献出版社 1989 年版，第 9 页。

③ 王维：《和贾舍人早朝大明宫之作》，《全唐诗》卷一二八。

④ 刘禹锡：《赏牡丹》，《全唐诗》卷三六五。

图42 宾夕法尼亚唐代折枝纹多曲银碗。引自齐东方《唐代金银器研究》。

荡支节,如解凝结。百脉融畅,气不可遏。兀然盛怒,如将愤泄。淑色披开,照曜酷烈。美肤腻体,万状皆绝。赤者如日,白者如月。淡者如赭,殷者如血。向者如迎,背者如诀。坏者如语,含者如咽。俯者如愁,仰者如悦。裛者如舞,侧者如跌。亚者如醉,曲者如折。密者如织,疏者如缺。鲜者如濯,惨者如别。初胧胧而上下,次鲜鲜而重叠。锦衾相覆,绣帐连接。晴笼昼薰,宿露宵裛。或灼灼腾秀,或亭亭露奇。或飑然如招,或俨然如思。或带风如吟,或泣露如悲。或垂然如缒,或烂然如披。或迎日拥砌,或照影临池。或山鸡已驯,或威凤将飞。其态万万,胡可立辨。不窥天府,孰得而见?①

---

① [清]董诰等编:《全唐文》卷七二七,中华书局1983年版,第7486页。

图 43　唐敬晦进葵花形银盘。引自齐东方《唐代金银器研究》。

牡丹的这种瑰丽富贵令当时的中国人,尤其是京都的贵族阶层趋之若鹜,李肇在《国史补》中纪其事曰:"京城贵游,尚牡丹三十余年矣。每春暮,车马若狂,以不耽玩为耻。"①这种京都的风气使得牡丹在全国范围内成为流行的花卉。这种流行趋势反映在艺术上,便是当时的器具、绘画中牡丹纹饰的大量使用。

中唐诗人王建有一句诗说"一样金盘五千面,红酥点出牡丹花"②,这说的就是金银器上的牡丹纹饰。"国泰民安、财富聚集和相对自由的大唐帝国,奢靡享乐之风盛行,使用金银器物成为人们的追求。"③于是金银器的制作便向繁复精细发展,各种寓意美好的纹饰也竞相堆

---

① [唐]李肇:《唐国史补》,上海古籍出版社 1979 年版,第 45 页。
② 王建:《宫词》一百首之四十九,《全唐诗》卷三〇二。
③ 齐东方:《唐代金银器研究》,中国社会科学出版社 1999 年版,第 2 页。

叠,牡丹纹自然也出现在了金银器皿上。比如宾夕法尼亚唐代折枝纹多曲银碗(图42)碗壁内外就绘满了折枝牡丹纹饰。又如唐敬晦进葵花形银盘(图43),盘心和盘内壁也镂刻着团花牡丹,且均加以鎏金,显得富丽堂皇,表现了唐人尚好牡丹的审美情趣。

绘画与壁画上的牡丹图饰就更为常见了。辽宁省博物馆藏中唐周昉的《簪花仕女图》上描绘了一个手执长柄团扇的侍女,扇面所绘的便是折枝牡丹(图44)。牡丹纹的团扇正应合了图中贵妇人的安祥与雍容。

图44 [唐]周昉《簪花仕女图》(局部)。辽宁省博物馆藏。

当时的人们不仅现世爱好牡丹,死后也希望有富贵花陪伴自己,唐代很多墓室壁画中都出现了牡丹。比如大足、长安年间(701—

704）的永泰公主墓中，永泰公主的石椁外就刻画了牡丹（图45），公主与牡丹很是相配。2013年新出土的上官婉儿墓葬中也有牡丹，"唐昭容上官氏墓志一合……顶面四周和四侧减地线刻牡丹纹带。四刹在整体联珠纹框内各减地线刻瑞兽一对，以牡丹花结为中心相对腾跃"①。

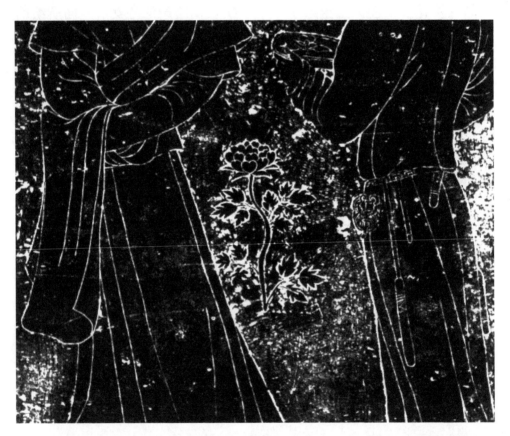

图45　唐永泰公主墓石椁外壁线刻画局部。引自陕西省博物馆编《陕西古代美术巡礼：永泰公主石椁线刻画》，陕西人民美术出版社1985年版。

---

① 李明、耿庆刚：《唐昭容上官氏墓志笺释》，《考古与文物》2013年第6期，第87页。

男子墓中也有牡丹，比如唐末五代的王处直墓北壁就绘制了一幅牡丹全图（图46）。这整株牡丹绽放于湖山石后，姿态挺拔横曳，花朵皆绽露红蕊，惹来戏蝶徜徉其间，流连不去，又有鸽子野雀步于花旁，好一份自在闲适，表达了古人对往生世界的美好憧憬。开成三年（838）幽州节度判官王公淑夫妇合葬墓的墓室牡丹壁画（图47），较之王处直墓更为浓丽大气，枝叶更为繁茂，写实性更强。十数朵牡丹花粉艳欲滴，盛开于绿叶丛中（图48），富贵气息扑面而来，可以想见墓主人生前生活的优游尊贵和他希望逝后生活一如在世的那份渴求。

图46　河北曲阳五代后唐同光二年（924）王处直墓后室北壁中央牡丹壁画。引自贺西林、李清泉《中国墓室壁画史》，高等教育出版社2009年版。

图 47　北京海淀区八里庄唐开成三年（838）王公淑墓北壁牡丹芦雁图壁画。引自《中国墓室壁画史》。

图 48　牡丹芦雁图壁画局部放大，画面左侧为牡丹花，右侧为秋葵花。引自《中国墓室壁画史》。

牡丹的天香国色为它赢得了唐人无限的宠爱,牡丹已经融入了唐人的生活。如此习见的花卉自然引来了文人骚客的不断歌咏,《全唐诗》中涉及牡丹的诗句有123句,有128首诗专咏牡丹。这种歌咏有褒美也有批评,有热情的报导,也有冷静的反思,牡丹意象的意蕴内涵在唐诗中也存在着由物象向心象演变的现象。唐人歌咏牡丹的情形大致分为以下三类。

第一类,以诗抒写牡丹之盛事。唐时有赏牡丹、购牡丹的风气,每当牡丹花期到来,街市上人头攒动,都城万人空巷。例如:

长安豪贵惜春残,争玩街西紫牡丹。(卢纶《裴给事宅白牡丹》,《全唐诗》卷二八〇)

牡丹相次发,城里又须忙。(王建《长安春游》,《全唐诗》卷二九九)

秦陇州缘鹦鹉贵,王侯家为牡丹贫……鼓动六街骑马出,相逢总是学狂人。(王建《闲说》,《全唐诗》卷三〇〇)

城中看花客,旦暮走营营。素华人不顾,亦占牡丹名。(白居易《白牡丹》,《全唐诗》卷四二四)

花开花落二十日,一城之人皆若狂。(白居易《牡丹芳》,《全唐诗》卷四二七)

三条九陌花时节,万户千车看牡丹。(徐凝《寄白司马》,《全唐诗》卷四七四)

何人不爱牡丹花,占断城中好物华。(徐凝《牡丹》,《全唐诗》卷四七四)

牡丹一朵值千金,将谓从来色最深。(张又新《牡丹》,《全唐诗》卷四七九)

长安牡丹开，绣毂辗晴雷。若使花长在，人应看不回。（崔道融《长安春》，《全唐诗》卷七一四）

但是豪家重牡丹，争如丞相阁前看。（徐铉《严相公宅牡丹》，《全唐诗》卷七五五）

这些诗都反映了当时牡丹花事的盛况，其中尤以白居易的《买花》①最为全面地写出了其时场景："帝城春欲暮，喧喧车马度。共道牡丹时，相随买花去。贵贱无常价，酬直看花数。灼灼百朵红，戋戋五束素。上张幄幕庇，旁织巴篱护。水洒复泥封，移来色如故。家家习为俗，人人迷不悟。有一田舍翁，偶来买花处。低头独长叹，此叹无人喻。一丛深色花，十户中人赋。"直言牡丹花事成了全民的习俗。当都下之人为牡丹而狂的同时，也有冷静的旁观者写下了自己的感受与思考。柳浑的《牡丹》②一诗就说："近来无奈牡丹何，数十千钱买一颗。今朝始得分明见，也共戎葵不校多。"王叡更是写诗痛陈其弊，其《牡丹》③诗曰："牡丹妖艳乱人心，一国如狂不惜金。曷若东园桃与李，果成无语自成阴。"表露了他人如醉如痴之时诗人的清醒与担忧。然而这些旁观者相对于"迷不悟"的"人人"来说，还是很少数。

第二类，歌咏其他花卉时用公认国色的牡丹作比，借牡丹发言，指出他花更胜牡丹。诗人这么写有点"讵同流俗好"④的意思，与大多数人的以牡丹为魁首相异，倒使读者有耳目一新之感。比如：

若比众芳应有在，难同上品是中春。牡丹为性疏南国，

---

① 《全唐诗》卷四二五。
② 《全唐诗》卷一九六。
③ 《全唐诗》卷五〇五。
④ 王炎：《赋得行不由径》，《全唐诗》卷四六四。

朱槿操心不满旬。（李咸用《同友生题僧院杜鹃花》，《全唐诗》卷六四六）

席上若微桃李伴，花中堪作牡丹兄。（翁洮《赠进士李德新接海棠梨》，《全唐诗》卷六六七）

蜀地从来胜，棠梨第一花……长安如种得，谁定牡丹夸。（吴融《追咏棠梨花十韵》，《全唐诗》卷六八五）

黄鸟啼烟二月朝，若教开即牡丹饶。（黄滔《木芙蓉》三首之一，《全唐诗》卷七〇六）

芍药承春宠，何曾羡牡丹。（王贞白《芍药》，《全唐诗》卷八八五）

图49　紫色牡丹。石润宏摄。

第三类，歌咏牡丹而引发哲学之思。这类哲理性的咏牡丹诗是在中晚唐以后才出现的，正是牡丹狂热逐步冷却后的哲学思索，也符合咏物诗发展的一般规律。首先，牡丹因富贵而名世，花的富贵与人的富贵常常相伴相随，牡丹年年盛开年年富贵，人却不能永远富贵，这不禁令诗人叹息世事无常。朱可久《登玄都阁》诗云"豪家旧宅无人住，空见朱门锁牡丹"①，吴融《忆事》诗说"去年花下把金卮，曾赋杨花数句诗。回首朱门闭荒草，如今愁到牡丹时"②，徐夤的《郡庭惜牡丹》也感叹"肠断东风落牡丹，为祥为瑞久留难"③。都是慨叹牡丹依旧而富贵不再的无常世事的作品。

其次，牡丹作为花的通性就是花期不长，人们今天面对的是盛开的花，也许明天就要面对凋残的花，这就使诗人生出光阴似水需惜时的感慨。白居易的《惜牡丹花》二首之一就说："惆怅阶前红牡丹，晚来唯有两枝残。明朝风起应吹尽，夜惜衰红把火看。寂寞萎红低向雨，离披破艳散随风。晴明落地犹惆怅，何况飘零泥土中。"④王象晋在《群芳谱》花谱小序中说："虽艳质奇葩，未易综揽，而荣枯开落，辄动欣戚。谁谓寄兴赏心，无关情性也？"⑤诗人看着销陨的牡丹，真是要销陨到花里边去了。薛能在《牡丹》⑥诗中为牡丹发愁，他说："牡丹愁为牡丹饥，自惜多情欲瘦羸。浓艳冷香初盖后，好风乾雨正开时。"

---

① 《全唐诗》卷五一五。
② 《全唐诗》卷六八四。
③ 《全唐诗》卷七〇八。
④ 《全唐诗》卷四三七。
⑤ ［明］王象晋纂辑，伊钦恒诠释：《群芳谱诠释》（增补订正），农业出版社1985年版，第224页。
⑥ 薛能：《牡丹》四首之四，《全唐诗》卷五六〇。

其是通过愁花来愁人，希望人们以牡丹为鉴，把握好光阴，李建勋的《晚春送牡丹》就直说"肠断残春送牡丹"，"借问少年能几许"①，读来发人深思。

然后，这种惜时更进一步，演进为惜人，以花喻人。元稹《莺莺诗》的"夜合带烟笼晓日，牡丹经雨泣残阳"②，还是在替莺莺发愁，是为别人代言。晚唐杜荀鹤的《中山临上人院观牡丹寄诸从事》则以花事比人事，直云："闲来吟绕牡丹丛，花艳人生事略同。"③好一个花艳人生事略同！唐人经过了漫长的岁月终于悟到了这一层，此诗也就当仁不让的成了唐代咏牡丹诗中最富哲理性的诗章。

总之，唐代社会是中古的最后一个时期，是一个古典时代的总结，有着早期社会的单纯与和谐，在文化观念上有着内在的统一性。唐代的人们对植物的认识较之后代更为流于表面，重在视觉等第一感官上的发现，对植物的感觉有着直观性和简单性，文化甚至哲学层面的思考还比较少。唐人爱牡丹是直白而狂热的，这与宋代文人士大夫"普遍秉持清韵绝俗的人格风尚，见不得色艳香浓，见不得流光溢彩，见不得张力十足的美"④是有很大区别的。唐人直白地爱牡丹，也直白地批评牡丹，这也与宋人"对牡丹抱有的某种矜持情感"⑤大不相同，这些热爱和赞美与旁观和反思都留在了唐诗中，流传至今。诗中的牡丹，伴着人们的吟哦歌咏，伴着那一段段史话传说，勾起后人对盛唐的无限追慕与遐想。

---

① 《全唐诗》卷七三九。
② 《全唐诗》卷四二二。
③ 《全唐诗》卷六九二。
④ ［宋］欧阳修等著，杨林坤编：《牡丹谱》，中华书局2011年版，前言第10页。
⑤ 杨林坤编：《牡丹谱》，中华书局2011年版，前言第10页。

第五章 植物文化杂论

经过前四章的论述，我们对唐诗中的植物意象有了一个较为系统的认识，然对于一些涉及植物的文化现象，却并未窥见其真义。唐诗中之植物种类繁多，文化所包含之层面又旁枝横逸，笔者虽有志于穷原竟委，怎奈学力不济，终不可达由博返约之致，故此只好取精用弘，以期摘埴索涂，能有所得。本章所讨论之问题，皆是单个植物文化现象，而与唐诗或文学略有关联者，故曰杂论。

第一节　丝不如竹

明人杨士奇曾填词曰"竹君子，松大夫，梅花何独无称呼"[①]，竹君子的文学形象为它招来了众多文人的描写，但梅兰竹菊松柳等植物都有相对积极向上的文学符号意义，也都是文人们爱使用的意象，为什么竹在唐诗中的数量排名第一呢？竹在唐诗中的流行，除竹是重要的文学意象这一原因之外，还与竹在生活中的广泛应用有莫大关系。苏东坡曾感叹道："食者竹笋，庇者竹瓦，载者竹筏，爨者竹薪，衣者竹皮，书

[①] 杨士奇：《题梅》。[清]顾璟芳等选编，曾昭岷审订，王兆鹏校点：《兰皋明词汇选》，辽宁教育出版社1998年版，第2页。

者竹纸，履者竹鞋，真可谓一日不可无此君也耶。"①但要真论起用途来，竹可食，梅菊亦可食，竹可入画，兰松亦可入画，竹有挺拔之态，柳亦有婀娜之姿，这样看来竹并没有什么"优势"。那么笔者便可顺此推测造就竹这种地位的原因就是竹可听，他物不可听了。

中国古代的乐器，弹拨乐、吹奏乐与打击乐鼎足而立，而以丝竹（丝管、管弦）为音乐的代称，可见丝竹的分量。究其原因，恐与打击乐（黄钟大吕）的不便携带有关。而丝竹中，又有"丝不如竹"②的说法，足知竹在乐坛的地位。

唐诗中的竹乐，由本土的笙、箫、芦管与西域传入的觱篥、胡笳、横笛等组成。竹乐与丝乐的最大区别是竹乐奏者不可歌，歌者不可奏，不能如丝乐那样既弹且唱。这就使得在以愁为基调的唐代咏乐诗中，竹乐比之丝乐少了些"人气"，却更多了一份孤寂之感。听着琵琶行的白居易还能有个泪湿青衫的同情对象，而听竹乐的诗人们有时只闻乐声，不见乐人，如李白的"谁家玉笛暗飞声，散入春风满洛城"③，有时听见吹奏之声与其他声音和鸣，却是悲从中来，如元稹的"猿声芦管调，羌笛竹鸡声"④。偶尔听见竹声又见伶人的诗人也大多含悲带戚，如殷尧藩的《吹笙歌》首句便是"伶儿竹声愁绕空"⑤，岑参在裴将军宅听乐，虽见"美人芦管会佳客"，

---

① 苏轼：《记岭南竹》。[宋]苏轼撰，孔凡礼点校：《苏轼文集》，中华书局1986年版，第2365页。
② 《晋书·桓温传附孟嘉传》："（桓温）又问（孟嘉）：'听妓，丝不如竹，竹不如肉，何谓也？'"[唐]房玄龄等撰：《晋书》，中华书局1974年版，第2581页。
③ 李白：《春夜洛城闻笛》，《全唐诗》卷一八四。
④ 元稹：《遣行》十首其九，《全唐诗》卷四一〇。
⑤ 《全唐诗》卷四九二。

依然感觉"可怜新管清且悲"①，很少有如羊士谔《山阁闻笛》"临风玉管吹参差，山坞春深日又迟"②这般闲适的。

孟嘉所谓丝不如竹当然是从艺术鉴赏的角度说的，但在现实生活中，竹乐似乎比弦乐更为流行。晚唐五代至北宋前期的一些伎乐团队，竹乐比重大于丝乐的比较常见，有些乐队甚至全部都是竹乐。当时的一些墓室壁画反映了这一史实。比如河北宣化大安九年（1093）辽张文藻墓墓室壁画（图50）和张匡正墓壁画（图51），又如河北宣化天庆六年（1116）辽张世卿墓（图52）和天庆七年（1117）张世古墓（图53）墓室所绘

图50　河北宣化7号辽张文藻墓前室西壁散乐图壁画。引自贺西林，李清泉《中国墓室壁画史》。

---

① 岑参：《裴将军宅芦管歌》，《全唐诗》卷一九九。
② 《全唐诗》卷三三二。

的散乐图。

图51　河北宣化10号辽张匡正墓前室西壁散乐图壁画。引自《中国墓室壁画史》。

同在河北宣化出土的不知年代和墓主的六号墓也有类似的伎乐壁画（图54），其中只有一位乐师是丝乐。河南禹县出土的元符二年（1099）白沙一号北宋墓，其壁画（图55）与上述辽墓差近，只是乐工可以看出全为女性。

又如敦煌莫高窟220窟所绘的壁画（图56），一个十数人的乐队中丝乐只有阮咸和筝。北京故宫博物院藏宋人摹五代顾闳中的《韩熙载夜宴图》，细致描绘了南唐大臣韩熙载夜宴行乐的场景，图中的五位歌伎全是竹乐（图57）。这些绘画作品无疑反映了一桩事实，即当时的乐队中不大重视丝乐，而以竹乐为主。

图 52　河北宣化 1 号辽张世卿墓前室东壁散乐图壁画。引自《中国墓室壁画史》。

另外竹与松梅等相比，还有一个"优势"，即竹可戏，他物不可戏。唐代杂技中的竿戏，就是用大竹竿作为道具的，有一些诗歌还专咏其景况。比如：

楼前百戏竞争新，唯有长竿妙入神。（刘晏《咏王大娘戴竿》，《全唐诗》卷一二〇）

宛陵女儿擘飞手，长竿横空上下走。（顾况《险竿歌》，《全唐诗》卷二六五）

奈何平地不肯立，走上百尺高竿头。（柳曾《险竿行》，《全唐诗》卷七七六）

图53　河北宣化5号辽张世古墓前室东壁散乐图壁画。引自《中国墓室壁画史》。

图54　河北宣化6号辽墓前室西壁散乐图壁画。引自《中国墓室壁画史》。

图55 河南禹县白沙1号北宋墓前室东壁散乐图壁画。引自《中国墓室壁画史》。

图56 莫高窟220窟北壁药师经变壁画局部。引自敦煌研究院网站。

图 57 《韩熙载夜宴图》（局部）。北京故宫博物院藏。

当然"丝不如竹"之后还有"竹不如肉"的说法，白居易《云和》诗即曰"非琴非瑟亦非筝，拨柱推弦调未成。欲散白头千万恨，只消红袖两三声"①，可谓与孟嘉隔代相和，此是后话。

第二节　敦煌卷子咏节气组诗注译②

敦煌卷子 P.2624 與 S.3880③（局部如圖 58、圖 59）上各記錄了一組內容差近的歌詠時令節候的組詩，按照一月至十二月的次序編排，每月又分為"月節"和"月中"兩篇，共計二十四首。兩張卷子上的詩多有字跡漫漶或詞句脫衍者，因此筆者分別予以迻錄，辨明其中的俗字，互相比校后得出完整的組詩，并加注譯，以利於我們深入研究

---

① 《全唐诗》卷四四六。
② 由於本節之內容涉及敦煌文獻中俗字、異體字的訓釋，故以繁體字行文。
③ 見黃永武主編：《敦煌寶藏》，新文豐出版公司 1986 年版。S.3880 在第 32 冊，第 106—108 頁，P.2624 在第 122 冊，第 591 頁。

唐代詠節氣詩。

圖58　敦煌卷子P.2624局部。引自《敦煌寶藏》。

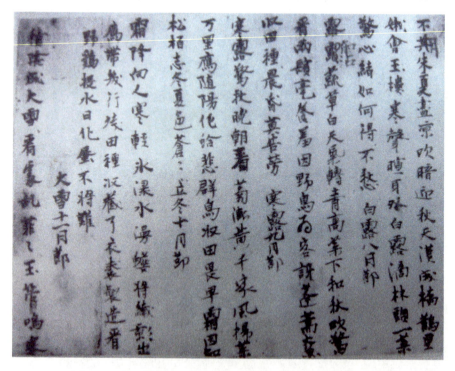

圖59　敦煌卷子S.3880局部。引自《敦煌寶藏》。

一、卢相公詠廿四气詩

（P. 2624）盧相公詠廿四氣詩

詠立春正月節

春冬移律侶，天地換星霜。冰泮遊魚躍，和風待柳芳。早梅迎雨水，殘雪怯朝陽。万物含新意，同歡聖日長。

詠雨水正月中

雨水洗春容，平田已見龍。祭魚盈浦嶼，歸鴈□山峯。雲色輕還重，風光淡又濃。向看入二月，花色影重重。

詠驚蟄二月節

陽氣初驚蟄，韶光大地周。桃花開蜀錦，鷹老化春鳩。時候争催迫，萌芽互矩脩。人間務生事，耕種滿田疇。

詠春分二月中

二氣莫交争，春分雨雾行。雨來看電影，雲過聽雷聲。山色連天碧，林花向日明。樑間玄鳥語，欲似解人情。

詠清明三月節

清明来向晚，山淥正光華。楊柳先飛絮，梧桐續放花。鴛聲知化鼠，虹影指天涯。已識風雲意，寧愁穀雨賖。

詠穀雨三月中

穀雨春光曉，山川黛色清。萊間鳴戴勝，澤水長浮萍。暖屋生蚕蟻，暄風引麦葶。鳴鳩徒拂羽，信矣不堪聽。

詠立夏四月節

欲知春与夏，仲侣啟朱明。蚯蚓誰教出，王苽自含生。簇蚕呈繭樣，林鳥哺鶹聲。漸覺雲峯好，徐徐帶雨行。

詠小滿四月中

小滿氣全時，如何靡草衰。田家私黍稷，方伯問蚕絲。杏麦鐰鐮鋊，鋤苽竪棘籬。向来看苦菜，獨秀也何為。

詠芒種五月節

芒種看今日，螗螂應節生。彤雲高下影，鵙鳥往来聲。渌沼蓮花放，炎風暑雨清。相逢問蚕麦，幸得稱人情。

詠夏至五月中

雾雾聞蟬響，須知五月中。龍潛渌水坑，火助太陽宮。遇雨頻飛電，雲行屢帶虹。蕤賓移去後，二氣各西東。

詠小暑六月節

倏忽溫風至，因循小暑来。竹喧先覺雨，山暗已聞雷。戶牖深清靄，階迓長渌苔。鷹鵰新習孝，蟋蟀莫相催。

詠大暑六月中

大暑三秋近，林鐘九夏移。桂輪開子夜，螢火照空時。菰菓邀儒客，菰蒲長墨池。絳紗渾卷上，經史待風吹。

詠立秋七月節

不其朱夏盡，涼吹暗迎秋。天漢成橋鵲，星娥會玉樓。寒聲喧耳外，白露滴林頭。一葉驚心緒，如何得不愁。

詠處暑七月中

向来鷹祭鳥，漸覺白藏深。葉下空驚吹，天高不見心。氣収禾黎熟，風静草虫吟。緩酌罇中酒，容調膝上琴。

詠立秋八月節

露霑蔬草白，天氣轉青高。葉下和秋吹，驚看兩鬢毛。養羞因野鳥，為客□蓬蒿。火急收田種，晨昏莫告勞。

詠秋分八月中

琴彈南呂調，風色已高清。雲□飄颻影，雷收振怒聲。乾坤能静肅，寒暑喜均平。忽見新来鴈，人心敢不驚。

詠寒露九月節

寒露驚秋晚，朝看菊漸黃。千家風掃葉，万裏鴈隨陽。化蛤悲群鳥，收田畏早霜。因知松柏志，冬夏色蒼蒼。

詠霜降九月中

風卷晴霜盡，空天万里霜。野犳先祭獸，仙菊遇重陽。秋色悲踈木，鴻鳴憶故鄉。誰知一罇酒，能使百愁亡。

詠立冬十月節

霜降向人寒，輕氷渌水濴。蟾將纖影出，鴈帶幾行殘。田種收藏了，衣裘製造看。野雞投水日，化蜃不將難。

詠小雪十月中

莫恠虹無影，如今小雪時。陰依上下，寒暑喜分離。滿月光天漢，長風響樹枝。橫琴對淥醑，猶自斂愁眉。

詠大雪十一月節

積陰成大雪，看處乱菲菲。玉管鳴寒夜，披書曉絳□。黃鐘隨氣改，鶡鳥不鳴時。何限蒼生類，依依惜暮暉。

詠冬至十一月中

二氣俱生處，周家正立年。歲星瞻北極，舜日照南天。拜慶朝金殿，歡娛列綺延。万邦歌有道，誰敢動征邊。

詠小寒十二月節

小寒連天呂，歡鵲壘新巢。拾食尋河曲，銜柴遶樹梢。霜鷹延北首，鴝鵒隱藂茅。莫恠嚴凝切，春冬正欲交。

詠大寒十二月中

臘酒自盈罇，金爐看炭溫。大寒宜近火，無事莫開門。冬与春交替，星周月詎存。明朝換新律，梅柳待揚春。

二、二十四气时令诗

（S. 3880）（前脫）□□移去後，二氣各西東。

大暑三秋近，林鐘九□□。□□開子夜，□火照空時。苽菓邀儒客，菰蒲長墨池。絳紗渾卷上，經史待風吹。

處暑七月中

向来鷹祭鳥，漸覺白藏□。葉下空□□，天高不見心。氣收禾黍熟，風净草虫吟。緩酌罇中酒，容調膝上琴。

秋分八月中

琴彈南呂調，風色已高清。雲散飄颻影，雷収振怒聲。乹坤能静肅，寒暑喜均平。忽見新來鴈，人心敢不驚。

霜降九月中

風卷清雲盡，空天万里霜。野豺先祭獸，仙菊遇重陽。秋色悲疏木，鴻鳴憶故鄉。誰知一罇酒，能使百秋亡。

冬詠十月中

莫悋虹無影，如今小雪時。陰陽依上下，寒□喜分離。滿月光天漢，長風響樹枝。橫琴□淥醑，獨自斂愁眉。

詠冬至十一月中

二氣俱生處，周家正立季。歲星瞻北極，舜日照南天。拜慶朝金殿，歡□列绮□。万邦歌有道，誰敢動征邊。

大寒十二月中

臘酒自盈罇，金爐獸炭溫。大寒宜近火，無事莫闲門。冬与春交替，星周月巨存。明朝換新律，梅柳待陽春。

立春正月節

春冬移律呂，天地換星霜。冰伴遊魚躍，和風待柳芳。早梅迎雨水，殘雪怯朝陽。万物含新意，同歡聖日長。

驚蟄二月節

陽氣初驚蟄，韶光天地的。桃花闲蜀錦，鷹老化為鳩。時候爭催迫，萌牙護矩脩。人间務生事，耕種滿田疇。

清明三月節

清明来向晚，山淥正光花。楊柳先飛絮，梧桐債放花。鴛聲知化鼠，虹影指天涯。已識風雲意，寧愁谷雨賒。

立夏四月節

欲知春与夏，仲呂啓朱明。蚯蚓誰交出，王苽自合生。簇蚕呈璽樣，林鳥哺鷏聲。漸竟雲峯好，徐徐帶雨行。

荒種五月節

芒種看今日，螗螂應苢生。顏雲高下影，鵙鳥往来聲。渌沼蓮花放，炎風暑雨清。相逢问蚕麦，幸得稱人情。

小暑六月節

倏忽温風至，因循小暑来。竹喧先竟雨，山暗已聞雷。戶牖深青靄，階近長渌苔。鷹雕新習孛，蟋蟀莫相催。

立秋七月節

不期朱夏盡，凉吹暗迎秋。天漢成橋鵲，星娥會玉樓。寒聲喧耳外，白露滴林頭。一葉驚心緒，如何得不愁。

白露八月節

露霑蔬草白，天氣轉青高。葉下和秋吹，驚看兩鬢毫。養羞因野鳥，为客訝蓬蒿。火急收田種，晨昏莫告勞。

寒露九月節

寒露驚秋晚，朝看菊漸黃。千家風掃葉，万里鴈随陽。化蛤悲群鳥，收田畏早霜。因知松柏志，冬夏色蒼蒼。

立冬十月節

霜降向人寒，輕氷渌水濵。蟾將纖影出，鴈帶幾行殘。田種收藏了，衣裘制造看。野鷄投水日，化蜃不將難。

大雪十一月節

積陰成大雪，看處乱菲菲。玉管鳴寒夜，披書曉絳幃①。黄鍾随氣改，鶡鳥不鳴時。何限蒼生類，依依惜暮暉。

小寒十二月節

小□連大呂，歡鵲壘新巢。拾食尋河曲，銜柴遶樹梢。霜鷹延北首，鴝鵒隱蒙茅。莫怪嚴凝切，春冬正欲交。

甲辰年夏月上旬寫記

元相公撰李慶君書

三、文本注譯

本節在訓釋文本時，雖以繁體字行文，但已將詩中的異體字替換為現代漢語的通行字。

1.《詠立春正月節》：春冬移律呂①，天地換星霜。冰泮遊魚躍②，和風待柳芳。早梅迎雨水，殘雪怯朝陽。萬物含新意，同歡聖日長③。

【注】①律呂：原指校正樂律的器具，后引申為事物的標準，這裡指節候遵循固定的規律按時到來。②冰泮：指冰雪消融，一本作"伴"，不合對仗，故當為"泮"。《詩經·邶風·匏有苦葉》"迨冰未泮"，又唐劉憲《奉和立春日內出彩花樹應制》詩"開冰池內魚新躍，剪綵花間燕始飛"。③聖日：形容當時是開明隆盛之時。

【譯】天上的星斗，人間的春冬季節，地上的霜露，都仿佛應著音律一般按時交替。魚兒歡躍，散了堅冰，和風吹拂，綠了楊柳。雨水到來，早梅數枝開，朝陽初升，殘雪盡消融。世間萬物都含著新鮮的氣息，一同慶倖身處這聖明的時代。

2.《詠雨水正月中》：雨水洗春容，平田已見龍①。祭魚盈浦嶼②，

---

① 原書難以辨認，依其筆形定為"幃"字。

歸雁□山峰③。雲色輕還重，風光淡又濃。嚮看入二月，花色影重重。

【注】①平田見龍：《易經·乾卦》"九二，见龙在田"，田中見龍說的其實是一種星象，即每年春季，人們在田野的上空看到東方的青龍星宿升起。②祭魚：即獺祭魚。《禮記·月令》："東風解凍，蟄蟲始振，魚上冰，獺祭魚，鴻雁來。"《禮記·王制》："獺取鯉於水裔，四方陳之，進而弗食，世謂之祭魚。"《呂氏春秋·孟春》："魚上冰，獺祭魚。"高誘注："獺獱，水禽也。取鯉魚置水邊，四面陳之，世謂之祭。"唐孟浩然《早發漁浦潭》诗"饮水畏惊猿，祭鱼时见獭。"③雁□：此字本脫，有論者補為"迴"，見包菁萍《敦煌文獻〈詠廿四氣詩〉輯校》，《敦煌研究》2005年第1期。今不從，因"歸"與"迴"合掌，且"迴"字有多音，是否合于詩律有待檢驗。筆者擬補作"度"。檢《先秦漢魏晉南北朝詩》，與"雁"有關的動詞有"飛""翔""歸""鳴""渡"等，此處用平聲字均不合詩律，"渡"常用於與水澤有關的情境，該詩指過山峰，因而可用"度"。初盛唐詩例有"夜聞鴻雁度"（盧照鄰《贈益府裴錄事》）、"頻年雁度無消息"（王適《古別離》）、"雁行度函谷"（沈佺期《送盧管記仙客北伐》）、"萬里鴻雁度"（儲光羲《秋庭貽馬九》）、"雁度秋色遠"（李白《尋魯城北范居士，失道落蒼耳，中見范置酒摘蒼耳作》）、"落日鴻雁度"（高適《宋中》十首之五）、"雁度麥城霜"（杜甫《送田四弟將軍將夔州，柏中丞命起居江陵節度陽城郡王衛公幕》）等。

【譯】雨水降下，洗淨了春日的容顏，時節變換，平坦的田野上已經可以看見青龍星宿了。江浦沙洲上滿是水獺獵獲的魚，好似陳列的祭品，山峰上不斷飛過的，都是春天歸來的大雁。天空或濃或淡的雲彩，正與這春日的風光相宜。馬上就要到二月了，屆時大地上會有盛開的百花投下的重重光影吧。

3.《詠驚蟄二月節》：陽氣初驚蟄①，韶光大地周②。桃花開蜀錦，鷹老化春鳩③。時候爭催迫④，萌芽互矩脩⑤。人間務生事，耕種滿田疇。

【注】①陽氣：暖氣，生長之氣。《管子·形勢解》"春者，陽氣始上，故萬物生"，唐錢起《東皋早春寄郎四校書》詩"夜來濤山雪，陽氣動林梢"。②韶光：指春光。唐李世民《春日玄武門宴群臣》詩"韶光開令序，淑氣動芳年"，唐李嶠《洛》詩"九洛韶光媚，三川物候新"。兩本一作"大地周"，一作"天地的"，依"平平仄仄平"的格律取前者，"的"不押韻，顯誤。③一本作"化為鳩"，不合對仗，當為"化春鳩"。《夏小正》云："鷹則為鳩……桃則華。"④時候：時令節候。唐劉長卿《睢陽贈李司倉》詩"白露變時候，蛩聲暮啾啾"，唐高適《別王八》詩"時候何蕭索，鄉心正鬱陶"。催迫：催促逼迫。晉陶淵明《雜詩》"日月不肯遲，四時相催迫"。⑤萌芽：草木萌發嫩芽。一本作"萌牙"，均可。唐包佶《祀風師樂章·送神》詩"氣和草木發萌芽，德暢禽魚遂翔泳"。互矩脩：一本作"護"，殊為難解。"互"義為交接互替。"矩脩"與"催迫"對仗，"催""迫"為近義詞，"矩""脩"亦當為近義詞，此處應解作廣、大、高、長等義，指草芽經過一段時間的生長變得修長茂盛，"脩"同"修"。

【譯】溫暖的氣息驚動了蟄伏過冬的蟲豸，美好的春光已然充盈了大地。桃花盛開，好像蜀地生產的華美錦繡，蒼鷹退去，取而代之的是春日的使者鳩鳥。時令的變化催促著新萌發的草木不斷生長，很快就長得又高又大了。人們抓住時間及時耕種，田野上到處是忙碌的身影。

4.《詠春分二月中》：二氣莫交爭①，春分兩處行②。雨來看電影，雲過聽雷聲。山色連天碧，林花嚮日明。樑間玄鳥語③，欲似解人情。

【注】①二氣：指陰陽二氣。交爭：謂紛爭較量。唐白居易《酬牛相公宮城早秋寓言見示兼呈夢得》詩"七月中氣後，金與火交爭"，金、火指秋、夏。②春分兩處：漢董仲舒《春秋繁露·陰陽出入上下》"至於仲春之月，陽在正東，陰在正西，謂之春分。春分者，陰陽相半也，故畫夜均而寒暑平"。唐崔融《和宋之問寒食題黃梅臨江驛》詩"春分自淮北，寒食渡江南"。③玄鳥：指燕子。《夏小正》"來降燕乃睇"，夏緯瑛案"燕，一名鳦，一名玄鳥"。

【譯】陰陽二氣啊，別再爭執了，春分正是你們實力相當可以並行共處的時節啊。烏雲飄過，陣雨降下，光影重疊，雷電交加。山色碧青，遠處甚至和天相連了，林中的花兒嚮著太陽招展。屋樑上歸來的燕子也在竊竊私語，好像懂得人情似的。

5.《詠清明三月節》：清明來嚮晚①，山淥正光華②。楊柳先飛絮，梧桐續放花③。駕聲知化鼠④，虹影指天涯⑤。已識風雲意，寧愁穀雨賒⑥。

【注】①嚮晚：黃昏時節。唐王維《晚春歸思》詩"新妝可憐色，落日卷羅帷……嚮晚多愁思，閒窗桃李時"。②山淥：青山綠水。唐羅隱《贈漁翁》詩"逍遙此意誰人会，应有青山淥水知"。光華：光豔明麗的樣子。唐元稹《桐花》詩"遺落在人世，光華那復深"。③續，一本作"債"，不合詩意，當為"續"。④化鼠：《夏小正》"（三月）田鼠化為駕"，《傳》曰"駕，鵪也。變而之善，故盡其辭也。駕為鼠，變而之不善，故不盡其辭也"，夏緯瑛案"鵪，鶉屬，候鳥，以春季來，於農田間活動，人於此時，多見駕，而田鼠則不甚顯著，故以為駕係田鼠所化，非田鼠真能化駕也"。⑤虹影：彩虹在空中的影像。唐盧綸《送丹陽趙少府》詩"荻岸雨聲盡，江天虹影長"。⑥寧：副詞，難道。

賒：形容詞，遲緩，遙不可及。唐駱賓王《晚憩田家》詩"心跡一朝舛，關山萬里賒"。

【譯】清明的黃昏落日低垂，將這一片山水映照得明豔動人。先是楊柳消散了它的花絮，接著桐花又紛亂飛舞起來。田鼠變成駕鳥喚著春天，彩虹映在空中指嚮天涯。早已是山雨欲來風滿樓了，難道還擔心穀雨遲遲不來嗎？

6.《詠穀雨三月中》：穀雨春光曉，山川黛色清①。桑間鳴戴勝②，澤水長浮萍。暖屋生蠶蟻③，喧風引麥葶④。鳴鳩徒拂羽⑤，信矣不堪聽。

【注】①黛色：青黑色。唐王維《華嶽》詩"連天凝黛色，百里遙青冥"。②戴勝：鳥名，形狀像雀，頭上有冠，如方形的彩結，故名。《礼记·月令》云"鳾鳩拂其羽，戴胜降于桑"，唐韋應物《聽鶯曲》詩"伯勞飛過聲踧促，戴勝下時桑田綠"。③蠶蟻：剛孵化出的螞蟻大小的蠶。《夏小正》"（三月）攝桑……妾子始蠶"。④葶：即葶藶，一種一年生草本植物，三月開黃色小花，盛夏枯死，與麥子生長在同一季節。⑤鳴鳩：《夏小正》"（三月）鳴鳩"，夏緯瑛案"鳩於夏曆三月而鳴者，當是斑鳩"。拂羽：鼓動翅膀，是斑鳩進入春季交配期性興奮的表現。《逸周書·時訓》曰"清明之日萍始生，又五日鳴鳩拂其羽，又五日戴勝降於桑"。

【譯】穀雨時節正是春光明媚的時候，青黑的山嶽和明澈的江水相映成趣。戴勝鳥在桑林中鳴叫，池塘里長出了浮萍。人們在暖屋裡孵化小蠶，溫暖的東風引得麥苗和葶藶草迅速生長。斑鳩整日都在交頸成歡，快樂鳴叫，真不是什麼值得多聽的聲音。

7.《詠立夏四月節》：欲知春與夏，仲呂啟朱明①。蚯蚓誰教出，王瓜自合生②。簇蠶呈繭樣③，林鳥哺鶵聲。漸覺雲峰好，徐徐帶雨行。

【注】①仲呂：農曆四月的代稱。《呂氏春秋·季夏》云"仲呂之月，無聚大眾，巡勸農事"，高誘注"仲呂，四月"。朱明：指夏季。《尸子》"春為青陽，夏為朱明，秋為白藏，冬為玄英"，唐韋應物《夏冰歌》詩"出自玄泉杳杳之深井，汲在朱明赫赫之炎辰"。②王瓜：《逸周書·時訓》"立夏之日螻蟈鳴，又五日蚯蚓出，又五日王瓜生"。自合：自應，（到時候）應該。唐張籍《題清徹上人院》詩"看添浴佛水，自合讀經香"。合，一本作"含"，非是。③璽：同"繭"，蠶化蛹前織出的繭殼，漢王充《論衡》"蠶食桑老，績而為璽"。

【譯】要知道春與夏的分別，就看看四月的景色吧，四月正是夏季的肇始啊。不要問是誰讓蚯蚓鑽出地面的，它本就該在這一時節活動啊，王瓜不是也鬱鬱蔥蔥了嗎？蠶已經成熟，織就了繭殼，林鳥也完成了繁衍後代的使命，正在哺育幼雛。微雨中的山巒雲霧繚繞，人們跋涉其間，慢慢走慢慢欣賞，真是一番好景致啊！

8.《詠小滿四月中》：小滿氣全時，如何靡草衰①。田家私黍稷，方伯問蠶絲②。杏麥鋗鐮鈔③，鋤瓜豎棘籬。嚮來看苦菜④，獨秀也何為。

【注】①靡草：《禮記·月令》"靡草死，麥秋至"，鄭玄注"舊說云靡草，薺、亭歷之屬"，孔穎達疏"以其枝葉靡細，故云靡草"，唐獨孤及《山中春思》詩"靡草知節換，含葩嚮新陽"。②方伯：殷周時代一方諸侯之長稱方伯，後泛指地方長官，唐之採訪使、觀察使亦稱"方伯"。《禮記·王制》"天子百里之內以共官，千裏之內以為禦，千裏之外設方伯"，唐李白《悲歌行》詩"還須黑頭取方伯，莫謾白首為儒生"。③鋗：《康熙字典·戌集上·金字部》該字條謂"屈金也"，指刀劍等器物的刃捲曲。《呂氏春秋》云"柔則鋗，堅則折……劍折且鋗，焉得為利劍"。鐮鈔：都是割麥用的農具，其中鐮的木柄較短，

鈁的木柄較長。④嚮來：猶近來，指過去不久到現在的一段時間。苦菜：一種菊科植物，春夏間開花，《禮記·月令》"孟夏之月……苦菜秀"，《逸周書·時訓》"小滿之日苦菜秀"。

【譯】現在正是麥子生長稍得盈滿的時候，不然靡草怎麼會枯萎呢？農夫們都在私下估量著今年五穀的收成，地方官員也在關注絲綢的優劣。杏園里、麥壟上、瓜田下，隨處可見手持鐮刀鋤頭辛勤勞作的農人。最近大片的苦菜開花了，大有壓倒群芳之勢，這竟是什麼緣故呢？

9.《詠芒種五月節》：芒種看今日，螗螂應節生①。彤雲高下影②，鵙鳥往來聲③。淥沼蓮花放，炎風暑雨清。相逢問蠶麥，幸得稱人情④。

【注】①螗螂：即螳螂，一種中大型的肉食昆蟲。《逸周書·時訓》"芒種之日螳螂生"。②彤雲：紅雲，彩霞。一本作"顏云"，非是，因詩詞鮮見其例。唐儲光羲《述華清宮》詩五首之二"長道舒羽儀，彤雲映前後"，唐元稹《紅芍藥》詩"翦刻彤雲片，開張赤霞裏"，唐曹唐《小游仙詩》九十八首之八十二"絳樹彤雲戶半開，守花童子怪人來"，唐僧鸞《苦熱行》詩"彤雲疊疊聳奇峰，焰焰流光熱凝翠"。③鵙：音菊，一種鳥，通稱伯勞，善鳴叫，叫聲"鵙鵙"，尖利刺耳。魏曹植《令禽惡鳥論》云"國人有以伯勞鳥生獻者，王召見之。侍臣曰：'世人同惡伯勞之鳴，敢問何謂也？'王曰：'《月令》：仲夏鵙始鳴。《詩》云：七月鳴鵙。七月夏五月，鵙則博勞也。'"④問蠶麥：指關心農業收成。宋方回《今春苦雨初有春半曾無十日晴之句去立夏無幾日愈雨足成五詩》其三"稍欲出城問蠶麥，生愁城外杜鵑聲"。

【譯】如今是芒種啦，螳螂遵照時令應節而生。彩雲飄飄，在大地上投下深淺不一的光影，伯勞紛飛，高聲鳴叫，惹人注目。清淺池塘，蓮花怒放，陣雨過後，熱風消散。這時的人們見了面，表示友好情誼的方法，已經變作詢問蠶絲和麥子的收成了。

10.《詠夏至五月中》：處處聞蟬響，須知五月中。龍潛淥水坑①，火助太陽宮②。遇雨頻飛電，雲行屢帶虹。蕤賓移去後③，二氣各西東。

【注】①龍潛：謂陽氣潛藏。《易經·乾卦》謂"初九，潛龍勿用"，李鼎祚《集解》引馬融曰"物莫大於龍，故借龍以喻天之陽氣也。初九，建子之月，陽氣始動於黃泉，既未萌芽，猶是潛伏，故曰潛龍也"。②火：古恒星之名，心宿二，古稱"大火"，亦簡稱火，司南方，主夏季。《詩經·豳風·七月》"七月流火"。宮：天文學術語。太陽每年在恒星之間的視軌跡稱黃道，黃道共三百六十度，以每三十度為一個單位分為十二宮，宮即三十度範圍內的黃道。③蕤賓：五月的代稱。古人律曆相配，十二律與十二月相適應，謂之律應。蕤賓位於午，在五月，故代指農曆五月。《禮記·月令》"（仲夏之月）其音徵，律中蕤賓"，鄭玄注"蕤賓者應鐘之所生……仲夏氣至，則蕤賓之律應"。晉陶淵明《和胡西曹示顧賊曹》詩"蕤賓五月中，清朝起南颸"。

【譯】各個地方都能聽見蟬叫，就知道已至五月中旬了。太陽和火星炙烤著大地，使得氣溫升高，水坑裡好像都藏著熱氣一樣。夏季的雷陣雨也很頻繁，倏忽降下，電閃雷鳴，烏雲散去，卻是彩虹高掛天際的美景。五月到來，陰陽二氣的爭鬥終於有結果了，陽氣占了絕對的上風。

11.《詠小暑六月節》：倏忽溫風至，因循小暑來①。竹喧先覺雨，山暗已聞雷。戶牖深青靄②，階庭長淥苔。鷹鸇新習學，蟋蟀莫相催③。

【注】①因循：因與循皆是承繼、沿襲、順著的意思，這裡指緊接著。青靄②：深色的雲氣、霧氣。一本作"清靄"，非是，因《全唐詩》多"青靄"

例。如張九齡《南山下舊居閒放》"喬木凌青靄"、宋之問《游陸渾南山自歇馬嶺到楓香林以詩代書答李舍人適》"青靄近可掬"、蘇頲《閒園即事寄韋侍郎》"青靄遠相接"、劉希夷《晚春》"庭陰幕青靄"、王維《東谿玩月》"巖深青靄殘"、李白《商山四皓》"雲窗拂青靄"等。③莫相催：指不要催促鷹鶥。一本作"懽"，非是。唐孟浩然《夏日與崔二十一同集衛明府宅》詩"座中殊未起，簫管莫相催"，唐蘇味道《正月十五夜》詩"金吾不禁夜，玉漏莫相催"。

【譯】溫暖的季風很快到來，緊接著便是小暑了。烏雲覆蓋山巒，悶雷陣陣，竹林被風吹著沙沙作響，好像預感到就快要落雨了一樣。庭院裡到處是潮濕的霧氣，飄進門窗，拂過石階，上面都長出了青苔。這時節正是小鷹剛剛學習飛行的時候，蟋蟀也在這時活躍，聒噪地鳴叫，仿佛催促著初學飛翔的小鷹一般。

12.《詠大暑六月中》：大暑三秋近①，林鐘九夏移②。桂輪開子夜③，螢火照空時。瓜果邀儒客，菰蒲長墨池④。絳紗渾卷上⑤，經史待風吹。

【注】①三秋：秋季有三個月，故稱。七月稱孟秋，八月稱仲秋，九月稱季秋，合稱三秋。②林鐘：指農曆六月。《呂氏春秋·音律》曰"林鐘之月，草木盛滿，陰將始刑"，高誘注"林鐘，六月"，漢班固《白虎通·五行》曰"六月謂之林鐘何？林者，眾也。萬物成熟，種類眾多"。九夏：指夏季。唐劉兼《中夏晝臥》詩"寂寂無聊九夏中，傍簷依壁待清風"。③桂輪：指代月亮。唐方干《月》詩"桂輪秋半出東方，巢鵲驚飛夜未央"。④墨池：指儒客洗硯處。⑤絳紗：紅色的紗帳。唐萬楚《詠簾》詩"玳瑁昔稱華，玲瓏薄絳紗"，唐韓翃《家兄自山南罷歸，獻詩敘事》詩"絳紗儒客帳，丹訣羽人篇"。

【譯】夏季的光陰又將逝去，距離秋天已然很近了啊。午夜子時，皓月當空，螢火蟲也發出了點點光亮，將無邊的黑暗揮散開去。儒士們互以瓜果相邀延請，洗硯池中長出了茭白和香蒲。捲起紗簾，使得空氣流通，前段時間因梅雨而沾染濕氣的經書正該好好吹吹了。

13.《詠立秋七月節》：不期朱夏盡①，涼吹暗迎秋②。天漢成橋鵲③，星娥會玉樓。寒聲喧耳外，白露滴林頭。一葉驚心緒④，如何得不愁。

【注】①朱夏：夏季。魏曹植《槐賦》"在季春以初茂，踐朱夏而乃繁"，唐杜甫《營屋》詩"我有陰江竹，能令朱夏寒"。②涼吹：涼風。唐錢起《早下江寧》詩"暮天微雨散，涼吹片帆輕"，唐王涯《秋思》詩二首其一"網軒涼吹動輕衣，夜聽更長玉漏稀"，唐齊己《新秋雨後》詩"靜引閑機發，涼吹遠思醒"。③天漢：天河，銀河。橋鵲：民間傳說牛郎與織女每年七月七日喜鵲搭橋，銀河相會。唐李白《擬古》詩十二首其一"黃姑與織女，相去不盈尺。銀河無鵲橋，非時將安適"，唐和凝《雜曲歌辭·楊柳枝》"鵲橋初就咽銀河，今夜仙郎自性和"。④一葉：一片樹葉，從一片樹葉的飄落可以感知秋天的到來。《淮南子·說山訓》曰"見一葉落而知歲之將暮"，唐張九齡《初秋憶金均兩弟》詩"孤雲愁自遠，一葉感何深"，唐韋應物《新秋夜寄諸弟》詩"高梧一葉下，空齋歸思多"，唐柳中庸《秋怨》詩"玉樹起涼煙，凝情一葉前"，唐白居易《新秋病起》詩"一葉落梧桐，年光半又空"，宋唐庚《文錄》引唐人詩"山僧不解數甲子，一葉落知天下秋"。

【譯】不知不覺夏季就過去了，涼風已經在偷偷地迎接秋天。七月七日喜鵲飛上銀河架起渡橋，織女和牛郎在天宮玉樓相會。寒冷的腳步已在耳畔喧鬧，濃重的白色露水也滴瀝在林間。看到一片樹葉落下，人們就知道溫暖美好的時光已經逝去了，怎能令人不心驚愁苦呢？

14.《詠處暑七月中》：嚮來鷹祭鳥①，漸覺白藏深②。葉下空驚吹，天高不見心。氣收禾黍熟，風靜草蟲吟。緩酌罇中酒，容調膝上琴。

【注】①鷹祭鳥：參見前文《詠雨水正月中》"祭魚"條。"祭"猶獵殺。②白藏：指秋天。《尸子·仁意》曰"春為青陽，夏為朱明，秋為白藏，冬為玄英"，唐魏徵《五郊樂章·白帝商音》詩"白藏應節，天高氣清"，唐李嶠《十月奉教作》詩"白藏初送節，玄律始迎冬"。

【譯】最近總看到老鷹在捕獵，才漸漸覺得秋已深了。樹葉被風吹得簌簌飄落，這淒涼景色真令人驚懼啊，可秋高氣爽，又使人心生迷惘了。這時候莊稼已經成熟，風停了能聽見秋蟲的呢喃。農事告一段落後，人們愜意地飲酒撫琴。

15.《詠立秋八月節》：露霑蔬草白，天氣轉青高。葉下和秋吹，驚看兩鬢毛①。養羞因野鳥②，為客訝蓬蒿③。火急收田種④，晨昏莫告勞⑤。

【注】①鬢毛：鬢角的頭髮。一本作"鬢毫"，當非是，因《全唐詩》無此用例，而"鬢毛"凡64見，例有賀知章《回鄉偶書》之"少小離鄉老大回，鄉音難改鬢毛衰"，李白《贈別舍人弟臺卿之江南》之"覺罷攬明鏡，鬢毛颯已霜"，杜甫《上巳日徐司錄林園宴集》之"鬢毛垂領白，花蕊亞枝紅"，白居易《歎老》之"獨有人鬢毛，不得終身黑"，韓愈《奉酬振武胡十二丈大夫》之"自笑平生誇膽氣，不離文字鬢毛新"等。②養羞：羞，美食也，養羞，謂儲存食物。《逸周書·時訓》曰"白露之日鴻雁來，又五日玄鳥歸，又五日羣鳥養羞"，朱右曾校釋曰"養羞者，蓄食以備冬，如藏珍羞"，南朝宋鮑照《蒜山被始興王命作》詩"玄武藏木陰，丹鳥還養羞"。③訝：同"迓"，迎接。④火急：農民放火燒田，有三種原因。一為墾荒，北魏賈思勰《齊民要術·耕田》篇云"凡開荒山澤田，皆七月芟艾之。草乾，即放火。至春而開墾。其林木大者，殺之，葉死不扇，便任耕種"；二為燒滅雜草；三為肥田。這裡指收

完莊稼后焚燒秸稈，南朝徐陵《征虜亭送新安王應令》詩"燒田雲色暗，古樹雪花明"，唐曹松《將入關行次湘陰》詩"打槳天連晴水白，燒田雲隔夜山紅"。田種：指莊稼。唐元稹《春分投簡陽明洞天作》詩"舟船通海嶠，田種繞城隅"。⑤告勞：嚮別人訴說自己的勞苦。《詩經·小雅·十月之交》"黽勉從事，不敢告勞"，鄭玄箋"雖勞不敢自謂勞"，唐韋應物《驪山行》詩"時豐賦斂未告勞，海闊珍奇亦來獻"，唐杜甫《北鄰》詩"明府豈辭滿，藏身方告勞"。

【譯】蔬草上沾了霜露，都變成白色的了，氣溫轉涼，天高雲淡。秋風掃落葉，度過今秋又長一歲，鬢邊的白髮真令人心驚啊。野鳥忙著儲備食物過冬，飛蓬草被風吹著翻滾，好像迎接旅客似的。農人晨昏忙碌，不辭勞苦，收完莊稼接著又放火燒了秸稈。

16.《詠秋分八月中》：琴彈南呂調①，風色已高清。雲散飄颻影，雷收振怒聲。乾坤能靜肅，寒暑喜均平②。忽見新來雁，人心敢不驚。

【注】①南呂：古代樂律調名，十二律之一，又是陰曆八月的異名。古人以十二律配十二月，南呂配在八月，故以之代八月。《呂氏春秋·音律》曰"南呂之月，蟄蟲入穴，趣農收聚"，高誘注"南呂，八月也"。均平②：秋分晝夜等長，故云。漢董仲舒《春秋繁露·陰陽出入上下》"至於中秋之月，陽在正西，陰在正東，謂之秋分。秋分者，陰陽相半也，故晝夜均而寒暑平"。

【譯】彈著南呂曲調迎來八月，秋高氣爽風色高清。飄遙的雲影散去，震怒般的雷聲收熄。天地間一派寧靜肅穆的模樣，秋分這一天晝夜均而寒暑平。突然看到新近飛來的大雁了，人的內心哪可能沒有些許震動呢？

17.《詠寒露九月節》：寒露驚秋晚①，朝看菊漸黃。千家風掃葉，萬裏雁隨陽②。化蛤悲群鳥③，收田畏早霜。因知松柏志，冬夏色蒼蒼④。

【注】①寒露：二十四節氣之一，這裡指寒涼的露水。唐盧照鄰《和王奭秋夜有所思》詩"窮巷秋風葉，空庭寒露枝"，唐張九齡《晨坐齋中偶而成詠》詩"寒露潔秋空，遙山紛在矚"。②雁隨陽：指大雁南去。唐張南史《西陵懷靈一上人兼寄朱放》詩"同悲鵠繞樹，獨坐雁隨陽"。③化蛤：《夏小正》"（九月）雀入於海為蛤"，夏緯瑛案"蛤，蚌類。蚌類之殼有種種花紋，當有蛤殼之花紋狀若雀者，古人考察不確，或以為是雀之所化，故言'雀入於海為蛤'。這該當也是一種流傳的故事，習言而不察"。④松柏志：《論語·子罕》"子曰：岁寒，然后知松柏之后凋也"，後人常以松柏寄寓堅貞之志。蒼蒼：深青色。

【譯】進入九月，眼看著菊花一天天的繁盛了，夜晚卻常有寒冷的露水呢。秋天的落葉被風捲起，仿佛要和大雁結伴似的向南而去。眾多鳥雀都化作海蛤了，人們因擔心寒霜侵害而抓緊收割田裡的作物。只有松樹和柏樹無論冬夏都是深青色，這樣不畏嚴寒的精神真值得人學習啊。

18.《詠霜降九月中》：風卷清雲盡①，空天萬裏霜。野豹先祭獸，仙菊遇重陽。秋色悲疎木，鴻鳴憶故鄉。誰知一罇酒，能使百愁亡②。

【注】①清雲：即青雲，一本作"晴霜"，不當。其一，風"卷"之對象當為"雲"，詩家鮮有言"卷霜"者，李白《出自薊北門行》詩之"征衣卷天霜"乃是"衣"卷，非"風"卷。其二，若用"霜"則與下句有重字，不甚合適。唐薛能《贈苗端公》詩二首之二"曉角秋砧外，清雲白月初"，唐常建《仙谷遇毛女意知是秦宮人》詩"回潭清雲影，瀰漫長天空"。②百愁：一本作"百秋"，顯是筆誤。

【譯】朔風勁吹，萬里無雲，遼闊的大地上盡是秋霜。到了重陽就是賞菊的好時節了，而在這之前豺狼已經像陳列供品一樣展示獵物了。秋天滿眼的蕭疏樹木使人心生悲情，聽著鴻雁的鳴叫更思念家鄉了。只好借酒澆愁了啊，喝光一罇酒，內心的愁緒應該能平復些吧。

19.《詠立冬十月節》：霜降嚮人寒，輕冰淥水漫。蟾將纖影出①，雁帶幾行殘。田種收藏了②，衣裘製造看③。野雞投水日，化蜃不將難④。

【注】①蟾：這裡指月亮。其語源見本文第一章第三節所引《晉書·郤詵傳》。②了：表示一個動作、一件事情的完結。唐王績《獨坐》詩"百年隨分了，未羨陟方壺"，唐崔顥《遊天竺寺》詩"洗意歸清淨，澄心悟空了"，宋蘇軾《念奴嬌·赤壁懷古》詞"小喬初嫁了"。③看：可解作察看，亦可解作對某事上心、準備。唐佚名《曲江遊人歌》詩"春光且莫去，留與醉人看"，唐韓偓《半睡》詩"宵分未歸帳，半睡待郎看"。④化蜃：蜃，一種蛤蜊。《康熙字典》引《述異記》曰"黃雀秋化爲蛤，春復為黃雀，五百年為蜃蛤"，又《夏小正》曰"玄雉入於淮為蜃"，雉，野雞也。這裡的"野雞化蜃"與前文提到的"鷹化鳩""鼠化駕""鳥化蛤"等，都是古人對不同動物在不同季節活躍程度不同這一生物學現象的唯心解釋。

【譯】寒霜降下，涼意更甚了，水面已經結了一層薄冰。新月彎彎斜掛天邊，幾行鴻雁越飛越遠。莊稼已裝進了穀倉，人們開始製作冬天的裘衣了。野雞紛紛進入水中，不日將變成蜃蛤吧。

20.《詠小雪十月中》：莫怪虹無影，如今小雪時。陰陽依上下，寒暑喜分離。滿月光天漢，長風響樹枝①。橫琴對淥醑②，猶自斂愁眉③。

【注】①長風：指大風、勁風。唐蘇頲《小園納涼即事》詩"長風自遠來，層閣有餘清"，唐李白《關山月》詩"長風幾萬里，吹度玉門關"。②橫琴：將琴橫於身前，指彈琴。唐盧照鄰《首春貽京邑文士》

詩"橫琴答山水，披卷閱公卿"，唐李白《春日獨酌》詩二首之二"橫琴倚高松，把酒望遠山"。淥醑：綠色的美酒，古代的酒釀造技藝獨特，可使酒色呈翡翠色，通透異常。唐李白《贈段七娘》詩"千杯綠酒何辭醉，一面紅妝惱殺人"，唐白居易《戲招諸客》詩"黃醅綠醑迎冬熟，絳帳紅爐逐夜開"。③猶自：一本作"獨自"，皆可，味詩意，"猶自"佳。唐常浩《寄遠》詩有句"畫眉猶自待君來"。

【譯】別奇怪天上沒有彩虹，現在下的不是雨而是雪啊。陰氣和陽氣按照規律運行，寒暑的爭鬥終於有了結果。滿月的光照著大地，天河都顯得黯淡了，大風呼呼地吹著，樹枝嘩嘩作響。一個人自斟自酌，撫琴寄意，還愁苦地皺著眉頭。

21.《詠大雪十一月節》：積陰成大雪，看處亂菲菲。玉管鳴寒夜①，披書曉絳幃②。黃鐘隨氣改③，鶡鳥不鳴時④。何限蒼生類⑤，依依惜暮暉。

【注】①玉管：一種玉製的樂器。唐韓翃《宴吳王宅》詩"玉管簫聲合，金杯酒色殷"，唐羊士諤詩《山閣聞笛》"臨風玉管吹參差，山塢春深日又遲"。②絳幃：不解其意，據筆形及用韻，此"幃"當是"幃"的筆誤，意為帳子。唐殷文圭《贈池州張太守》詩"絳幃夜坐窮三史，紅旆春行到九華"，宋黃庭堅《答李康文》詩"深慙借問談經地，敢屈康成入絳幃"。③黃鐘：十一月的代稱，唐權德輿《酬崔舍人閣老，冬至日宿直省中，奉簡兩掖閣老并見示》詩"白雪飛成曲，黃鐘律應均"。④鶡：音合，古書記載的一種禽鳥，外形似野雞而善鬥。清茆泮林輯《唐月令注續補遺》曰"（仲冬大雪之節）鶡鳥不鳴"。⑤何限：反問語氣，有多少。唐白居易《新樂府·陵園妾》詩"年月多，時光換，春愁秋思知何限"。

【譯】入冬以來積聚的陰氣終於化成大雪了，到處都是雪花紛飛亂舞。寒冷的夜晚，陣陣笛聲傳來，儒士在紅色的紗帳中讀書到天亮。十一月到了，鵙鳥就不再鳴叫了。有多少人在依依不捨地惜別這日暮的光輝啊。

22.《詠冬至十一月中》：二氣俱生處，周家正立年①。歲星瞻北極②，舜日照南天③。拜慶朝金殿，歡娛列綺延。萬邦歌有道，誰敢動征邊④。

【注】①周代的曆法與夏代不同，周代以夏曆的十一月為一年的開始，所以說十一月是"周家正立年"的時候。②歲星：古人對木星的另一種稱呼。唐孟浩然《歲暮海上作》詩"昏見斗柄回，方知歲星改"。北極：北極星。③舜日：堯天舜日，比喻太平年景。④征邊：國家派兵出征邊塞。唐李白《擣衣篇》詩"明年若更征邊塞，願作陽臺一段雲"。

【譯】夏曆十一月，正是周代過年的時候，陰陽二氣這時都萌生了。木星靠近北極星的年月，人間正是一派太平景象。在金鑾殿朝拜帝王慶賀國泰民安，排開美酒佳筵盡情地娛樂歡歌。舉國都在頌揚德政，誰有興兵征伐的念頭啊？

23.《詠小寒十二月節》：小寒連大呂①，歡鵲壘新巢。拾食尋河曲，銜柴遶樹梢②。霜鷹延北首，鴝鵒隱藂茅③。莫怪嚴凝切④，春冬正欲交。

【注】①大呂：十二月的別稱。一本作"天呂"，非是。②這兩句指的是前面"歡鵲"的動作。③鴝鵒：即鴝鵒，清段玉裁《說文解字注·鳥部》"鴝"字條"鴝鵒也，今之八哥也"。藂：同"叢"。④嚴凝：嚴寒之意。唐白居易《十二年冬江西溫暖，喜元八寄金石棱到，因題此詩》詩"今冬臘候不嚴凝，暖霧溫風氣上騰"，唐周賀《冬日山居思鄉》詩"大野始嚴凝，雲天曉色澄"。

【譯】十二月的小寒節氣到來的時候，喜鵲就開始建築新的巢穴了。它們沿著河流尋找食物，越過樹梢銜來築巢用的枝葉。蒼鷹在北方大地上空飛巡，八哥鳥隱藏在叢生的茅草裡。別問怎麼會這麼寒冷，現在正是春冬相交的季節啊。

24.《詠大寒十二月中》：臘酒自盈罇，金爐獸炭溫①。大寒宜近火，無事莫開門。冬與春交替，星周月詎存②。明朝換新律，梅柳待陽春。

【注】①獸炭：做成獸形的炭，也泛指炭或炭火。唐駱賓王《冬日宴》詩"促席鸞鶬滿，當爐獸炭然"，唐李白《幽歌行上新平長史兄粲》詩"狐裘獸炭酌流霞，壯士悲吟寧見嗟"。一本作"看炭"，詩意說得通，但不習用。②詎：表示反問語氣，難道、哪裡。

【譯】杯盞裡溢滿了臘月釀製的酒，銅爐中燒著熱炭。大寒時候人靠近火爐最舒服了，沒事不要開門啊。春冬交替的季節，明亮的月亮周圍哪還能看到星星呢？明朝又是一年，梅柳都在翹首企盼溫暖的春天啊。

第三节　何以莲花似六郎

两唐书的《杨再思传》均记载了一件则天朝宰臣杨再思的谄媚事迹，其行为是：

> 易之弟昌宗以姿貌见宠幸，再思又谀之曰："人言六郎面似莲花，再思以为莲花似六郎，非六郎似莲花也。"①
>
> 昌宗以姿貌幸，再思每曰："人言六郎似莲华，非也，正谓莲华似六郎耳。"②

---

① ［后晋］刘昫等撰：《旧唐书》，中华书局1975年版，第2919页。
② ［宋］欧阳修等撰：《新唐书》，中华书局1975年版，第4099页。

后《资治通鉴》记其事作："时人或誉张昌宗之美曰：'六郎面似莲花。'再思独曰：'不然。'昌宗问其故，再思曰：'乃莲花似六郎耳。'"①明代的大才子唐伯虎看了以后颇有感慨，即作了一篇《莲花似六郎论》②，其辞曰：

>尝论史，唐武氏幸张昌宗，或誉之曰："六郎面似莲花。"内史杨再思曰："不然，乃莲花似六郎耳。"呜呼！莲花之与六郎，似耶不似耶？纵令似之，武氏可得而幸耶？纵令幸之，再思可得而谀耶？以人臣侍女主，黩也，昌宗之罪也；以女主宠人臣，淫也，武氏之罪也；以朝绅谀嬖幸，谄也，再思之罪也。古之后妃，吾闻有葛覃之俭矣，有樛木之仁矣，有桃夭之化矣，未闻有美男子侍椒房也。汉吕氏始宠辟阳侯，其后赵飞燕多通侍郎宫奴。沿及魏晋，而淫风日以昌矣，然未有如武氏之甚也。自白马寺主而下，其为武氏之所幸者，非一人矣，然未有如昌宗之甚也。彼其手握王爵，口含天宪；吹之则春葩顿萎，嘘之则冬叶旋荣，以故憸夫小人，争为谄媚。后尝衣以羽衣，吹以玉笙，骑以木鹤，号曰"王子晋"，则人皆子晋之矣。俄而称子晋为六郎，则人皆六郎之矣③。俄而谀六郎为莲花，则人皆莲花之矣。然未有如再思之甚也，故独曰"莲花似六郎"。夫莲之脱青泥标绿水，可谓亭亭物外矣，岂六郎之淫秽可比耶？彼似之者，取其色耳。若曰："莲

---

① ［宋］司马光：《资治通鉴》卷二〇七，中华书局2007年版，第2538页。
② ［明］唐寅：《唐伯虎全集》，中国书店1985年版，第13—15页。
③ 按《旧唐书》卷七八《张行成传附族孙易之、昌宗传》："武承嗣、三思、懿宗、宗楚客、宗晋卿候其门庭，争执鞭辔，呼易之为五郎，昌宗为六郎。"［后晋］刘昫等撰：《旧唐书》，中华书局1975年版，第2706页。

之红艳,后可玩之而忘忧矣;莲之清芳,后可挹之而蠲忿矣;莲之绰约,后可与之而合欢矣。金茎之露,可共吸焉;玉树之花,可共歌焉;蔷薇之水,可共浴焉。上林春暖,莲未开也,对若人而莲已开,可以醒海棠之睡矣;太液秋残,莲已谢也,对若人而莲未谢,可以增夜合之香矣。一切奉宸游,娱圣意,非莲花其谁与归?"此其尊之宠之之意极矣,而再思犹谓不然。将以莲出乎青泥,垢也,若六郎似有仙种,不啻天上之碧桃乎?莲依乎绿水,卑也,若六郎自有仙根,不啻日边之红杏乎?莲有时而零落,非久也;若六郎颜色常鲜,不啻月中之丹桂乎?以莲之近似者,人犹宝焉,惜焉,壅焉,植焉,而况真六郎乎?是故芙蓉之帐,仅足留六郎之寝;菡萏之杯,仅足邀六郎之欢;步步生莲,仅足随六郎之武。柳眉浅黛,藉六郎以描之;蕙带同心,偕六郎以结之。镜吐菱花,想六郎而延伫;户标竹叶,望六郎而徘徊。此再思之意也。不惟是也,艺莲者护其风霜,防其雨露,剪其荆棘,培其本枝。今六郎恩幸无比而群臣若元忠者,非其荆棘乎,则窜之;如易之兄弟者,非其枝叶乎,则宠之。赐以翠裘,恐露陨而莲房冷也;傅以朱粉,恐露落而莲衣褪也,此再思之意也。不惟是也,枝有连理,花有并头,以六郎之美,莲且不及,宜后之缠绵固结而不可解矣。是故九月梨花,后以为瑞也,再思则以九月之梨,不若六郎之莲;"百花连夜发,莫待晓风吹",后以为乐也,再思则以百花之奇,不若一莲之艳;"不信比来常下泪,开箱验取石榴裙",后以为悲也,再思则以莲花常在伴,而石榴可无泪。极而言之,桃李子之丕基可夺也，六郎之恩宠，必不可一日而夺；黄台瓜之天性可伤也，六郎之情好，必不可一言而伤。使后与昌宗，如茑萝相附，如葭莩相倚，如藕与丝之不断，夫然后惬再思之意乎？甚矣其谄也！嗟乎！"伊其相谑，赠之以芍药"，刺士女之淫奔也；"期我乎桑中，要我乎上宫"，刺公族之淫奔也；"墙有茨，不可扫也；中冓之言，不可道也"，刺国母之淫奔也。况武氏以天下之母，下宠昌宗，污秽淫媟，无复人礼，此尤诗人所痛心，志士所扼腕也。是故对御而褫之，有如植桃李之怀英矣；置狱而讯之，有如赋梅花之广平矣；始许而终拒之，有如蓬生麻中之张说矣。此皆所谓正人如松柏也。若再思者，所谓小人如藤萝也。己面似高丽，则高丽之①；人面似莲花，则莲花之；不知五王之兵一入，二竖之首随悬②，一时凶党，如败荷残芰，零落无余；而池沼中之莲花自若也，尚安得六郎之面，与之相映而红哉？嗟乎！福生有基，祸生有阶。唐之先高祖私其君之妃，太宗嬖其弟之妇，高宗纳其父之妾，闺门无礼，内外化之，是故人臣亦得以烝母后；而当时诌谀

---

① 按《旧唐书》卷九〇《杨再思传》："张易之兄司礼少卿同休……戏曰：'杨内史面似高丽。'再思欣然，请剪纸自贴于巾，却披紫袍，为高丽舞，萦头舒手，举动合节，满座嗤笑。"[后晋]刘昫等撰：《旧唐书》，中华书局1975年版，第2919页。

② 按《旧唐书》卷六《则天皇后本纪》："神龙元年……癸亥，麟台监张易之与弟司仆卿昌宗反，皇太子率左右羽林军桓彦范、敬晖等，以羽林兵入禁中诛之。"第132页。又卷七八《易之、昌宗传》："神龙元年正月，则天病甚。是月二十日，宰臣崔玄暐、张柬之等起羽林兵迎太子，至玄武门，斩关而入，诛易之、昌宗于迎仙院，并枭首于天津桥南。"[后晋]刘昫等撰：《旧唐书》，中华书局1975年版，第2707页。

之子如再思者，若以为礼，固宜也。一传而韦氏，三思其莲花矣；再传而杨氏，禄山其莲花矣。蓬莱别殿，化为麀聚之场，花萼深宫，竟作鹑奔之所，而题诗红叶者，且以为美谈矣。此皆创业垂统之所致也，于武氏何尤？于昌宗何尤？于再思何尤？

唐寅的这篇论文因与本文之论题甚有关联，故卒录于上，但观唐氏之论点，并未脱出礼制、贤愚、兴衰等"圈套"，且于笔者之问，只解得两个原因。一即"莲花似六郎"之言于昌宗容貌之夸赞程度甚于"六郎似莲花"，二即杨再思有此谄媚之言全因武皇对六郎的宠幸而起。唐寅此论未能尽释笔者之惑，因此笔者另作苦思，欲为他解，拉杂拖沓，敷衍成章，以有下文，聊博方家一笑。

一、杨再思的处世哲学

"莲花似六郎"是作为例子而在史书上出现的，是史官举来论证杨再思品行"巧佞邪媚"[①]的例子。那么再思的人品究竟如何呢？他年轻的时候，刚刚做官不久，带着公文到京师来出差，结果路上遇到了窃贼。再思将这个小偷逮了个正着，小偷对自己偷盗的罪行供认不讳，再思却没有将其送官，而对小偷说："你是因为贫穷困苦，才做了这犯法的事，幸好袋子里的公文没有损坏，我其他的财物你都拿走吧。快点离开这里，不要声张，免得被其他人逮到了。"当初佛祖割肉啖鹰，后人以为圣师，再思倾尽财物馈赠贫苦之贼，难道还当不得"好心人"三字吗？再思同情劳苦大众，并能够解囊相助，可见其品行是良善的，

---

① 《旧唐书·杨再思传》，[后晋]刘昫等撰：《旧唐书》，中华书局1975年版，第2918页。

他"居宰相十余年"而"无所荐达"①与其说是平庸无绩,倒不如说是明哲保身。他不举荐人做官,也就是不组织自己的派系,奉行的是独立自主的"不结盟政策"。有人曾经问杨再思说:"相爷您名声高权位重,为什么要这样折节自屈呢?"再思答道:"现在这个世道,为官为宦的道路很艰险啊,耿直刚正的人都遭了祸患了。我如果不这样,用什么方法来保全自身呢?"

由此可见"全其身"就是杨再思的处世哲学,他的一切公开行为(朝堂行为)都是以此为宗旨的,这才有"人主所不喜,毁之;所善,誉之"②的行为。而因为人主武则天宠幸张六郎,杨再思"因而誉之"(《旧唐书》传),这才有了"莲花似六郎"的言论。而他这样乱世全身的效果也是很明显的,不仅则天朝官运亨通,就是中宗复辟之后,仍是宰相(同中书门下三品),死后还享受到了陪葬乾陵的殊荣,可知再思虽"巧谀无耻"(《新唐书》传),但处身朝堂,却绝不糊涂。

二、帝王术与神龙无政变

上文说到杨再思是为了取悦人主而赞誉受宠的六郎的,那么武则天又为何要宠幸六郎呢?历来论之者多以为武则天身为女子,宫闱寂寞,故有此幸。其中尤以传为唐人张垍所纂的《控鹤监秘记》为甚,其述太平公主禀奏之言曰:"臣欲奏天皇久矣……广选男妃……置床第间,足以游养圣情,捐除烦虑……"③武则天真的如这些野史上所

---

① 《新唐书·杨再思传》,[宋]欧阳修等撰:《新唐书》,中华书局1975年版,第4098页。
② 《新唐书·杨再思传》,[宋]欧阳修等撰:《新唐书》,中华书局1975年版,第4098页。
③ [清]袁枚著,周欣校点:《子不语》,王英志主编《袁枚全集》第四册,江苏古籍出版社1993年版,第487页。

说的淫荡无度吗？当然不是，我们仅从生理科学的角度便可得出结论。唐高宗驾崩时武则天已年届六旬，女人到了这个年岁早已停经，其雌性荷尔蒙的分泌水平大大下降，于性事之欲望不可说完全没有，但显然不是索求无度。《旧唐书》二张传记载的一件事情也可说明武则天对男宠并无过分之要求：

> 天后令选美少年为左右奉宸供奉，右补阙朱敬则谏曰："臣闻志不可满，乐不可极。嗜欲之情，愚智皆同，贤者能节之不使过度，则前圣格言也。陛下内宠，已有薛怀义、张易之、昌宗，固应足矣。近闻尚舍奉御柳模自言子良宾洁白美须眉，左监门卫长史侯祥云阳道壮伟，过于薛怀义，专欲自进堪奉宸内供奉。无礼无仪，溢于朝听。臣愚职在谏诤，不敢不奏。"则天劳之曰："非卿直言，朕不知此。"赐彩百段。①

因此武则天之宠二张，几与祖母之寻孙儿解闷无异。其宠张氏之情事，绝对达不到令张氏无法无天的程度，与汉文帝之宠邓通、汉哀帝之宠董贤大异也。史书多有言及武则天对张氏兄弟的约束：

> 长安二年，易之赃贿事发，为御史台所劾下狱。②

> 时自武三思以下，皆谨事易之兄弟，（宋）璟独不为之礼。

> 诸张积怒，常欲中伤之。太后知之，故得免。③

武则天之所以宠幸二张，其缘由当为二张实乃宠臣与酷吏之完美结合，二张于武则天之功用，看似为侍寝之面首，实则为平息民愤之替罪羔羊。

---

① ［后晋］刘昫等撰：《旧唐书》，中华书局1975年版，第2706—2707页。
② ［后晋］刘昫等撰：《旧唐书》，中华书局1975年版，第2707页。
③ ［宋］司马光：《资治通鉴》卷二〇七，中华书局2007年版，第2536页。

自古为君之道，无非平衡与掣肘，拉拢与打压，武则天是深谙此道之君。她以女主而代李唐，尤其要奖掖与压制并重。她一方面要用严刑峻法的酷吏政治来扫清异己，确保人主的权威，另一方面又要用怀柔的宠信之途来寻求支持者。

则天革命，举人不试皆与官，起家至御史、评事、拾遗、补阙者不可胜数。张鷟谓谣曰："补阙连车载，拾遗平斗星。把推侍御史，腕脱校书郎。"时有沈全交者傲诞自纵，露才扬己，高巾子，长布衫，南院吟之，续四句曰："评事不读律，博士不寻章。面糊存抚使，眯目圣神皇。"①

太后虽滥以禄位收天下人心，然不称职者，寻亦黜之，或加刑诛。挟刑赏之柄以驾御天下，政由己出，明察善断，故当时英贤亦竞为之用。②

有胡人索元礼，知太后意，因告密召见，擢为游击将军，令案制狱。元礼性残忍，推一人必令引数十百人，太后数召见赏赐以张其权。于是尚书都事长安周兴、万年人来俊臣之徒效之，纷纷继起。兴累迁至秋官侍郎，俊臣累迁至御史中丞，相与私畜无赖数百人，专以告密为事，欲陷一人，辄令数处俱告，事状如一。俊臣与司刑评事洛阳万国俊共撰《罗织经》数千言，教其徒网罗无辜，织成反状，构造布置，皆有支节。太后得告密者，辄令元礼等推之，竞为讯囚酷法，有"定百脉""突地吼""死猪愁""求破家""反是实"等名号。

---

① [唐]张鷟：《朝野佥载》，《影印文渊阁四库全书》第1035册，上海古籍出版社1987年版，第255页。
② [宋]司马光：《资治通鉴》卷二〇五，中华书局2007年版，第2502页。

或以橡关手足而转之，谓之"凤皇晒翅"；或以物绊其腰，引枷向前，谓之"驴驹拔橛"；或使跪捧枷，累甓其上，谓之"仙人献果"；或使立高木，引枷尾向后，谓之"玉女登梯"；或倒悬石缒其首；或以醋灌鼻；或以铁圈毂其首而加楔，至有脑裂髓出者。每得囚，辄先陈其械具以示之，皆战栗流汗，望风自诬。每有赦令，俊臣辄令狱卒先杀重囚，然后宣示。太后以为忠，益宠任之。中外畏此数人，甚于虎狼。①

武则天为求自身政治地位之稳固，遂对非李唐之拥趸大加提拔，杨再思、张氏兄弟等皆非李唐王室所倚重之"关陇集团"（陈寅恪先生语）成员，因此受禄，是为天下的庶族士人立了一面镜子。她的重用酷吏，则是为天下的异己悬了一柄达摩克利斯之剑。酷吏的所作所为其实都是武则天本人的意志：

> 周来俊臣罗织人罪皆先进状，敕依奏即籍没。徐有功出死囚亦先进状某人罪合免，敕依然后断雪。有功好出罪皆先奉进止，非是自去。张汤探人主之情盖为此也。②

酷吏为武氏之王天下扫清障碍，也要为武氏之稳坐龙椅转嫁矛盾、平息民愤，其最终的下场无非因君主的统御手段做了替罪羔羊，"国人无少长者皆怨之，竞剐其肉，斯须尽矣"③。而先借之夺权，后杀之维稳的武则天又是什么态度呢？

苏安恒亦上疏，以为："陛下革命之初，人以为纳谏之主；

---

① ［宋］司马光：《资治通鉴》卷二〇三，中华书局2007年版，第2485页。
② ［唐］张鷟：《朝野佥载》，《影印文渊阁四库全书》第1035册，上海古籍出版社1987年版，第228页。
③ 《旧唐书·酷吏列传·来俊臣传》，［后晋］刘昫等撰：《旧唐书》，中华书局1975年版，第4840页。

暮年以来，人以为受佞之主。自元忠下狱，里巷汹汹，皆以为陛下委信奸宄，斥逐贤良。"①

神功元年……九月……甲寅，太后谓侍臣曰："顷者周兴、来俊臣按狱，多连引朝臣，云其谋反。国有常法，朕安敢违！中间疑其不实，使近臣就狱引问，得其手状，皆自承服，朕不以为疑。自兴、俊臣死，不复闻有反者，然则前死者不有冤邪？"夏官侍郎姚元崇对曰："自垂拱以来坐谋反死者，率皆兴等罗织，自以为功。陛下使近臣问之，近臣亦不自保，何敢动摇！所问者若有翻覆，惧遭惨毒，不若速死。赖天启圣心，兴等伏诛，臣以百口为陛下保，自今内外之臣无复反者。若微有实状，臣请受知而不告之罪。"太后悦曰："向时宰相皆顺成其事，陷朕为淫刑之主。闻卿所言，深合朕心。"赐元崇钱千缗。②

寥寥数言便推脱了大兴冤狱的罪愆，将舆论、朝臣与权柄玩弄于股掌之间，真为万世君王之楷模也。武则天之宠二张，虽有闺房秘戏之因素，但其主要原因，当是驯二张为爪牙，关键时刻却弃二卒而保车。

则天春秋高，政事多委易之兄弟。中宗为皇太子，太子男邵王重润及女弟永泰郡主窃言二张专政。易之诉于则天，付太子自鞫问处置，太子并自缢杀之。③

太后春秋高，政事多委张易之兄弟。邵王重润与其妹永泰郡主、主婿魏王武延基窃议其事。易之诉于太后，九月壬申，

---

① ［宋］司马光：《资治通鉴》卷二〇七，中华书局2007年版，第2535页。
② ［宋］司马光：《资治通鉴》卷二〇六，中华书局2007年版，第2519页。
③ ［后晋］刘昫等撰：《旧唐书》，中华书局1975年版，第2707页。

太后皆逼令自杀。延基,承嗣之子也。①

皇帝为了向储君示威,连武氏子孙都开了杀戒,可见在权力面前没有什么是不可抛弃的。现在武则天借张氏兄弟的手为皇太子立了规矩,宠幸之极,后来又可将其作为替罪羊轻易弃之不顾。

> 天后时,谣言曰:张公喫酒李公醉。张公者,斥易之兄弟也,李公者,言李氏大盛也。②

> 长安末,张易之等将为乱。张柬之阴谋之,遂引桓彦范、敬晖、李湛等为将,委以禁兵。神龙元年正月二十三日,晖等率兵将至玄武门。王同皎、李湛等先遣往迎皇太子于东宫,启曰:"张易之兄弟,反道乱常,将图不轨。先帝以神器之重,付殿下主之,无罪幽废,人神愤惋,二十三年于兹矣。今天启忠勇,北门将军南衙执政,赳期以今日诛凶竖,复李氏社稷。伏愿殿下暂至玄武门,以副众望。"太子曰:"凶竖悖乱,诚合诛夷。如圣躬不康何虑?有惊动,请为后图。"同皎讽谕久之,太子乃就路。又恐太子有悔色,遂扶上马,至玄武门,斩关而入,诛易之等于迎仙院。则天闻变,乃起见太子曰:"乃是汝耶?小儿既诛,可还东宫。"③

当然太子之后并未还东宫,而是即皇帝位,恢复了李唐的江山,史称"神龙政变"。但笔者检阅史册,发现除了张氏兄弟及其朋党遭诛外,神龙并无"政"变。首先,帝位并无变化,武则天依然是皇帝,

---

① [宋]司马光:《资治通鉴》卷二〇七,中华书局2007年版,第2532页。
② [唐]张鷟:《朝野佥载》,《影印文渊阁四库全书》第1035册,上海古籍出版社1987年版,第222页。
③ [唐]刘肃:《唐新语》,《影印文渊阁四库全书》第1035册,上海古籍出版社1987年版,第292页。

直至她临终的前一刻。"神龙元年……戊申，皇帝上尊号曰则天大圣皇帝。冬十一月壬寅，则天将大渐，遗制祔庙、归陵，令去帝号，称则天大圣皇后。"①这一场变故，与其说是军事政变，倒不如说是垂帘听政的母后归政于中宗。其实自神功二年武则天从房州召回庐陵王立为太子开始，她就已然表明了对王朝政治将要发生的变化的态度，她对李氏的复辟是有心理准备的，后来更是将军权交给了太子。"时太子于北门起居，彦范、晖谒见，密陈其策，太子许之。"②陈寅恪先生论述唐代政治史时，早就指出"北军统制之权实即中央政柄之所寄托也"③，陈先生所论之要义，乃当时唐朝军力部署的情况是举天下之兵不敌关中，而举关内之兵不敌宫城北门。武则天允许太子染指北门之锁钥，可知其固将以天下付之矣，因而张柬之等带兵而入时她甚为泰然。

其次，政策并无变化。中央政治首脑虽有改换，然中央政权奉行之大政方针并无更易，这一点史学界早有定论。"武周统治时期不久，旋复为唐，然其开始改变'关中本位政策'之趋势，仍继续进行，迄至唐玄宗之世，遂完全破坏无遗。"④"关陇集团自西魏迄武曌历时既经一百五十年之久，自身本已逐渐衰腐，武氏更加以破坏，遂致分崩堕落不可救止。其后皇位虽复归李氏，至玄宗尤称李唐盛世，然其祖母开始破坏关陇集团之工事竟及其身而告完成矣。"⑤此是后话。

---

① 《旧唐书》卷六《则天皇后本纪》，[后晋]刘昫等撰：《旧唐书》，中华书局1975年版，第132页。
② [宋]司马光：《资治通鉴》卷二〇七，中华书局2007年版，第2541页。
③ 陈寅恪：《唐代政治史述论稿》，上海古籍出版社1997年版，第52页。
④ 陈寅恪：《唐代政治史述论稿》，上海古籍出版社1997年版，第18页。
⑤ 陈寅恪：《唐代政治史述论稿》，上海古籍出版社1997年版，第48页。

三、莲花的佛教属性及武则天、张氏兄弟与佛教之关系

武氏宠六郎，再思因人主之宠而誉六郎，此是前论，而单以莲花誉之，何也？盖天下名花香草不计其数，清高者如屈原之木兰、渊明之篱菊，艳丽者如《周南》之夭桃、《郑风》之舜华，而谄谀者独以莲花比六郎，当是为了迎合武则天对佛教之信仰，且兼顾六郎本人的佛教薰习之故。

莲花在佛教中地位极高，成了一种极富宗教意义的图腾，大抵类似龙凤作为政治图腾在古代社会的地位。究其原因，当从佛陀的俗身乔达摩·悉达多王子降生时说起。

> 是时夫人诞生太子已了，无人扶接，其此太子，东西南北，各行七步，莲花捧足。一手指天，一手指地，口云："天上地下，唯我独尊！"①

因为佛祖是脚踏莲花来到世间的，因此莲花在佛教中被视为圣物，且多用以形容大智大觉者，比如：

> 于是，尊者乌陀夷在于佛前，以龙相应颂赞世尊曰："正觉生人间，自御得正定，修习行梵迹，息意能自乐……犹如白莲花，水生水长养，泥水不能着，妙香爱乐色。如是最上觉，世生行世间，不为欲所染，如华水不着……"（[东晋]瞿昙僧伽提婆译《中阿含经》卷二九）

> 佛以慈心，而以足蹈。足相明照，如红芙蓉；在其发上，足发俱明。如红莲花，累青莲上；佛慈愍故，停足发上。（《佛本行经》叹定光佛品第二十四）

---

① 黄征、张涌泉：《敦煌变文校注》，中华书局1997年版，第436页。

> 佛告阿难……此是如来胜妙功德……手足柔软润泽细滑。掌色赤好如红莲花……（［梁］真谛译《佛说无上依经》卷二如来功德品第四）

> 人中龙王人中丈夫。人中莲花分陀利花。（［北凉］昙无谶译《大般涅槃经》卷一八梵行品第八之四）

那么众人争说六郎似莲花，显然是为了将其与佛陀拉近关系，从而取悦六郎的拥有者——"以女身当王国土"①的武则天。关于武则天与佛教之关系，已有陈寅恪先生《武曌与佛教》一文高论在前，笔者拜读之余，谨为之略添一重证据。此一证据既可证明武则天之佛教信仰，又是与张氏兄弟有关联者。唐张鷟的《朝野佥载》曾记一事云：

> 张易之为母阿臧造七宝帐，金银、珠玉、宝贝之类罔不毕萃，旷古以来未曾闻见。铺象牙床，织犀角簟，鼲貂之褥，蛮罽之毡，汾晋之龙须、河中之凤翮以为席。②

此"七宝帐"者，乃佛教之典故，七宝中之一为"金轮"。武则天还作有文集《金轮集》十卷。

> 魏王承嗣等五千人表请加尊号曰"金轮圣神皇帝"。乙未，太后御万象神宫，受尊号，赦天下。作金轮等七宝，每朝会，陈之殿庭。③

---

① 见陈寅恪《武曌与佛教》释武则天"金轮皇帝"尊号之由来所引《大方等大云经》："佛告净光天女言：汝于彼佛暂一闻大涅槃经。以是因缘，今得天身，值我出世，复闻深义。舍是天形，即以女身当王国土，得转轮王所统领处四分之一。汝于尔时实为菩萨，为化众生，现受女身。"陈寅恪：《金明馆丛稿二编》，上海古籍出版社1980年版，第149页。

② ［唐］张鷟：《朝野佥载》，《影印文渊阁四库全书》第1035册，上海古籍出版社1987年版，第247页。

③ ［宋］司马光：《资治通鉴》卷二〇五，中华书局2007年版，第2507页。

金轮转金地，香阁曳香衣……慈缘兴福绪，于此罄归依。①

关于"金轮"的来源，前引陈先生之文已释，是与佛受转轮王位有关。而"七宝"亦与佛陀之受位成道有关。唐释道世所著《法苑珠林》云：

帝释欲游戏时，伊罗钵龙王背上自然有其香手现。彼则念言：我今背上香手现，定知帝释欲戏园林，必当须我。作是念已，即自化身作象三十二头，通其旧首，合有三十三头。于彼一一头上各出六牙，一一牙上各出七大宝池，一一池中各出七茎莲华，一一莲华各出七叶，一一叶上出七宝台，一一台中起七宝帐，一一帐内有七天女，一一天女有七侍者，一一侍者有七妓女，一一妓女皆作天乐。②

新婆沙论云："魔王遂见菩萨，坐菩提树，端身不动，誓取菩提。速出自宫，往菩萨所，谓菩萨曰：刹帝利子可起此座。今浊恶时，众生刚强，定不能证无上菩提。且应现受转轮王位，我以七宝当相奉献。菩萨告曰……"③

奘师传云：佛以唐国三月八日成道。上座部云当此三月十五日成道。时年三十者，或云三十五者，斯之差互，彼自不同。由用历前后，故有此异。由神州历算，元各不同。三代定正延缩，何足怪乎！且据一相，取悟便止。树西大精舍内有鍮石像，东面立，饰以珍奇。前有青石奇文，如来初成道日，梵王起七宝堂，帝释起七宝座。佛据上七日思惟，放光照树，

---

① 武则天：《从驾幸少林寺》，《全唐诗》卷五。
② [唐]释道世著，周叔迦、苏晋仁校注：《法苑珠林校注》卷二六引证部第二，中华书局2003年版，第811页。
③ [唐]释道世著，周叔迦、苏晋仁校注：《法苑珠林校注》卷二七求定部第六，中华书局2003年版，第833—834页。

令宝为石。①

图 60　朝鲜南浦市高句丽时期古墓莲花七宝图壁画。引自《図説韓国の歴史》。

还有一些证据表明，莲花和"七宝"在佛教的某些仪式中会发生直接联系。朝鲜平安南道南浦市德兴里高句丽时期古墓（位于平壤西南，大同江以北）壁画中有一壁绘有"莲花·七宝行事图"（图60）。该壁画"北半部并绘莲花纹门排"，南侧则绘制有"被称为'七宝'的

---

① ［唐］释道世著，周叔迦、苏晋仁校注：《法苑珠林校注》卷二九圣迹部第二，中华书局2003年版，第909页。

佛教仪式"①。图画中的车子很可能就是"七宝台"。

历来溜须拍马者最忌讳的，便是将马屁拍到马腿上，因此拍马之先必早已弄清受谀者的好恶。这六郎似莲花之言，想必受佛教薰习甚深的昌宗与则天听闻后应当顺畅无比，而再思之"莲花似六郎"又更进一步，令昌宗欣然受之。

另附一言，陈寅恪先生《武曌与佛教》中曾引一制文，是天授二年武则天令释教在道法之上之制，但武则天虽崇佛，却似又无以强权压制道教之举，其于道教之态度甚可玩味。武则天有诗曰：

> 高人叶高志，山服往山家。迢迢间风月，去去隔烟霞。碧岫窥玄洞，玉灶炼丹砂。今日星津上，延首望灵槎。（《赠胡天师》，《全唐诗》卷五）

> 三山十洞光玄箓，压峤金峦镇紫微。均露均霜标胜壤，交风交雨列皇畿。万仞高岩藏日色，千寻幽涧浴云衣。且驻欢筵赏仁智，雕鞍薄晚杂尘飞。（《石淙》，《全唐诗》卷五）

昌宗有和诗曰：

> 云车遥裔三珠树，帐殿交阴八桂丛。涧险泉声疑度雨，川平桥势若晴虹。叔夜弹琴歌白雪，孙登长啸韵清风。即此陪欢游阆苑，无劳辛苦向崆峒。（《奉和圣制夏日游石淙山》，《全唐诗卷八〇》）

---

① ［日］金両基监修，姜德相、郑早苗、中山清隆编集：《図説韓国の歴史》，河出書房新社1992年版，第34頁。原文为"後室東壁北半部上段に蓮花文がこつ並び、その南側に「七宝」と呼ばれる仏教行事の場面が描かれている。"

崆峒乃道教名山，此君臣二人①诗中的道教气息可谓"扑面而来"。又武则天曾令昌宗编纂一部集成儒释道妙义的类书：

> 以昌宗丑声闻于外，欲以美事掩其迹，乃诏昌宗撰《三教珠英》于内。乃引文学之士李峤、阎朝隐、徐彦伯、张说、宋之问、崔湜、富嘉谟等二十六人，分门撰集，成一千三百卷，上之。②

则武氏于道教虽无明确推崇之意，但亦无压制之举。这一暧昧之态度恰又可证前述帝王术一节之为君之道。

四、本喻体的逻辑顺序及莲花的"性别"

一个比喻结构中，本体与喻体之间存在着这样一种逻辑顺序，即本体所反映出的某种性质、特征的程度要略逊于喻体。甲似乙，这个"似"是表示比喻的词，类似的词还有"如""若""仿佛""好像"等，比喻词前的甲是本体，比喻词后的乙是喻体，甲的程度要小于乙。说叶上的露水似珍珠，则比较起明亮、圆润光洁等性质来，露水是比不上珍珠的。将"六郎似莲花"的说法变作"莲花似六郎"，则六郎美貌的程度就超过莲花了，这一点前录唐寅的论文已有阐发说明，此处仅略一提及。笔者将要着重说明的是，昌宗虽是女主的面首但毕竟是七尺男儿，他能同意别人将其比作带着阴柔气的花，则此花的"性别"必非阴性，至少应是阴性偏中性的，甚而是"无性别"的。

---

① 《旧唐书·易之、昌宗传》有言："易之、昌宗皆粗能属文，如应诏和诗，则宋之问、阎朝隐为之代作。"则此诗可能非昌宗本人的手笔，但无论如何，此和诗是为投合武皇《石淙》之诗义可无疑议，则武皇于道教之态度并无贬黜之意。

② 《旧唐书·易之、昌宗传》，[后晋]刘昫等撰：《旧唐书》，中华书局1975年版，第2707页。

图 61　盛开的樱花。石润宏摄。

人们用植物来比喻某人，不但用的比喻要恰当，而且要事先预估一下该人能否接受这样的比喻，否则岂不是对某人的不恭敬吗，恐怕赞誉、讨好他的目的没有达到，反而会惹来他的微词。《诗经·卫风·硕人》有"手如柔荑"之句，将女子的纤手比作初生的草芽，这首诗的当事人听了可能很高兴，但不是所有女子都能接受别人这样的评价。日本的《伊势物语》中就记载了这样一则故事：

> 从前有一个男子，看见自己的妹妹正在弹琴，容貌非常美丽，便咏诗曰："柔嫩如春草，青青太可怜。他年辞绣阁，知傍阿谁边。"妹妹回答他一首诗道："将我比春草，斯言

太不伦。阿兄真可笑，信口作评论。"①

这位兄台的和歌用以咏少女，不可谓不佳，但偏偏被咏之人不乐意，真是画虎不成反类犬。昌宗早年曾作过一首《少年行》，诗云：

少年不识事，落魄游韩魏。珠轩流水车，玉勒浮云骑。纵横意不一，然诺心无二。白璧赠穰苴，黄金奉毛遂。妙舞飘龙管，清歌吟凤吹。三春小苑游，千日中山醉。直言身可沉，谁论名与利。依倚孟尝君，自知能市义。（《全唐诗》卷八〇）

观此诗章所含的豪放飘迈之气，若隐去作者名姓，归之于李白集中，恐亦无人能摘择出来。这样一个豪气干云的翩翩少年能欣然接受"似莲花"的比喻，与莲花并无性别方面的喻义有关。

其实中国古代以植物喻人的现象很多，虽因人物的不同而选用不同的植物，但并无某植物专用以喻男，某植物专用以喻女之说。这些用来比喻人的植物都是没有性别喻义的，既可用以比喻男子，又可用以比喻女子。比如上文第一章在论述"柳"意象时举的例子，又如以下例证：

王曰："何谓朝云？"……妾巫山之女也……旦为朝云，暮为行雨……王曰："朝云始出，状若何也？"玉对曰："其始出也，曈兮若松榯；其少进也，晰兮若姣姬……"（[战国楚]宋玉《高唐赋》）②

其形也，翩若惊鸿，婉若游龙，荣曜秋菊，华茂春松。髣髴兮若轻云之蔽月，飘飖兮若流风之迴雪。远而望之，皎

---

① ［日］佚名著，丰子恺译：《伊势物语》，上海译文出版社2011年版，第109页。
② ［清］严可均辑：《全上古三代秦汉三国六朝文》，中华书局1958年版，第73页。

若太阳升朝霞。迫而察之,灼若芙蕖出渌波。([魏]曹植《洛神赋》)①

嵇康身长七尺八寸,风姿特秀。见者叹曰:"萧萧肃肃,爽朗清举。"或云:"肃肃如松下风,高而徐引。"山公曰:"嵇叔夜之为人也,岩岩若孤松之独立;其醉也,傀俄若玉山之将崩。"(《世说新语·容止》)②

上举三例中,松、菊都可用以比喻男子和女子(菊喻君子可见前文第二章第一节所引咏菊诗),曹植能用芙蕖来比喻洛神,唐人自然也能用莲花来比喻昌宗了。大约与晚唐同时代的东瀛诞生了一部世界上最早的长篇小说,即紫式部的《源氏物语》,小说中也多有混用植物喻两性的现象。比如:

此时公子仪态优美,声音也异常清朗,见者无不目眩神往。僧都答诗道:"专心盼待优昙华,山野樱花不足观。"源氏公子笑道:"这花是难得开的,不容易盼待吧。"老僧受了源氏公子赏赐的杯子,感激涕零,仰望着公子吟道:"松下岩扉今始启③,平生初度识英姿。"(第五回《紫儿》)④

源氏公子(为了紫姬)写信给北山的老尼姑……另附一张打成结的小纸,上面写道:"山樱倩影萦魂梦,无限深情

---

① [清]严可均辑:《全上古三代秦汉三国六朝文》,中华书局1958年版,第1122页。
② [南朝宋]刘义庆著,余嘉锡笺疏:《世说新语笺疏》,中华书局2007年版,第716页。
③ 笔者按,译者可能用了《世说新语》中他人评价嵇康的典故。
④ [日]紫式部著,丰子恺译:《源氏物语》,人民文学出版社1980年版,第90页。

属此花。"(第五回《紫儿》)①

　　源氏中将所表演的舞蹈是双人舞《青海波》,对手是左大臣家公子头中将。这位头中将的丰姿与品格均甚优雅,迥异凡人,但和源氏中将并立起来,好比樱花树旁的一株山木,显然逊色了。(第七回《红叶贺》)②

　　源氏内大臣……起身退出后,衣香留在室中,梅壶女御觉得连这香气也很讨厌。侍女们一面关窗,一面相与言道:"这坐垫上留着的香气,香得好厉害啊!这个人怎么会长得这样漂亮?竟是'樱花兼有梅花香,开在杨柳柔条上'呢。真正教人爱杀呵!"(第十九回《薄云》)③

　　其中《红叶贺》一回的描述,倒颇类《世说新语》之"蒹葭倚玉树"④,足见两国文化有相通之处。通过这些例子可知,莲花之喻男子并无失当之处,有佛陀比莲花在先,众人誉昌宗在后,而再思之喻又更进一层,特为新语了。

五、比喻句的诗化及杨再思于文学史之贡献

　　人们之所以觉得"莲花似六郎"比"六郎似莲花"要好,还有一个很重要的原因,那就是"莲花似六郎"读来更为通顺上口。这句话

---

① [日]紫式部著,丰子恺译:《源氏物语》,人民文学出版社1980年版,第93页。
② [日]紫式部著,丰子恺译:《源氏物语》,人民文学出版社1980年版,第128页。
③ [日]紫式部著,丰子恺译:《源氏物语》,人民文学出版社1980年版,第344页。
④ 《世说新语·容止》:"魏明帝使后帝毛曾与夏侯玄共坐,时人谓'蒹葭倚玉树'。"[南朝宋]刘义庆著,余嘉锡笺疏:《世说新语笺疏》,中华书局2007年版,第715页。

恰好符合五七言诗常用的"平平仄仄平"的经典格律，而"六郎似莲花"入诗时却有一字不合格律，此一点实前人所未思及之处。

"莲花似六郎"（平平仄仄平）入诗之例：

莫把莲花比六郎，六郎元自不禁霜。（王庭珪《程子山侍讲自靖州贬所归相会于武陵怪余颜鬓未改作四绝句示之》，《全宋诗》第25册，第16851页）

若将西子相唐突，正恐莲花似六郎。（史浩《题左举善郊居四绝》，《全宋诗》第35册，第22150页）

劳将茉莉相题品，未必莲花似六郎。（潘牥《十月菊其四》，《全宋诗》第62册，第39208页）

谁知划被虚名误，汙却莲花是六郎。（李龙高《桃梅》，《全宋诗》第72册，第45379页）

"莲花似六郎"（平平仄仄平）入词之例：

未应傅粉疑平叔，却笑荷花似六郎。（［宋］赵长卿《鹧鸪天·绰约肌肤巧样妆》）①

最怜杨柳如张绪，却笑莲花似六郎。（［宋］辛弃疾《鹧鸪天·水底明霞十顷光》）②

共说莲花似六郎，从来魏紫冠群芳。（［元］刘敏中《浣溪沙·贺赵文卿新娶》）③

史书中这样一句不起眼的话语竟是一句残诗，这恐怕杨再思本人亦未意识到吧，而更令他所想不到的是，他的一句奉承阿谀之言竟于

---

① 唐圭璋编：《全宋词》第4册，中华书局1965年版，第1774页。
② 唐圭璋编：《全宋词》第4册，中华书局1965年版，第1897页。
③ 唐圭璋编：《全金元词》，中华书局1979年版，第776页。

诗歌创作之发展略有贡献。再思于文学史之贡献，除制造了一则典故外，还开创了一种作诗的模式，即以美男子喻花的模式。

宋代诗僧惠洪的《冷斋夜话》有一条目"诗比美女美丈夫"云：

> 前辈作花诗，多用美女比其状。如曰："若教解语应倾国，任是无情也动人。"诚然哉。山谷作《酴醾》诗曰："露湿何郎试汤饼，日烘荀令炷炉香。"乃用美丈夫比之，特若出类。而吾叔渊材作《海棠》诗又不然，曰："雨过温泉浴妃子，露浓汤饼试何郎。"意尤工也。①

黄庭坚的这首诗用的是三国时何晏和荀彧的典故。何晏为人白皙俊美，是历史上有名的美男子，荀彧有一次到人家做客，坐过的地方好几天都有香味。用他们来比喻荼蘼花于诗中固然出类，但有"莲花似六郎"在前，到底失了一份新意。山谷虽有首成之功，然其灵感所由，应自再思。黄庭坚之后的诗人写咏花之作时用美男子来比况的例子就很多了，比如：

用六郎之典者：

> 红红白白满方塘，风度人言似六郎。（周必大《平园之北有荷花数亩张彦和兄弟以售于予戏作小诗》，《全宋诗》第43册，第26767页）

> 色香无比出西方，何物妖狐号六郎。（何耕《莲塘》，《全宋诗》第43册，第26847页）

> 玉环妖血不飞天，化作芙蕖满眼前。恰有六郎来比似，便哦七字斗清妍。（舒邦佐《张推水亭赏莲惠诗次韵》，《全

---

① ［宋］惠洪：《冷斋夜话》，中华书局1988年版，第34页。

宋诗》第47册，第29590页）

玉女琼姬暂谪居，水中无可与为徒。莲花固与六郎似，贞女终轻贱丈夫。（曾丰《谭贺州勉赋水仙花四绝其四》，《全宋诗》第48册，第30324页）

不有冈头三女粲，争敷处子六郎花。（释善月《白莲花》，《全宋诗》第50册，第31183页）

举杯邀月到幽塘，八月波心碎夜光。倒影帘花翻翠色，飞梭锦段织红芳。是中有客供千首，此外无尘染六郎。昨夕主人闲立久，一身风露带天香。（刘过《次吕簿池亭韵》，《全宋诗》第51册，第31834页）

夐出涟漪不染泥，浓妆淡抹总相宜。六郎莫恃人怜惜，君子名称更绝奇。（金朋说《莲花吟》，《全宋诗》第51册，第32202页）

六郎之风姿，秀于清池。初日之华蕤，流景发晖。种玩之谁宜。有美人兮，揽胸中之奇，笔下其似之。（岳珂《崔融荷华帖赞》，《全宋诗》第56册，第35418页）

翠盖亭亭映玉裳，临风绰约暗飘香。六郎正被繁华困，不爱浓妆爱淡妆。（王同祖《郡圃观白莲其一》，《全宋诗》第61册，第38145页）

藕花呈素质，兔魄散清光。我试平章看，嫦娥伴六郎。（杨公远《月下看白莲其一》，《全宋诗》第67册，第42098页）

无垢自全君子洁，有姿谁想六郎娇。（董嗣杲《荷花第》，《全宋诗》第68册，第42722页）

芳姿香可人，刚道六郎似。谁谓前哲心，爱莲比君子。（张

怡然《荷花》，《全宋诗》第 72 册，第 45261 页）

用何晏之典者：

何郎要将汤饼试，不放枝头朝露干。（周紫芝《后数日以诗偿剪花之约》，《全宋诗》第 26 册，第 17179 页）

何郎粉面堪怜许，拟学风枝耐岁寒。（周紫芝《次韵道卿竹间桃花盛开》，《全宋诗》，第 26 册，第 17235 页）

艳质施朱窥宋玉，冰姿傅粉试何郎。（周必大《次韵红白莲间生》，《全宋诗》第 43 册，第 26681 页）

欲染啼红冤杜宇，争如傅粉伴何郎。（赵戣《杜鹃花其三》，《全宋诗》第 59 册，第 36823 页）

昼困未甦酣宿雨，也疑汤饼试何郎。（徐鹿卿《月香亭主人送似牡丹座客作芍药品题其二》，《全宋诗》第 59 册，第 36948 页）

缤纷紫雪浮须细，冷淡清姿夺玉光。刚笑何郎曾傅粉，绝怜荀令爱薰香。（阮南溪《梨花》，《全宋诗》第 72 册，第 45271 页）

又有用卫玠之典者。卫玠"风神秀异"，"总角乘羊车入市，见者皆以为玉人，观之者倾都"①，也是有名的美男子，诗例有：

谁将铅粉比清真，天赋殊姿秀色匀。只许谪仙为酒友，应呼卫玠作尘人。（陈宓《和柯东海梅花之什》，《全宋诗》第 54 册，第 34063 页）

翁与梅花即主宾，月中缟袂对乌巾。不知卫玠何为者，

---

① 见《晋书·卫瓘传附孙玠传》。[唐] 房玄龄等撰：《晋书》，中华书局 1974 年版，第 1067 页。

举世推他作玉人。（刘克庄《梅花十绝答石塘二林其一〇》，《全宋诗》第 58 册，第 36364 页）

这种文学现象的来源虽无定说，但以时间先后而论，当以杨再思之言为最早。当年一句标新立异的阿谀之言，竟引出了文学史上一重公案，诚为吾国史上一件趣事。1934 年，鲁迅先生曾写过一首诗，其中有两句"何来酪果供千佛，难得莲花似六郎"[1]，写诗的背景是当时上海有梅兰芳的演出。鲁迅先生这句诗的意思是，历史上有"莲花似六郎"这样的句子，真是难得啊，如果没有，我将用什么语言来赞誉梅先生的风姿呢？笔者欲借鲁迅先生这句诗开题，也作一诗，权当本节论述之结语，诗云：

难得莲花似六郎，不教菡萏比红妆。

应知此是再思量[2]，留与后人论短长。

---

[1] 鲁迅 1934 年 9 月 29 日日记："午后为吉冈君书唐诗一幅，又为梓生书一幅云：绮罗幕后送飞光，柏栗丛边作道场。望帝终教芳草变，迷阳聊饰大田荒。何来酪果供千佛，难得莲花似六郎。中夜鸡鸣风雨集，起然烟卷觉新凉。"鲁迅著，鲁迅手稿全集编辑委员会编：《鲁迅手稿全集》日记第八册，文物出版社 1983 年版，第 71 页。

[2] 笔者按，此处"量"读仄声，当肚量、气量解。

征引文献目录

说明：

一、凡本学位论文征引的各类专著、文集、资料汇编及学位论文、期刊论文均在此列，其他一般参考阅读文献见当页页脚注释；

二、征引文献目录按书名首字汉语拼音排序；

三、学位论文及期刊论文以作者姓名首字母排序。

一、书籍类

1.《本草纲目》，李时珍撰，北京：中国中医药出版社，1998年。

2.《八闽通志》，[明]黄仲昭撰，明弘治刻本。

3.《碑别字新编》，秦公编，北京：文物出版社，1985年。

4.《楚辞植物图鉴》，潘富俊著，上海：上海书店出版社，2003年。

5.《楚辞集注》，[宋]朱熹撰，蒋立甫校点，上海：上海古籍出版社，2001年。

6.《册府元龟》，[宋]王钦若等编，北京：中华书局，1960年。

7.《朝野佥载》，[唐]张鷟撰，《影印文渊阁四库全书》第1035册，上海：上海古籍出版社，1987年。

8.《大正新修大藏经》电子版，中华电子佛典协会（Chinese Buddhist Electronic Text Association）编辑，台北，2010年。

9.《敦煌石室古本草》，孟诜原著，范凤源订正，李启贤校订，台北：新文丰出版公司，1977年。

10.《敦煌宝藏》，黄永武主编，台北：新文丰出版公司，1986年。

11.《敦煌变文校注》，黄征，张涌泉校注，北京：中华书局，1997年。

12.《尔雅译注》，胡奇光等译注，上海：上海古籍出版社，1999年。

13.《法苑珠林校注》，［唐］释道世著，周叔迦，苏晋仁校注，北京：中华书局，2003年。

14.《国史补》，［唐］李肇撰，上海：上海古籍出版社，1979年。

15.《广州市志》，广州市地方志编纂委员会编，广州：广州出版社，1999年。

16.《广州市海珠区志》，广州市海珠区地方志编纂委员会编，广州：广东人民出版社，2000年。

17.《古今谭概》，［明］冯梦龙纂，明刻本。

18.《广碑别字》，秦公编，北京：国际文化出版公司，1995年。

19.《红楼梦植物文化赏析》，刘世彪著，北京：化学工业出版社，2011年。

20.《红楼梦八十回校本》，［清］曹雪芹著，北京：人民文学出版社，1958年。

21.《画家生涯：传统中国画家的生活与工作》，［美］高居翰著，北京：生活·读书·新知三联书店，2012年。

22.《海录碎事》，［宋］叶廷珪撰，《影印文渊阁四库全书》本。

23.《晋书》，［唐］房玄龄等撰，北京：中华书局，1974年。

24.《旧唐书》，［后晋］刘昫等撰，北京：中华书局，1975年。

25.《金圣叹文集》，［清］金圣叹著，艾舒仁编次，冉苓校点，成都：

巴蜀书社，1997年。

26.《金圣叹评点才子全集》，林乾主编，北京：光明日报出版社，1997年。

27.《荆楚岁时记》，［梁］宗懔撰，《影印文渊阁四库全书》第589册，上海：上海古籍出版社，1987年。

28.《金明馆丛稿二编》，陈寅恪著，上海：上海古籍出版社，1980年。

29.《类纂李商隐诗笺注疏解》，黄世中注释，合肥：黄山书社，2009年。

30.《兰文化》，周建忠著，北京：中国农业出版社，2001年。

31.《冷斋夜话·风月堂诗话·环溪诗话》合订本，［宋］惠洪、朱弁、吴沆撰，北京：中华书局，1988年。

32.《历代名画记》，［唐］张彦远撰，《影印文渊阁四库全书》第812册，上海：上海古籍出版社，1987年。

33.《岭外代答》，［宋］周去非撰，知不足斋丛书本。

34.《履斋示儿编》，［宋］孙奕撰，元刘氏学礼堂刻本。

35.《柳宗元集》，［唐］柳宗元著，北京：中华书局，1979年。

36.《兰皋明词汇选》，［清］顾璟芳等选编，曾昭岷审订，王兆鹏校点，沈阳：辽宁教育出版社，1998年。

37.《鲁迅手稿全集》，鲁迅著，鲁迅手稿全集编辑委员会编，北京：文物出版社，1983年。

38.《牡丹谱》，［宋］欧阳修等著，杨林坤编，北京：中华书局，2011年。

39.《农政全书校注》，［明］徐光启撰，石声汉校注，上海：上海古籍出版社，1979年。

40.《南方草木状》,［晋］嵇含撰,《影印文渊阁四库全书》第589册,上海:上海古籍出版社,1987年。

41.《偏类碑别字》,［日］北川博邦重编,东京:雄山阁,1975年。

42.《全上古三代秦汉三国六朝文》,［清］严可均辑,北京:中华书局,1958年。

43.《全宋诗》,傅璇琮等主编,北京:北京大学出版社,1998年。

44.《全唐诗》(增订本),中华书局编辑部编,北京:中华书局,1999年。

45.《齐民要术》,［北魏］贾思勰撰,北京:中华书局,1956年。

46.《清高宗御制诗》第9册,《故宫珍本丛刊》第558册,海口:海南出版社,2000年。

47.《气势撼人:十七世纪中国绘画中的自然与风格》,［美］高居翰著,上海:上海书画出版社,2003年。

48.《全宋词》,唐圭璋编,北京:中华书局,1965年。

49.《清异录》,［宋］陶谷撰,民国影明宝颜堂秘笈本。

50.《全唐文》,［清］董诰等编,北京:中华书局,1983年。

51.《全金元词》,唐圭璋编,北京:中华书局,1979年。

52.《人间词话》,［清］王国维著,滕咸惠译评,长春:吉林文史出版社,2004年。

53.《儒门事亲》,［金］张从正撰,《影印文渊阁四库全书》本。

54.《诗薮》,［明］胡应麟撰,北京:中华书局,1958年。

55.《声律启蒙》,［清］车万育撰,成都:成都古籍书店,1981年。

56.《宋代咏梅文学研究》,程杰著,合肥:安徽文艺出版社,2002年。

57.《史记》,［汉］司马迁撰,北京:中华书局,1959年。

58.《世说新语笺疏》，［南朝宋］刘义庆著，余嘉锡笺疏，北京：中华书局，2007年。

59.《宋人词话》，［清］况周颐著，浙江图书馆珍藏善本。

60.《四才子书：金圣叹选批杜诗》，［清］金圣叹著，成都：成都古籍书店，1983年。

61.《山海经》，［晋］郭璞注，［清］毕沅校，上海：上海古籍出版社，1989年。

62.《岁寒堂诗话》，［宋］张戒撰，北京：中华书局，1985年。

63.《山外山：晚明绘画（一五七〇——一六四四）》，［美］高居翰著，上海：上海书画出版社，2003年。

64.《诗经原始》，［清］方玉润撰，北京：中华书局，2006年。

65.《宋史》，［元］脱脱等撰，北京：中华书局，1977年。

66.《事类备要》，［宋］谢维新撰，《影印文渊阁四库全书》本。

67.《说郛》，［明］陶宗仪编，北京：中国书店，1988年。

68.《树艺篇》，［元］胡古愚撰，明纯白斋钞本。

69.《说文解字注》，［清］段玉裁注，南京：凤凰出版社，2007年。

70.《十三经注疏》，［清］阮元校刻，北京：中华书局，1980年。

71.《苏轼文集》，［宋］苏轼撰，孔凡礼点校，北京：中华书局，1986年。

72.《唐诗杂论》，闻一多著，北京：中华书局，2009年。

73.《谈艺录》，钱钟书著，北京：中华书局，1984年。

74.《苔藓植物学》，胡人亮著，北京：高等教育出版社，1987年。

75.《唐朝题画诗注》，孔寿山编，成都：四川美术出版社，1988年。

76.《唐朝名画录》，［唐］朱景玄撰，《影印文渊阁四库全书》

第812册，上海：上海古籍出版社，1987年。

77.《唐会要》，［宋］王溥撰，北京：中华书局，1955年。

78.《唐代文化》，李斌城主编，北京：中国社会科学出版社，2002年。

79.《唐代的外来文明》，［美］谢弗著，吴玉贵译，北京：中国社会科学出版社，1995年。

80.《太平广记》，［宋］李昉等编，北京：中华书局，1961年。

81.《太平御览》，［宋］李昉等撰，《影印文渊阁四库全书》本，上海：上海古籍出版社，1987年。

82.《天龙八部》，金庸著，北京：生活·读书·新知三联书店，1994年。

83.《唐代金银器研究》，齐东方著，北京：中国社会科学出版社，1999年。

84.《唐伯虎全集》，［明］唐寅著，北京：中国书店，1985年。

85.《唐新语》，［唐］刘肃撰，《影印文渊阁四库全书》第1035册，上海：上海古籍出版社，1987年。

86.《唐代政治史述论稿》，陈寅恪著，上海：上海古籍出版社，1997年。

87.《図説韓国の歴史》，［日］金両基監修，姜徳相，鄭早苗，中山清隆編集，東京：河出書房新社，1992年。

88.《王弼集校释》，［魏］王弼著，楼宇烈校释，北京：中华书局，1980年。

89.《文心雕龙注释》，［南北朝］刘勰著，周振甫注，北京：人民文学出版社，1981年。

90.《王安石全集》，［宋］王安石著，台湾：河洛图书出版社，1974年。

91.《魏晋南北朝赋史》,程章灿著,南京:江苏古籍出版社,1992年。

92.《王冕集》,[元]王冕著,寿勤泽点校,杭州:浙江古籍出版社,1999年。

93.《武林旧事》,《杭州府志》引,民国铅印本。

94.《吴兴志》,[宋]谈钥撰,民国吴兴丛书本。

95.《先秦汉魏晋南北朝诗》,逯钦立辑,北京:中华书局,1988年。

96.《夏小正经文校释》,夏纬瑛校释,北京:农业出版社,1981年。

97.《学圃杂疏》,[明]王世懋撰,《四库全书存目丛书》子部第81册,济南:齐鲁书社,1995年。

98.《新唐书》,[宋]欧阳修等撰,北京:中华书局,1975年。

99.《续齐谐记》,[梁]吴均撰,《影印文渊阁四库全书》第1042册,上海:上海古籍出版社,1987年。

100.《严复学术文化随笔》,严复著,王宪明编,北京:中国青年出版社,1999年。

101.《益部方物略记》,[宋]宋祁撰,《影印文渊阁四库全书》本。

102.《酉阳杂俎》,[唐]段成式著,上海:上海古籍出版社,2000年。

103.《岳阳风土记》,[宋]范致明撰,《影印文渊阁四库全书》第589册,上海:上海古籍出版社,1987年。

104.《医方类聚》,[朝鲜]金礼蒙等著,北京:人民卫生出版社,1981年。

105.《云笈七签》,[宋]张君房撰,《四部丛刊》影明正统道藏本。

106.《永乐大典》,[明]解缙等编,北京:北京图书馆出版社,2004年。

107.《袁枚全集》,王英志主编,南京:江苏古籍出版社,1993年。

108.《伊势物语》，[日]佚名著，丰子恺译，上海：上海译文出版社，2011年。

109.《源氏物语》，[日]紫式部著，丰子恺译，北京：人民文学出版社，1980年。

110.《植物的类群》，刘国桢著，上海：上海教育出版社，1962年。

111.《植物的类群》，梁家骥，汪劲武著，北京：人民教育出版社，1985年。

112.《中国文学批评通史·隋唐五代卷》，王运熙等主编，上海：上海古籍出版社，1996年。

113.《中国诗学大辞典》，傅璇琮等主编，杭州：浙江教育出版社，1999年。

114.《植物名实图考》，[清]吴其濬撰，北京：中华书局，1963年。

115.《中国杨柳审美文化研究》，石志鸟著，成都：巴蜀书社，2009年。

116.《中国荷花审美文化研究》，俞香顺著，成都：巴蜀书社，2005年。

117.《中国文学史》，袁行霈主编，北京：高等教育出版社，2006年。

118.《中国古代文学桃花题材与意象研究》，渠红岩著，北京：中国社会科学出版社，2009年。

119.《中国兰文化探源》，陈彤彦著，昆明：云南科技出版社，2004年。

120.《中国菊花审美文化研究》，张荣东著，成都：巴蜀书社，2011年。

121.《增订注释全唐诗》，陈贻焮主编，北京：文化艺术出版社，

2001 年。

122.《郑板桥集》，[清] 郑燮著，上海：上海古籍出版社，1962 年。

123.《中国植物志》，中国科学院中国植物志编辑委员会主编，北京：科学出版社。

124.《中国外来植物》，何家庆著，上海：上海科学技术出版社，2012 年。

125.《中国伊朗编：中国对古代伊朗文明史的贡献，着重于栽培植物及产品之历史》，[美] 劳费尔著，林筠因译，北京：商务印书馆，1964 年。

126.《种树书》，[唐] 郭橐驼撰，明夷门广牍本。

127.《中国地方志民俗资料汇编·华北卷》，丁世良主编，北京：书目文献出版社，1989 年。

128.《资治通鉴》，[宋] 司马光撰，北京：中华书局，2007 年。

二、论文类

（一）期刊论文

1. 包菁萍：《敦煌文献〈咏廿四气诗〉辑校》，《敦煌研究》2005 年第 1 期。

2. 李明、耿庆刚：《唐昭容上官氏墓志笺释》，《考古与文物》2013 年第 6 期。

3. 唐娜：《仙道小说中服食松柏成仙情节的现实背景》，《南京师范大学文学院学报》2007 年第 1 期。

4. 王颖：《墓地松柏意象的文化意蕴》，《阅江学刊》2011 年第 4 期。

5. 吴志斌、王宏斌：《中国鸦片源流考》，《河南大学学报》（社会科学版）1995年第5期。

（二）学位论文

王颖：《中国古代文学松柏题材与意象研究》，南京师范大学博士学位论文，2012年。

唐宋植物文化论丛

石润宏 著

目 录

唐代女诗人的植物世界……………………………………… 259
唐长安城唐昌观玉蕊花景观兴废考………………………… 276
从唐代诗文看唐代河东道的植被和生态状况……………… 289
从唐诗看唐代蜀道地区的植物景观与生态状况…………… 302
宋代棉花纺织的发展与宋词"捣衣"意象的变化…………… 322
论陆游词中的植物意象……………………………………… 332

[附录]

康熙御制耕织图诗之"季兰"词义考………………………… 343
论梅文化申报非物质文化遗产的可行性及意义…………… 349
世界园艺史与社会人类学视野中的花文化研究
——杰克·古迪《花文化》评介…………………………… 361

唐代女诗人的植物世界

唐代的女性诗人,与缔造诗国的男性诗人一样,都是很有才情的。但中国古代的女性,因着时代的局限,在男权当道的大环境之下,并不能自由地生活与写作。陆晶清很早就注意到了这一点,她说:"历代的女作家们受了社会的束缚,礼教的压迫,与夫文格的限制……虽有聪明才智,亦得不着发展机会。"[①]尽管如此,女诗人们还是用诗歌来为自己发声。苏者聪将唐代女诗人诗歌的审美心理特征概括为:审美感受的凄凉和细腻、审美情感的浓烈和隐秘、审美联想的柔婉和纤细、审美理解的狭窄和质朴、审美想象的单一和乏力[②]。对此我们很赞同,但同时也有疑问,即女诗人审美心灵的情感支点是什么?我们认为这一支点就是女诗人生活中习见的花草树木,是她们诗中的植物意象。女子比之士夫,形象比况上与纤柔的花草联系密切,诗歌作品更于花草中寻情寄。自然界的植物在女性诗人的笔下结成了一种共同体,这一共同体能够以他者的目光审视女诗人的内心思维与情感世界,熔铸在诗歌中的植物意象也使我们读者可以塑造出女诗人的群像。

[①] 陆晶清:《唐代女诗人》,神州国光社1931年版,第2—4页。
[②] 苏者聪:《闺帏的探视:唐代女诗人》,湖南文艺出版社1991年版,第18—36页。

一、接受与营造：女性诗作中的植物意象

《全唐诗》[①]录女诗人作品计13卷，698首诗。这其中含植物意象的有357首，占女诗人作品总数的50%，这些诗中出现的植物意象计有61种，具体统计如下。

诗作数量30首以上的3种：柳（絮、杨花）48首；荷（蕖、莲、藕、芙蓉、菡萏）40首；梧桐30首。

诗作数量20首以上的4种：松29首；桃26首；兰22首；桂20首。

诗作数量5首以上的7种：竹（篁）19首；苔14首；牡丹9首；梅7首；芍药（红药）5首；柏5首；菊5首。

诗作数量为4首的4种：菱、樱桃、海棠、槿（蕣）。

诗作数量为3首的3种：荇、石榴、李花。

诗作数量为2首的13种：蒲、茶、楠、杏、浮萍、柑、郁金、枫、梨花、茱萸、藻、萝、薜。

诗作数量为1首的27种：白藤花、红豆、栀子、桧、芹、苈、胡麻、槐花、荻花、茉莉、丁香、葡萄、蒹葭、荔枝、棠梨、蔷薇、白蘋、芸香、檗、蘼芜、橘、黄精、栗、萱、金灯花、枣、姜。

需要说明的是，台湾学者罗宗涛在论文《唐代女诗人作品中的花》中说："宫廷女诗人单独使用的花，有荃、松花、郁金香和石楠。"[②]

[①] 中华书局编辑部编：《全唐诗》（增订本），中华书局1999年版。
[②] 该文主要论述了女诗人诗作中的桃花、桂花、梅花、杨花等意象，并注意到她们的作品对花开、花发、花飞、花老、花落等现象的关注，最终总结女诗人因花而触发的情怀，宫廷女诗人是欣喜愉悦，家庭妇女是伤春怀人而感情较为单纯，烟花女子亦是伤春怀人但感情较为复杂。罗宗涛：《唐代女诗人作品中的花》，《（台湾）政治大学学报》1994年总第69期。

这其中的"荃"其实不是花，是一种香草，《汉语大字典》有quán和chuò两个读音，释义都是草名①，由于这是古书上说的一种香草，我们不将其统计在内。

我们将上面统计出的意象与《全唐诗》总的植物意象作一番比较，会发现使用频次较多的意象高度重合。唐诗植物意象使用较多的前几位是：竹、松、柳、莲、苔、桃、兰、桂、梅、荆棘、梧桐，而女诗人作品中的前几位则是：柳、荷、梧桐、松、桃、兰、桂、竹、苔、牡丹、梅。前11位中有10个意象都是相同的，这种状况表明了女诗人对文学主流的接受。所谓"接受"，可以表述为：众人皆如此写作，我亦如此写作。而整个唐代诗人作为一个整体，他们都受到先唐诗的影响，"唐诗是中国诗歌发展史的高峰，但这一高度不是一蹴而就的，要达到更高的位置，它必须站在前辈的肩膀上，这一前辈就是先唐诗"②。而先唐诗中意象的来源，则是时代更加古老的诗经与楚辞。这种在意象使用上的代代相传，可以说是诗人群体的"集体无意识"。唐代的诗人们对祖先在历史中重复多次使用的意象无疑有一种无意识地继承，写作时无意识地便使用了，性别的分野对此毫无影响，因为这些意象属于文学家的共同经验。

以上，我们解释了使用率高的植物意象为何大同小异，然而还有40余种花木，它们为什么会出现在女诗人的作品中？为了说明这一问题，我们不妨用杜甫来作个类比。杜甫曾写过一首《海棕行》，海棕

---

① 汉语大字典编辑委员会编：《汉语大字典》，四川辞书出版社1990年版，第3206页。
② 石润宏：《唐诗植物意象研究》，南京师范大学硕士学位论文，2014年，第13页。

这一植物在唐诗中仅此一处出现。海棕就是波斯枣，波斯枣由国外传来，因此杜甫在诗中说"移栽北辰不可得，时有西域胡僧识"①，可见杜甫在写作此诗时，旁人都不认得这一植物，只有来自海棕原产地的胡僧识得。杜甫诗中没有海棠，"唐人于花木颇多玩味，这种玩赏在一定程度上是受社会风气影响的，以至于一些不随风潮的诗人还被人疑怪。当时蜀中盛产海棠，而在成都草堂住了多年的杜甫却没有写海棠的诗，引来后人怪之"②。杜诗中的这两种情况很有趣，一是"别人都不曾关注到的我写到了"，二是"别人写得多的我不写"。一个诗人的诗中出现这样较极端的情况只能有一种解释，那就是作者对题材的自我选择，诗人对诗歌的个性营造。诗人的大群体中，大致有两种世界观，一是"不能随世俗"③，二是"昏昏随世俗，蠢蠢学黎甿"④，是随大流还是独出心裁，各人有不同的选择，杜甫和一些女性诗人就属于有意个性化的一类。

杜甫与其他男性诗人所拥有的世界较女性而言显然阔大许多，男诗人在游历中写作，接触到的事物固然多，却非没有摘择地全部纳入诗章。他们对诗歌世界的营造有从众的一面，也有个性的一面，女诗人亦是如此。杜羔妻赵氏在《杂言寄杜羔》中说："君从淮海游，再过兰杜秋。归来未须臾，又欲向梁州……人生赋命有厚薄，君但遨游我寂寞。"⑤独守空闺的妇人在钦羡男子能"遨游"的同时，将几乎全

---

① 《全唐诗》卷二二〇。
② 石润宏：《唐诗植物意象类型论》，《文教资料》2012年第32期。
③ 刘商：《合肥至日愁中寄郑明府》，《全唐诗》卷三〇三。
④ 白居易：《江州赴忠州至江陵已来舟中示舍弟五十韵》，《全唐诗》卷四四〇。
⑤ 《全唐诗》卷七九九。

部的注意力集中在了家宅之内，寂寞空虚成了她们的心理常态，故此能弄墨者便寄情于诗歌，用文字来调节情感，于闺阁绣榻之间营造出属于自己的小世界，而"营造"这一动作需要使用材料，她们正是依凭上述的植物意象作为材料的。家庭妇女的代表晁采的《子夜歌》体现了这一营造过程："金针刺菡萏，夜夜得见莲。相逢逐凉候，黄花忽复香……含笑对棘实，欢娱须是枣……姜蘗畏春蚕，要绵须辛苦……褰裳摘藕花，要莲敢恨池……轻巾手自制，颜色烂含桃。"[①]女诗人不断强调各种具有象征意义的植物意象，要求读到这首诗的郎君早（枣）日怜（莲）爱自己，诗中出现如莲（怜）、藕（偶）等意象是女诗人刻意为之的结果。女冠的代表薛涛在《赋凌云寺二首》[②]中用"苔"和"花"起句，宫廷贵妇的代表上官婉儿有《游长宁公主流杯池二十五首》[③]，她用松、桂、梅、柳等意象在诗中建造了一个园林。这些都是女诗人"营造"的体现。

二、单纯与专注：女诗人的自然抒写

上文说道，苏者聪女士认为唐代女诗人的审美想象有单一和乏力的特点，罗宗涛先生也说："整体看来，唐代女诗人由花引发的联想

---

① 《全唐诗》卷八〇〇。
② 《全唐诗》卷八〇三。两首诗的起句为"闻说凌云寺里苔，风高日近绝纤埃"，"闻说凌云寺里花，飞空绕磴逐江斜"。
③ 《全唐诗》卷五。相关诗句有"山林作伴，松桂为邻"，"斗雪梅先吐，惊风柳未舒"，"披襟赏薜萝"，"攀松乍短歌"，"石画妆苔色"，"山室何为贵，唯馀兰桂熏"，"莫怪人题树，只为赏幽栖"，"风篁类长笛"，"幽岩仙桂满"，"参差碧岫耸莲花"，"菌阁桃源不暇寻"。

和兴起的感情远较男性诗人来得单纯。"①如果我们辩证地分析,在"单纯"特质的另一面,是否还有一种专注的精神呢?诚然,女诗人受家宅的束缚(贵族妇女受宫廷苑囿的束缚),眼见的事物与笔下的诗章较男性诗人来得简单,但正因为这一客观事实,使她们更多地专注于在小天地中孤芳自赏。我们不妨用统计的方法来说明这一问题。下表罗列了"花""叶""柳"三个意象在女诗人诗作中出现的比例,以及与男性诗人的对比情况。

意象	女诗人作品数量（首）	占女诗人全部诗作之比（%）	男诗人作品数量（首）	占男诗人全部诗作之比（%）
花	171	24.5	9603	17.7
叶	44	6.3	3200	5.9
柳	43	6.2	2592	4.8

虽然上表的取样没有彻底与完全,但还是可以说明问题的,因为我们的论述不同于理工科的严谨实验。至少我们可以看出,女诗人更多地使用"花""叶"等植物意象,她们乐于抒写自然。日本学者小尾郊一很早就关注中国文学中的"自然",这一概念不同于道家的自然,而是指包含了草木虫鱼的自然界。小尾郊一举例说明自然的范畴,"丽草、芳菊、嘉蔬,都是具有自然性质的东西,都是语言本意上的自然物"②。我们讨论女诗人的抒写自然,其实也就是欣赏她们诗中的丽

---

① 罗宗涛:《唐代女诗人作品中的花》,《(台湾)政治大学学报》1994年总第69期。
② [日]小尾郊一著,邵毅平译:《中国文学中所表现的自然与自然观:以魏晋南北朝文学为中心》,上海古籍出版社1989年版,第28页。

草芳菊。唐代第一位女诗人,唐太宗的长孙皇后有一首《春游曲》:"上苑桃花朝日明,兰闺艳妾动春情。井上新桃偷面色,檐边嫩柳学身轻。花中来去看舞蝶,树上长短听啼莺。林下何须远借问,出众风流旧有名。"①她的活动范围很明确,是"上苑",也就是皇家园林,她的关注点也很明确,就是"井上新桃""檐边嫩柳"和"花中来去""树上长短",这似乎预示了唐朝后来的女诗人将如何抒写自然。

(一)宫廷妇女身居内宫,借植物以娱乐

宫廷妇女的活动范围多在大内深宫,当然有时也在京城内游玩,如杜甫《丽人行》②所描绘的虢国夫人与秦国夫人的游春场景。武则天游览九龙潭(今西安市长安区内)后写下了《游九龙潭》一诗:"山窗游玉女,涧户对琼峰。岩顶翔双凤,潭心倒九龙。酒中浮竹叶,杯上写芙蓉。故验家山赏,惟有风入松。"③九龙潭的自然景物浓缩在她的诗中,成了"风入松"的微妙言语,武氏的侍女上官婉儿也将景物凝练为这样的诗句:"水中看树影,风里听松声。"④女诗人抒写自然很关注"风入松"之类的微妙变化,薛涛《江亭饯别》首句为"绿沼红泥物象幽"⑤,幽字大致有僻静、安闲、隐秘的意思,能在细微之处发现变化隐微的物象,是不易的,"绿沼""红泥"这样的词汇在唐诗中很罕见,绿沼在《全唐诗》里仅出现三次,红泥出现了十三次,绿沼红泥并举的,只有薛涛这首诗。"极多的中国诗歌与艺术作品具有细致而敏感的观察力,它们关注的是自然(nature)中那些稍纵即

---

① 《全唐诗》卷五。
② 《全唐诗》卷二一六。
③ 《全唐诗》卷五。
④ 《游长宁公主流杯池》二十五首之十四,《全唐诗》卷五。
⑤ 《全唐诗》卷八〇三。

逝的动作（fleeting actions），这些动作很短暂，以至于我们常常无法窥见。"①女诗人不仅观察到了，而且注意用诗来抒写，正是自然界调动了她们的观察力。

另一种情况是，宫廷妇女尤其是妃嫔公主之类的上层贵族，虽然活动范围可以广大一些，却没有多少隐私，她们处于无数侍从的包围之中。花蕊夫人《宫词》云："春风一面晓妆成，偷折花枝傍水行。却被内监遥觑见，故将红豆打黄莺。"②"却"字分明含有转折的意味，说明"折花枝"的人本意是不欲遭人瞧见的，在内侍的监视之中，花蕊夫人等人必然要做些聊以排遣时间的事，亭台水榭间的花草树木成了她们关注的对象。比如"殿前排宴赏花开"，"新秋女伴各相逢……旋折荷花伴歌舞"，"重教按舞桃花下"，"斗草深宫玉槛前，春蒲如箭荇如钱"，"三月樱桃乍熟时，内人相引看红枝"，"小雨霏微润绿苔，石楠红杏傍池开。一枝插向金瓶里，捧进君王玉殿来"，"嫩荷花里摇船去"，"内人深夜学迷藏，遍绕花丛水岸旁"，"明日梨花园里见"，"分朋闲坐赌樱桃"等③。她们喜爱花草，有时某些爱好还躲避别人，《宫词》中写道："水中芹叶土中花，拾得还将避众家。总待别人般数尽，袖中掂出郁金芽。"宫廷女性的诗中，"自然"是欢快、活泼而饶有情致的。

（二）家庭妇女身居宅院，借植物以抒情

家庭妇女与宫廷妇女、女冠娼妓等相比，有很大不同，家庭妇女

---

① Richard Lewis. The Blossom Shaping: An Exploration of Chinese Poetry with Children. Children's Literature Association Quarterly, Vol. 12, No. 4, 1987.
② 《全唐诗》卷七九八。
③ 以上诗句均见花蕊夫人《宫词》。

没有宫廷妇女的优裕生活,也没有女冠娼妓的广泛社交。鱼玄机、李冶诗歌中常有游某地、酬寄某人、送某人去远方的诗题,而家庭妇女很显然不能像她们一样频繁接触社会,家庭妇女多生活在"私人天地"①中。具体来说,她们在各自的家宅里,在枕边屋檐之间经营着各自的生活。唐代女诗人中很少有待字闺中的少女。而已婚妇女,极少有继续住在父家的,都是随丈夫居住,"在隋唐五代,已婚妇女随夫居住,以夫家为家,不仅仅是私教的规范,显然也是汉人社会普遍的、跨越阶层与地域的习俗"②,这样,夫家也就成了她们的私人天地、她们的空间、她们的园林。"居宅使人在偌大的宇宙中拥有定位,获得止息。"③妇女在夫家生活,逐渐将夫家的居宅视为自己的园地,并在诗中抒写"我的家",抒写家中的小自然环境。这样的诗例有:

> 辘轳晓转素丝绠,桐声夜落苍苔砖。涓涓吹溜若时雨,濯濯佳蔬非用天。丈夫不解此中意,抱瓮当时徒自贤。(张夫人《古意》,《全唐诗》卷七九九)

> 梧桐叶下黄金井,横架辘轳牵素绠。美人初起天未明,手拂银瓶秋水冷。(姚月华《楚妃怨》,《全唐诗》卷八〇〇)

---

① 私人天地(private sphere)是宇文所安先生提出的概念。"我所谓的'私人天地',是指一系列物、经验以及活动,它们属于一个独立于社会天地的主体,无论那个社会天地是国家还是家庭……这个空间,首先就是园林。"[美]宇文所安(Stephen Owen)著,陈引驰、陈磊译:《中国"中世纪的终结":中唐文学文化论集》,生活·读书·新知三联书店 2006 年版,第 71—72 页。
② 陈弱水:《隐蔽的光景:唐代的妇女文化与家庭生活》,广西师范大学出版社 2009 年版,第 48 页。
③ 蔡瑜:《陶渊明的吾庐意识与园田世界》,《(台湾)中国文哲研究集刊》2011 年总第 38 期。

蓬鬓荆钗世所稀，布裙犹是嫁时衣。胡麻好种无人种，正是归时不见归。（葛鸦儿《怀良人》，《全唐诗》卷八〇一）

这些诗反映了她们从事家务劳动的情况，她们精心打理着家中的庭院，当家里发生变故时，弱女子无力支持，家便萧条了，"官田赠倡妇，留妾侍舅姑。舅姑皆已死，庭花半是芜"①。她们的诗句，如"笑开一面红粉妆，东园几树桃花死"②，"窗外江村钟响绝，枕边梧叶雨声疏"③，"月色空余恨，松声莫更哀"④等，很多都蕴含着一股颓唐寥落的悲伤气息，桃花、梧叶等自然景物成了她们借以抒情的工具。顾彬（Kubin）指出："晚唐时期，自然的伤感化倾向十分引人注目，例如写弃妇题材的诗歌，其用意全在于表现个人的孤寂，自然景物不过是诗人感情世界的陪衬罢了。"⑤顾彬的结论是针对男性文人的，其实被抛弃的妇女在写诗时也有这种倾向。"唐代的夫妻关系经常受到其他人际环节的严重影响，主要是指丈夫的妾妓"⑥，当丈夫喜新厌旧，抛弃了结发妻子，女诗人还借重于植物的比喻来控诉其行径，魏氏《赠外》云："浮萍依绿水，弱茑寄青松……徒悲枫岸远，空对柳园春。男儿不重旧，丈夫多好新……蕣华不足恃，松枝有馀劲。

---

① 曹邺：《怨歌行》，《全唐诗》卷五九三。
② 薛媛：《赠郑女郎》，《全唐诗》卷七九九。
③ 晁采：《秋日再寄》，《全唐诗》卷八〇〇。
④ 梁琼：《铜雀台》，《全唐诗》八〇一。
⑤ ［德］顾彬著，马树德译：《中国文人的自然观》，上海人民出版社1990年版，第212页。
⑥ 陈弱水：《隐蔽的光景：唐代的妇女文化与家庭生活》，广西师范大学出版社2009年版，第252页。

所愿好九思，勿令亏百行。"①魏夫人一开始将自己比作柔弱的茑萝，将丈夫比作青松，茑萝是依附松树生长的寄生植物，说明了自己与丈夫的关系，但诗的结尾却将丈夫喜好的新人比作木槿花，将自己比作强劲的松枝，奉劝丈夫三思而行，不要"亏百行"（百行就是温良恭俭等美好的品德）。自然植物在此成了女诗人对抗男权的武器。

冰心先生有一首著名的短诗："墙角的花！你孤芳自赏时，天地便小了。"②当女诗人们将精神专注于孤芳独立的小围域，一种别样风格的诗歌便呈现在读者眼前了。

三、花的形象：物我两忘

行文至此，我们已然勾勒出了唐代女诗人的植物世界，但还有一个问题尚未解决，那就是诗中的植物世界与女诗人群体是何等关系，我们想借助"花"这一形象或意象来阐明该问题。

（一）花与女性可以互相比喻

花很早以前就与女性作类比，《诗经》即有句曰"有女同车，颜如舜华"，把女性美丽的容颜比作木槿花。后世的文学艺术作品中常将女性与花并相题咏，从而成为了中国古代花文化的一大传统③。"长久以来，花之美与女性之美是可以互通的"④，文学艺术家们在表现

---

① 《全唐诗》卷七九九。
② 冰心：《繁星·春水》，时代文艺出版社2005年版，第16页。
③ 赵文焕、石润宏：《世界园艺史与社会人类学视野中的花文化研究——杰克·古迪〈花文化〉评介》，《中国农史》2014年第4期。
④ Jack Goody. The Culture of Flowers. London:Cambridge University Press, 1993: P359.

女性时常借助于"花",比如唐周昉的《簪花仕女图》在描摹女性形象时,在她们的发髻上,在她们活动的园子里都画上了各种花卉,仕女的手中还拈有折枝花朵。在文学作品中这样表现的就更多了,诗人写女性时以花来指代,令诗歌有一种含蓄蕴藉的美感,李白《清平调词三首》①用"云想衣裳花想容""一枝红艳露凝香""名花倾国两相欢"来比况杨贵妃,惹得君王大加称赏。男诗人写女性喜用"花",女诗人写自身也常用"花",女诗人写花时也常联想到自身。比如关盼盼、薛涛和鱼玄机不约而同地将自己比作牡丹花:"自守空楼敛恨眉,形同春后牡丹枝"②,"去春零落暮春时,泪湿红笺怨别离"③,"临风兴叹落花频,芳意潜消又一春"④。

　　唐代女诗人在看花时,会销陨到花中去,与花联成一体,"花"与"我"的界限通过诗歌被打破了。孟氏在《独游家园》中写道"无端两行泪,长只对花流"⑤,花成了她的倾诉对象,女诗人只对花流下泪水,说明花扮演了闺中密友的角色,植物的花被人格化了。吉中孚妻张夫人亦有句曰"临风重回首,掩泪向庭花"⑥,崔公远有句曰"看花独不语,裴回双泪潸"⑦,鱼玄机也写过"枕上潜垂泪,花间暗断肠"⑧的诗句。女诗人在潜意识里将花臆造成了一个人的形象,这一形象深知女性的一切不幸,如同自身的复制体,我们读到女诗人对花流泪的句子,仿

---

① 《全唐诗》卷一六四。
② 关盼盼:《和白公诗》,《全唐诗》卷八〇二。
③ 薛涛:《牡丹》,《全唐诗》卷八〇三。
④ 鱼玄机:《卖残牡丹》,《全唐诗》卷八〇四。
⑤ 《全唐诗》卷八〇〇。
⑥ 张夫人残句,《全唐诗》卷七九九。
⑦ 崔公远残句,《全唐诗》卷八〇一。
⑧ 鱼玄机:《赠邻女》,《全唐诗》卷八〇四。

佛可以想见那番"流泪眼观流泪眼，断肠人送断肠人"①的情境。

（二）唐代女诗人以落花离枝比喻夫妻离别

唐代女诗人诗中常出现"落花"的意象。日本学者青山宏曾系统梳理过唐诗中落花意象表意的演变过程，"杜甫从一片落花预感到春天的将逝……正是到了此时，真正的落花和伤春之情的结合产生了"，"到了中唐时期，落花和伤春、惜春或者悲哀之情的结合突然增加"。②女诗人的诗中当然有哀叹青春不再、容光易老的诗句，比如"枝上花，花下人，可怜颜色俱青春。昨日看花花灼灼，今朝看花花欲落"③，又如"春尽花随尽，其如自是花"④，表达的是"将奈何兮青春"⑤"近来赢得伤春病"⑥之类的感情。但多数的女诗人用落花寄托相思之情，例如：

> 妾家本住鄱阳曲，一片贞心比孤竹。海燕朝归衾枕寒，山花夜落阶墀湿。（程长文《狱中书情上使君》，《全唐诗》卷七九九）

> 庭芳自摇落，永念结中肠。（张琰残句，《全唐诗》卷八〇一）

> 经年不见君王面，花落黄昏空掩门。（刘媛《长门怨》，《全唐诗》卷八〇一）

---

① ［明］高明著，钱箕校注：《琵琶记》，中华书局1960年版，第162页。
② ［日］青山宏：《中国诗歌中的落花与伤惜春的关系》，王水照、保苅佳昭编选，邵毅平等译：《日本学者中国词学论文集》，上海古籍出版社1991年版，第93—94页。
③ 鲍君徽：《惜花吟》，《全唐诗》卷七。
④ 越溪杨女、谢生：《春日联句》，《全唐诗》卷八〇一。
⑤ 薛瑶：《谣》，《全唐诗》卷七九九。
⑥ 步非烟：《又答赵象独坐》，《全唐诗》卷八〇〇。

> 淡淡春风花落时，不堪愁望更相思。（张窈窕《寄故人》，《全唐诗》卷八〇二）

> 花开不同赏，花落不同悲。欲问相思处，花开花落时。（薛涛《春望词》四首之一，《全唐诗》卷八〇三）

这类闺怨意味的用法，男诗人诗中不常见。另有一种用法，将"落花"与"离别"相联系，男诗人诗中恐未见①。"落"这一动作是花朵离开枝叶的过程，令人联想到人的离别，而花又可指代女性，令女诗人想到自己与人的离别。薛涛《别李郎中》②首句云"花落梧桐凤别凰"，很明确将花朵落下与凤别凰、"我"离别李郎中联系起来，对"落"这一动态的关注与引申，体现了女性作家观察力的细腻。

（三）花与女诗人的形象交织浑融

女诗人中的娼妓群体，她们的形象与"花"的联系似乎更为密切。《汉语大字典》解释"花"字时，专有一义项为"旧时指妓女或跟妓女有关的"，所举语例为宋邵雍《妓席》"花见白头花莫笑，白头人见好花多"③，不知确否为"花"专指妓女的最早语料文献。倒是以"花柳"称妓者，唐段成式《酉阳杂俎·语资》即有"某少年常结豪族为花柳之游，竟蓄亡命，访城中名姬……"④的记载，说明"花柳"在唐代已形成指称烟花女子的固定词义。

---

① 此一论断，或者有误，恳请方家指教。我们的意思是，唐诗中明确将"落花"和"离别"联系起来写的我们没有见到，李白《寄崔侍御》（卷一七三）有句"此处别离同落叶，朝朝分散敬亭秋"，以落叶喻离别，但以落花喻离别唐诗中甚为罕见。
② 《全唐诗》卷八〇三。
③ 汉语大字典编辑委员会编：《汉语大字典》，四川辞书出版社1990年版，第3181页。
④ ［唐］段成式：《酉阳杂俎》，上海古籍出版社2000年版，第645页。

唐代的娼妓有"老大嫁作商人妇"①的，也有像薛涛一样脱了乐籍孤独终老的，薛涛曾感叹"芙蓉空老蜀江花"②，女人的容颜老去，最美的年华消逝，就如同残败的花一般，再无人观赏了。她们看到花的盛开与枯萎，联想到了自身的命运，看"花"好似看"我"。昔者庄周梦蝶，分不清蝴蝶与自身，唐代的鱼玄机则说"梦为蝴蝶也寻花"③，将自身与花融合了起来，"我"平日里就以人的形象追寻"花"，梦中即使变换了形象，成为了蝴蝶，也要以这一新的形象去追寻"花"。鱼玄机所寻的"花"，就是她的自我，就是在当时的社会中女性的定位。女人与花两种形象在唐代女诗人那里浑然一体，"枝上花"与"花下人"，不知何者为花，何者为人，达到了物我两相忘的境界，"满袖满头兼手把，教人识是看花归"④，女诗人拥有了花，花也拥有了女诗人⑤。花的形象进入诗中，勾勒出女诗人的形象，诗中的植物世界与女诗人群体互为观照，映衬彼此，造就了唐诗的繁"花"似锦。

四、结语：两种性别与两个世界

"男女平等"是人类文明发展到一定程度才提出的口号，历史上

---

① 白居易：《琵琶引》，《全唐诗》卷四三五。
② 薛涛：《酬杜舍人》，《全唐诗》卷八〇三。
③ 鱼玄机：《江行》二首之一，《全唐诗》卷八〇四。
④ 薛涛：《春郊游眺寄孙处士》二首之二，《全唐诗》卷八〇三。
⑤ 此处"拥有"的表述，颇受台湾大学中文系曹淑娟教授论白居易与园林关系相关论文的启发。"长庆四年，购得履道园时，诗人高歌'终焉落吾手'，欢喜于'我开始拥有这座园林'。至大和三年，诗人低吟'今率为池中物'，则是欣慰于'这座园林开始拥有我'。"见曹淑娟：《江南境物与壶中天地——白居易履道园的收藏美学》，《台大中文学报》第三十五期，2011年12月。

男女从来不是平等的，中国古代的女性整体上处于社会的下层（上层贵族妇女也居于君、父、夫之下），即便是做了皇帝的武曌，最终的结局也是"祔庙、归陵，令去帝号"①，以皇后的身份跟丈夫合葬。"文化对女性的驯化经历了几千年……华夏文化不断要求女人忘掉自我，拒绝自我，或以某种方式否定自我。"②在这一大环境底下，我们欣喜地看到，唐代的女性诗人们在诗章中找到了自我，她们专注于描摹自然的物态，与花同舞，用诗来抒写花草树木，用诗来写"我"。她们虽因力量的弱小而只能寄情花草，在诗中寻找心灵的慰藉，"知凭文字写愁心"③，但是她们的诗中有着冲破压抑的自觉：

  诗篇调态人皆有，细腻风光我独知。月下咏花怜暗澹，雨朝题柳为欹垂。长教碧玉藏深处，总向红笺写自随。老大不能收拾得，与君开似教男儿。（薛涛《寄旧诗与元微之》，《全唐诗》卷八○三）

  春花秋月入诗篇，白日清宵是散仙。空卷珠帘不曾下，长移一榻对山眠。（鱼玄机《题隐雾亭》，《全唐诗》卷八○四）

  读者在感知与体味此等诗篇时，分明可见其中内蕴的激情。李冶有诗句曰"至亲至疏夫妻"④，女性诗人认识到了自身无法与男儿匹敌的运命，她们"独自清吟"⑤，用花草的形象造就了一个独立于男

---

① ［后晋］刘昫等撰：《旧唐书》，中华书局1975年版，第132页。
② 张菁：《唐代女性形象研究》，甘肃人民出版社2007年版，第198页。
③ 薛涛：《和郭员外题万里桥》，《全唐诗》卷八○三。
④ 李冶：《八至》，《全唐诗》卷八○五。
⑤ 鱼玄机：《和人次韵》："喧喧朱紫杂人寰，独自清吟日色间。"《全唐诗》卷八○四。

性世界之外的"诗界"。

总而言之,唐代的女诗人在她们的诗歌中使用了很多植物意象,这些植物意象能够反映女诗人的群体特征与情感世界。唐代的女性诗人比男性诗人更专注于抒写自然界的花草,她们在抒写的过程中寻找到了被男权社会压抑的自我。女诗人们用花来比喻自身,将自己的形象与诗中的花融为一体,达到了物我两忘的境界,她们如同花一样摇曳在诗的唐朝。

(原载《湖州师范学院学报》2015年第3期,此处略有修订。)

唐长安城唐昌观玉蕊花景观兴废考

唐昌观的玉蕊花在唐代十分有名，众多诗人均有诗作描写，清编《全唐诗》中有二十多首专写玉蕊花的诗作，可见唐人对玉蕊花的关注度很高。但是这样有名的花卉在唐五代以后就失传了，导致后人无从得知玉蕊花究竟是何种植物。目前学界对玉蕊花的讨论多集中于考证其植物种名，但对唐昌观玉蕊花景观的发展史缺乏论述。现笔者以唐代诗文为中心，略述玉蕊景观之兴废史。

一、玉蕊花的物种争议简介

玉蕊花究竟是何种植物，唐人是不关心的，唐人只一味地欣赏它的花色，写诗描摹它的形态，但是宋人对此是有疑问的，试图弄清楚玉蕊花的"底细"，周必大还为此撰写过"学术论文"《玉蕊辨证》详细考究。但是千百年来学者们围绕玉蕊花的植物种名问题一直争讼不休，没有一位学者能提出一种众人都信服的确切说法。北宋王禹偁、宋祁、宋敏求、刘敞等人认为玉蕊是琼花，南宋曾慥、洪迈、薛季宣等人认为玉蕊是山矾①，南宋周必大、陈景沂则认为玉蕊自是一种，

---

① 山矾由黄庭坚命名，古书繁体字写作"山礬"。

明代郎瑛认为玉蕊是栀子，清代陈淏子将玉蕊归于藤蔓一类①，可见历代学者的分歧之大。现代以来，自然科学方面的学者运用自身的植物学知识继续探讨这一问题，也无法取得一致的结论。目前学界关于玉蕊花的植物学种名界定，大致有以下几种说法：

1. 认为玉蕊是玉蕊科玉蕊属的植物 Barringtonia racemosa②；
2. 认为玉蕊即西番莲（Passiflora coerulea）③；
3. 认为玉蕊是白玉兰（Magnolia denudata）④；
4. 认为玉蕊是白檀（Symplocos paniculata）⑤；
5. 玉蕊就是琼花（Viburnum macrocephalum），又称八仙花、聚八仙或木绣球⑥。

其中玉蕊即白檀一说"曾得到我国植物学泰斗吴征镒先生的首肯"⑦，吴征镒院士是《中国植物志》的主编，学养深厚，可见白檀一说在植物学界较有说服力，但是也无从证伪他人提出的不同说法。玉蕊花之所以能引起这样广泛的争议，是因为它在中国历史上仅出现于唐代，五代宋初以后就失传了，它在唐代的盛名与神话传说有关，十分的神秘。玉蕊花倏忽而出，又倏忽而隐，仿佛一道流星划过历史的长空，

---

① 以上历史信息均见祁振声：《唐代名花"玉蕊"原植物考辨》，《农业考古》1992 年第 3 期。
② 孔庆莱、杜就田等编著：《植物学大辞典》，商务印书馆 1933 年版，第 281 页。
③ 洪钧寿：《玉蕊兰辨》，《中国花卉盆景》1986 年第 6 期。
④ 李鸣一：《也谈玉蕊花——兼与洪钧寿先生商榷》，《中国花卉盆景》1987 年第 4 期。
⑤ 祁振声：《唐代名花"玉蕊"原植物考辨》，《农业考古》1992 年第 3 期。
⑥ 舒迎澜：《中国古代的琼花》，《自然科学史研究》1992 年第 4 期。
⑦ 祁振声、黄金祥、杨华生：《对几种传统植物汉名的订正》，《河北林果研究》2010 年第 1 期。

足够调动起人们寻根究底的探索欲望。玉蕊传世的时间短，各种诗歌描写、典籍记载又多有不同，以至于玉蕊的辨名有越说越糊涂的趋势。笔者不具备植物生理学方面的知识，无从分辨诸人观点的正误，故仅就学界已有的看法略作介绍。在此笔者拟撇开玉蕊原植物种类之争，单就唐诗所见之玉蕊花题材诗歌，简要梳理一下唐昌观玉蕊花景观的发展历史。

二、唐昌观的建立情况

唐昌观的设立年代及建筑情况均不详，但其命名是与唐玄宗的女儿唐昌公主有关的。据清徐松《唐两京城坊考》，唐昌观在长安皇城正南方的安业坊，"安业坊。西南隅，资善尼寺。东南隅，济度尼寺。横街之北，郧国公主宅。次南，唐昌观……"[①]具体位置可见图01所示"唐西京外郭城图"。《新唐书》卷八三诸帝公主传载"玄宗二十九女……唐昌公主，下嫁薛锈"[②]，唐昌公主的驸马薛锈是唐睿宗之女郧国公主与第一任丈夫薛儆的长子。1995年出土的薛儆墓志铭记载"（薛儆）嗣子锈、镠、镕等"[③]，薛儆还有一女，嫁给了玄宗的太子李瑛。郧国公主宅与唐昌观相邻，加之这一区域多有尼寺，可以推测唐昌观也是女冠修行之所。王建诗《唐昌观玉蕊花》有"女冠夜觅香来处，唯见阶前碎月明"[④]之句，可见确实如此。唐昌公主嫁

---

① ［清］徐松撰，张穆校补：《唐两京城坊考》，中华书局1985年版，第94页。
② ［宋］欧阳修等撰：《新唐书》，中华书局1975年版，第3657页。
③ 张庆捷、张童心：《唐代薛儆墓志考释》，《文物季刊》1997年第3期。
④ 《全唐诗》卷三〇一。

入薛家，居住的地方就在安业坊，唐昌观极有可能是唐昌公主的宅邸。唐昌公主运命不济，婚后没过几年，驸马薛锈就卷入了太子李瑛谋反一案，事见《旧唐书·玄宗本纪》《旧唐书·李林甫传》《新唐书·太子瑛传》等，最终薛锈被唐玄宗赐死，"太子妃兄驸马都尉薛锈长流瀼州，至蓝田驿赐死"①。其事发于开元二十五年（737），此后唐昌公主的情况就不见于史籍了。

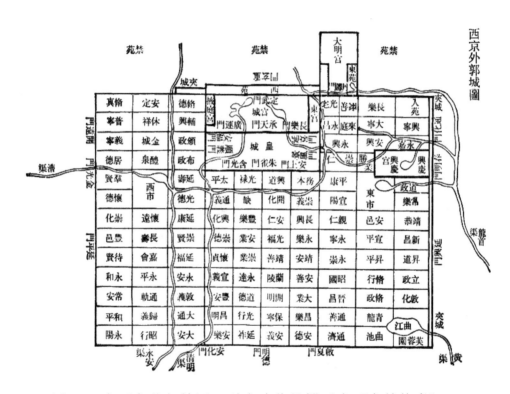

图 01　唐西京外郭城图。引自清徐松撰《唐两京城坊考》。

当时，这件真相未明的所谓谋反案导致唐玄宗一日杀三子，对相关人士的震恸极大，我们猜测唐昌公主可能在事发后不久即郁郁而终，

---

① [后晋]刘昫等撰：《旧唐书》，中华书局1975年版，第208页。

因为史书没有薛锈死后公主改嫁的记录，如果唐昌公主足够长寿，玄宗是不会不给女儿另择夫婿的。当然，还有另一种可能是公主在薛锈死后选择出家，在自己的宅邸修行，而不再另嫁他人，她死后宅院改作女道观。大历十才子之一的司空曙有《唐昌公主院看花》诗："遗殿空长闭，乘鸾自不回。至今荒草上，寥落旧花开。"①可知大历年间（766—779）或更早的时候，唐昌公主已经故去，其宅邸成为"遗殿"，院落中已然出现了荒草，但是还没有改作道观。

玉蕊花在大唐京城长安安业坊内，外地的诗人士子不进京城是看不到的，而当时外地的士子进京多半是为了应进士科考试。王建、杨凝、武元衡、杨巨源四人都写有同题诗作《唐昌观玉蕊花》，这应该是他们进京考试期间游览长安各处风光时，到了唐昌观观看玉蕊花后所作。这四人的籍贯分别是：王建颍川（相当于今天河南省中部的许昌市、平顶山市、漯河市等地），杨凝虢州弘农（今河南省灵宝市），武元衡河南缑氏（今河南省偃师县），杨巨源蒲中（今山西省永济县）②，他们都不是长安人氏，能够看到玉蕊花必定是在应进士举入长安之后，而将玉蕊花写进诗中当又在更后了。据清人徐松编著的《登科记考》，这四人进士及第的时间分别是：王建大历十年（775），杨凝大历十三年（778），武元衡建中四年（783），杨巨源贞元五年（789）③。可知王建及第为最早，故唐昌观的名字初次出现在当时人的诗歌中，至

---

① 《全唐诗》卷二九二。
② 王建、武元衡、杨巨源三人籍贯信息据［元］辛文房撰，孙映逵校注：《唐才子传校注》，中国社会科学出版社1991年版，第398、416、479页。杨凝籍贯信息据史念海：《两〈唐书〉列传人物籍贯的地理分布》，尹达、邓广铭等编：《纪念顾颉刚学术论文集》，巴蜀书社1990年版，下册，第610页。
③ ［清］徐松：《登科记考》，中华书局1984年版，第388、398、420、451页。

早已在唐代宗大历末期了。王建到长安考取进士是在大历年间，他见到玉蕊花可能也在此时。据《唐才子传》，王建的经历是"大历十年丁泽榜第二人及第，释褐授渭南尉。调昭应县丞。诸司历荐，迁太府寺丞、秘书丞、侍御史。大和中，出为陕州司马。从军塞上，弓剑不离身。数年后归，卜居咸阳原上"①，大和是唐文宗李昂的第一个年号，时在公元827—835年，可知王建此前长期在长安生活，如果将他见到玉蕊花并予以描写的时间计算得粗疏一些，也不会晚于唐德宗年间（780—805）。司空曙的及第时间失考，但根据同为大历十才子的钱起、苗发等人的信息推测，当为大历初年，故司空曙《唐昌公主院看花》与王建《唐昌观玉蕊花》二诗的写作时间相差应在十年左右。将以上信息联系起来看，可以推知唐昌公主院改作唐昌观应在唐德宗当政初期。

三、玉蕊景观的栽植、兴盛与传说

关于唐昌观玉蕊花的来历，今人李健超增订《唐两京城坊考》有这样一条补注，"程瑶田《释草小记》引《长安志》：安业坊唐昌观旧有玉蕊花，乃唐昌公主手植也"②。《长安志》是北宋宋敏求所撰，笔者查阅现存的《长安志》文本，未见有此句，唐昌观条目之后乃是

---

① ［元］辛文房撰，孙映逵校注：《唐才子传校注》，中国社会科学出版社1991年版，第398—399页。
② ［清］徐松撰，李健超增订：《增订唐两京城坊考》，三秦出版社2006年版，第170页。

引述唐康骈《剧谈录》的内容①，又查清程瑶田《通艺录·释草小记·扬州后土祠琼花始末辑录》，亦未见有此句，其中提及宋敏求的语句是：

> 其以琼花为"即玉蕊花"，此盖世俗相因之讹言，修辞家信手搅结，不若考覈者之较严。曰"或云"者，实不以为典要也。宋敏求《春明退朝录》撰于神宗熙宁三年，亦谓："后土琼花，或云自唐所植，即李卫公所谓玉蕊花也。"②（引者按，宋书原文为"扬州后土庙有琼花一株，或云自唐所植，即李卫公所谓玉蕊花也。旧不可移徙，今京师亦有之"③。）

程瑶田讨论的是被宋人误认为是玉蕊的扬州琼花，他认为讹传相沿地把琼花当作唐代有名的玉蕊是不对的，以此观之，今人李健超先生的补注应该也是以讹传讹了。因此玉蕊乃唐昌公主手植一说显是传闻，未可遽信。大历十三年科举状元杨凝有写玉蕊花的诗句"瑶华琼蕊种何年，萧史秦嬴向紫烟"④，杨凝是唐代当时人，距离唐昌公主生活的年代很近，他尚且不知玉蕊的栽植情况，千百年后的今人如何得知呢？但是我们根据结果反推，这种说法也有一定的可能。所谓"结果"就是指唐代写玉蕊花的诗作在唐德宗贞元（785—805）与唐宪宗元和（806—820）年间有一个集中出现的"井喷"过程。尤其是元和年间，诗歌大家刘禹锡、白居易、元稹等人都有专写玉蕊花的诗，这些诗有：

---

① ［宋］宋敏求撰：《长安志》，《宋元方志丛刊》第1册，中华书局1990年版，第123页。
② ［清］程瑶田撰：《通艺录》，《丛书集成续编》第165册，上海书店出版社1994年版，第665页。
③ ［宋］宋敏求撰，诚刚点校：《春明退朝录》，中华书局1980年版，第35页。
④ 杨凝：《唐昌观玉蕊花》，《全唐诗》卷二九〇。

玉女来看玉蕊花，异香先引七香车。雪蕊琼丝满院春，衣轻步步不生尘。（刘禹锡《和严给事闻唐昌观玉蕊花，下有游仙二绝》，《全唐诗》卷三六五）

图02　被认为是玉蕊原种植物的白檀（Symplocos paniculata）。图片由百度网友"清风不相识"上传分享。

千枝花里玉尘飞，阿母宫中见亦稀。飞轮回处无踪迹，唯有斑斑满地花。（张籍《同严给事闻唐昌观玉蕊，近有仙过，因成绝句》，《全唐诗》卷三八六）

弄玉潜过玉树时，不教青鸟出花枝。（元稹《和严给事闻唐昌观玉蕊花下有游仙》，《全唐诗》卷四二三）

唐昌玉蕊花，攀玩众所争。（白居易《白牡丹》，《全唐诗》卷四二四）

唐昌玉蕊会，崇敬牡丹期。（白居易《代书诗一百韵寄微之》，《全唐诗》卷四三六）

芳意将阑风又吹，白云离叶雪辞枝。（白居易《惜玉蕊花有怀集贤王校书起》，《全唐诗》卷四三六）

嬴女偷乘凤去时，洞中潜歇弄琼枝。（白居易《酬严给事》，《全唐诗》卷四四八）

不如满树琼瑶蕊，笑对藏花洞里人。唯有多情枝上雪，好风吹缀绿云鬟。（严休复《唐昌观玉蕊花折有仙人游，怅然成二绝》，《全唐诗》卷四六三）

诗中提到的游仙故事，见于晚唐康骈的《剧谈录》卷下"玉蕊院真人降"条：

上都安业坊唐昌观旧有玉蕊花。其花每发，若瑶林琼树。元和中，春物方盛，车马寻玩者相继。忽一日，有女子年可十七八，衣绿绣衣乘马，峨髻双鬟，无簪珥之饰，容色婉约，迥出于众。从以二女冠三小仆，仆者皆丱头黄衫，端丽无比。既下马，以白角扇障面，直造花所，异香芬馥，闻于数十步之外。观者以为出自宫掖，莫敢逼而视之。伫立良久，令小仆取花数枝而出。将乘马回，谓黄冠者曰："曩者玉峰之约，自此可以行矣。"时观者如堵，咸觉烟霏鹤唳，景物辉焕。举辔百余步，有轻风拥尘，随之而去。须臾尘灭，望之已在半空，方悟神仙之游。余香不散者经月余日。时严给事休复、元相国、刘宾客、白醉吟，俱有《闻玉蕊院真人降》诗。严

给事诗曰：……①

根据上面摘录的诗句对玉蕊花的描写可知，玉蕊是木本植物，树形高大，开花时花瓣飘落，可覆盖整个院落。如果玉蕊树确实是唐昌公主，或者是与唐昌公主生活年代相同的人在开元后期或天宝（742—756）年间栽植，那么到了王建、杨凝、白居易、严休复等人见到玉蕊树的时候，即公元770—820年的时候，玉蕊树经过了数十年的生长，正是高大茂密的盛花期，此间有关玉蕊的诗作大量出现也就不难理解了。根据上文的论述，我们可以梳理出以下的因果关系：唐玄宗晚年时唐昌公主或他人在唐昌观栽种玉蕊树——大历、贞元间树木长大，花事日盛，进京考试的士子观之惊异，作诗歌咏——元和间玉蕊树木更加茂盛，玉蕊花景观更为灿烂艳丽，造成了有仙人游览花下的神话——严休复、白居易等诗人当时生活在长安，见到了玉蕊树盛花期的惊人景观，也耳闻坊间传说的游仙故事，于是纷纷写诗专咏其事。

与白居易等人同时代的沈传师也写有《和李德裕观玉蕊花见怀之作》，写诗时间可能稍后于白居易等。诗中说"曾对金銮直，同依玉树阴。雪英飞舞近，烟叶动摇深。素萼年年密，衰容日日侵"②，可知他是与李德裕同为京官时见到的玉蕊，时间在宝历（825—827）、大和（827—835）间③，此时玉蕊树依旧欣荣。稍后于他们的唐彦谦亦有《玉蕊》诗，其中有"秀掩丛兰色，艳吞秾李芳"④的句子，唐彦谦"咸通（860—

---

① ［唐］康骈：《剧谈录》，古典文学出版社1958年版，第38—39页。
② 沈传师：《和李德裕观玉蕊花见怀之作》，《全唐诗》卷四六六。
③ 此间沈传师和李德裕均做过翰林学士、中书舍人，这与沈诗"曾对金銮直"相合。
④ 唐彦谦：《玉蕊》，《全唐诗》卷八八五。

874）末，举进士及第"①，可知玉蕊树此时依然很繁茂。

四、玉蕊景观的毁坏

玉蕊花何以会在唐亡后失传呢？晚唐郑谷的《中台五题·玉蕊》为我们提供了一条很重要的信息，诗曰"唐昌树已荒，天意眷文昌。晓入微风起，春时雪满墙"②，诗前并有一小序曰"乱前唐昌观玉蕊最盛"。"中台"和"文昌"都是尚书省的别称，此处指代的是京城长安，这组诗中"乱前看不足，乱后眼偏明"③，"暴乱免遗折"④等句子都说明当时长安经受了一场大灾祸。郑谷是"光启三年（887），右丞柳玭下第进士，授京兆鄠县尉，迁右拾遗、补阙。乾宁四年（897），为都官郎中"⑤，可知这场灾祸是唐末的黄巢之乱（878—884）。有学者为郑谷诗作注释，认为郑谷《中台五题》诗中的"乱"指的是乾宁三年（896）凤翔节度使李茂贞引兵犯长安之乱，其理由是郑谷乾宁四年才任都官郎中，属尚书省刑部，此前所任的右拾遗、补阙等官职属中书门下省，故其作诗题中台，当在乾宁四年后，所言不差。但我们讨论的是造成唐昌观玉蕊花毁灭的祸乱，与此有所不同。笔者按，李茂贞发兵长安之前，长安的宫殿街市已数遭焚毁，先是黄巢起义军

---

① ［元］辛文房撰，孙映逵校注：《唐才子传校注》，中国社会科学出版社1991年版，第798页。
② 郑谷：《中台五题·玉蕊》，《全唐诗》卷六七四。
③ 郑谷：《中台五题·牡丹》，《全唐诗》卷六七四。
④ 郑谷：《中台五题·石柱》，《全唐诗》卷六七四。
⑤ ［元］辛文房撰，孙映逵校注：《唐才子传校注》，中国社会科学出版社1991年版，第836页。

入京，僖宗奔逃蜀地，再是光启二年（886）僖宗返京不久又遇襄王之乱，邠宁节度使朱玫挟持襄王李煴到长安立为傀儡皇帝，僖宗再次离京。襄王之乱平息后，光启三年（887）僖宗返京的銮驾遭凤翔节度使李昌符阻拦，李昌符率军强行滞留长安，与僖宗军队发生冲突，这是长安遭遇的第三次大规模兵燹。故郑谷遭李茂贞乱之前，长安已受燔三次，其诗句"唐昌树已荒"，说明玉蕊荒枯已有时日，不是在一年前后遭遇李茂贞乱才刚刚被破坏的。又晚唐韦庄《秦妇吟》详记黄巢入长安之乱，其中有几句专写长安城中植物的毁坏状况，诗云"长安寂寂今何有，废市荒街麦苗秀。采樵斫尽杏园花，修寨诛残御沟柳"①。可知黄巢之乱对树木的破坏最为严重，唐昌观的玉蕊树应该是在这期间被毁的。因此郑谷的诗意应该是，"唐昌观繁盛的玉蕊花早就已经荒芜了，但是经过这么多祸患的大唐还是受到上天的眷顾啊，我作为臣子又能够在这尚书省当值了"。

根据郑谷的诗句可知，唐昌观的玉蕊花景观最终毁于黄巢起义军进入长安的唐僖宗中和元年，即公元881年左右。唐昌观的玉蕊树虽然毁于战乱，但玉蕊的种苗似乎保存了下来，还流出了长安。南唐至宋初的名臣徐铉有诗《和贾员外戬见赠玉蕊花栽》："琼瑶一簇带花来，便断苍苔手自栽。喜见唐昌旧颜色，为君判病酌金罍。"②可见徐铉确曾见过唐昌观玉蕊的"后代"，不过为什么徐铉之后玉蕊就随即失传，以至稍后于徐铉的宋祁等人便见不到确定是玉蕊的植物，造成了其后千百年间的"玉蕊之辨"呢？其原因可能将继续长时间难以确考，

---

① ［唐］韦庄著，聂安福笺注：《韦庄集笺注》，上海古籍出版社2002年版，第317页。
② 《全唐诗》卷七五五。

而有待后学了。

总之，长安城安业坊唐昌观的玉蕊花景观在唐代十分有名，当时诗人多有诗歌歌咏。北宋以来千百年间学者们对玉蕊的植物种名界定存在巨大争议，玉蕊遂成为中国历史上著名的文化植物。唐昌观的玉蕊花景观初现于唐玄宗晚年，可能是玄宗之女唐昌公主或与唐昌公主同时代的人栽植，唐德宗大历年间花事始盛，引来众多诗人写诗描写。玉蕊花景观直到唐懿宗咸通年间依旧可观，但最终毁于黄巢起义军入长安的战火之中。

（原载《唐都学刊》2016年第1期。）

从唐代诗文看唐代河东道的植被和生态状况

唐代的河东道是唐王朝皇族发迹之地，治所大部位于今山西省境内。河东道南部紧邻京畿道和都畿道，属于唐朝疆域的核心地区，历来有许多文士在此隐逸、闲居；但其北部与突厥、回鹘等少数民族控制区接壤，又属于唐朝的边疆地区，常有战事发生。唐代文人在隐居、游历、入幕府等活动过程中，时时行经河东道，留下了数量较多的诗文作品。这些诗文中包含了大量的当地风土民情的信息，是我们研究历史时期山西省状况的重要材料。笔者在阅读唐代文人描写河东道的诗文作品时，发现其中很多篇章都提及了唐代河东道的植被和生态状况，遂将之梳理一番。这对我们了解历史上山西省的生态变迁颇有裨益。

一、河东道的地理区位特征

唐代河东道的行政区域，大部分位于今山西省境内。自然地理上，河东道位于中国各类地理概念的交界区，这种区位特征使其生态环境有天然的脆弱性。地势方面，河东道属于中国地形三大阶梯中的第二阶梯，且处于第二、第三两级阶梯的交界处，也就是高原与平原的交界区。气候方面，河东道位于中国季风区与非季风区、温带大陆性气候与温带季风气候、干旱气候与湿润气候、暖温带与中温带的交界区，各类气象灾害频发。土壤、水文方面，河东道位于黄土高原东部，水系较为发达，土壤以黄土为主，一旦有保土蓄水作用的森林植被遭到破坏，极易水土流失。以上自然地理方面的各项因素与人类的生产活动叠加，使本就脆弱的当地生态环境一经恶化，其程度远较其他地区来得严重。

二、唐代河东道的植被生态状况

宋永昌《植被生态学》将中国的植被类型分为五大类，分别是森林、灌丛、草本植被、荒漠及其他稀疏植被、沼泽及水生植被[①]。我们也以此为别，分类述之。河东道处在各类气候区的交界处，其植被受气温、降水量等气候因素的影响，也兼具多个气候区的特点，是暖温带落叶阔叶林区、温带草原区和温带荒漠区的交界之地，因此以上五类植被类型河东道都拥有，而且在文学作品中皆有反映。

（一）森林植被

唐代河东道的森林资源是比较丰富的。武则天的父亲武士彟鬻材致富的故事可为证明。《太平广记》卷一三七引《太原事迹》："唐武士彟，太原文水县人。微时，与邑人许文宝，以鬻材为事。常聚材木数万茎，一旦化为丛林，森茂，因致大富。士彟与文宝读书林下，自称为厚材，文宝自称枯木，私言必当大贵。"[②]文水县（今山西省文水县）位于河东道中部，在吕梁山脉以东的汾河平原上，武士彟和

[①] 宋永昌：《植被生态学》，华东师范大学出版社2001年版，第361—363页。
[②] ［宋］李昉等：《太平广记》，中华书局1961年版，第986页。

同乡许文宝以出售木材为职业，所依托的便是山区丰富的森林资源。陈寅恪先生曾考辨过此则材料的真实性，他在考察《分门古今类事》的引述与《太平广记》的异文后指出："其书（指《分门古今类事》——引者注）所载'枯木成林'事固妄诞不足置信，然必出于当日地方乡土之传述，而士彟之初本以鬻材致富，因是交结权贵，则似非全无根据"①，陈先生还论述了武士彟能够致富的社会原因，"隋室文炀二帝之世皆有钜大工程，而炀帝尤好兴土木，士彟值此时势，故能以鬻材，致钜富"②。一些唐诗也写到了河东道山间的森林景观，如畅当《蒲中道中》写中条山（位于山西省西南部）说："苍苍中条山，厥形极奇魁。"③韩愈《条山苍》也说："条山苍，河水黄。浪波沄沄去，松柏在山冈。"④皇甫冉《河南郑少尹城南亭送郑判官还河东》写绛州（今属山西省运城市）说："故绛青山在，新田绿树齐。"⑤马戴《宿王屋天坛》写王屋山（位于山西省南部与河南省交界）说："星斗半沈苍翠色……深林磬度鸟应闻。"⑥这些诗句都说明了诗人当时所见河东道山间的森林是苍翠葱郁的。分析以上古人的记载，可以看出，河东道的森林资源集中于太原以南的区域。这与自然气候有关。查阅相关的地理知识可知，太原所在的纬度地区，恰好是暖温带落叶阔叶林区和温带草原区的分界线，太原以南是林区，太原以北则是草原区了。

---

① 陈寅恪：《李唐武周先世事迹杂考》，《历史语言研究所集刊》第6册，中华书局1987年版，第555页。
② 陈寅恪：《李唐武周先世事迹杂考》，《历史语言研究所集刊》第6册，中华书局1987年版，第556页。
③ 《全唐诗》卷二八七。
④ 《全唐诗》卷三三八。
⑤ 《全唐诗》卷二四九。
⑥ 《全唐诗》卷五五六。

所以，凡写河东道山林如何青翠的诗歌，其歌咏的地点大多在太原以南。当然，太原以北的五台山、恒山、云中山、管涔山等地区还是会有一些高大树林生长，但是这些树木是小片集中的，不是南方那种漫山遍野的森林景象。例如李夐《恒岳晨望有怀》写恒山的景色是"禋祠彰旧典，坛庙列平畴。古树侵云密，飞泉界道流"，但诗人随即又说"郊原照初日，林薄委徂秋"①，可见这些高大的古树只生长在祠庙等人造建筑周围，郊外的树林是稀薄的。

这里还要专门讨论一下五台山的植被情况。有林业史学者考察唐代的古籍，认为五台山地区在唐代还存在"大森林景观"。《五台山区森林与生态史》一书引述日僧圆仁所撰《入唐求法巡礼行记》的有关描述，如"卷三写道：'五台周五百里，树木郁茂，唯五峰顶半腹向上并无树木'"，从而得出结论"整个五台山的中高山上，基本上还满布着质量良好的原始林"，属于"林多、水多、雾多、雨多、空气清晰湿润、土壤肥沃的大森林景观"②。笔者按，该书的这一论证过程是有些不妥的。唐制1里，约相当于现在的450米，500里就是225千米，这与今天测量的"五台周长约250公里，总面积2837平方公里"③还是相合的。如果当时真有如此大面积的森林，为何唐代写五台山的诗歌中竟无所表现呢？其实这是学者引用古籍未全面引述造成的误解。查检圆仁行记的原文，是这样表述的："五台周圆五百里外，便有高峰重重，隔谷高起，绕其五台，而成墙壁之势。其峰参差，树

---

① 《全唐诗》卷八八七。
② 翟旺、米文精：《五台山区森林与生态史》，中国林业出版社2008年版，第42页。
③ http://www.simiao.net/fjms/2010/1/17208.html。

木郁茂,唯五顶半腹向上,并无树木。然中台者,四台之中心也。遍台水涌地上,软草长者一寸余,茸茸稠密,覆地而生。蹋之即伏,举脚还起,步步水湿,其冷如冰,处处小漥,皆水满中矣。遍台砂石间错,石塔无数。细软之草间莓苔而蔓生,虽地水湿,而无滷泥,缘莓苔软草布根稠密,故遂不令游人污其鞋脚。"①可见圆仁重点描写的并非绵延五百里的森林,而是当地生长的莓苔细草等典型的草原植被,其提到的"树木郁茂",仅仅是长在参差的山峰之间的树林,而并非大片的森林。细读圆仁的五台山行记可知,令这位日本僧人印象最深刻的植被景观是草地,而非森林。比如圆仁记述被五台山清凉寺的僧侣带领去南台游览,"到南台西头,向东傍台南岸,行四五里,到台上,并无树木。台东南侧,有供养院。从院向北,上坂三百步许,方到台顶。于三间堂内,安置文殊菩萨像。白玉石造,骑白玉师子。软草稠茂,零凌香花,遍台芳馥"②。随后圆仁总结了他见到的五台山景色,称"回首遍观,五顶圆高,超然秀于众峰之上。千峰百岭,松杉郁茂,参差间出"③云云,可见五台山地区的确也有松树、杉树等高大树木,但却是在山谷间隙中参差出现的。圆仁下文又说:"遍五台五百里内,奇异之花,开敷如锦,满山遍谷,香香气薰馥"④,这段记述就更明确地说明了覆盖整个五台山的植被就是草地,只不过圆仁见此情景是在唐文宗开成五年(840)七月二日,正值夏季各种野草开花的时节,因此草地以"花地"的形态呈现而已。圆仁所记五台山的植被状况与

---

① [日]圆仁:《入唐求法巡礼行记》,上海古籍出版社1986年版,第120页。
② [日]圆仁:《入唐求法巡礼行记》,上海古籍出版社1986年版,第127—128页。
③ [日]圆仁:《入唐求法巡礼行记》,上海古籍出版社1986年版,第128页。
④ [日]圆仁:《入唐求法巡礼行记》,上海古籍出版社1986年版,第129页。

某些唐诗是可以互相印证的。如杜荀鹤《赠祖肩和尚》："山衣草屦染莓苔，双眼犹慵向俗开。若比吾师居世上，何如野客卧岩隈。才闻锡杖离三楚，又说随缘向五台。"①贯休《送僧游五台》："浊河高岸坼，衰草古城空。"②这两首诗都不是直接描写，但是其中说的都是诗人印象中的五台山景色，而他们的印象肯定是来源于唐代当时社会上的流传或一些书籍记载，反映出的是当时的真实情况。因此，通过上文的引述和分析，我们可以更加肯定地说唐代河东道太原府以北的地区是没有大片森林植被的。

（二）草地植被

与茂密的森林植被相对的，是灌丛、草地等稀疏植被，如上所述，这类植被常见于河东道北部，即太原府以北，尤其以最北的云州、朔州等地为典型。许棠的诗《送友人北游》中有几句话写云州的植被与气候，颇为精到，其词曰："无青山拥晋，半浊水通汾。雁塞虽多雁，云州却少云。"③第一句说没有青颜色的山包围着晋地，就是指云州当地已无大片林木，山岭远远看去没有绿色的植被，这是典型的稀疏草原植被。第二句则如实反映了河水流过黄土高原含沙量大的特点。而所谓的云州少云，也是实录，因为云州位于温带大陆性气候区，降水量少，所以天空的云气少。同样道出了云州一带植被特征的唐诗还有，刘长卿《从军》六首其二："目极雁门道，青青边草春"④，这是春季雁门关（位于云中山南部，太原以北）地区的青翠草原景观。卢纶《送

---

① 《全唐诗》卷六九二。
② 《全唐诗》卷八三三。
③ 《全唐诗》卷六〇三。
④ 《全唐诗》卷一四八。

彭开府往云中觐使君兄》："冻河光带日，枯草净无烟"①，这是冬季草原枯黄后的景象。郑谷《送人游边》："别离逢雨夜，道路向云州。碛树藏城近，沙河漾日流"②，碛树就是沙石间生长的稀疏灌木。卢纶《送鲍中丞赴太原》诗中有"白草连胡帐"③之句，也说明了北地的草原植被风景。另外山西省北部的地方志中也著录了一些地名指向不明确的唐诗作品，其中不乏描写草原植被的句子，如清雍正年间编修的《朔平府志·艺文志》录李益《胡儿饮马泉》："绿杨如水草如烟，旧是胡儿饮马泉"，又录卢汝弼《边庭四时怨》："卢陇塞外草初肥，雁乳平芜晓不归"④，皆是表现草地面貌的诗句。上文说过，山西省中部是一些重要的地理概念的分界区，这在唐诗中亦有表露，如张说《扈从南出雀鼠谷》诗写道"山南柳半密，谷北草全稀"⑤，雀鼠谷位于今山西省中部的灵石县，这句诗精练地反映出了山西中部两种植被类型区的交会与相应植被的差异。

太原以北的各州，纬度较高，气候严寒，冬季较为漫长，春季到来后植被返青的时间也会较南方推迟一些，这一自然情状也被诗人们发现并予以歌咏，如杜审言《经行岚州》："北地春光晚，边城气候寒。往来花不发，新旧雪仍残"⑥，这真实反映了岚州地区"春迟"的特点。又如耿湋《太原送许侍御出幕归东都》说："汾水风烟冷，并州花木

---

① 《全唐诗》卷二八〇。
② 《全唐诗》卷六七四。
③ 《全唐诗》卷二八〇。
④ ［清］刘士铭等纂：《雍正朔平府志》，《中国地方志集成·山西府县志辑》第9册，凤凰出版社2005年版，第448、459页。
⑤ 《全唐诗》卷八八。
⑥ 《全唐诗》卷六二。

迟"①，并州是古地名，为太原的旧称，这句诗也反映出太原地区气候寒冷，花木返青较晚的自然特点。喻坦之作于代州（今山西省代县、繁峙县、五台县、原平市）的《代北言怀》写到"草得春犹白，鸿侵夏始回"②，说明了代州地区到了春季，草地上依旧有霜雪。以上列举的诗句都通过对植物、植被景观的描写深刻反映了河东道北部边疆地区与京畿中原地区同一时节在物候上的差异。

（三）荒漠植被

河东道北部一些地区还存在荒漠植被，不过面积不大，呈点状分布。施肩吾《云中道上作》写道："羊马群中觅人道，雁门关外绝人家。昔时闻有云中郡，今日无云空见沙。"③这首诗前两句就说明了云州地区以游牧业为主的社会生产方式，而这种生产方式无法供养数量庞大的人口，所以雁门关外户数人口少。末两句则说明了云州地区气候干燥，诗人走在路上看到天空没有云气，而且地面呈现出荒漠化的植被景观特征，荒漠上植被缺乏，细沙经风一吹就高高扬起，令诗人印象深刻。这种荒漠化的植被生态状况已经容易致使沙尘暴的发生。某些唐诗已可见此端倪，如许棠《雁门关野望》就有"河遥分断野，树乱起飞尘"④的描写，以雁门关地区这样的地貌状况，一旦刮起大风，就会形成沙尘暴，当然这一情况史籍缺乏记载，我们只能推测。现代气象学将沙尘暴的类型分为浮尘、扬沙、沙尘暴、强沙尘暴和特强沙尘暴五类，以此观之，施肩吾和许棠诗描述的情况应该是属于浮尘或

---

① 《全唐诗》卷二六八。
② 《全唐诗》卷七一三。
③ 《全唐诗》卷四九四。
④ 《全唐诗》卷六〇三。

扬尘，还没有达到沙尘暴的程度。不过李颀《塞下曲》写道"黄云雁门郡，日暮风沙里"①，如果这不是诗歌的夸张修辞而是实情的话，那就确实是黄沙漫天好似黄云，而且持续一昼夜的沙尘天气了。

唐代其他地区确有沙尘暴见诸史籍，历史学者王子今就统计过"两《唐书》记载唐代289年间，沙尘暴凡25次，平均11.56年一次"②。唐代以前的沙尘暴，其形成的地区都在西北边陲，行进方向是从西北向东或向南。据有关史料记载，唐代沙尘暴尘埃落定的地点最南可达长安一带，最东到达的地点则缺乏信息。《新唐书》卷三五《五行志》有一段关于沙尘暴的记载："长庆二年正月己酉，大风霾。十月，夏州大风，飞沙为堆，高及城堞。三年正月丁巳朔，大风，昏霾终日。"③夏州在今陕西省靖边县，纬度与雁门关相当，长庆二年（822）的沙尘暴已经到达夏州，这与唐代以前相比是向东推进了。两汉两晋时期的史书记载的沙尘暴多发生在敦煌、凉州（今甘肃省武威市）一带，能袭扰京师长安的沙尘暴屈指可数，极为少见。

唐代陇西地区也经常发生沙尘暴，有的风沙十分暴烈，达到了"风折旗竿曲，沙埋树杪平"④的程度，该诗上文有"鬓改玉关中"的句子，可见说的是玉门关一带的情况。唐王朝建立以后，沙尘吹掠的地区越来越向东、向南发展。我们可以从一些文学作品中读取这一信息。中唐初期，吕温《风叹》"青海风，飞沙射面随惊蓬"⑤描写的地点在西北，到了中唐末期，夏州发生了大风沙，晚唐初期，施肩吾说云中道上"今

---

① 《全唐诗》卷一三二。
② 王子今：《秦汉时期生态环境研究》，北京大学出版社2007年版，第293页。
③ ［宋］欧阳修等撰：《新唐书》，中华书局1975年版，第901页。
④ 《全唐诗》卷五五五。
⑤ 《全唐诗》卷三七一。

日无云空见沙",晚唐咸通年间(860—874)进士许棠写雁门关"树乱起飞尘",同时期薛能《黄河》诗咏黄河在河东道以西的流域"波浑经雁塞,声振自龙门……飞沙当白日,凝雾接黄昏"①。

综合以上文学与历史两方面的记载,我们可以感觉到沙尘暴的发生和行进地区在汉唐这一较长历史时期内,有逐渐东移的趋势。河东道北部的雁门关地区到了晚唐时期,其植被生态状况和地貌特征正处于植被荒漠化逐渐形成,有可能发生沙尘暴,但还没有较强沙尘暴发生的状态。

(四)水生植被

河东道处于温带,降水不如南方地区丰富,但是全境沟洫纵横,水系较为发达,水资源总量还是比较可观的,与此相应的植被类型是水生植被或一些半水生植物。上文所引唐诗写河东道的陆地植被时,常有泛写的,如草、木、青、绿等字眼,而写水生植被却几乎没有如此泛写的,往往会具体指明该水生植物的物种。李益《春日晋祠同声会集得疏字韵》有两句是"水亭开帘幕,岩榭引簪裾……菱苔生皎镜,金碧照澄虚"②,该诗写作于晋祠,晋祠在太原城区西南不远的晋水之畔,当地受晋水的滋润形成了一处沼泽,李白《忆旧游,寄谯郡元参军》也写过咏晋祠的诗句"时时出向城西曲,晋祠流水如碧玉。浮舟弄水箫鼓鸣,微波龙鳞莎草绿"③,这两首诗中的菱苔和莎草都属于沼泽及水生植被。李贺有一次经停潞州(今属山西省长治市)时,写诗《潞州张大宅病酒,遇江使,寄上十四兄》描写当地的风景,"城

---

① 《全唐诗》卷五五八。
② 《全唐诗》卷二八三。
③ 《全唐诗》卷一七二。

鸦啼粉堞,军吹压芦烟。岸帻褰沙幌,枯塘卧折莲"①,诗中莲花是水生植物,芦苇是半水生植物。李商隐有诗《过故府中武威公交城旧庄感事》写道"信陵亭馆接郊畿,幽象遥通晋水祠……新蒲似笔思投日,芳草如茵忆吐时"②,说明庄园内生长着蒲草,这也是水生植物。雍陶《永乐殷尧藩明府县池嘉莲咏》作于蒲州永乐(今山西省芮城县),诗中写道"青蘋白石匝莲塘,水里莲开带瑞光"③,说明池塘里有蘋、莲等植物。其他还有一些诗写的都是莲花,如李商隐《题霍山驿楼》"衰荷一面风"④,司空图《王官二首》"风荷似醉和花舞","荷塘烟罩小斋虚"⑤等。

审视以上若干首诗歌,会发现它们有一个共同点,就是这些诗写的都是人造建筑环境中的水生植物,几乎没有写野外的,这该如何理解呢?分析一下,其原因大致有二。一是野外的水生植物难于近距离观察,诗人看不到这些植物,自然就难以生发出写作的兴味。我们很难想象某个唐代诗人会为了观看野外的水生植物而特意步入泥沼,濡湿长衫,这是有损斯文的行为,杜甫的《渡江》诗中有一句"汀草乱青袍"⑥,很能说明水边杂草对诗人衣冠外貌的影响。我们可以推测,诗人能够看到的野外水生植物,也不过是站在旱地或码头远远一望,看不真切,进入诗中就成了不具体的泛写,如储光羲《夜到洛口入黄河》"河洲多青草"⑦,

---

① 《全唐诗》卷三九二。
② 《全唐诗》卷五四一。
③ 《全唐诗》卷五一八。
④ 《全唐诗》卷五四一。
⑤ 《全唐诗》卷六三三。
⑥ 《全唐诗》卷二二八。
⑦ 《全唐诗》卷一三六。

白居易《春江》"莺声诱引来花下，草色句留坐水边"①之类。第二个原因是古代诗歌的写作仰赖纸笔，需要一个相对安稳的环境，诗人在野外，常常是在行旅途中，颠簸于车马舟船之上，此种环境是不利于提笔写诗的。而在人造建筑中有一个安静的创作空间，其中的水生植物也方便诗人近距离观赏，所以上文列举的诗写的都是屋舍近旁的水生植被。

三、结论和余论

综上所述，唐代河东道的植被与当地的气候类型相适应，具有两种以上气候区的特征，植被类型齐全，有森林植被、草地植被和水生植被，甚至个别地区还有荒漠植被。这些植被随纬度的高低而渐有变化，由南向北从森林植被景观过渡到草地植被景观和荒漠植被景观，水生植被景观则散布其间。唐代河东道的生态状况总的来说是优良的，基本维持着原始自然的面貌，但是河东道北部某些区域已经有荒漠化的趋势，植被生态已处于恶化的边缘。在隋唐时期山西省全境"森林还占总面积之小半，分布也较均匀，故气候调匀，土沃少瘠，水源丰盛，生态良好"②。人类对河东道的自然植被干预较少是其生态能保持较好境况的原因，尽管当时一些居民通过砍伐森林获取了大量财富，但破坏不大，生活于河东道的人们与自然基本是和谐相处的。

唐时河东道是一个森林茂密、草原丰美，山林与水泽相得益彰的生态优美之地，上文已经详述其状况。然而引起我们忧思的是，现在

---

① 《全唐诗》卷四四一。
② 翟旺、米文精：《山西森林与生态史》，中国林业出版社2009年版，第145页。

山西省的生态状况很不容乐观,甚至已经给人们的健康生活造成了坏的影响。如今山西生态环境恶化主要的表现有:水土流失面积大,危害严重;森林破坏严重,原生植被早已荡然无存,草地几乎全部退化,恢复相当困难;土地荒漠化发展迅速,直接影响了农、林、牧业的可持续发展[1]。河漫滩和湖泊的过度围垦,加速了湿地面积的萎缩,使湿地植被也遭到严重破坏[2]。近现代以来人类的农耕和矿业生产活动对植被的破坏是山西生态环境恶化的主要原因。山西省环保厅发布的《2014年山西省环境状况公报》指出:"山西的环境形势依然严峻,我省仍是全国环境污染和生态破坏严重的省份,生态环境脆弱与经济社会发展的矛盾依然十分突出。"[3]考察历史时期山西的生态状况,将之与今日对比,更凸显出环境保护与恢复优良生态建设的迫切性。

总之,从唐代诗文描写来看,唐代河东道(今山西省)的植被和生态状况总体是优良的,但个别地区到唐末已出现生态恶化的趋势。河东道的植被从南向北由森林过渡到草原和荒漠植被,水生植被则随水源散布其间,森林与草原植被景观大致以太原一线为分界。这些植被景观给唐代文人留下了美好的印象,足见当地生态的良好。一些文学作品还提到,河东道北部的雁门关一带到了晚唐已出现荒漠植被景观,甚至形成了沙尘暴天气,说明唐末当地生态已有所恶化。

(原载《太原理工大学学报》社会科学版2016年第2期。)

---

[1] 张富明等:《山西生态环境:问题与对策研究》,《山西师大学报》(社会科学版)2007年第6期。
[2] 张峰:《山西湿地生态环境退化特征及恢复对策》,《水土保持学报》2004年第1期。
[3] 山西省环境保护厅:《2014年山西省环境状况公报》,2015年6月5日公布,http://www.sxhb.gov.cn/news.do?action=info&id=45887。

从唐诗看唐代蜀道地区的植物景观与生态状况

唐人出入长安的通路，大致有两个方向，一是向东经渭河与黄河河谷平原至洛阳，再向东即可与华北平原广大地区相联系，还有一个方向是先向南翻越秦岭至汉中盆地，复分两途，若向东经汉水河谷至湖北，可与长江中下游地区相联系，若再向南，则需翻越大巴山脉，进入四川盆地。这两个方向中，由长安一路向南的驿道就是蜀道，可知蜀道在唐人的交通路线中占有很重要的地位。蜀道作为联络关中地区与巴蜀地区的交通要道，历朝历代都很繁忙，唐代诗人行走蜀道的频率也很高，元稹在《遣行》诗中说他一生七次路过褒斜道上的褒城驿，褒斜道正是蜀道北段的一条重要线路，也就说明元稹在蜀道上通行了至少七次。唐代诗人们在蜀道上往来的次数频繁，留下的蜀道题材诗歌也很可观。《全唐诗》中，诗句里出现"蜀道"的诗有50首，诗题中含"蜀道"的有7首，题目包含"蜀"的有343首，其中送某人入蜀（赴蜀、还蜀、游蜀、之蜀等）的诗歌有约140首。在这些诗歌中，包含了一些蜀道通过地区的植物景观和森林植被的信息，将这些信息归集起来无疑有助于丰富蜀道研究课题的成果，因此唐代蜀道题材诗值得我们仔细梳理一番。

蜀道题材诗歌中描写了很多蜀道沿线和巴蜀地区的植物，大多是写诗之人真实所见，能够如实反映出唐代蜀道地区的植物景观。对于这个问题，学界已然做了一些相关领域的研究工作，但所论主题较集中于蜀地的森林状况，且较为简略，未尝细论，有很多信息还需要继续挖掘。在此，我们以唐诗为中心，先论蜀道地区的森林植被状况，再将唐诗提及的蜀地植物梳理一过，最后总结唐代时期四川地区的生态状况。

一、唐诗反映了蜀道地区森林蓊郁

蜀道地区的山间多原始森林，这在很多唐诗中都可以反映出来。杜牧在《阿房宫赋》中说秦始皇为建立阿房宫大肆砍伐森林，使四川的山都光秃了，这显然是夸张的文学语言，并非史实。唐前史书中多次提到蜀道的凶险，如《史记·项羽本纪》记载项羽对范增说"巴蜀道险，秦之迁人皆居蜀"[1]，《后汉书·张霸传》也说到"蜀道阻远"[2]。蜀道虽然自春秋战国时期便已开凿，但蜀道周边地区的开发从秦到唐都未曾大规模进行，蜀道地区的植被依旧保持着远古时期的面貌。《蜀道话古》一书中说："战国秦汉时期是蜀道的开辟时期，三国魏晋南北朝时期是蜀道不断被破坏、受阻绝，又不断被修复、被利用的时期，隋唐时期是蜀道各线都得到整治，都辟为驿道的大发展的盛世。"[3]唐代虽然重视蜀道交通线路的建设，却并未动用国家力量对蜀道地区进行经济开发，真正对蜀道地区进行建设的是北宋政府，这一点在史籍中有所反映。据《新唐书·卷二二二·南蛮传》记载，晚唐名将高

---

[1] ［汉］司马迁：《史记》卷七，中华书局1972年版，第316页。
[2] ［南朝宋］范晔撰：《后汉书》卷三六，中华书局1965年版，第1242页。
[3] 李之勤、阎守诚、胡戟：《蜀道话古》，西北大学出版社1986年版，第47页。

骈在领西川节度使后上奏朝廷的奏文中说"蜀道险,馆馕穷匮"①,到了北宋末期,蜀道地区就不再贫穷匮乏了,《宋史·卷三七七·卢知原传》载宋徽宗褒奖卢知原的话说"卿在蜀道,功效甚休"②,这里的"休"是美好而清明的意思,能获得皇帝这样的评价,可见卢知原把蜀道经营得很好。因此,唐代诗人们经过蜀道时,所见的植物景观还是蔼然蓊郁的大片原始森林,他们在诗歌中描写了这样的蜀道森林植被。比如张说经过蜀道所作诗中的"山中百花开,披林入峭蒨"③"幂幂覆林烟"④等句子,李白诗中的"草树云山如锦绣"⑤"芳树笼秦栈"⑥"碧树森森迎"⑦等句,耿湋描写的格局更大,他说蜀道是"万山深积翠,路向此中难"⑧,其他相关诗句还有"红树两崖开霁色"⑨"蜀山苍翠陇云愁"⑩"春装宝阙重重树"⑪等。蜀道山地因森林茂密,还会形成云海景观。云海是海拔较高的山岳地区常常会出现的自然景观,它的形成需要山有一定高度,因为随着海拔升高,温度会逐渐下降,高山能够使水汽在抬升的过程中凝结成云雾,蜀地的山是达到这样高度的,张文琮《蜀道难》有"积石阻云端"⑫巅之句,可见蜀山之高。

---

① [宋] 欧阳修等撰:《新唐书》,中华书局1975年版,第6287页。
② [元] 脱脱等撰:《宋史》,中华书局1977年版,第11650页。
③ 张说:《过蜀道山》,《全唐诗》卷八六。
④ 张说:《蜀路》二首之一,《全唐诗》卷八六。
⑤ 李白:《上皇西巡南京歌》十首之二,《全唐诗》卷一六七。
⑥ 李白:《送友人入蜀》,《全唐诗》卷一七七。
⑦ 李白:《荆门浮舟望蜀江》,《全唐诗》卷一八一。
⑧ 耿湋:《送蜀客还》,《全唐诗》卷二六八。
⑨ 张祜:《送人归蜀》,《全唐诗》卷五一一。
⑩ 高骈:《蜀路感怀》,《全唐诗》卷五九八。
⑪ 李山甫:《蜀中寓怀》,《全唐诗》卷六四三。
⑫ 张文琮:《蜀道难》,《全唐诗》卷三九。

云海的形成还要求山区植被状况较好，大片的良好森林植被能够蒸腾出大量的水分，提高山区的空气湿度，最终形成烟霭缭绕、云山雾罩的云海景观。这一景象在蜀道题材唐诗中也多有提及，比如：

> 眇眇霞萌道，苍苍褒斜谷。烟壑争晦深，云山共重复。（张说《再使蜀道》，《全唐诗》卷八六）

> 蜀门云树合，高栈有猿愁。（李端《送成都韦丞还蜀》，《全唐诗》卷二八五）

> 西望烟绵树，愁君上蜀时。（李端《送夏侯审游蜀》，《全唐诗》卷二八五）

> 碧藏云外树，红露驿边楼。（李远《送人入蜀》，《全唐诗》卷五一九）

> 树簇烟迷蜀国深，岭头分界恋登临。（薛能《望蜀亭》，《全唐诗》卷五六一）

安史乱平定后唐玄宗自蜀回京到达剑门关时，有诗曰："剑阁横云峻，銮舆出狩回。翠屏千仞合，丹嶂五丁开。灌木萦旗转，仙云拂马来。乘时方在德，嗟尔勒铭才。"[1]诗中说剑门山高耸入云，好似数千米高的绿色屏风一样横亘在前，队伍行走山中，銮舆旗帜绕着丛生的树木飘扬，不时有神仙般的云气拂过马去。所谓"仙云拂马"云云，可能不是文学上浪漫想象的写法，而是实景，剑门山中真是云雾缭绕的，这应该是队伍行进在云海之中的情景。

---

[1] 李隆基：《幸蜀西至剑门》，《全唐诗》卷三。

二、唐诗说明蜀道地区植物种类多样，且多异于北地的特色植物

四川盆地历来有天府之国的称号，气候宜人，物产丰富，植物品种的多样性显著高于长安所在的关中地区，唐代诗人们在入蜀后常会见到一些两京地区难得一见的植物，因此特别注意用诗句来歌咏这种不一样的风情景物。我们在阅读唐诗的过程中，应当有意识地关注这种现象。通过对唐诗的研读，我们发现唐诗记录的蜀道地区植物主要有三类，一是普通野生树木，二是经济作物，三是观赏植物。第一类有竹、松、枫等植物，第二类有荔枝、茶、橘等植物，第三类有海棠、蕉、蜀葵花等植物。分述如下。

蜀道山区多竹林。秦岭以南是我国竹子资源的主要产区。四川盆地竹林特别多，竹子资源丰富，四川也成了中国国宝大熊猫的主要分布地区。唐代诗人在入蜀的过程中经常能见到山间的竹林。直接表现这一点的是杜甫，他曾经与妻儿一起自阆州（今四川阆中）出发，在蜀地的山间行进，有诗记之曰："行色递隐见，人烟时有无。仆夫穿竹语，稚子入云呼。"[1] 体会其诗意，仆人穿竹，应该说的是他们行走的路上竹林茂密，需要穿过竹林向前走。其他诗人没有明言他们是在山间见到的竹林，但都道出了蜀地多竹的事实，如刘希夷《蜀城怀古》说"蜀土绕水竹"[2]，卢纶《送张郎中还蜀歌》描写蜀地风情道"邛

---

[1] 杜甫：《自阆州领妻子却赴蜀山行》三首之三，《全唐诗》卷二二八。
[2] 《全唐诗》卷八二。

竹笋长椒瘴起"①，章孝标《蜀中上王尚书》提到"邛竹烟中动酒钩"②，韩愈和孟郊的《征蜀联句》诗中，孟郊写敌军称"竹兵彼皴脆"③，将蜀人称为竹兵是因为古代蜀人多用竹子制成弓箭。竹资源的丰富还导致了当地的竹崇拜和竹枝歌的产生，比如：

  竹节竞祠神。（司空曙《送柳震归蜀》，《全唐诗》卷二九二）

  夷人祠竹节。（司空曙《送柳震入蜀》，《全唐诗》卷二九三）

  无穷别离思，遥寄竹枝歌。（武元衡《送李正字之蜀》，《全唐诗》卷三一六）

  闲来却伴巴儿醉，荳蔻花边唱竹枝。（方干《蜀中》，《全唐诗》卷六五三）

松树也是蜀道的常见植物。卢纶的诗句"蜀道蔼松筠"④直白地说明了蜀道边多松树的情况。李白在《蜀道难》中说"连峰去天不盈尺，枯松倒挂倚绝壁"⑤，写的是实景，并非夸张之辞，因为还有唐代其他诗人的作品可为佐证。姚合《和门下李相饯西蜀相公》一诗中有"栈转旌摇水，崖高马蹋松"⑥的句子，说明蜀道两侧的崖壁上确实生长着松树。李洞《送皇甫校书自蜀下峡归觐襄阳》写到"蜀道波不竭，

---

① 《全唐诗》卷二七七。
② 《全唐诗》卷五〇六。
③ 《全唐诗》卷七九一。
④ 卢纶：《秋中野望寄舍弟绶，兼令呈上西川尚书舅》，《全唐诗》卷二七八。
⑤ 《全唐诗》卷一六二。
⑥ 《全唐诗》卷五〇一。

巢乌出浪痕。松阴盖巫峡，雨色彻荆门"①，可见巫峡两侧的山上被松林覆盖。李洞还有诗说"松雨蜀山辉"②，说明了蜀地山区松林漫山野。王建在《送李评事使蜀》诗中描绘了蜀地的风景，说"石冷啼猿影，松昏戏鹿尘"③，亦可证明蜀道地区多松。还有其他诗人的行旅题材诗歌中提到了蜀道松树的情况，如岑参诗《早上五盘岭》写道"松疏露孤驿，花密藏回滩。栈道谿雨滑，畲田原草干。此行为知己，不觉蜀道难"④，可知蜀道上的驿站附近有松树，可能是人为栽植，也可能是自然野生，野生的可能性大一些。

蜀道水边多枫树。唐诗写到蜀地的枫树，往往跟江河、舟船有关。如杜甫《寄岑嘉州》，自注曰"州据蜀江外"，诗云"外江三峡且相接……泊船秋夜经春草，伏枕青枫限玉除"⑤。杜甫《送李八秘书赴杜相公幕》诗自注"相公朝谒，今赴后期也，杜鸿渐以黄门侍郎同平章事镇蜀"，诗云"青帘白舫益州来，巫峡秋涛天地回。石出倒听枫叶下，橹摇背指菊花开"⑥。李端《送何兆下第还蜀》诗云"重江不可涉……裹猿枫子落，过雨荔枝香"⑦。据此推测，蜀道地区的水道边多有枫树林。这一点在明清诗歌中也有所反映，比如明邵经济诗《登瞿门关和张兵宪原明韵》说"岷峨山远接天来，巫峡江深滟滪哀。万里舟航愁日下，

---

① 《全唐诗》卷七二一。
② 李洞：《迁村居》二首之二，《全唐诗》卷七二二。
③ 《全唐诗》卷二九九。
④ 《全唐诗》卷一九八。
⑤ 《全唐诗》卷二二九。
⑥ 《全唐诗》卷二三一。
⑦ 《全唐诗》卷二八五。

重关楼阁倚云开。青枫白菊心方远，蜀道吴门首重回"①，颈联以青枫和蜀道相对。又如明薛瑄《送姚侍郎巡察云南》诗云："玺书英簜使遐荒，万里山川草木光。霜早楚江枫叶赤，雨晴蜀道菊花黄。"②再如清赵怀玉长诗《伯舅官泸州数月以事之夔，江行舟覆，飘流十余里，有松株逆水上，援之得免，诗以奉慰》开头说："峩嵋高高三峡深，黑猿昼叫青枫林。蜀道如天不可测，南人到此多惊心。"③赵怀玉这首诗就说得很明确了，三峡水道旁有青枫林，这与前代的唐诗、明诗皆可互相印证。

此外，唐代蜀地题材诗歌中还写到柳、兰、菊、槐、桂、桐等植物④，兹不一一赘述。

蜀地盛产荔枝，唐玄宗宠爱的杨贵妃喜食荔枝，皇帝为了满足妃子的口腹之欲，令新鲜的荔枝能够尽快运到宫中，还专门在众多蜀道中开辟了一条专运荔枝的驿道，后被称为荔枝道。当时唐玄宗下令在川北建荔枝园，以满足杨贵妃的需求。那么蜀道周边的山地野外有没有荔枝呢？从唐诗来看是有的。卢纶《送从舅成都县丞广归蜀》一诗

---

① [明]邵经济撰：《西浙泉厓邵先生诗集》卷九，顾廷龙主编：《续修四库全书》第1340册，上海古籍出版社2002年版，第32页。
② [明]薛瑄撰，[明]张鼎编：《敬轩文集》卷一〇，《影印文渊阁四库全书》第1243册，上海古籍出版社1987年版，第203页。
③ [清]赵怀玉撰：《亦有生斋集》诗之卷一，《清代诗文集汇编》编纂委员会编：《清代诗文集汇编》第419册，上海古籍出版社2010年版，第81页。
④ 诗例有：《全唐诗》卷一六七，李白《上皇西巡南京歌》十首之三：柳色未饶秦地绿。卷二三一，杜甫《送李八秘书赴杜相公幕》：橹摇背指菊花开。卷三四八，陈羽《西蜀送许中庸归秦赴举》：桂条攀偃蹇，兰叶藉参差。卷五三九，李商隐《蜀桐》：玉垒高桐拂玉绳。卷六六二，罗隐《中元甲子以辛丑驾幸蜀》：绿槐端正驿荒凉。

开头说"褒谷通岷岭，青冥此路深。晚程椒瘴热，野饭荔枝阴"①，据此可知卢纶送表舅回四川，走的是褒斜谷道，他们行走过程中在道路边野餐时，身边有荔枝树。卢纶在其他诗中还提到蜀地的风景"荔枝花发杜鹃鸣"②。韩翃诗《送故人归蜀》中说"客衣筒布润，山舍荔枝繁"③，可见蜀地山里人家周边的山地上，荔枝树很繁茂。李端《送何兆下第还蜀》诗说"高木莎城小，残星栈道长。裛猿枫子落，过雨荔枝香"④，诗人见到的荔枝可能生长在蜀道中栈道旁边的山区里。

蜀道地区还产茶，山间茶树众多。白居易《萧员外寄新蜀茶》《谢李六郎中寄新蜀茶》和薛能《蜀州郑史君寄乌觜茶，因以赠答八韵》等诗都提到蜀地的特产茶叶。薛能诗中所说蜀州（今四川崇州）官员寄给他的乌嘴茶，是"鸟嘴撷浑牙，精灵胜镆铘"⑤的样子，郑谷在诗中也有提及，说"蜀叟休夸鸟觜香"⑥，可见鸟嘴茶是当时蜀地的一种特产。以"鸟嘴"命名的茶现在还有，不过它生长在广东的凤凰山，起源于南宋⑦，与薛能诗中的蜀茶应该没有关系，蜀地的鸟嘴茶后来可能失传了。唐诗记录的蜀茶中尚有传承至今的，即"蒙顶茶"，产自四川蒙山的山顶地区，现在有"蒙顶甘露""蒙顶黄芽""蒙顶石花"等多个品种，其中蒙顶甘露还入选了非官方评选的中国十大名茶之列⑧。记录蒙顶茶的唐诗是晚唐郑谷的《蜀中》诗，诗中说"夜无

---

① 《全唐诗》卷二七六。
② 卢纶：《送张郎中还蜀歌》，《全唐诗》卷二七七。
③ 《全唐诗》卷二四四。
④ 《全唐诗》卷二八五。
⑤ 《全唐诗》卷五六〇。
⑥ 郑谷：《峡中尝茶》，《全唐诗》卷六七六。
⑦ 见互动百科"鸟嘴茶"条，http://www.baike.com/wiki/鸟嘴茶。
⑧ 见百度百科"蒙顶甘露"条，http://baike.baidu.com/view/35302.htm。

多雨晓生尘，草色岚光日日新。蒙顶茶畦千点露，浣花笺纸一溪春"①。其中浣花笺也是蜀地的特有之物，是居于四川的女诗人薛涛所制，以"薛涛笺"盛名天下。郑谷诗说到"茶畦"，证明晚唐时期蒙顶茶已经有规模化生产茶叶的茶田了。但是唐代时期蜀道的茶产业还没有被有计划地开发，这一开发工作是北宋官员做的，《宋史·食货志·茶》记载道："李杞增诸州茶场，自熙宁七年（1074）至元丰八年（1085），蜀道茶场四十一，京西路金州为场六……"②故此可以反推唐代的时候，蜀道茶树还乏人经营，处于野生状态的多。

蜀地人家常种橘子树。徐晶《送友人尉蜀中》（一作张蠙诗）有言："故友汉中尉，请为西蜀吟。人家多种橘，风土爱弹琴。"③说明蜀地人家大量人为栽种橘子树。李颀《临别送张谌入蜀》诗中也说道："梦里蒹葭渚，天边橘柚林。蜀江流不测，蜀路险难寻。"④又说明橘子树林面积较大，在蜀道边绵延开去。橘子也是蜀地的特产，蜀地人家种植大量的橘子树，可能是因为这样做能带来可观的经济利益。南宋高、孝二朝人罗愿在《回潼川刘检法启》一文中说："……而况四世巍科，一门乐事，不难蜀道。正当红橘之怀时，遥指都门；欲向青藜之照处，某专城属尔。"⑤潼川的治所在今四川省三台县，正位于红橘的主产区。作者文中之意，是把红橘当作家乡的象征了，怀念红橘就是怀念故乡。

---

① 郑谷：《蜀中》三首之二，《全唐诗》卷六七六。
② ［元］脱脱等撰：《宋史》卷一八四，中华书局1977年版，第4500页。
③ 徐晶：《送友人尉蜀中》，《全唐诗》卷七五。张蠙《送友尉蜀中》，《全唐诗》卷七〇二。
④ 《全唐诗》卷一三二。
⑤ ［宋］罗愿撰：《鄂州小集（附罗鄂州遗文）》卷五，中华书局1985年版，第63页。

可知红橘到了宋代已经成为蜀地的代表物产。

芋头也是蜀地重要的粮食作物和经济作物，由卢纶诗句"榷商蛮客富，税地芋田肥"①可证，该诗也说明了蜀地的芋田和稻田、麦田一样，需要向国家缴纳赋税，可见蜀地的芋田的规模还是较为可观的。张籍《送李余及第后归蜀》也写到"水店晴看芋草黄"②，郑谷《蜀中》诗有"村落人歌紫芋间"③之句，说明了芋头是蜀地农民栽种的一种重要农作物。

海棠是蜀中的重要观赏花卉。根据赵云双《唐宋海棠题材文学研究》一文的研究结论，唐代海棠题材文学的发展较为缓慢，歌咏海棠的诗作较少，原因是"海棠花这种物种出现较晚，在中唐以后才出现"，"海棠花的栽培范围小，主要以蜀地为中心"④。故此唐诗中写到的海棠，往往是在蜀地的。如李频《蜀中逢友人》说："积迭山藏蜀，潺湲水绕巴。他年复何处，共说海棠花。"⑤可知海棠花是李频和友人将来共同怀念蜀地时光的重要谈资，那么海棠花必然是足以代表蜀地的一种重要风物。晚唐诗人郑谷是在诗中描写蜀中海棠最多的唐代诗人，共有四首诗写及。他的《蜀中赏海棠》"浓澹芳春满蜀乡，半随风雨断莺肠。浣花溪上堪惆怅，子美无心为发扬"⑥，表露了郑谷对诗圣杜甫不作海棠诗的不解。他的另一首海棠诗题目为"擢第后入蜀经罗村，路见海棠盛开，偶有题咏"⑦，说明郑谷是在通过蜀道的过程中在路边看

---

① 卢纶：《送盐铁裴判官入蜀》，《全唐诗》卷二七六。
② 《全唐诗》卷三八五。
③ 郑谷：《蜀中》三首之一，《全唐诗》卷六七六。
④ 赵云双：《唐宋海棠题材文学研究》，南京师范大学硕士学位论文，2009年，第6页。
⑤ 《全唐诗》卷五八七。
⑥ 《全唐诗》卷六七五。
⑦ 《全唐诗》卷六七五。

到的海棠。郑谷在蜀中写的其他诗歌里也提到海棠,如"海棠风外独沾巾,襟袖无端惹蜀尘"①,"却共海棠花有约,数年留滞不归人"②等。其他唐代诗人写蜀地海棠的还有裴廷裕《蜀中登第答李搏六韵》之"蜀柳笼堤烟矗矗,海棠当户燕双双"③,刘兼《蜀都春晚感怀》之"蜀都春色渐离披……海棠花下杜鹃啼"④。唐以后,宋元及后代诗歌中也有写到蜀道地区海棠的。例如宋人薛季宣《香棠》诗前的小序称:"旧说海棠无香,惟昌州海棠有香,验之蜀道,信然,以为不易之论。乐圃有棠三本,其花亦香,乃知非蜀棠独香,香棠自有种耳。"⑤这一序文说明了蜀道的海棠是无香的,只有昌州地区(治所在今重庆市永川、大足、荣昌三区)的海棠有香味。薛季宣的这首诗并序后来还被清汪灏《佩文斋广群芳谱·花谱》"海棠"条所引用。元代王沂的七律《汧阳县》前两联说:"汧阳县门仅容驼,汧阳县厅垂绿莎。春归蜀道海棠尽,地近陇山鹦鹉多。"⑥海棠的花期为四到五月,海棠花谢了,春也就尽了。清人汪学金的《题赵少钝蜀道纪程诗》说"海棠春尽雨如丝,锦袖花笺搦管时"⑦,正是此意。

芭蕉是一种重要的园林观赏植物,蜀地的芭蕉在野外有,在人们

---

① 郑谷:《蜀中春日》,《全唐诗》卷六七六。
② 郑谷:《蜀中》三首之二,《全唐诗》卷六七六。
③ 《全唐诗》卷六八八。
④ 《全唐诗》卷七六六。
⑤ [宋]薛季宣撰,薛旦编:《浪语集》卷一〇,《影印文渊阁四库全书》第1159册,上海古籍出版社1987年版,第220页。
⑥ [元]王沂撰:《伊滨集》卷八,《影印文渊阁四库全书》第1208册,上海古籍出版社1987年版,第459页。
⑦ [清]汪学金撰:《静厓诗初稿》卷六,《清代诗文集汇编》编纂委员会编:《清代诗文集汇编》第422册,上海古籍出版社2010年版,第441页。

的居所中也有。徐波《中国古代芭蕉题材的文学与文化研究》指出："唐代芭蕉的分布局域较广，园林栽培较为普遍，为芭蕉审美欣赏提供了更多的契机。"[①]唐诗中的蜀地芭蕉常见于私家园林，如岑参《东归留题太常徐卿草堂（在蜀）》诗中所说的"题诗芭蕉滑，对酒棕花香"[②]，就是诗人在徐太常的住所见到的芭蕉。郑谷寓居蜀中时曾有诗句"展转欹孤枕，风帏信寂寥。涨江垂蛺蝶，骤雨闹芭蕉"[③]，描写了雨打芭蕉的场景。岑郑二人写到的芭蕉是人为栽植于住所的，而张籍诗句"山桥晓上芭蕉暗"[④]，朱可久诗句"剑路红蕉明栈阁"[⑤]，描写的就都是野外蜀道边的芭蕉了。朱可久诗中提到的"红蕉"，是芭蕉中的一个独特品种，罗隐亦有诗句"重对红蕉教蜀儿"[⑥]。宋人宋祁在《红蕉赞并序》一文中较为简明而准确地描摹了红蕉的植物学特征，他说："蕉中盖自一种，叶小，其花鲜明可喜，蜀人语'染红'者，谓之'蕉红'，盖欲仿其殷丽云。《赞》曰：蕉无中干，花产叶间，绿叶外敷，绛质凝殷。"[⑦]可知这种红蕉花艳丽鲜明，很讨蜀地人们的喜欢，文人墨客也乐于歌咏其风姿。

除以上两种外，唐诗中还写到枇杷花、木棉花、丁香、豆蔻花、桃花、

---

① 徐波：《中国古代芭蕉题材的文学与文化研究》，南京师范大学硕士学位论文，2011年，第13页。
② 《全唐诗》卷一九八。
③ 郑谷：《蜀中寓止夏日自贻》，《全唐诗》卷六七五。
④ 张籍：《送李余及第后归蜀》，《全唐诗》卷三八五。
⑤ 朱可久：《送李余及第归蜀》，《全唐诗》卷五一四。
⑥ 罗隐：《中元甲子以辛丑驾幸蜀》四首之三，《全唐诗》卷六六二。
⑦ ［宋］宋祁：《景文集》卷四七，故宫博物院编：《钦定武英殿聚珍版丛书》第34册，故宫出版社2012年版，第18544页。

梅花、芙蓉等①观赏植物,但大多数都是孤篇,在此就不详论了。

三、蜀葵——蜀地的一种文化植物

蜀葵是现在很常见的一种观赏花卉,我们从其命名中即可看出它与蜀地的联系。《中国植物志》称蜀葵"本种系原产我国西南地区,全国各地广泛栽培供园林观赏用","世界各国均有栽培供观赏用"②,说明蜀葵对世界各地的不同生长区域都有较强的适应性,生物学家说它原产于西南地区而非产于蜀(四川),是科学的表述。因为蜀葵产于蜀是古人在命名这种植物时的认识,并非生物学上的真实情况。蜀葵原名"菺",最早的文献记载见于《尔雅》。现在学界普遍认为《尔雅》的成书时间为战国中后期至西汉初期,则"菺"这一物种的命名当在战国前的春秋时代甚至更早了。人们在认识陌生事物时,首先会用语言中已有固定词汇的生活中习见的事物去命名,这是人类认识世界的一条定律。《尔雅·释草》称:"菺,戎葵"③,就是用人们熟悉的"葵"加上修饰词"戎"来给这种植物定名的。甲骨文中就有"癸"字,后

---

① 诗例有:《全唐诗》卷一八一,李白《荆门浮舟望蜀江》:正是桃花流。卷三〇一,王建《寄蜀中薛涛校书》:枇杷花里闭门居。卷三八六,张籍《送蜀客》:木棉花发锦江西。卷五〇六,章孝标《蜀中上王尚书》:丁香风里飞笺草。卷六五三,方干《蜀中》:豆蔻花边唱竹枝。卷六七六郑谷《游蜀》:梅黄麦绿无归处。卷七六一,张立《咏蜀都城上芙蓉花》。
② 中国科学院中国植物志编辑委员会编:《中国植物志》第49(2)卷,科学出版社1984年版,第13页。
③ [晋]郭璞注,[宋]邢昺疏:《尔雅注疏》卷八,《十三经注疏》整理委员会整理,李学勤主编:《十三经注疏》(标点本),北京大学出版社1999年版,第253页。

加草旁以指植物,《诗经》中出现了不少"葵",《豳风·七月》有"七月亨葵及菽"①之句,说明当时葵已成为人们日常的食物。

图03 黄蜀葵(Abelmoschus manihot)的花朵。图片由百度网友"monentur"分享。

因此诗经时代以后人们如果遇到陌生的植物,就会用"葵"来命名,比如《尔雅·释草》提到的"菺,菟葵","芹,楚葵"②等皆是如此。菺在《尔雅》中被解释为戎葵,"戎"乃中原华夏族对西部民族的称

---

① [汉]毛亨传,[汉]郑玄笺,[唐]孔颖达疏:《毛诗正义》卷八,《十三经注疏》(标点本),北京大学出版社1999年版,第503页。
② [晋]郭璞注,[宋]邢昺疏:《尔雅注疏》卷八,《十三经注疏》(标点本),北京大学出版社1999年版,第249页。

呼，说明《尔雅》成书时，人们已经知道莔非中原所产。到了晋代，郭璞在注释《尔雅》此条目时说："今蜀葵也。似葵，华如木槿华"，就说明随着中原与蜀地的交通，当时人们对戎葵的认识进一步丰富了，知道蜀地大量生长着这一植物，故以"蜀"来命名。北宋邢昺在此条疏文中说："戎、蜀，盖其所自也，因以名之"，是正确的看法。也就是说，先秦时中国的政治、军事、经济、文化中心都集中于陕秦大地，《尔雅》的作者认识范围有限，泛泛地使用方位不明确的"戎"来命名莔。随着文化中心向四周的拓展，晋代以前人们知道了蜀地生长着大量的莔，而彼时同样有莔生长的滇黔桂等地尚未开发，人们无从认识其间的植物，因此用"蜀"来称呼莔。蜀葵的名称就是这样来的。

蜀葵在唐代时由于园林栽培的扩大，除了名字外，已经与蜀地没有实质性联系了，唐诗中写到的蜀葵并不都在于蜀地。比如武元衡作有《宜阳所居白蜀葵答咏柬诸公》，宜阳在洛阳以西，与蜀地相距甚远，但是在唐人的潜意识中还是有蜀葵产于蜀地这种看法，如晚唐徐夤在《蜀葵》诗中称蜀葵是"剑门南面树"[①]，因此我们在讨论蜀道地区植物时兼及蜀葵。

唐代咏蜀葵诗起于盛唐，最早为岑参的《蜀葵花歌》，《文苑英华》作刘眘虚诗，岑刘二人时代相同，都属盛唐时期。该诗通篇都没有描写蜀葵的花姿，而是借花劝人，"始知人老不如花，可惜落花君莫扫"[②]，主旨是劝人珍惜时光，及时行乐的。唐代咏蜀葵诗共有8首，除岑参诗外，其余7首都写到了蜀葵花的姿色。《中国植物志》蜀葵条说蜀葵的花"有红、紫、白、粉红、黄和黑紫等色"，蜀葵花的这些颜色

---

① 《全唐诗》卷七〇八。
② 《全唐诗》卷一九九。

在唐诗中几乎都有表现。武元衡描写了白蜀葵，陈标描写了蜀葵的红花、紫花，"眼前无奈蜀葵何，浅紫深红数百窠"[1]，徐夤《蜀葵》诗中也写道"烂熳红兼紫，飘香入绣扃"。还有的诗中写到了蜀葵枝叶的色彩，比如陈陶在《蜀葵咏》中将蜀葵比喻为身着绿衣的女子，"绿衣宛地红倡倡，熏风似舞诸女郎"[2]，崔涯也歌咏道"嫩碧浅轻态，幽香闲澹姿"[3]。唐代有三首诗专门写黄蜀葵，植物学上的黄蜀葵（Abelmoschus manihot）（图03）和开黄花的蜀葵（Althaea rosea）不是一个品种，黄蜀葵的特征是"花大，淡黄色，内面基部紫色"[4]。张祜《黄蜀葵花》说"无奈美人闲把嗅，直疑檀口印中心"[5]，伊梦昌《题黄蜀葵》诗残句"露凝金盏滴残酒，檀点佳人喷异香"[6]，说明诗人看到的花心呈现紫红色，与黄蜀葵的植物学特征吻合。薛能《黄蜀葵》也说"道家妆束厌禳时"[7]，厌禳是道教的一种巫术仪式，道士在厌禳时身着黄袍乌帽，这种装束也与黄蜀葵花黄瓣紫心的特征类似，故此我们推测唐诗写到的黄蜀葵是植物学上有别于蜀葵的黄蜀葵品种。

唐人咏花诗中有个现象，就是将蜀葵与牡丹并提。有时认为蜀葵比不上牡丹，如陈标《蜀葵》："眼前无奈蜀葵何，浅紫深红数百窠。能共牡丹争几许，得人嫌处只缘多。"[8]有时认为牡丹与蜀葵比也不过

---

[1] 陈标：《蜀葵》，《全唐诗》卷五〇八。
[2] 《全唐诗》卷七四六。
[3] 崔涯：《黄蜀葵》，《全唐诗》卷五〇五。
[4] 中国科学院中国植物志编辑委员会编：《中国植物志》第 49（2）卷，科学出版社 1984 年版，第 53 页。
[5] 《全唐诗》卷五一一。
[6] 《全唐诗》卷八六二。
[7] 《全唐诗》卷五六一。
[8] 《全唐诗》卷五〇八。

图 04　粉色牡丹。引自维基百科牡丹条目。

尔尔,如柳浑《牡丹》:"近来无奈牡丹何,数十千钱买一颗。今朝始得分明见,也共戎葵不校多。"柳浑写此诗的背景是牡丹受到人们狂热的追捧,价格也日益升高,"当都下之人为牡丹而狂的同时,也有冷静的旁观者写下了自己的感受与思考"①,柳浑诗就属于此类冷静的思考。两位诗人不约而同地将蜀葵和牡丹作比较,是由于蜀葵花的形状与牡丹花(图04)相近。尤其是蜀葵中的重瓣品种(图05),更是和牡丹极为相似,若不看枝叶单看花,几乎无法区分。

图05 重瓣蜀葵的花朵,粉色与红色两种。图片引自网络。

唐代咏蜀葵诗的感情色彩,总体来说较为愉悦,没有什么愁苦的情绪,诗人较多用比喻的修辞手法描写蜀葵花的风姿,带着欣赏美丽的花卉后产生的满足感,"冉冉众芳歇,亭亭虚室前。敷荣时已背,幽赏地宜偏"②,内心安然而闲适。这与唐人写名花的诗多数带有愁

---

① 石润宏:《唐诗植物意象研究》,南京师范大学硕士学位论文,2014年,第61页。
② 武元衡:《宜阳所居白蜀葵答咏柬诸公》,《全唐诗》卷三一六。

情不同，比如笔者在以前的研究中曾经指出，"似乎唐人的桃花总也离不开愁闷遁世的灰色情调"①，写桂花的诗也是"似乎诗人有寻仙求道的欲望，但实际上表露的是现实中的隐逸、遁世情结"②。唐人见蜀葵而喜，咏蜀葵诗不露愁情，是因为蜀葵意象在当时人的文化心理中尚属新鲜事物，诗人对蜀葵还保留着一份好奇心。而桃、桂等名花意象，经过漫长岁月中历代文人的反复"炒作"，其意蕴内涵的包罗面已经变得很广阔了，诗人对过于熟悉的事物没有了初见时的悸动，剩下的只是不断咏叹后无尽的思索，花在诗中已经不是红瓣绿枝的植物，而成了诗人倾吐衷肠的意象媒介了。这样的规律适用于唐诗中其他的小众植物。

根据上文的论述，我们可以得出结论：唐代时期四川地区生态状况优良，多原始森林，植物多样性胜过唐代两京地区，因此唐代诗人在蜀道题材诗歌中注重描写各种植物，很多蜀地植物如荔枝、蜀葵等，随着诗人的歌咏成为了四川著名的文化植物。

（原载《成都理工大学学报》社会科学版 2016 年第 3 期。）

---

① 石润宏：《唐诗植物意象研究》，南京师范大学硕士学位论文，2014 年，第 18 页。
② 石润宏：《唐诗植物意象研究》，南京师范大学硕士学位论文，2014 年，第 21 页。

宋代棉花纺织的发展与宋词"捣衣"意象的变化

"捣衣"是中国文学作品中经常出现的一个意象。"捣"是处理制衣材料的一种手段,它的进入与渐离文学,与社会上"捣衣"现象的多少有关。宋词中的"捣衣"少于前代,就与宋代社会的一些变化有关。其中最为重要的变化是宋代棉花种植面积的扩大和棉纺织业的进步,这直接导致了社会上捣衣现象的减少,使得宋代词人实际见到捣衣场景的次数也减少了。

古代文学中的"捣衣"意象,最早出现于班婕妤的《捣素赋》:"于是投香杵,扣玟砧,择鸾声,争凤音……翔鸿为之徘徊,落英为之飒沓……清寡鸾之命群,哀离鹤之归晚……惭行客而无言,还空房而掩咽。"[①]年轻的妇人们捣着素,击砧的声音让飞翔的鸿雁闻之徘徊不去,让盛开的鲜花纷纷飘落。这捣衣声就像离群的孤鸾凄凉的哀叫,就像夜归的离鹤忧伤的悲鸣。捣完素练后制成征衣,寄给远人,回到空荡荡的闺房后忍不住掩面抽泣。这篇赋确立了捣衣题材的主题类型。"捣衣"的意象在宋词中甚少出现,《全宋词》收录词作两万余首,其中

---

① [清]严可均辑:《全上古三代秦汉三国六朝文》,中华书局1999年版,第186页。

提及"捣衣""捣练""捣砧""砧声"的仅19首[①]，不到千分之一，为什么会出现这种情况？宋词"捣衣"意象发生了哪些变化？这是本文所要论述的。

一、《全宋词》中的捣衣意象

前文提到的19首词，可分为四类，第一类表达文人悲秋情怀，词有欧阳修的《渔家傲》《更漏子》[②]，刘学箕的《长相思》和刘克庄的《风入松》。欧阳修《渔家傲》有两组词，作者从正月写到腊月，《九月重阳还又到》是其中一首，"八月秋高风历乱""九月霜秋秋已尽"是文人的悲秋，借秋景之衰残萧条发春光易逝人易老的感叹。刘学箕的《长相思》就很直白，末句"谁捣秋砧烟外声，悲秋无尽情"道出了本词主旨；刘克庄的《风入松》曲折委婉地表达"悲秋"情绪。刘克庄听人说酒能够消解烦忧，可惜自己的身体不好，不能饮酒，辜负了金杯。克庄乃当时文坛盟主，可谓位高而权重，还有什么烦忧呢？

[①] 这是笔者翻检《全宋词》所得之结果。这19首分别是：欧阳修《渔家傲·九月重阳还又到》，《更漏子·风带寒》；晏几道《少年游·西楼别后》；苏轼《水龙吟·露寒烟冷兼葭老》；秦观《满江红·咏砧声》；贺铸《夜捣衣·古捣练子》，《杵声齐·古捣练子》，《夜如年·古捣练子》，《剪征袍·古捣练子》，《望书归·古捣练子》，另有一失调名的《古捣练子》；张耒《风流子·木叶亭皋下》；谢逸《临江仙·重九》；辛弃疾《念奴娇·双陆，和陈仁和韵》；刘学箕《长相思·西湖夜醉》；刘克庄《风入松·福清道中作》；仇远《思佳客·东壁谁家夜捣砧》；无名氏《行香子·天与秋光》，《江城梅花引·和赵制机赋梅》。

[②] 这首《更漏子·风带寒》词又见于冯延巳之《阳春集》，《全宋词》未录。因此词不影响本文的论述，姑录于此。

原来"萧瑟捣衣时候""今回老似前回",再强大的人也无力对抗命中注定的衰老,这份情怀,甚是凄凉。

图 06　宋徽宗赵佶摹唐张萱《捣练图》(局部)。图中妇女们正在舂捣制衣材料。美国波士顿美术博物馆藏。

第二类表达闺中的愁思,以及由此引发的对友人和故乡的思念。

写闺情的词作有晏几道的《少年游》、秦观的《满江红》、张耒的《风流子》和无名氏的《行香子》；写乡愁的有苏轼的《水龙吟》、谢逸的《临江仙》和仇远的《思佳客》；送友人的有无名氏的《江城梅花引》。晏几道《少年游》的"金闺魂梦"，秦观《满江红》的"闺阁幽人千里思"，无名氏《行香子》的"明月空床"，都直白地表露了女子思良人的愁苦心境。张耒的《风流子》尤写得缠绵悱恻，一往情深，末句"情到不堪言处，分付东流"，分明后主《虞美人》情怀。苏轼的《水龙吟》词中"应念潇湘，岸遥人静，水多菰米"，"须信衡阳万里，有谁家、锦书遥寄"，分明是思乡语。"念征衣未捣，佳人拂杵，有盈盈泪"，佳人流下的泪也就是苏轼流下的，佳人思夫，苏轼思"菰"。这里，家乡特产的菰米成了作者表达思乡之情的一个支点，想到了菰米的香滑自然就怀念家乡的美好。谢逸的《临江仙》题为"重九"，是重阳所作，词中有"登高怀远"句。首句"木落江寒秋色晚"，颇有"袅袅兮秋风，洞庭波兮木叶下"的意味。作者在重阳节登高，有感于时节、景色和自身的处境而作是词，"茱萸烟拂红轻"，令人想到王维的"遍插茱萸少一人"，作者身在异乡，思乡情切，只能借酒浇愁，"樽前谁整醉冠倾"，可酒醒之后，只怕是愁绪更深了。而仇远独自一人，滞留荆江，见三三两两的大雁迁徙，听到隔壁人家捣衣的声音，自然"哀离鹤之归晚"了。无名氏的《江城梅花引》表达了对远行的友人的思念，"人已骑驴毡笠去，留恨也，仗梅花，说与君"，作者伤的便是这种情。

第三类词表达了对远征建立功业的渴望。辛弃疾的《念奴娇·双陆，和陈仁和韵》（少年横槊）[①]，是词人闲居带湖所作，看似是记博戏

[①] 又有其他版本作《念奴娇·双陆和坐客韵》，首句"少年握槊"，并有几字差异，这里据唐圭璋《全宋词》版本。

的欢笑与沉醉,"休把兴亡记",实则是反语,因为"玉砧犹想纤指",词人还是想"横槊""气凭陵",建立一番功业的。

第四类词皆是贺铸一人所作,且皆题名为"古捣练子",故笔者认为这是词人有意识的就一个题材所进行的文学创作,相当于作文练习。其主旨皆同一,即捣衣思征人,但写法颇有独到处。《杵声齐》之末句"寄到玉关应万里,戍人犹在玉关西",情感迭宕深沉,意犹未尽。仿似"平芜尽处是春山,行人更在春山外"(欧阳修《踏莎行·候馆梅残》),"芳草无情,更在斜阳外"(范仲淹《苏幕遮·碧云天》),于愁之外,更生一愁,加重了这种悲情。

二、宋词中捣衣意象的特点与变化

捣衣意象进入宋词,呈现出一些与前代文学及同时代诗文不同的特点。第一,从历时角度看,唐代、五代十国之后,"捣衣"在文学中出现的频度降低。唐诗中出现了许多次,诸如李白"长安一片月,万户捣衣声"(《子夜四时歌》),张若虚《春江花月夜》的"玉户帘中卷不去,捣衣砧上拂还来",王勃的"鸣环曳履出长廊,为君秋夜捣衣裳"(《秋夜长》)等等,不胜枚举。但到了宋代,就少了,也没有传唱千古的名篇了。

第二,从共时角度看,宋代文学中,词中的"捣衣"出现频度低于诗歌。上文说《全宋词》中只有19首词提到捣衣,下文中笔者还将举陆游的例子来说明,读者将其联系起来看,很容易就能得出这个结论。

第三,捣衣意象的内涵,从唐代的写实,借景抒情,逐步虚化,而成为表达特定含义的文学符号。宋词中的"捣衣"意象表达了悲秋、闺思和思乡等数种情怀,大多是词人运用"捣衣"这一文本符号的结果。前文所说班婕妤的《捣素赋》赋予了"捣衣"意象几个方面的含义,一是女子的闺思与闺愁,二是感伤时节的变换。之后经过历代文士的发展与充实,闺思又扩大为对身处远方的亲人或友人的思念,以及身处远方的作者对故里的乡愁,感时伤节的"捣衣秋"更是成为了中国文人笔下的常客。这些含义随着中国文学的发展而逐渐固化。"捣衣"不仅是一种现象,也成了一个典故,一种符号,只要文学作品中出现了这一典故,这一符号,便表达了上文所说的几种含义。反过来,诗人词人需要表达诸如闺思、悲秋等思想时,也常使用"捣衣"意象,这与捣衣的真实场景并无直接关系。正如文人以柳、鸿雁寄相思一样,他无须真折柳,真看见鸿雁,柳、鸿雁、捣衣只是表达一定文本含义的符号而已。也就是说,"捣衣"进入宋诗和宋词,与"捣衣"意象本身含义的固化有关。

三、宋词捣衣意象变化的原因

如前所说,"捣衣"意象到了宋词,数量急剧下降,这是其最大的变化。那么这种变化产生的原因是什么?笔者认为有以下四个方面的原因。

第一,宋之后国家乏远征。

"捣衣"自古就有,但大规模的捣衣则与国家的征战有密切关系。汉唐对北方匈奴、突厥等的用兵和对其他边陲地区的征战,使得关外长年有军士驻守，也就使关中和关中以东、以南的广大地区，每年到了秋季都要给远征的亲人制作冬衣，也就有了李白笔下的壮观景象。然而这种征战，到了北宋以后，尤其是两宋的澶渊之盟和绍兴和议之后，整个中华大地进入了相对稳定的时期。政治上宋辽夏金之间总体和平，经济上市民经济繁荣，文化上词曲、话本小说迅速发展，这种社会整体向上向前发展的态势，使得"捣衣"这一含悲带戚的题材较少地进入文学。"从五代以后的北宋开始，尽管有社会的动荡，有战争，但总体来说没有了唐末大规模的割据和混战局面，从而，以'捣衣'反映战争、分裂带来灾难、离乱的文化形式，也就不再出现那种'万户捣衣声'、'闻捣万家衣'的态势。"[①]

第二，宋代疆域的变化。

宋朝的疆域之于汉唐，最大的特点就是疆界的南退。北宋的北疆已在燕云十六州以南，南宋的北疆更是到了秦岭—淮河一线。而秦岭—淮河一线是气候上的零摄氏度等温线，此线以南，大河湖泊终年不冻，气候较为温暖，冬衣的需求下降，因此宋代文人亲眼见到捣衣，亲耳听到砧声的概率降低，其类题材的作品自然就少了。

第三，宋代棉纺织工艺的发展进步。

关于捣衣所捣之物，学界众说纷纭，莫衷一是，但都认为捣的主要是麻、素等粗质地的制衣材料，捣之使其柔化，便于制作衣物。而宋代之后，随着棉花的广泛种植与纺织工艺的进步，人们多用棉布制衣，棉衣柔软、轻便且暖和，不需要"捣"，因此"捣衣"就少见于文学作品了。"入宋以后，中国东南闽岭各地种棉者渐多……在宋时，

---

① 李晖：《唐诗"捣衣"事象源流考》，《华东师范大学学报》（哲学社会科学版）2000年第2期。

闽广之地,种棉织布,已为民间之生产业。"①杨万里的《二月一日雨寒》一诗提到了当时棉花在中国南方地区的种植状况,诗云:"姚黄魏紫向谁赊,郁李樱桃也没些。却是南中春色别,满城都是木绵花。"可见棉花的普及。棉花是制衣的原材料,原材料的种植与成品棉衣的受欢迎是分不开的。当时棉衣很有市场,苏东坡的诗中就写到过棉大衣,其《金山梦中作》诗云:"江东贾客木棉裘,会散金山月满楼。夜半潮来风又熟,卧吹箫管到扬州。""棉裘"成了江东商人的商品,而扬州是当时中国的经济重镇,能被扬州贾客看中作为经营的对象,足见棉衣这一商品的畅销。商品的生产又离不开纺织工艺的进步,"宋代纺织手工业有进一步的发展。传统的纺织手工业是丝、麻两种,宋代以棉花为原料的纺织业……不仅自海南黎族地区跨海而发展到两广路、福建路,而且自岭峤而向江南西路、两浙路发展。"②在经济、技术等因素的作用下,棉衣得到了消费者的青睐,而捣制的衣物失去了市场,"捣衣"的景象也就日益少见,在文学中的反映也就少了。

第四,词的文体特征与诗词之别。

关于各种文体的区别,刘勰在《文心雕龙》中很早就指出了,他说:"诗者,持也,持人情性。(卷六《明诗》)乐府者,声依永,律和声也。(卷七《乐府》)赋者,铺也,铺采摛文,体物写志也。(卷八《诠赋》)颂者,容也,所以美盛德而述形容也。(卷九《颂赞》)"每一种文体都有独特之处,能表达不同的思想。而至于诗词之间的区别,则毋庸多言,且举柳永一人的例子便可知晓。柳永的词写歌伎舞

---

① 李剑农:《中国古代经济史稿·宋元明部分》,武汉大学出版社2005年版,第39页。
② 漆侠:《中国经济通史·宋·下》,经济日报出版社2007年版,第545页。

女，写市井小民，特重真情实感，而他的诗《煮海歌》则写民生疾苦，这并非是作者有两重性格，而是诗与词的"性格"不同。诗言志，词却是行歌作乐的"曲子"①。类似"捣衣"这种与国家征战、军士戍边的宏大社会历史问题相关的意象，在词中较少出现，也就不难理解了。另外，考察同时代的宋诗，尤其是陆游的诗，特别能说明这一问题。陆游是著名的爱国诗人，他的诗表达渴望军功、平定边疆的意思的有很多，其中也较多地运用了"捣衣"的意象②。比如：

  草市寒沽酒，江城夜捣衣。（陆游《村居》）

  人间可羡惟农亩，又见秋灯照捣衣。（陆游《访村老》）

  西风繁杵捣征衣，客子关情正此时。（陆游《感秋》）

  年过八十更应稀，又向清秋听捣衣。（陆游《南堂杂兴》）

  数种裤襦秋未赎，羡他邻巷捣衣声。（陆游《贫甚戏作绝句》）

  云重古关传夜柝，月斜深巷捣秋衣。（陆游《秋思》）

  日落江城闻捣衣，长空杳杳雁南飞。（陆游《秋思》）

  散吏何功沾一饱，高眠仍听捣秋衣。（陆游《秋雨初晴有感》）

  野色连收纲，边愁入捣衣。（陆游《舍南野步》）

---

① 张舜民的《画墁录》记载了柳永拜谒晏殊的故事。"柳三变既以调忤仁庙，吏部不放改官，三变不能堪，诣政府。晏公曰：'贤俊作曲子么？'三变曰：'只如相公亦作曲子。'公曰：'殊虽作曲子，不曾道"绿线慵拈伴伊坐"。'柳遂退。"可见正统文人鄙薄词，即便作词，也要表达高尚的内容。

② 据［宋］陆游撰：《陆游集》，中华书局1976年版。关于陆游词作中的意象，笔者另有专文论述，可参看本书所收《论陆游词中的植物意象》一文。陆游诗词皆尚真情，然诗词有别，其词作往往没有"为国戍轮台"（《十一月四日风雨大作》）的豪壮之气，却多的是"风午醉""菰米晨炊"（《乌夜啼·世事从来惯见》）的思乡欲归之情。

但他的词中却鲜有建立功业的气概，更没有出现"捣衣"的意象。

总之，文学是一定时期的政治、经济、文化在文人笔下的投影，某一现象在文学之中的消长，大抵反映了社会的某种变化。"捣衣"这一意象在宋词中的变化也是这一规律的体现。宋词中的"捣衣"意象，数量少于前代，且文本含义固化，这有社会经济与文学本身两个层面的原因，探讨这些原因，对于考察文学现象的兴衰流变有积极意义。

（原题《宋词"捣衣"意象的变化》，载《文学界》2012年第12期，此处略有修订。）

论陆游词中的植物意象

陆游词凡 135 题，143 首，并有一残句[①]，这些词中有许多植物意象，例如柳、梅等。笔者统计，在这 143 首词中，运用了植物意象的就有 90 余首，占了一大半的篇幅。

陆游词中有关植物的意象共有 33 个，按照出现频率排列为：

柳（15 首），花（15 首），梅（10 首），草（7 首），新绿、残红、乱红等（7 首），柳絮（6 首），竹（6 首），莼（6 首），菱（5 首），莲、藕、荷（蕖）（5 首），蘋（5 首），桃（4 首），茶（4 首），松（4 首），海棠（4 首），菰（4 首），荔（3 首），树（3 首），蓼（3 首），桐（3 首），菜（2 首），林（2 首），萱（2 首），萍（2 首），芝（2 首），杏（1 首），蔷薇（1 首），牡丹（1 首），榆钱（1 首），瓜（1 首），槐（1 首），樱（1 首），笋（1 首）。

充分认识这些意象，对于陆游词的解读很有裨益，下面将陆游词中的植物意象做一番归纳，并分析这些意象的特点，以及作者的写作心态或意图。

[①] 据王双启编著：《陆游词新释辑评》，中国书店 2001 年版，目录第 6 页。

一、植物意象的类型

陆游词中有关植物的意象，可分为四类，一曰实写，二曰虚写，三曰比喻，四曰用典，下面分别予以论述。

第一为实写。所谓实写，就是陆游实际看到的景物、花草。比如少时游沈园之作《钗头凤》，这首词是春日所作，其"宫墙柳""桃花落"是实景，而借以抒情的。他在交游中、旅途上写作的其他词，也多是写的实景。如：

楼前荔子吹花。（《乌夜啼·题汉嘉东堂》）

放轻绿萱芽，淡黄杨柳。（《齐天乐·三荣人日游龙洞作》）

粉破梅梢，绿动萱丛。（《沁园春·三荣横豀阁小宴》）

两岸白蘋红蓼，映一蓑新绿。（《好事近·湓口放船归》）

桐叶晨飘蛩夜语。（《蝶恋花·桐叶晨飘》）

还有的词作，在小序中就写明了这是作者真实看到的，如《定风波·欹帽垂鞭》一词，小序为"进贤道上见梅，赠王伯寿"，词中有"小桥流水一枝梅"之句，可知"梅"为实写。又如《汉宫春·浪迹人间》序"张园赏海棠作。园，故蜀燕王宫也"。《柳梢青·锦里繁华》序"故蜀燕王宫海棠之盛，为成都第一，今属张氏"，可知"叠萼奇花"为实写。复如《月上海棠·斜阳废苑》之"淡淡宫梅"，由小序"成都城南有蜀王旧苑，尤多梅，皆二百余年古木"，知其为实写。

第二为虚写。所谓虚写，即作者并未实见的植物，或为心中所想，或为梦中所见。

心中所想又有过去时和未来时之分。过去时即回忆，如《青玉案·西风挟雨》，题为"与朱景参会北岭"，中有"小槽红酒，晚香丹荔，记取蛮江上"之句，"记取"说明这是回忆。再如《赤壁词·禁门钟晓》，这是招韩无咎游金山之作，其"回首紫陌青门，西湖闲院，锁千梢修竹"，亦为回忆。又如《感皇恩·小阁倚秋空》之"石帆山脚下，菱三亩"，联系上文"回首杜陵何处"及"如今熟计，只有故乡归路"之语，可知这是回忆故乡风物。未来时即期待，比如《苏武慢·唐安西湖》，初写"掠岸飞花，傍檐新燕"，说明这是春日之景，所以词末说夏日时分，"待绿荷遮岸，红蕖浮水，更乘幽兴"，可见这是未来时。

陆游有许多记梦之作，最为人所熟知的恐怕就是"铁马冰河入梦来"[1]的诗句了，他的词中也有很多写梦境的，其中提到植物的有：

> 幽梦锦城西，海棠如旧时。（《菩萨蛮·小院蚕眠》）
>
> 青子绿阴时……偏共睡相宜。朝云梦断知何处？（《一丛花·樽前凝伫》）
>
> 扰扰梦中……鹤巢时有堕松。（《恋绣衾·无方能驻》）

复有经幻境入现实的词作，比如《如梦令·闺思》"只恐学行云，去作阳台春晓。春晓，春晓，满院绿杨芳草"。作者以女性的视角，见博山香炉烟雾缭绕而神游，忽见满院芳草而清醒，暂停了闺思。

第三为比喻。这里的比喻，是用植物比喻其他事物，大致分为两种情况，一是比喻歌伎舞女，二是比喻在外漂泊的作者自己。喻歌女的词作有：

> 红绵扑粉玉肌凉，娉娉初试藕丝裳。（《浣沙溪·南郑席上》）
>
> 何妨在、莺花海里，行歌闲送流年。（《汉宫春·浪迹人间》）

---

[1] 陆游《十一月四日风雨大作》诗末句。

才浅笑，却轻嚬，淡黄杨柳又催春。（《鹧鸪天·薛公肃家席上作》）

富春巷陌花重重，千金沽酒酬春风。（《忆秦娥·玉花骢》）

万金选胜莺花海，倚疏狂、驱使青春。（《风入松·十年裘马》）

春风楼上柳腰肢，初试花前金缕衣。（《豆叶黄·春风楼上》）

还有以萍絮比喻漂泊无定的自己的：

一身萍寄，酒徒云散，佳人天远。（《水龙吟·荣南作》）

水漾萍根风卷絮。（《蝶恋花·水漾萍根》）

感羁游，正似残春风絮。（《真珠帘·山村水馆》）

第四为用典。试分举之。

《感皇恩·伯礼立春日生日》之"正好春盘细生菜"。典出杜甫《立春》诗首联"春日春盘细生菜，忽忆两京梅发时"[1]。

《秋波媚·秋到边城》之"灞桥烟柳，曲江池馆，应待人来"。《沁园春·三荣横溪阁小宴》之"东风里，有灞桥烟柳，知我归心"。《生查子·还山荷主恩》之"那似宦游时，折尽长亭柳"。"柳"者"留"也，这三处皆是用古人折柳赠别的典故。《三辅黄图》卷六记载："灞桥，在长安东，跨水作桥。汉人送客至此桥，折柳赠别。"[2]

《齐天乐·左绵道中》之"况烟敛芜痕，雨稀萍点"。典出李商隐《细雨》诗"点细未开萍"[3]。

《木兰花慢·夜登青城山玉华楼》之"养就金芝九畹，种成琪树

---

[1] 《全唐诗》卷二二九。
[2] 何清谷校注：《三辅黄图校注》，三秦出版社1995年版，第342页。
[3] 《全唐诗》卷五四〇。

千林"。《好事近·风露九霄寒》之"亲向紫皇香案,见金芝千叶"。典出《汉书·宣帝纪》"金芝九茎,产于函德殿铜池中"①。

《乌夜啼·从宦元知漫浪》之"兰亭道上多修竹,随处岸纶巾"。典出王羲之《兰亭集序》"此地有崇山峻岭,茂林修竹"。

《鹧鸪天·懒向青门》之"懒向青门学种瓜"。用秦东陵侯邵平典。《三辅黄图》卷一记载曰:"长安城东出南头第一门曰霸城门,民见门色青,名曰青城门,或曰青门。门外旧出佳瓜。广陵人邵平,为秦东陵侯,秦破为布衣,种瓜青门外,瓜美,故时人谓之'东陵瓜'。"②

《洞庭春色·壮岁文章》之"闲听荷雨,一洗衣尘"。典出李商隐《宿骆氏亭寄怀崔雍崔衮》诗"留得枯荷听雨声"③。

《玉蝴蝶·王忠州家席上作》之"莲步稳、银烛分行"。"莲步"典出《南史·齐废帝东昏侯纪》"又凿金为莲华以帖地,令潘妃行其上,曰:'此步步生莲华也。'"④

《双头莲·呈范至能待制》之"空怅望,鲙美菰香,秋风又起",《真珠帘·山村水馆》之"菰菜鲈鱼都弃了,只换得青衫尘土",《洞庭春色·壮岁文章》之"人间定无可意,怎换得玉鲙丝莼"。皆用晋人张翰典,《晋书·张翰传》记其事曰:"翰因见秋风起,乃思吴中菰菜、莼羹、鲈鱼脍,曰:'人生贵得适志,何能羁宦数千里以要名爵乎?'遂命驾而归。"⑤

---

① [汉]班固撰,[唐]颜师古注:《汉书》,中华书局1974年版,第259页。
② 何清谷校注:《三辅黄图校注》,三秦出版社1995年版,第68页。
③ 《全唐诗》卷五三九。
④ [唐]李延寿撰:《南史》,中华书局1975年版,第154页。
⑤ [唐]房玄龄等撰:《晋书》,中华书局1974年版,第2384页。

二、植物意象的符号意义

中国的文学自《诗经》起经过了漫长的岁月,到陆游,很多东西都已经固化了,符号化了。诗词中的意象也有特定的意义,就如数学中的符号一般,一出现就意味着某种含义。中国古典诗词中能够举出不少例子来解释这句话,但其中最具代表性的莫过于贺铸《横塘路》词中的那一句"试问闲愁都几许?一川烟草,满城风絮,梅子黄时雨"[①]了。

陆游的词中也有很多符号化了的植物意象,试举例说明之。

(一)水漾萍根,杨花和恨

陆游名游号放翁,人如其名,一生中有很多时候在外游历、做官。游子在异乡便免不了一番乡愁,这种乡愁在陆游的词中表现为随波逐流的浮萍和飘忽不定的柳絮。这些词有:

行人乍依孤店……雨稀萍点。最是眠时,枕寒门半掩。(《齐天乐·左绵道中》)

水漾萍根风卷絮……只有梦魂能再遇。(《蝶恋花》)

掠岸飞花,傍檐新燕,都似学人无定。(《苏武慢·唐安西湖》)

一身萍寄……时挥涕、惊流转。(《水龙吟·荣南作》)

身在天涯……叹春来只有,杨花和恨,向东风满。(《水龙吟·春日游摩诃池》)

感羁游、正似残春风絮。(《真珠帘》)

---

① 一作"若问闲情都几许",或"知几许"。[宋]贺铸撰,钟振振校点:《东山词》,上海古籍出版社1989年,第39页。

壮游念易动，但壮游的孤愁却难遣，以致自厌征途，满眼凄凉。烟笼着丛生的草，正如词人纷乱的心境，雨打着浮水的萍，正如作者飘零的身世，且为之奈何，只得黯然入眠。但梦醒之后呢？依然要续前路。路边岸上飞舞的杨花，都像学着人一样漂泊无定，不禁长叹一声，东风和泪，杨花漫天飞！

正如上引贺铸词中所说，"风絮"恰似"闲愁"，但在陆游的词中这种愁又不仅仅指乡愁，还有别的愁，比如女子的闺思之愁。

> 翻红坠素，残霞暗锦，一段凄然……那堪更看，漫空相趁，柳絮榆钱。（《极相思》）

> 飞花如趁燕子，直度帘栊里……妆台畔……宝钗坠。（《隔浦莲近拍》）

> 泪掩妆薄……柳绵池阁。（《解连环》）①

以上数词皆以柳絮作支点，叹佳人命薄，情恨依依，愁絮正是愁绪。

（二）报国之志，莼鲈之思②

前文所引"铁马冰河入梦来"的诗句，说明陆游的报国之志，至晚不渝，甚而日有所思夜有所梦，铁马竟入得梦中。这一志向，作者至死未已，脍炙人口的《示儿》诗传唱千古，使得陆游更为人们所敬仰。他既思报国，自然渴望功成名就，立一番大事业。可惜皇天总不遂人愿，他的一生正值市民经济发展，社会国家相对稳定的时期，南宋朝廷偏安一隅，满于现状。时人有诗曰"山外青山楼外楼，西湖歌舞几时休。

---

① 本词未见于《全宋词》，据夏承焘、吴熊和笺注：《放翁词编年笺注》，上海古籍出版社 1981 年版。
② 见上文所引《晋书·文苑传·张翰传》之典。

暖风熏得游人醉，直把杭州作汴州"①，可见当日之情状。加之宋代一以贯之的重文轻武政策，使得陆游很难实现自己的理想，迫于现实，竟学晋人张翰之旷达，思莼鲈之美而归故里，实则这种旷达中含有多少无奈及恚恨，读者自明之。

  华鬓星星，惊壮志成虚，此身如寄……空怅望，鲙美菰香，秋风又起。（《双头莲·呈范至能待制》）

  菰菜鲈鱼都弃了，只换得、青衫尘土。（《真珠帘》）

  壮岁文章，暮年勋业，自昔误人……人间定无可意，怎换得、玉鲙丝莼。（《洞庭春色》）

由于莼鲈之思已成典故，"莼"便成了思乡归隐的一个文学符号。而陆游是越州山阴人，其故乡有江南的特产之物，如菱角、蘋蓼、菰（茭白）等，作者使用这些意象亦是寄思乡之意，复生"归去来"之念。

  莫怕功名欠人做。如今熟计，只有故乡归路。石帆山脚下，菱三亩。（《感皇恩》）

  两岸白蘋红蓼，映一蓑新绿。有沽酒处便为家，菱芡四时足。（《好事近》）

  沽酒市，采菱船。醉听风雨拥蓑眠。（《鹧鸪天》）

  江湖醉客……嫋嫋菱歌，催落半川月……青史功名，天却无心惜。（《醉落魄》）

  王侯蝼蚁，毕竟成尘……躲尽危机，消残壮志，短艇湖中闲采莼。（《沁园春》）

  江天淡碧云如扫。蘋花零落莼丝老。（《菩萨蛮》）

---

① 林升：《题临安邸》，《全宋诗》卷二六七六。

蘋叶绿，蓼花红，回首功名一梦中。（《渔父》）①

湘湖烟雨长莼丝，菰米新炊滑上匙。（《渔父》）

暮山青。暮霞明。梦笔桥头艇子横。蘋风吹酒醒……莼丝初可烹。（《长相思》）

一枕蘋风午醉，二升菰米晨炊。（《乌夜啼》）

泉冽偏宜雪茗，粳香雅称丝莼。翛然一饱西窗下，天地有闲人。（《乌夜啼》）

所谓"月是故乡明"，陆游想到故乡的莼丝菰米、鲜菱嫩藕，怎不怀归。然而功业未就，欲归而不能归，是一恨；日后知世事之艰难，不欲归而不得不归，又是一恨；终于归家，晨炊菰米之时，回首功名，往事却如梦，复又一恨。此数恨相交结，缠绕心间，徘徊胸臆，刚至心上，便落笔下，万般无奈时，只好无视之，自言自语曰："吾何恨？有渔翁共醉，黐友为邻！"其实陆游哪里是无恨，只是无奈耳。

三、陆游个人的爱好：梅与海棠

陆游有一些专门写某种植物的词，表明了词人个人的赏玩情趣。

---

① 陆游《渔父》词五首，未见于《全宋词》，据夏承焘、吴熊和《放翁词编年笺注》。本词下有小序，曰"灯下读玄真子《渔歌》，因怀山阴故隐，追拟"，可知陆游欲效张志和故事，而生渔父般闲适心境。

这些词中专写海棠的有四首，提到梅的共十首，其中两首专门咏梅[①]。

陆游的海棠词《汉宫春·浪迹人间》《柳梢青·锦里繁华》《水龙吟·春日游摩诃池》和《菩萨蛮·小院蚕眠》，都与他在蜀中张园赏海棠的经历有关，其中《汉宫春》《柳梢青》《水龙吟》是当时在蜀中所作，《菩萨蛮》是日后怀想之作。前三首词有一个共同的特点，即先写海棠的艳丽美好，"锦里繁华""叠萼奇花"，后以乐景写哀，思及自己远离故土，身在天涯，而生"恨"意。东归后写作的《菩萨蛮》则怨自己当年太草率，过早还吴，以致现在韶光不再，镜中添鬓丝时，海棠入梦来，却只能怀念了。年轻时恨，年老时也恨，真应了辛弃疾的那句词"少年不识愁滋味，为赋新词强说愁。而今识尽愁滋味，却道天凉好个秋！"

梅在陆游的词中大抵是一个清高隐士的形象，他写寻梅、探梅，就是表明自己的品德趋向清高淡雅之境。两首专门咏梅的词《卜算子·咏梅》和《朝中措·梅》更是以梅自比，然格调静谧平淡，以放翁之豪俊而"无意苦争春"，作此类词，可知必含万般之无奈，以致"无语只凄凉"。

[①] 八首叙及梅事的词分别是：1.《定风波·进贤道上见梅赠王伯寿》（小桥流水一枝梅）；2.《齐天乐·三荣人日游龙洞作》（征尘暗袖，漫禁得梅花，伴人疏瘦）；3.《沁园春·三荣横溪阁小宴》（粉破梅梢）；4.《乌夜啼·我校丹台玉字》（寻梅共约年年）；5.《月上海棠·斜阳废苑》（淡淡宫梅，也依然点酥剪水）；6.《柳梢青·乙巳二月西兴赠别》（只恐明朝，一时不见，人共梅花）；7.《好事近·小倦带余醒》（扶仗冻云深处，探溪梅消息）；8.《满江红·夔州催王伯礼侍御寻梅之集》（疏蕊幽香）。两首咏梅词为《卜算子·咏梅》（驿外断桥边，寂寞开无主。已是黄昏独自愁，更著风和雨。无意苦争春，一任群芳妒。零落成泥碾作尘，只有香如故。）和《朝中措·梅》（幽姿不入少年场。无语只凄凉。一个飘零身世，十分冷淡心肠。江头月底，新诗旧梦，孤恨清香。任是春风不管，也曾先识东皇。）

总之，意象是中国古典诗词的情感符号，诗人词人对意象的运用实是其心迹的有意识或无意识的流露。植物的地域、花果、枯荣有其特性，这些特性进入到文学作品之中，便具有了一种固化的符号意义，陆游词中的植物意象也是如此。陆游的词中植物意象纷繁，反映出他个人丰富的情感世界。这些植物意象有陆游亲眼所见者，也有他心中梦想者，还有比喻及典故之类，它们充分表露了陆游写作时的心态或意图。本文对陆游词的上述意象进行的一番归类与分析，不失为对陆游词作进行解构的一种尝试。

（原载《文教资料》2013年第29期。）

[附录]

康熙御制耕织图诗之"季兰"词义考

中国封建王朝的统治者历来都极为重视农桑。南宋时楼璹将农民劳作的场景艺术化为《耕织图》45幅,每幅画都有题诗,因而又称《耕织图诗》。清代康熙帝为劝勉农桑,"欲令寰宇之内,皆敦崇本业,勤以谋之,俭以积之,衣食丰饶,以共跻于安和富寿之域",遂命内廷画家焦秉贞仿楼璹之画意,重新绘制了耕织图,并御笔亲题了诗作,"爰绘耕织图各二十三幅,朕于每幅,制诗一章,以吟咏其勤苦而书之于图"①,这就是康熙御制耕织图诗。这组诗一共46首,其中题耕图23首,题织图23首。题织图诗中有一首《经》,诗曰:"织纴精勤有季兰,牵丝分理制罗纨。鸣机来往桑阴里,已作吴绡匹练看。"②此诗中的"季兰"一词,意思颇不明了,有考辨之必要。

首先,根据这首诗整体的意思,"季兰"肯定不是指小兰花或小兰草,而是指的人,而且是女子。《汉语大词典》有"季兰"的条目③,

---

① [清]康熙帝:《题御制耕织图序》,中国农业博物馆编:《中国古代耕织图》,中国农业出版社1995年版,第200页。
② 图见中国农业博物馆编:《中国古代耕织图》,中国农业出版社1995年版,第94页。诗见该书第203页,作"织纴精勤有季兰,牵丝分理织罗纨。鸣机来往桑林里,已作吴绡匹练看",显然有误,现据图改正。
③ 汉语大词典编辑委员会编:《汉语大词典》第四卷,上海辞书出版社1986年版,第212页。

解释为："古少女名或字。《左传·襄公二十八年》：'济泽之阿，行潦之蘋藻，寘诸宗室，季兰尸之，敬也，敬可弃乎？'清刘书年《刘贵阳说经残稿·季兰》：'按此数句非泛语，明据《诗·采蘋》为言，季兰盖即季女之名或字。'一说，'季兰'为佩兰草的少女。参阅《左传·襄公二十八年》'季兰尸之，敬也'杜预注。汉蔡邕《太傅安乐侯胡公夫人灵表》：'（夫人）仁孝婉顺，率礼无遗，体季兰之姿，蹈《思齐》之跡。'"我们可以分别来看看这里提到的古籍中的记载。

《诗经·召南·采蘋》曰："于以采蘋？南涧之滨；于以采藻？于彼行潦。于以盛之？维筐及筥；于以湘之？维錡及釜。于以奠之？宗室牖下；谁其尸之？有齐季女。"在诗题之下，毛传云："女子十年不出，姆教婉娩听从，执麻枲，治丝茧，织紝组紃，学女事以共衣服。"①在"有齐季女"一句之下，郑玄注曰："尸，主。齐，敬。季，少也。蘋藻，薄物也。涧潦，至质也。筐筥、錡釜，陋器也。少女，微主也。古之将嫁女者，必先礼之于宗室，牲用鱼，芼之以蘋藻。笺云：主设羹者季女，则非礼也。女将行，父礼之而俟迎者，盖母荐之，无祭事也。祭事主妇设羹，教成之祭，更使季女者，成其妇礼也。季女不主鱼，鱼俎实男子设之，其粢盛盖以黍稷。"②又正义曰："季者，少也。以将嫁，故以少言之，未必伯仲处小也。"③根据上面引用的材料来看，"季女"就是年轻的女子，指称到了可以出嫁的年纪的女子。古时女孩在父家长到一定年岁以后，家族长辈中的妇女就会教授她们"织紝组紃"的纺织技艺，学成后可以为夫家提供衣服。这似乎就是康熙帝

---

① ［清］阮元校刻：《十三经注疏》，中华书局1980年版，第286页。
② ［清］阮元校刻：《十三经注疏》，中华书局1980年版，第286—287页。
③ ［清］阮元校刻：《十三经注疏》，中华书局1980年版，第287页。

诗中所用的典故了，但是康熙作此诗数十年之后，乾隆帝和其韵所作的诗又使我们怀疑"季兰"能否这样训释。

乾隆帝的和诗《皇帝御制恭和圣祖仁皇帝原韵·经》曰："砌下风飘待女兰，新丝经理欲成纨。安排头绪分长短，约伴同来仔细看。"①照常理来说，既然是"恭和"，想必乾隆帝先要把握好其皇祖的诗意才可动笔，两首诗在重要的语辞表述上不应有大的龃龉。如此推理，则乾隆帝诗中所等待的"女兰"与康熙帝诗中有精勤的纺织技术的"季兰"应是指代同一人或同一类人。《汉语大词典》"季兰"条中的第二个义项看来更为符合。《耕织图·经图》②（图07）所绘的纺织场景中，年轻女子有没有佩戴兰草难以辨识，不过院落台阶旁的篱笆底下，确实长着兰草。这一解释来源于西晋学者杜预为《左传》作的注。

《左传·襄公二十八年》记载了一件史事："为宋之盟故，公及宋公、陈侯、郑伯、许男如楚。公过郑，郑伯不在。伯有迋劳于黄崖，不敬。穆叔曰：'伯有无戾于郑，郑必有大咎。敬，民之主也，而弃之，何以承守？郑人不讨，必受其辜。济泽之阿，行潦之蘋藻，寘诸宗室，季兰尸之，敬也。敬可弃乎？'"③杜预注曰："言取蘋藻之菜于阿泽之中，使服兰之女而为之主，神犹享之，以其敬也。"④孔颖达等正义曰："此意取《采蘋》之诗也。诗云：'于以采蘋，南涧之滨。于以采藻，于彼行潦。于以奠之，宗室牖下。谁其尸之，有齐季女。'彼诗采蘋于涧，采藻于潦，此并言'行潦之苹藻'又别言'济泽之阿'者，以

---

① ［清］鄂尔泰、［清］张廷玉总裁，马宗申校注，姜义安参校：《授时通考校注》第三册，农业出版社1993年版，第314页。
② 《钦定授时通考》卷五三，光绪壬寅年（1902），富文局代印。
③ ［清］阮元校刻：《十三经注疏》，中华书局1980年版，第2001页。
④ ［清］阮元校刻：《十三经注疏》，中华书局1980年版，第2001页。

其亦是出菜之处，故先言之也。独言'济'者，以济在鲁国，故穆叔独举所见而言也。女将行嫁，就宗子之家，教之以四德。三月教成，设祭于宗子之庙。此诗述教成之祭寘诸宗室，谓荐于宗子之家庙也。诗言季女，而此言季兰，谓季女服兰草也。案宣三年传曰：'兰有国香，人服媚之如是。'女之服兰也。"①穆叔指责郑伯不敬，不讲"礼"，并说明了如何举行礼仪才算达到了"敬"的标准，所举的例子就是令佩戴香兰的女子主持祭礼。

图07 《耕织图》中的《经图》。引自《钦定授时通考》卷五三。

---

① ［清］阮元校刻：《十三经注疏》，中华书局1980年版，第2001页。

综合以上古籍材料来看，我们就知道了先秦时代的女子有服兰的习俗，这样兰草就与女子产生了语义象征上的联系，后世就用"兰房"来指代女子的闺阁，而女子到了一定年纪又会学习蚕桑纺织的技艺，所以可以用"季兰"来指代掌握丝织技艺的年轻女子。

但是如果我们全面搜寻古籍中有关"季兰"的记载，又无法忽视这样一则材料。《晋书·卷三一·列传第一》中有晋武帝司马炎的皇后杨芷的传记："武悼杨皇后讳芷，字季兰，小字男胤，元后从妹。父骏，别有传。以咸宁二年立为皇后。婉嫕有妇德，美暎椒房，甚有宠。生渤海殇王，早薨，遂无子。太康九年，后率内外夫人命妇躬桑于西郊，赐帛各有差。"①杨皇后曾亲自耕桑于西郊，而她又以季兰为字，这是值得注意的。清末民初的学者吴士鑑所作《晋书斠注》在杨皇后的传文后有一段校注，说："《御览·一百九十九》引王隐《晋书》作'后母太原庞为安昌乡君'。《通典·六十七》引太康元年杨皇后亲蚕仪注'昌平君平立'，注云'安昌君，杨皇后父也'。《御览·二百二》引臧荣绪《晋书》亦作'高都君'。案本传木之臧书与王书异，后父杨骏封临晋侯，杜氏安昌君为后父，甚误。且亲蚕无廷臣执事者，后父亦无封君之理，疑太康元年本封安昌乡君，其后乃封高都县君也。《通典》'元年'亦为'九年'之讹。"②这其中提到的《通典》中的原文为："晋武帝太康元年杨皇后亲蚕仪注曰：皇后乘辇，群臣皆拜，安昌君平立（此处有双行小字：安昌君，杨皇后父也）。至坛下辇，后乃拜安昌

---

① ［唐］房玄龄等撰：《晋书》，中华书局1974年版，第955页。
② ［唐］房玄龄等撰，吴士鑑、刘承干注：《晋书斠注》，中华书局2008年版，第638页。

君，及升坛，后乃为安昌君设榻于其位，至还，后复拜。"①这是一个历代嘉礼中皇后敬父母的史例。尽管亲蚕仪式是历代皇后都要主持的国家礼仪制度，《春秋谷梁传》所谓"天子亲耕，以共粢盛，王后亲蚕，以共祭服"②是也，没有什么特别之处，但是这位杨皇后字季兰，恰好与我们需要训释的内容相关，这使"季兰"与蚕桑又有了某种联系。我们从考辨工作所需的严谨态度出发，出示这则材料，聊备一说。那么康熙帝诗中作名词的"季兰"会不会指杨季兰皇后呢？显然不是。因为康熙帝以帝王之尊，用表字去称呼历史上的一位皇后，这是极为不庄重的，是不会出现的情况。

因此，综上所述，康熙帝耕织图诗中的"季兰"应该这样解释：季兰，字面意思为小兰草。古代女子有簪佩兰草的习俗，而古代的蚕桑纺织多由女子劳作，故季兰在这里指代从事蚕桑纺织的年轻女子。

（原载《焦作大学学报》2015年第2期。）

---

① ［唐］杜佑：《通典》，中华书局1984年版，第373页。
② ［清］阮元校刻：《十三经注疏》，中华书局1980年版，第2377页。

论梅文化申报非物质文化遗产的可行性及意义

在信息技术革命不断深化的今天,后工业时代的人们对于传统文化有着"与生俱来"的疏离与隐忧。早在19世纪60年代,英国作家查尔斯·狄更斯在《双城记》的开篇中就说:"这是一个最好的时代,这也是一个最坏的时代。这是智慧的年代,也是愚蠢的年代。这是信仰的时期,也是怀疑的时期。"人类被日益发达的网络分割成了一个个微小个体,世界进入了"微(Micro)时代",人们越来越不清楚自身的文化归属,伟大的哲人米歇尔·福柯甚而惊呼"人死了"(《词与物》)。正是在这种背景下,人类开始迫切地从先民的文化遗产中寻求滋养。1972年,联合国教科文组织在巴黎举行第17届大会,会议达成了"部分文化或自然遗产具有突出的重要性,因而需作为全人类世界遗产的一部分加以保护"的共识,并最终通过了《保护世界文化和自然遗产公约》。我国于1985年成为该公约缔约国,从此我国的文化遗产保护进入了一个新时期。2003年,教科文组织第32届大会又通过了《保护非物质文化遗产公约》,我国成为首批公约缔约国。截止到2011年,已有书法、古琴、京剧等36项文化遗产入选世界非物质文化遗产名录[①]。与此同时,各地申报国家级非物质文化遗产的工作也在不断进行中,这对于保护文化传统,传承民族精神具有极大的助益。梅文化作为极富中国特色的民族文化,应当申报国家级甚至世界级非

---

① 《中国目前已入选世界非物质文化遗产项目》,《世界遗产》2012年第1期。

物质文化遗产，这一工作如得实现，对我国的政治、经济、文化各方面发展都将有重大的意义。

图08 《诗经·摽有梅》的配图。引自［日］细井徇、细井东阳撰《诗经名物图解》，日本国立国会图书馆藏。

一、梅文化的范畴及其"非遗"属性

（一）梅文化的丰富内涵

我国的梅文化源远流长，它与我国人民的生活习惯、风俗人情、故事传说、文化艺术等，结下了不解之缘。①在我国现存最早的典章文献《尚书》中，就有关于梅的文字记载："若作和羹，尔惟盐梅。"在我国第一部花草类书《全芳备祖》（宋代陈景沂编著）中，梅花即被列为百花之首。数点我国山川，有梅岭、梅溪、梅峰、梅园……走遍我国各地，有梅村、梅镇、梅县、梅州……浏览我国艺苑，有梅雕、梅绣、梅画、梅瓶……倘留心一下我国女子的名字，以"梅"取名者更是不计其数。可以说，在中国，到处都有梅的存在；也可以说，梅花已深深扎根在中国人的心中。所以，宋人范成大在《梅谱》中说："梅天下尤物，无问智愚贤不肖，莫敢有异议。"

说到梅文化，人们首先想到的便是历代的咏梅文学了。从《诗经·召南·摽有梅》开始，历代文人均创作有大量的诗词作品歌咏梅花。成风气的咏梅文学创作渐起于魏晋，成长于隋唐，而巅峰于两宋。唐代的诗人们"不断抬高梅花在花卉中的地位，从梅花寂寞野外、抗寒早芳等特征演绎其高尚的意义，从而使梅花意象逐步具有了人格情操的象征意蕴"②。到了宋代，苏轼提出了"梅格"的概念，他在《红梅》诗中说："怕愁贪睡独开迟，自恐冰容不入时。故作小红桃杏色，尚余孤瘦雪霜姿。寒心未肯随春态，酒晕无端上玉肌。诗老不知梅格在，更看绿叶与青枝。"这就赋予了梅花士人的品格，使梅文人化了，"梅格"也就与"人格"对等起来。

梅花在不断的文人化的过程中，还形成了中国传统绘画的一个特有画类——梅画。古代的梅花以墨梅为主，进入现代后，工笔画、油画、水彩画等形式都被用以表现梅花。此外，由绘画衍生出的梅花造型艺

---

① 陈俊愉：《中国梅花》，海南出版社1996年版，第92页。
② 程杰：《宋代咏梅文学研究》，安徽文艺出版社2002年版，第13页。

术也洋洋大观，从织物纹样到器皿涂饰，从工艺制品到建筑装潢，梅花纹饰的应用极为广泛，就连被乾隆帝赐名为"梅花糕"的江南小吃也是因其外形似梅而得名的。

梅花文化的核心是梅花精神。台湾中华文化复兴运动总会推广梅花运动委员会发起人蒋纬国先生，在1997年撰文《谈梅花、说中道、话统一》，将梅花精神概括为：一、先木而春，含苞吐芬，具领袖群伦精神。二、花先於叶，傲然挺立，具自立自强精神。三、花不朝天，栉比倾生、具维护道统精神。四、暗香扑鼻，清幽宜人，具雅逸坚贞精神。五、傲霜励雪，寒而愈香，具坚忍不拔精神。六、疏影横斜，错落有致，具互助团结精神。七、千年不朽，俞久愈发，具老而弥坚精神。八、枯木能春，生机盎然，具不屈不挠精神。九、合木人母，表梅哲性，具文化基本精神。十、我爱梅花，更爱中华，具民族统一精神。

梅花文化还包括戏剧戏曲与音乐。《梅花三弄》《梅花落》等古曲传唱至今，清代惜阴堂主人所撰《二度梅全传》，被人们改编为越剧、潮剧等多种曲目，是今天习用的成语"梅开二度"的来源；千古名剧《牡丹亭》中，男主人公柳官因在梅树下见到杜丽娘的幻影而改名"梦梅"；等等；这些都是梅与人们日常生活关系密切的表现。

梅花妆还是我国古代妇女的一种重要妆饰。据北宋李昉所编《太平御览》记载，南朝宋武帝刘裕的女儿寿阳公主某日在殿下小憩，忽有一朵梅花飘落额间，挥之不去，在额头留下了粉红色的梅花印记。宫女们见之竞相效仿，更由宫里传向民间，一直到唐五代都非常流行。美国汉学家傅汉思（Frankel Hans H.）有一本专著叫作《梅花与宫闱佳丽：中国诗选译随谈》①，这一书名就来源于梅花妆的故事，这说明在域外汉学家的眼中，梅花是典型的中国元素。

梅文化所包含的内容还有梅的食用及药用、中国武术梅拳以及梅花造景与园林艺术等，不可一一尽数。梅文化的涵盖面之广大，发展历史之久长，使梅花的形象、精神和相关产品，都浸润到了我们的生活之中。

（二）梅文化完全符合"非遗"的定义

我国政府在缔约了《保护非物质文化遗产公约》后，就及时出台相关规定，保护本国的文化遗产。其中，《国务院办公厅关于加强我国非物质文化遗产保护工作的意见》（国办发〔2005〕18号）指出，非物质文化遗产指各族人民世代相承的、与群众生活密切相关的各种传统文化表现形式（如民俗活动、表演艺术、传统知识和技能，以及与之相关的器具、实物、手工制品等）和文化空间。那么，将这一概念与前文所列举的梅文化范畴相互对照，我们确信，梅文化完全符合政府对"非物质文化遗产"的定义。

然而，明确了这一点之后，一个亟待论述的问题又摆在了我们面前。2005年国务院文件出台之后，我国曾经历过三次大规模的"非遗"名录评选，梅文化为什么没有乘着这股风潮进入名录呢？是因为它不够格吗？当然不是这样，我们认为，这是由梅文化本身的广博性造成的。

首先需要指出的是，我国的"非遗"申报和评选，大抵是以省级行政单位为分区进行的。这种方式显然存在一些问题，浙江大学非物质文化遗产研究中心的刘志军老师就撰文批评，说"当今的非物质文

---

① ［美］傅汉思著，王蓓译：《梅花与宫闱佳丽：中国诗选译随谈》，生活·读书·新知三联书店2010年版。

化遗产名录、代表作及传承人的评选在很多地方沦落为政治工具和经济工具","这几年的非物质文化遗产项目的申报与保护工作多流于一种单边的自上而下的政府行为"①。浙江师范大学的陈华文教授也指出,非物质文化遗产申报存在着只注重地方性特点而不考虑其对整体文化的有益性和可持续发展的弊病,"那些具有地方特点的非物质文化遗产首先被挖掘、被包装,而在这一过程中,却很少考虑这一文化的存在状态和对整体文化是否具有积极的正面的影响,对于地方文化的可持续发展是否有益等则基本上没有被考虑"②。因此,各地在摘择申报项目时,往往选择那些本身极富特色而又有地方风情的项目。以江苏省为例,《江苏省第一批国家级非物质文化遗产要览》将"非遗"分为了七大类,分别是民间文学、民间音乐、传统戏剧、曲艺、民间美术、传统手工技艺和民俗③。梅文化显然不属于其中任何一个单科,却又包含着文学、音乐、美术等各个单科的成分。梅文化内涵的广博性使得它无法归属于某一地域和某一门类,这就使它失去了从地方"晋级"全国的资格。

对此,我们要说的是,梅文化的"博采众家之长"难道不正是它最大的特色吗?梅文化从来不是曲高和寡的小众文化,它的广博性也注定了它的大众性,甚至全民性。美国布朗大学艺术与建筑史系教授毕嘉珍(Maggie Bickford)在其专著《墨梅》的中文版序言中说:"文

---

① 刘志军:《后申报时期非物质文化遗产保护的忧与思》,《思想战线》2011年第5期。
② 陈华文:《从非物质文化遗产概念看"非遗"申报与保护中存在的误区》,《三峡文化研究》2008年第8期。
③ 王慧芬:《江苏省第一批国家级非物质文化遗产要览》,南京师范大学出版社2007年版。

人画与专业绘画、物质文化或者民间传统的世界并不是相为隔绝的。相反,中国的社会群体共享着文人水墨画中的图像和意义。"①墨梅是如此,梅文化整体更是如此,它的包容性、广博性和大众性等特点,使它完全具备了国家级非物质文化遗产的构成要素。

二、梅文化"申遗"的文化意义

首先,梅文化申遗有助于促进对梅文化本身的深入研究。从宋人范成大的《范村梅谱》开始,国人就做起了有关梅花的学问,到如今一千余年了。各种有关梅花的专著、论文、报告汗牛充栋,可谓一片繁荣。但研究工作仍存在着许多不足,比如对梅的文化阐释总体上逊于其生物学研究,又如对梅文化的探讨多数还停留在梳理现象、考察个案上,系统性不强,没有深入到精神内核层面等。

学者严复在《与熊纯如书札》中说:"若研究人心、政俗之变,则赵宋一代历史最宜究心。中国所以成为今日现象者,为善为恶姑不具论,而为宋人之所造就,什八九可断言也。"国人的梅花情结,十之八九也是为宋人所造就的。林逋的一句"疏影横斜水清浅,暗香浮动月黄昏"(《山园小梅》)精准地道出了梅花的情姿;宋庠为了赏梅的路途不顺而烦恼不已,"江南无驿骑,何计赏梅花"(《立春》);苏轼的朋友因为过分爱梅而为东坡所惊叹,"寻花不惜命,爱雪常忍冻"(《赠李邦直探梅》)……宋人与梅花的故事说不尽也道不完,然而如何透过这些单个的故事审视宋人的梅花审美及其对今人梅花情结的

---

① [美]毕嘉珍著,陆敏珍译:《墨梅》,江苏人民出版社2012年版。

影响，还是有待学者们去解决的。若梅文化成功申遗，势必能够激发学人的研究热情，促使上述问题的解决，从而将梅文化研究向深广推进。

然后，梅文化申遗还有助于打造我国的文化软实力。2013年1月31日和2月1日，中共中央政治局常委刘云山在看望文化界知名人士时说，文化繁荣兴盛是中华民族伟大复兴的应有之义，建设文化强国是实现"中国梦"的重要支撑。同年夏天，国家主席习近平在8月20日全国宣传思想工作会议上也指出，优秀传统文化是我们最深厚的文化软实力。而梅文化无疑是我国极优秀且极富精神内涵的传统文化，将梅文化申报世界非物质文化遗产，有助于传承文化经典，提升我国的文化软实力。

三、梅文化"申遗"的政治意义

"梅花梅花满天下，愈冷它愈开花，梅花坚忍象征我们，巍巍的大中华"，这首《梅花》歌曲随着一代歌后邓丽君的演唱而传遍神州，给无数中华儿女注入了拼搏的力量。早在1929年，国民政府就定梅花为国花。在中国人民的伟大领袖毛泽东公开发表的36首诗词中就有两首是赞扬梅花的。1972年，周恩来总理指示我驻外使馆大厅统一悬挂王成喜绘制的巨幅国画《红梅》。梅花成了中国的一张名片，在海峡两岸具有其他花卉所没有的崇高地位。以梅为媒，以梅会友，梅花成为联系大陆与台湾的精神纽带，成为中华民族共同的情感依归。梅花的申遗必将有助于进一步深化海峡两岸的文化交流，促进祖国的和谐与统一。

梅文化是身处中华文化圈的中国特有的文化，它的申遗可以避免一些国民言论交锋甚至外交争端。这种争端在中日韩三国尤其突出,并随着韩国端午祭、"韩医"、日本茶道的申请进入世界"非遗"名录而日趋白热化,有学者为此专门发表文章大声疾呼:"过去我们始终认为五千年的中国文化博大精深,并且也以'民族的就是世界的'话来自我安慰,甚至有人认为我们该有气度,中国文化可'申遗'的项目多着呢?但话要说回来,如果把中国文化都'精深'到别的国家,这岂不正好证明我们的文化唯'博大'而不'精深'吗?而恰恰是'申遗'的文化项目,体现的正是一个国家文化的'精深'程度。如果日本和韩国真的把有着五千年的中国茶文化搬过去'申遗',那么我们还有何脸面再言中国茶文化的'博大精深'?"①这位学者的话一方面警示我们保护我国的传统文化刻不容缓,另一方面也促使我们思考梅文化申遗不会引起争端这一政治意义。梅文化的归属是不存在争议的,韩国因纬度高,其梅花品种单一产地狭小,日本虽产梅却缺乏类似樱花那样的文化土壤,且日人对于果梅的兴趣远胜于花梅。他们国家虽也有一些梅事,但与中国梅文化的广博内蕴完全不可等量齐观。梅文化的申遗有助于中华民族精神上的团结,有助于中国文化的高标独立,是极富政治意义的。

四、梅文化"申遗"的经济意义

在我国经济繁荣发展的今天,梅花产业方兴未艾。据毛庆山统计,

---

① 舒曼:《中国茶道何时"申遗"?——"中国文化"成为韩国"申遗"项目引起的思考》,《农业考古》2008年第2期。

有关梅花的产业经济主要涉及以下五个方面：梅花旅游经济、梅花盆景产业、梅花苗木产业、梅花文化产业和梅花的综合利用（饮食、制药、工艺品等）①。其中以梅花为景观的旅游名胜尤为惹人注目，同时它也是苗木、盆景、工艺品销售、餐饮等其他产业的依附和支撑。笔者但举一个例子，就可以说明国人对于赏梅的热情及梅花景观对当地经济收入的提升作用。落成于2000年的上海世纪公园位于浦东新区行政文化中心，是上海内环线中心区域内最大的富有自然特征的生态型城市公园，也是当时上海市最大的城市公园。然而这个位于千万人口的大城市中心的公园，每年的门票收入都不太理想。2006年冬天，细心的市民悄然发现，公园的一个角落里多了好些梅花盆景，一开始还不显眼，但随着春天的到来，朵朵粉梅，灿然开放，顿时吸引了众多眼球。盆景展展示后，上海滩被梅花惊艳了。公园淡季门票从原来的5万张猛增到20多万张。国人之喜梅、爱梅，可见一斑。2009年，浦东新区政府和世纪公园决定共同出资，规划一个大型梅园，共栽梅花一万余株，世纪梅园建成，成为了上海市最大的梅花景观。一到早春，更是游人如织，观者似堵。

其实民众前往梅花景观玩赏春梅的风气自古有之，那时的梅园、梅林、梅谷等处一到春天也是人满为患，只不过缺乏现代旅游业式的系统经营罢了。南京师范大学程杰教授的"中国古代梅花名胜丛考"系列论文，系统考证了中国古代文献著录丰富的梅花景观。当然众多古代梅花景观经过历史的淘洗已湮没不存，但还是有一些一直兴盛至今，杭州西溪的梅花景观就是如此。"西溪梅花起源于宋代，明万历

---

① 毛庆山：《我国梅花产业发展之探究》，《北京林业大学学报》（自然科学版）2007年12月增刊。

图09 绿萼梅。石润宏摄于南京梅花山梅林。

以来开始兴盛。自万历中至清康、乾盛世的两个多世纪为其鼎盛期，种植繁盛、景色丰富，蔚为壮观，成了钱塘湖山的一大名胜。"①清代西溪梅花虽然沉寂了一段时间，但随即又萌发出新的活力，至今还是游览胜地。现在，无论是南京梅花山、无锡梅园还是其他什么地方，但凡梅林成片而又交通便利的梅花景区，从来都不愁无人观赏，门票及相关服务业收入相当可观。这些都说明梅花产业对经济的刺激作用相当明显，如果梅文化成功申遗，势必会为我国经济社会发展做出更大的贡献。

---

① 程杰《杭州西溪梅花研究——中国古代梅花名胜丛考之二》，《浙江社会科学》2006年第6期。

五、梅文化"申遗"的教育意义

众所周知,教育是传承文化经典的必由之途,而梅文化的教育与传承跟其他非物质文化遗产相比有着先天的优势,即教育传承上的普适性与便宜性。所谓普适性,就是指梅文化适合所有普通大众,它不像古琴、云锦那样需要长时间的修习,也不像制瓷、造船("中国水密隔舱福船制造技艺"被列入急需保护的非物质文化遗产名录)那样需要受教育者拥有多么高深的专业知识,人们只要喜爱梅花,关注梅事,就能成为传播梅文化的一分子,就能为梅文化的发展贡献力量。所谓便宜性,既可作方便讲,也可作成本低廉讲。梅文化的传承不需要投入过多的成本,它重在个人的体悟与感受,不必费力添置什么"硬件",家长带着孩子徜徉于梅林之间,就在潜移默化地进行了教育与传承。

总之,基于上述原因,我们呼吁提请将梅文化申报世界非物质文化遗产,这是保护传统文化的现实需要,也是传承民族精神的重要举措,它在理论和实践上都是可行的,这一申报工作如果得以实现,将在我国的文化教育、政治、经济等诸多层面产生良好的效应。

(与戴中礼合作,原载《北京林业大学学报》自然科学版 2013 年 12 月增刊。)

世界园艺史与社会人类学视野中的花文化研究
——杰克·古迪《花文化》评介

"人类将植物融入其文化传统、宗教甚至天文学之中，这很大程度上揭示了人类的自身。"[①]花作为植物生命体中拥有丰富色彩、美丽外貌与香味等性状的一部分，甚为惹人关注，人类在漫长的社会历史进程中，也将花卉融入了各自群落、民族与国家的文化之中。研究花的文化，不仅能够描绘人类有关花的文化图景，而且能够通过对这些图景的观瞻，探触人类之于自然的心灵感受，最终达到由"物"反观"我"的目的。因此我们认为，花文化作为人文社会科学中的一个小围域，实有其独特的价值，很值得深入研究。然而遗憾的是，国内学界长期以来对花卉的社科类研究往往停留在现象梳理的层面，不能够进一步地触及到文化的精神内核，在这种情况下，国外学者的论著就为我们提供了一种可资借鉴的研究模式。英人杰克·古迪的《花文化》就是该领域很有学术地位的一部著作。该书出版以后，学界有较高的评价，英国历史学家彼得·伯克（Peter Burke）认为："古迪注意到

---

① Michael J. Balick, Paul Alan Cox: Plants, People and Culture: The Science of Ethnobotany, New York: Scientific American Library, 1996, p. 4.

花文化和马文化之类的重要研究空白，这已被证实非常有益。"①英国汉学家吴芳思（Frances Wood）在书评中写道："《花文化》一书令人惊奇地掠过很多世纪以来的世界，从埃及的莲花到18世纪法国花语中的隐秘信息，包括非洲的叶子，美国的墓地，反表象性的伊斯兰花饰，广东的新年供品和印度的花环。书中的例证展现了足够大的范围，从庞贝（Pompei）到普桑（Poussin），以及1989年为布拉格士兵献花，还有工党的红玫瑰。几乎所有读者都可在其复杂的论述线索中发现感兴趣的轶闻，值得强烈推荐。"②该书也引起了国内学者的关注，程杰《论中国花卉文化的繁荣状况、发展进程、历史背景和民族特色》一文中提及《花文化》一书"力求在跨文化和人类社会学、历史学的宽广语境中思考中国花卉文化的特点，所见多有启发"③，但尚无对此书的深度介绍与评价。中国民俗学网译介了古迪的其他一些著述，如《口头传统中的记忆》④等，也没有关注到该书。本文从促进学术交流与繁荣的立场出发，介绍古迪研究花文化的理论方法和主要观点，评论其研究工作的意义，以期对国内有志于此项研究的学者有所助益。在文中，我们附上了选译《花文化》的部分内容，可供不易获取原著的学者借鉴使用。

---

① Peter Burke:"Jack Goody and the Comparative History of Renaissances",Theory, Culture & Society（2009,Vol.26,No.7-8）,pp.16-31.
② Frances Wood:Review of Jack Goody "The culture of flowers",Journal of the Royal Asiatic Society（Third Series,1995,05）,pp.163-164.
③ 程杰：《论中国花卉文化的繁荣状况、发展进程、历史背景和民族特色》，《阅江学刊》2014年第1期。
④ http://www.chinesefolklore.org.cn/web/index.php?NewsID=3036。

一、《花文化》作者简介

杰克·古迪（Jack Rankine Goody，1919—2015），是英国著名的社会人类学家、历史学家，剑桥大学圣约翰学院（St John's College）资深研究员，于 1976 年当选英国社会科学院院士，并被女王授予爵位。1980 年成为美国国家艺术与科学院荣誉院士，2004 年当选美国国家科学院院士。1954—1984 年，古迪在剑桥大学教授社会人类学，被认为是西方新史学的杰出代表之一。

图 10　老年的杰克·古迪。图片来源于谷歌搜索。

古迪在英国赫特福德郡（Hertfordshire）的韦林花园城（Welwyn Garden City）长大，后至圣阿尔邦斯（St Albans）学校学习。那时英国著名的人类学家莫蒂默·惠勒（Mortimer Wheeler）正在圣阿尔邦斯学校附近进行考古工作，引发了古迪对考古学的关注。在剑桥大学圣约翰学院学习英国文学时，古迪仍然保持对历史和考古学的兴趣，并遇到英国著名历史学家与左翼作家艾瑞克·霍布斯邦（Eric Hobsbawm）。第二次世界大战爆发后，古迪入军参战，后被德军俘虏至艾希施泰特战俘营。在被俘的三年中，他读到人类学家詹姆斯·弗雷泽（James George Frazer）的《金枝》（The Golden Bough）和考古学家戈登·柴尔德（Gordon Childe）的《历史上发生了什么？》（What Happened in History），从而对人类学产生浓厚的兴趣。战后古迪重返学校并转向考古学和人类学领域的研究。他在非洲加纳北方的村庄做田野调查，持续地开展对欧洲、非洲和亚洲的比较研究。"他开辟了若干新的研究领域，总是重新思考他的思想，并不断地从一个主题转移到另一个主题，他涉及的主题极其广泛，从书写对社会的影响、烹饪、花的文化、家庭、女性主义到东西方文化的对比等等。"①

杰克·古迪长期以来在人类学、历史学、社会学等领域笔耕不辍，成果丰硕，主题广泛，主要有《传统社会的读写》（Literacy in Traditional Societies, 1968）、《野性心灵的驯服》（The Domestication of the Savage Mind, 1977）、《烹饪、菜肴与阶级》（Cooking, Cuisine and Class: A Study in Comparative Sociology, 1982）、《书写的逻辑和社会的组织》（The Logic of Writing and the Organisation of Society, 1986）、《花文化》（The Culture of Flowers, 1993）、《西方中的东方》（The East in the West, 1996）、《偷窃历史》（The Theft of History, 2006）等著

---

① ［英］玛利亚·露西娅·帕拉雷丝-伯克著，彭刚译：《新史学：自白与对话》，北京大学出版社2006年版，第2页。

作，被译成德、法、意、西、葡等语言，以及土耳其语、日语和汉语①。古迪对欧洲中心主义作了很多批判，在学术研究中倾向于在欧亚大陆的不同社会之间，对信息和物质的交换进行对比，其中"蕴涵着的对于社会和长时段历史的无所不包的眼光是如此开阔，使得即便是德国社会学家马克斯·韦伯（Max Weber）和法国历史学家费尔南·布罗代尔（Fernand Braudel）相形之下都显得更受局限和更其具有欧洲中心的色彩"。

二、《花文化》内容梗概

《花文化》②一书于1993年由剑桥大学出版社出版发行，全书共462页，分为十四章，约计18万个英文单词，有平装和精装本，其中包含19幅彩图、42幅黑白插图以及3幅图表，有法语和意大利语的译本。意大利语译本"La cultura dei fiori"由伊诺第（Einaudi）出版社于1993年出版。法语译本"La Culture des fleurs"由塞伊（Seuil）出版社于1994年出版，出版商在其介绍中说"作者强调了生态环境、意识形态、审美和鲜花象征性用途之间的关系"。作者在本书中做的是"花文化"研究，但"这并非是排它性的目标"，因为书中"还论及枝叶的理念。花束和花冠用于装饰，以及冬青枝和常春藤，不可能将其从论题中排除"（《花文化》前言），也就是说作者的论述是以花为中心展开的，但有时并不局限于花。

---

① http://en.wikipedia.org/wiki/Jack_Goody。
② Jack Goody:The Culture of Flowers,London:Cambridge University Press,1993.

全书时间与空间纵横捭阖，通过对非洲、中东、欧洲、亚洲花文化的地域性透视，对人类花文化发展的起源、兴盛、衰落与复兴的发展历史进行了全面考察。在章节内容的编排上，古迪遵循了由非洲到欧亚大陆，由近东、中东再到远东的轨迹。这样的安排自有其道理：从考古学界的主流观点来看，非洲是人类的起源地，人类的祖先正是从非洲走向世界各地的；而从文化圈的相互交流来说，欧洲人的视野由近及远正是从其本土一直延伸到中国，体现了古迪作为一名历史学家的通史意识，也符合英语区的读者由自身而及他国的阅读习惯。

前四章大致为一个部分，主要分析了非洲、欧洲、地中海地区和中东的花文化。作者以"非洲无花卉？"一问引起全文，对非洲缺少花文化的现象进行了深入探究，认为非洲花文化的缺乏与其物质文化的贫乏相关，加之花的品种比欧亚少，人们对植物世界感兴趣的主要是叶、根和茎，即作为食物的部分，而非没什么用处的花朵。作者根据在欧亚非的生活经历与科学调察，从"无"展开论述，实际提出了一个重要观点，即花文化具有普遍性。非洲的情况可以类比为人类社会早期，当时的人类活动处于狩猎和采集阶段，还不足以供养贵族阶层，人们也就无暇追求精神审美层面的生活。而一旦经济稳步发展，社会上出现了不需要担心温饱的有闲阶级，花就有了拥趸。"埃及对花卉的使用显示出阶级性，上层社会比下层社会更多地使用奢侈的花束。"（P49，原书页码，下同）后来人类社会进一步发展，出现了一些强盛的帝国，这些国家繁荣富庶，人们对花的热情也日益高涨。"罗马的花园由大量希腊时代的人力创造，被认为是奢侈的象征。罗马郊区的别墅和花园中有着大量的奢靡景象，这种显赫的财富在公众中引发嫉妒与批评。"（P55）因此与撒哈拉沙漠以南的非洲相比，中东、欧洲和地中海沿岸等相对发达的地区发展出了繁盛的花卉文化。作者论述了古罗马、古巴比伦和古波斯精致的花文化，以及对此引发的各种批判观点。他试图描绘出其发展的轨迹，指出国家间的交流与征战是花文化传播的重要方式。比如中东的古巴比伦之后，在公元前1570年重建的底比斯新王国，"扩张到了亚洲并带回了动植物群"（P38），使中东"此后成为西方花文化兴起的主要来源"（P102）之一。这一部分的前两章讲述的是经济上升时期花文化的发展，后两章则讲述了经济衰退时花文化也随之凋敝。随着西罗马帝国的崩溃，经济不能保持早期的富足，城市生活与园艺技术也开始衰退，人工助长的实践和知识似乎遗失了数个世纪，这在花冠的使用，对待塑像的态度，禁欲主义和奢侈行为，植物知识的影响等方面都产生了重要影响。作者描述了基督教欧洲的花文化在罗马帝国之后的衰退，而早期的传统在伊斯兰教的影响下仍得以维持并扩展。来自于东方的影响为中世纪欧洲、土耳其、印度的花文化复苏做出了贡献。"波斯的花园设计和花卉栽培在西方和东方传播开来。在大马士革和巴格达的宫廷文化影响下，伊斯兰世界也接受了很多早期在东亚流行的奢侈传统，开始鼓励花卉的世俗使用。"（P111）

第五章至第十章为一个部分。这六章主要介绍欧美社会的花文化。前三章按照时间顺序从中世纪说到文艺复兴，再说到工业革命之后资本主义市场向全球发展，后三章重点讨论了花的象征意义即花语。第五章论述了中世纪修道院花园的发展和文学艺术中的花卉，对图像和偶像破坏之间的关系进行了梳理，以及后期在宗教和世俗环境中的不同风格的花文化。第六章论述了意大利文艺复兴时期的花冠与灿烂的花文化，以及花在低地国家的静态写生中扮演的角色。第七章将花文化置于市场的发展中考量。由于花的品种范围变大，消费者能够接触到东西方更多的产品。"广大殖民地的发现意味着花卉被引进的数量日益增长"，"植物搜寻者被派遣到全世界遍寻新种类花卉来填补西方的花园、苗圃和温室"。（P214）"受到来自东方和西方奢侈的奇异花卉的促进，花园变得更加普遍"。（P213）鲜切花商品最初主要在城镇快速增长，后来扩展到乡村地区。市场高度依赖社会团体以及运输的方式，以使产品及时输入主要城镇。作者注意到欧洲人在花卉象征中使用的"密码"，即花卉本身与其名称所表达的语言含义——花语，一种精致的文化创造，并从三个方面讨论花语在欧美流行文化中的发展情况。第一，将花卉置于关于死亡的背景中；第二，论述菊花和玫瑰的重要意义；第三，回到清教徒的遗产中，探究花语在欧洲内部的差异性。在这六章的论述中，"市场"这一关键词令人印象深刻，古迪准确地把握住了花文化在工业革命后迅猛发展的脉门，"在中世纪，花文化是'几乎完全处于被抛弃的地位'，只有通过贸易将欧洲与东方联系起来时，才开始再次加速发展"（P243）。资本市场的全球扩张注定会使欧洲的文化变得强势，欧洲人的花语密码于是走向了世界。第二次世界大战后，老欧洲的政治军事地位被美国取代，于是欧洲开始受美国的影响，"美国似乎比欧洲更加强调道德方面，强调其提升美德的用处，来激励教育并且定义新国家的价值观念。与此同时，花卉本身的使用在此背景中仍保留了很多"（P270）。

  第十一至第十三章为一个部分。这三章讲了远东的情况，第十一章说印度，后两章说中国。花文化并非欧洲独有，在中世纪以间，很多亚洲国家的花文化发展得很成功。作者在此部分将目光转向南亚和东亚，考察印度的花文化。包括花在早期印度社会的存在与使用；花在祭祀中的简要介绍；佛教中的花在图像上的特点；印度北方受伊斯兰文化影响下的花文化；当代印度的花文化的发展状况等。第十二章对中国的生态与农业、植物学知识、花卉主题以及早期绘画艺术进行了探索，论述了花卉诗歌与绘画以及相关画谱的发展情况，并对"花中四君子"——梅、兰、竹、菊的象征意义及其在中国传统绘画中的地位进行了阐述，认为中国的花文化在士人的参与下有很重要的开拓和提升。第十三章论述了中国历史悠久的花文化传统，体现在诗歌、传说、绘画、石刻、窗花以及屋舍装饰中。也论及花文化在大陆和港、澳、台的不同发展情况，记录了20世纪80年代末华南新年仪式中的花文化及其市场表现。最后的第十四章是延伸阅读，对花与宗教和奢侈的联系，以及欧洲的花文化做了补充和引申，篇幅较短，是作者行文结束后对某些问题的进一步思考。

三、《花文化》研究的理论方法及其意义

首先，我们对作者闳通的学术视野感到钦佩。他在讨论世界各地的花文化时，并非直白平庸地介绍，而是突出了"人类的"花文化，在人类的社会、经济、民族、种群、生存环境与历史际遇六面立体维度中论述花的装饰特性、意象情趣、图式功能与艺术表现，从而为读者铺展了一幅人类的花文化地图。正如作者在首章就指出的，"花文化本身是普遍的"，在绘出了这幅地图后，古迪并没有用明确的界限分隔洲际与国界，而是向人们描述了一个浑成的花文化世界。现代社会学的奠基人之一涂尔干（Emile Durkheim）指出："人类心灵是从

不加分别的状态中发展而来的，我们的大众文化、我们的神话以及我们的宗教中的相当一部分，仍然是建立在所有意象和观念基本上相互混同的基础上的。"①古迪在各章的论述中，也很注意这种"混同"，比如他指出，中国和巴比伦、埃及经济的富庶使得上述地区花的装饰功能突出，而撒哈拉沙漠以南的非洲人民生存境况的不佳、经济的落后使该地区人们首先关注的不是装饰性的花朵，而是果实（食物），这就揭示了花文化现象成因的通性。又如上文简介中提到的"市场"，可以说是古迪发现了市场对于花文化的重要意义，市场是沟通历史、经济与花卉文化的纽带。古迪这种对学术问题的跨学科驾驭能力为他赢得了赞誉，"古迪的方法体现了一种发展联系的能力：他的关注点越出孤立的文化或社会界限，强调了相互依存的长链，以及知识、技术、商品和物质的流动，使人们联系在了一起。他的兴趣范围体现出百科全书的特征，包含识字、爱、婚姻、家庭、食物、花卉等主题。而且，古迪是一位不寻常的社会科学家，有着非常宽阔的历史维度和眼界，能够吸收来自欧亚大陆乃至世界任何地方的材料"②。英国社会人类学家克里斯·罕（Chris Hann）还指出，"多数社会文化方向的人类学者倾向于关注较为狭窄的单一社会或民族志的情况，他们在这种单一层面上无法欣赏或反驳古迪的理论"③。

---

① ［法］爱弥尔·涂尔干、［法］马塞尔·莫斯著，汲喆译：《原始分类》，上海人民出版社2000年版，第5页。
② Mike Featherstone:"Occidentalism:JackGoody and Comparative History: Introduction",Theory, Culture & Society (2009,Vol.26,No.7-8),pp.1-15.
③ Chris Hann:"Reproduction and Inheritance: Goody Revisited",The Annual Review of Anthropology (2008,Vol.37),pp.145-158.

其次，我们赞扬作者的探索精神与实证态度。他没有囿于书本的陈见，而是到世界各地去做田野调查和实地访问，亲身感受各地的花文化。书的第十三章讲到中国的花市，这是作者到广东考查的记述，他在前言中还感谢了广东社科院和中山大学两位学者的帮助（Pxiv）。实地探访的经历使作者的论据更为可信，期间所掌握的第一手材料，也使得出的结论更为坚实可靠。除却整体上的闳通气派和实证态度外，这一著作还体现了以下几个方面的理论方法特色。

第一，从社会学、人类学的角度分析文化现象，指出了花文化在人类社会中的传承性。美国人类学教授康拉德·科塔克说"文化是习得的"，"人类以文化学习为基础，创造、记忆与处理了许多观念"[①]。人类对于花的认知也遵循人类社会前进的一般规律，首先是族群习俗的传承，然后是植物书本知识的学习，最后是少部分人（专家学者）的探索与拓展。古迪在各章的论述中，特别强调了人类对植物的研究工作（botanical learning）对花文化发展的促进作用。比如欧洲中世纪学术对植物研究的回归与花园的发展紧密相关（P150—152），人类对花（植物）的认知被局限于书本之中，"通常用于专业性的指导而非面向大众"（P290）。他指出花的园艺知识不仅是学术的，更是实用的，出现在多种农业、园艺及植物学论著中（P352）。古迪也注意到了中国的情况，"植物知识在中国缓慢而又相当稳定地发展，完全没有黑暗时代"（P96），这与中国的上层士大夫精英群体对园林植物的喜爱有关（P339）。当然，在人类的文化传承中，人是永远的主体，花文化只是受体。花卉文化不只是园艺事业（一种技艺），也不只是

---

① ［美］康拉德·菲利普·科塔克著，周云水译：《文化人类学：欣赏文化差异》，中国人民大学出版社2012年版，第28页。

美学欣赏（一种感受），而是文化，体现着社会群体的生存环境、民族习性、生活方式、文化传统等各种因素的不同影响，不仅牵涉宗教、民俗、经济、政治等广泛领域，更重要的是与人类学家所强调的民族性、文化传统和生活方式相联系。古迪在看待人类的花事时，注意对其做文化性的阐发，而这是我们的研究应当努力的方向与归宿，如果在研究花卉文化时，仅作文化现象的罗列，是没有理论深度的，这一点古迪的实践值得我们学习。

第二，跨文化的阐释与比较的立场，指出了花文化在人类社会中的多元性。古迪作为欧洲的学者，没有带着一种自身中心主义的眼光去看待其他地区，而是能客观平等地对待世界各地区、各民族的传统，比较各地区花卉文化的特色，挖掘其历史文化渊源和文化功能意义，因而本书中既有东、西两大文化阵营中花文化的比较，又有同一文化阵营中，各文化亚区如印度、中国花文化的比较。"人类学家的研究动机往往是了解他种文化和生活方式，但随着认识的展开，对'异'和'他者'的观照常常引起反观自身和打破文化自满的连带效果。"[①]这种效果在本书中自然有所体现，古迪注意到了东西方文化区域的相互联系与差异。历史上，欧洲的花文化吸收了亚洲的经验，亚洲的花文化比欧洲更为精致（P321），但经过近代欧洲的工业化，欧洲殖民霸权语境下的花语文化及情人节赠花的习俗则深刻影响了世界其他地区，改革开放以后的中国受其影响尤深。在东西方各自的大区内，还有文化亚区，各文化亚区也是相互影响着向前发展的。在西方，欧洲被称为"老人"，而新兴美国的影响力增强使得欧洲的习俗

---

① 叶舒宪：《两种旅行的足迹》，上海文艺出版社 2000 年版，第 195 页。

美国化（P269）。东方的印度花文化随着佛教的流播而影响了千余年的中华文明。观音大士净瓶中的柳枝固然有静穆庄严的意味，但在中国文学中始终与章台柳等柔艳形象并行发展。古迪在论述中发掘了各个文化区域的特色，将之比较研究，于是对花卉文化的不同基因、不同元素和不同传统就有了深入观照和准确把握。古迪在设置文章结构时显示了他多元的文化观。他研究的是花文化，对于缺乏花文化的地区也不是弃之不顾，不作介绍，而是运用比较的方法，分析其原因，论述各地区的差异，保持了一份学者的严谨。从相关行文来看，他还有反欧洲中心主义的倾向，比如第三章他反思中世纪欧洲植物学的"巨大衰退"，认为其原因是基督教的崛起以及书本为宗教服务的书写传统（P97）。有人说古迪的著作"以挑战西方的独特性而著称，采用历史比较研究的方式提供反证，证明了很多最初被认为源于西方的社会生活的'进步'层面，同样在欧亚大陆的其它很多地方可以发现"，西方社会科学的主流理论家和历史学家倾向于强化西方主义（Occidentalism）的思想，这减少了人们对亚洲以及西方本身的认识，而古迪用这样的反证冲击了西方主义[①]。作者进行这项领域的研究的时候，正是信息技术革命如火如荼，人类文化屏障日趋消融的时代，本书向欧美读者展示了世界其他地区的花文化，尤其是花卉在远东世界的角色，某种程度上促使读者思考文化的多元意义。

  第三，从世界各主要文化区古今园艺史的角度探讨花文化的历史与当代境况，揭示了花文化的变迁性。文化变迁（cultural change）

[①] Mike Featherstone:"Occidentalism:Jack Goody and Comparative History: Introduction",Theory, Culture & Society (2009,Vol.26,No.7-8), pp.1-15.

是文化人类学者们普遍关注的问题，文化的变迁与人类的变迁是同步的，因为文化由人所创造。了解了人类的历史，才能描绘文化的演进轨迹，了解了不同世代人类的历史观念，才能理解古今文化为何会有不同的面貌。古迪的论述涵盖了古代、中世纪与近现代，在各时代的三大社会体系即农牧社会、工业化社会和信息化社会中论述花文化的历史进程，且单辟一章讨论了贸易与市场问题。中世纪及以前，丝绸之路被中国控制，罗马和拜占庭的金币流向东方，工业革命之后，欧洲扭转了世界贸易格局，同时向殖民地输出文化，第二次世界大战后殖民霸权收缩，中国开始了新的发展历程，花卉文化在1976年文化大革命结束后被中国人重新塑造（P412），这是古迪注意到的各时代的不同历史节奏。他的著作还将花卉的用处与先进的农业系统和社会阶层的发展，以及奢侈品（比如历史上的香料作物等）的传播联系起来，考察花卉园艺学审美文化在欧洲与亚洲的历史，从而为我们揭示了东西方园艺（horticulture）的变迁史。譬如他提到，全世界各民族有个通性，那就是将常绿植物作为不朽的象征，寓意长寿（P181），这一点古今没有什么不同。但有些花卉则因人们观念的转变而改变了象征意义，比如古代中国，重阳节观赏的菊花有多产和长寿的意义（P290），但现在，不能随意给中国人送菊花，因为"这是给死人送的花"（P289）。这些内容读来颇有趣味，同时也因其历史完整性而使这本学术著作更为严谨。

最后，我们也对本书提出一些疑问，如书中鲜有对拉丁美洲和澳洲的相关论述，对于横跨欧亚大陆的俄罗斯关注更少。作者用很大的篇幅讨论了东方的中国和印度，对日本的相关论述很少。日本的花道和瓶艺是与茶道、剑道等并列的文化元素，就日本国家层面而言也很受重视，全国各地都有专门的花道学校。日本的花道流派纷呈，各流派弟子众多，相关文化景象繁荣，而古迪没有相应篇幅的论述，这不可谓不是一个遗憾。此外，也有学者对古迪的花文化定义提出不同意见，日本早稻田大学的松冈格说："英国人类学者古迪认为只有基于园艺文化的花文化才称得上是花文化。笔者认为，如果根据古迪的观点来看少数民族文化的话，好像很难找到什么花文化。其实很多民族都是有另外一种花文化的。"[①]松冈认为少数民族的佩戴花饰习俗也是花文化的一种，不应忽视。

四、古迪对中国花文化的论述及评价

作者关于中国花卉文化的认识与论述，对国内相关领域的学者有重要的借鉴价值和启发意义。在书中，古迪总结了中国古代花卉文化的三大传统。一是在文艺作品中女性与花常常并相题咏，"很久以来，花之美与女性之美是可以互通的"。（P359）二是花卉的人格象征意义在中国源远流长。"花卉形象很早就在中国的文学中出现，尤其是在恋爱和婚姻的诗歌中，将挚爱的人比作梅花、桃花、纤细的竹子、莲花等。"（P355）三是花卉题材绘画与画谱的互为促进，交相进步。中国古代的文艺作品往往提倡法度，希望作品合乎某种规范。就诗歌而言，历代诗话可视为我国古代诗歌的理论批评；就书法绘画而言，古人学书先临帖，学画先描谱，这是学习的初阶。花的绘画发展到一

---

① ［日］松冈格：《黎族与高山杜鹃：论园艺文化以外的花文化》，《民族学刊》2011年第5期。

定时期也必然出现各类画谱，这些画谱一方面总结了文人画的某些固定笔法，另一方面又使得后辈在学习时能够站在一个更高的起点上，这就促进了文人画的进步。在"花的用途"一节，古迪从古代说到现代，他以广东和港台地区中国人如何使用花的例证来揭示花对于现代中国人的意义。这一行文方式体现了作者的一番用心，试图让读者确信，花文化从古至今都是中国人的生活中不可或缺的部分，深刻影响着中国人的生活。古迪作为一名异域学者，讨论中国的"花中四君子"和广州花市，在时间上能够囊括古今，在内容上能够注意到中国人的传统意识与当代社会价值观的差异，已然不易，他还提出了一些自己独到的见解，就更难能可贵了。例如，他认为中国的传统园林强调静谧，而陶渊明的诗歌反映了这一静谧的特征（P347），尽管这一观点值得商榷（毕竟陶渊明归向的园田与文人的园林别业是有很大不同的），但还是值得国内有关学者思考。另外作者还提到在阴阳理论的指导下，莲花因其与水的联系而被秦始皇用以帮助巩固王朝权力（P353），这一观点我们觉得很是新鲜，虽然古迪出示了莲状的秦代瓦当图像，但没有提出更多相关史料佐证始皇本人对莲花是何态度，存之待考。

此外还要指出的是，古迪对于遥远中国的感知绝大部分来源于书本，缺少一份文化浸染，因而提出了一些未经严格论证的说法。比如他说《花间集》因敦煌藏经洞而重现（P358），这是不对的，《花间集》问世以后，其流传没有中断过，在敦煌石窟所藏《云谣集》发现之前它还被认为是最早的词体选集。又如他说"女性的名字经常与花有关，而且将风尘女子与花匹配是公认的恭维。例如，唐朝诗人将最喜欢的人称为'花中之王'牡丹，它象征了女性美，以及爱和情感"（P359），我们对古迪的这一例证有些疑问。唐人歌咏牡丹的情形大约有三类：一是以诗抒写玩赏牡丹之盛事；二是歌咏其他花卉时用公认国色的牡丹作比，借牡丹发言，指出他花更胜牡丹；三是歌咏牡丹而引发哲学之思。第三类哲理性的咏牡丹诗是在中晚唐以后才出现的，正是牡丹狂热逐步冷却后的哲学思索。牡丹因富贵而名世，花的富贵与人的富贵常常相伴相随，牡丹年年盛开年年富贵，人却不能永远富贵，这不禁令诗人叹息世事无常，杜荀鹤诗句"闲来吟绕牡丹丛，花艳人生事略同"就是代表。①我们在考察唐代诗歌中的牡丹时，并未见其与女性有古迪所说的联系，事实上"由于唐代牡丹种植规模及其栽培技术的局限，牡丹未能广泛进入文人生活视野而未能形成普遍而深刻的审美文化意蕴"②，到北宋时期，牡丹审美文化进入了民族精神文化领域并独占鳌头，才成为了实至名归的花王。古迪这一论述对于中国学者而言是不很严谨的。另外，作者在论述中国的花文化时，有一个在中国人看来十分重要的领域几乎没有涉及，那就是作为中草药的花。如菊、辛夷、木槿、合欢、丁香等的花都是入药的，中国的"花药"不胜枚举，关涉花药的文化表现就更丰富了，如中国古典文学巨著《红楼梦》中提到的"冷香丸"，就是用白牡丹花、白荷花、白芙蓉花、白梅花花蕊各十二两制成的。我们可以将这类文化归入民族植物学（Ethnobotany）研究的范畴，而由于这方面的研究需要本草学、医药文化和中国古代文学历史的知识，作者不轻易深入也是持一种避免泛泛而谈和空口无凭的谨慎态度，我们不能求全责备。

综上所述，杰克·谷迪的《花文化》从非洲为何缺少花文化这一

---

① 可参看笔者硕士学位论文《唐诗植物意象研究》论牡丹一节的论述。
② 付梅：《北宋牡丹审美文化研究》，南京师范大学硕士学位论文，2011年，第27页。

问题出发，对古代中东与欧洲直至现代欧亚社会的花文化进行了全面考察，从世俗生活与宗教仪式等方面提出了花文化的诸多全球性论题。书后的结论回到了文化历史中长期发展的主题，从创造进程和阶级体系的角度来论述花的用处。《花文化》一书视野闳通，结构明晰，论述详备，是花文化研究领域的扛鼎之作，不仅吸引了人类学家和社会历史学家的目光，也引发普通读者对花卉及其象征功能的兴趣与思索，因此我们不揣浅识，稍加评点，向国内学界推介这部著作。

（与赵文焕合作，原载《中国农史》2014年第4期。）

杨万里诗歌植物意象研究

陈 星 著

目 录

导 言 ……………………………………………………………… 385

第一章 杨万里诗歌植物意象与题材的数量分析 …………… 389

第一节 植物意象出现次数 ……………………………… 389

第二节 专题咏植物诗数量 ……………………………… 403

第二章 杨诗植物取材来源 …………………………………… 410

第一节 行旅所见 ………………………………………… 410

一、行踪梳理 ………………………………………… 410

二、行旅诗中植物的情感寄托 ……………………… 411

第二节 游园造园 ………………………………………… 417

一、宋代园林的成熟和游园风尚的盛行 …………… 417

二、几个不同仕宦阶段游园植物书写的差异性 …… 418

三、杨万里与东园 …………………………………… 423

第三节 田园情怀 ………………………………………… 432

一、杨万里的农村情怀 ……………………………… 432

二、植物的出现形式 ………………………………… 434

第三章 三大重要植物意象 …………………………………… 442

第一节 对"枫"意象的改造 …………………………… 442

一、"枫"意象悲苦色彩的传统文学表现 ………… 442

二、"枫"意象悲苦色彩的"去苗族化" ………… 446

三、杨万里对"枫"意象的具体改造 …………… 452

　　四、改造的原因 …………… 456

第二节　杨万里的竹情结 …………… 459

　　一、食笋 …………… 460

　　二、赏竹 …………… 463

　　三、竹入挽诗考 …………… 466

　　四、竹如其人 …………… 470

第三节　荼蘼 …………… 475

　　一、白黄两种荼蘼的区分 …………… 475

　　二、杨万里笔下的荼蘼 …………… 477

第四章　杨万里植物书写的修辞技巧 …………… **482**

第一节　篇章修辞 …………… 482

　　一、植物与自然物象 …………… 483

　　二、植物与动物 …………… 486

　　三、植物之间的扎堆式集合 …………… 494

第二节　词句修辞 …………… 495

　　一、巧用量词、别有洞天 …………… 496

　　二、调皮打俏、似贬还褒 …………… 499

　　三、明知故问、反复铺陈 …………… 500

第三节　辞格举隅——以拟人为主 …………… 501

　　一、植物的主体性 …………… 501

　　二、植物与人的平等性 …………… 503

　　三、植物的动态性 …………… 507

第五章　植物意象与诚斋绝句之关系 …………… **510**

第一节　诚斋体总体风格的直观表现 …………………… 510

第二节　杨氏学习唐人绝句的必然结果 …………………… 512

征引文献目录…………………………………………………… **517**

导 言

一、研究意义

杨万里在其四千余首诗歌中描绘了一幅五彩斑斓的植物图卷,通过对其笔下数百种植物意象进行统计和分析,以文本为根据,梳理其一生不同阶段的植物书写方式,并与其他诗人相比较,不仅有助于我们更加妥帖和具体地领会"诚斋体"的艺术风貌和杨氏植物书写的独特性,也能知人论世,透过植物与杨氏丝缕不绝的关系感受杨氏一生的行藏悲喜。

图01 杨万里画像。引自周汝昌选注《杨万里选集》,上海古籍出版社1962年版。

二、研究现状

学界对杨万里诗歌中的植物研究已取得一定成果,其中不少对本课题颇具指导意义。其一是文献整理的基础性工作,如北京大学1998

年版《全宋诗》①第42册、2007年版辛更儒先生编校之《杨万里集笺校》②，为杨万里研究奠定了文献基础。

其二是对杨万里其人生平、创作历程、诗学理论及相关思想进行研究的专著，如张瑞君先生的《杨万里评传》③、王守国先生的《诚斋诗研究》④等，这些著作对本课题的研究无疑有入门先导之功。

其三是将视角集中于杨万里诗歌中植物描写的研究，这一类专著相对较少，目前发现有台湾学者欧纯纯《陆游与杨万里咏梅诗较析》⑤一书，该书直截了当地将杨、陆二人咏梅诗的内容、修辞、意象、语言风格等方面作了较为全面的比较，理论深度较高。2011年河北师范大学李娜的硕士学位论文《杨万里咏物诗研究》⑥的相关章节论及杨万里对传统咏物题材诗歌创作模式的继承和新变问题，这对研究杨万里笔下的植物世界也有一定借鉴意义。2013年湖南科技大学向二香的硕士学位论文《杨万里花卉文学研究》⑦是与本文研究视角较为接近甚至有所重叠的既有成果之一。但该文尚存在几个问题有待精进，一方面是研究视野较为狭隘，观赏类花卉植物确实是杨氏诗中植物世界的一个重要组成部分，但绝非全部，有相当一部分能够体现诗人审美态度和性格气态的植物意象如竹、松等，以及与杨氏关系密切的田园植物都被忽略了；另一方面是对杨氏植物书写方式的独特性缺乏详细

---

① 傅璇琮等编：《全宋诗》，北京大学出版社1998年版。下文所引杨万里诗歌均据此。
② 辛更儒《杨万里集笺校》，中华书局2007年版。
③ 张瑞君《杨万里评传》，南京大学出版社2002年版。
④ 王守国《诚斋诗研究》，中州古籍出版社1992年版。
⑤ 欧纯纯《陆游与杨万里咏梅诗较析》，汉风出版社2006年版。
⑥ 李娜《杨万里咏物诗研究》，河北师范大学硕士学位论文，2012年。
⑦ 向二香《杨万里花卉文学研究》，湖南科技大学硕士学位论文，2013年。

阐述，该文第二章对"杨万里花卉文学的审美特性"的阐述过于单薄。

此外，还有一些单篇期刊文章论及杨氏笔下植物，不一一列举。

三、研究方法与思路

本文研究方法主要是统计法、比较法和归纳分析法，统计提供数理基础，而比较的目的在于凸显杨万里植物书写不同于他人之处和自身不同时期植物书写的差异性与规律性。本文主要从以下五个部分展开论述：

（一）植物意象出现次数与题材的数量分析

统计和研究对象为杨诗中全部的植物意象和专题咏植物诗篇目。

（二）杨诗植物取材来源

一是行旅诗，本文对其中所涉植物所承载的情感进行了分类梳理；二是游园诗，杨万里各个时期的不同遭遇在园林植物书写上也表现出一定的差异性；三是田园诗，这是杨万里非常重要的一部分作品，植物是描写农民生活状况和农村风光的重要载体，作者也在一定程度上构建了植物与人不同的几种关系。

（三）个案分析

杨万里对枫树这一感伤凄恻的意象作了革命性的改造，本文在论述过程中追述了这一文化现象形成的原因，对当前学界某些说法作了一定程度的质疑与论证；而"竹"意象则是杨万里笔下的主要题材之一，有必要探究杨氏对竹偏爱的原因、竹与杨氏其人性格的贴合及与此相关的杨陆交恶事件，另一方面对竹入挽诗的进程进行了梳理；至于荼蘼，杨万里是宋代咏荼蘼的代表作家之一，通过杨氏的描写可以管窥荼蘼与宋人生活的关系、宋代作家写荼蘼的一般性风貌等。

（四）杨万里植物书写的修辞技巧

篇章修辞中的意象组合相当驳杂，前文所提及的向二香《杨万里花卉文学研究》一文对此也有涉及，但仅是蜻蜓点水，远远不够深入，词句的修辞技巧也值得注意。至于拟人手法的独特性则是本章的重点，因其背后展现的植物的主体性以及植物与人的平等性是杨氏植物书写的一大亮点。

（五）植物意象与诚斋绝句之关系

植物意象的连续大量出现既表现了诚斋体活泼、饶有趣味的一般性面貌，也与杨氏学习王安石和唐人绝句有关联，其关键在于绝句体式本身的特点与植物意象的高度贴合。

第一章　杨万里诗歌植物意象与题材的数量分析

第一节　植物意象出现次数

笔者以北京大学1998年版《全宋诗》第42册所收之杨万里逾4200首诗为统计来源（该册为吴鸥等先生参校了国内现存诸多杨万里诗文集版本并加以辑佚汇编而成，为当前最完备之诚斋诗集[①]）进行逐个检录。统计结果显示，杨万里诗歌中累计出现植物189种，涉及《诚斋集》全部篇目，检录过程参照以下几个标准：

1. 只计具体的植物，如梅、竹、松等，泛指的"花""树""草"等不计；

2. 含植物的地名不计，如多次出现的"兰溪""松江""梅山""杨村"等；

3. 含植物的姓氏不计，如"李""杨""葛"等；

4. 含植物的动词不计，如"荷锄""草草""独树隔江月"；

5. 含植物的形容词不计，如"青葱"；

6. 名词中含有植物者，视情况而定：如"茅屋""梅雨"之"茅"与"梅"与植物本身并无关系，则剔除在外；而"荷池""荷桥"等

---

① 张瑞君：《杨万里评传》，南京大学出版社2001年版，第450页。

的相关诗歌内容所写确为荷花，则统计在内；

7. 同物异名者如荷花有诸多别名则分别计数，但视为一种；

8. 一首诗中同一植物出现多次，甚至一句中出现数次，这种情况并不按重复处理而是如实统计，因为同一植物的重复出现正反映了诗人强烈的主观偏好和特定的内心感受，视为重复而不作累加的做法恰恰是对植物入诗真实性的削弱。

由于笔者学识与能力有限，必然会遗漏种种，统计结果与真实情况可能会有误差，敬请方家指正。基于以上几点，既不作机械的植物意象出现次数统计，也不作含植物的诗句数量统计，最后姑且称作"有效次数"，统计结果如下表所示：

表1：杨万里诗歌植物意象统计表				
序号	植物名称	异名备注	有效次数	专题歌咏篇数
1	松		570	8
2	梅		513	131
3	竹	篠	326	25
4	柳	絮	297	8
5	李		216	14
6	荷	莲、芙蕖、芰、藕、芙蓉、红蕖、菡萏、荅	211	54
7	桃		155	12
8	菊	黄花	131	18
9	稻	禾、秧、秔、米、谷	119	2
10	杨		117	1

		（续表）		
11	桂	木犀	113	22
12	茶	茗、双井、春芽	104	11
13	茅		85	1
14	笋		79	
15	兰		76	8
16	杏		70	12
17	芦	荻	67	1
18	海棠		65	29
19	苔藓	苔，藓	65	
20	蒲	蒻、菖蒲	61	2
21	牡丹		60	26
22	蓬		55	
23	枫	红叶	44	3
24	薰		44	
25	桑		43	1
26	梧桐		43	2
27	麦		42	4
28	粟		40	
29	藤		37	
30	荼蘼	酴醿、酴釄、酴醾	33	16
31	麻		26	
32	芝		25	
33	芭蕉		24	5

		（续表）		
34	荔枝	荔子、荔支	24	3
35	蕨		23	2
36	金沙		21	
37	豆	豌豆、蚕豆	20	1
38	槐		20	
39	橘		20	3
40	梨		20	2
41	柏	栢	19	
42	葵		19	3
43	菱		19	4
44	芍药		19	5
45	水仙		19	11
46	藜		17	
47	瑞香		16	13
48	樱桃		16	3
49	蔷薇		15	1
50	萱草		15	
51	莺花		15	
52	葱		14	
53	扶桑	佛桑	13	
54	萍		13	2
55	石榴	榴花，金罂花	13	5
56	柿		13	1

		（续表）		
57	菀		13	
58	玉花		13	
59	桧		12	
60	蕙		12	5
61	椒		12	
62	山椒		12	
63	杉		12	1
64	薇		12	
65	瓜		11	3
66	棘		11	
67	栗		10	
68	蘋		10	
69	葡萄	蒲萄	10	3
70	苓		10	
71	枸杞	杞	9	
72	蓼花		9	
73	紫薇		9	2
74	菰		8	
75	芦菔		8	
76	荞	荞麦	8	
77	榕		8	1
78	山矾	郑花	8	
79	藻		8	

			（续表）	
80	茱萸		8	
81	槿		7	1
82	菌		7	1
83	柘		7	
84	金银花	银花	6	
85	苎		6	
86	椿		5	
87	甘露子	地蚕	5	1
88	柑		5	
89	葛		5	
90	桄榔		5	1
91	含笑花		5	3
92	芥		5	1
93	蔓菁		5	
94	莎		5	
95	山礬		5	
96	茗花		5	
97	黍		5	
98	素馨		5	
99	瑶草		5	
100	柚		5	3
101	蔗		5	
102	枨		4	

		（续表）		
103	甘棠		4	
104	蒿		4	
105	瓠		4	1
106	茉莉	抹利	4	1
107	木槿	拒霜花	4	1
108	枰		4	
109	荠		4	
110	琼花		4	
111	楸		4	
112	薇		4	
113	薤	薍头	4	
114	榆		4	
115	月季		4	1
116	白菜	水菘	3	2
117	贝叶	贝多罗树	3	
118	槔		3	1
119	韭菜		3	
120	梁		3	
121	牵牛花		3	3
122	芡	鸡头子	3	3
123	山茶		3	1
124	檀		3	
125	乌头	天雄、附子	3	

		（续表）		
126	银杏		3	
127	枣		3	
128	榛		3	
129	樱		3	
130	巴榄花		2	1
131	报春花		2	1
132	槟榔		2	
133	橙		2	
134	楮		2	
135	莼菜	蓴菜	2	1
136	丁香		2	
137	冬青		2	
138	杜曲		2	
139	鸡冠花		2	1
140	蒹葭		2	
141	苣		2	
142	龙眼		2	
143	米囊花		2	2
144	木棉		2	
145	枇杷		2	1
146	蒜		2	
147	乌桕		2	
148	蕈		2	1

		（续表）		
149	杨梅		2	
150	银树		2	
151	芋		2	
152	皂角		2	
153	栀子花		2	1
154	芷		2	
155	萆摩		1	
156	苍斛		1	
157	茨菰		1	
158	刺桐		1	
159	棣	棠棣	1	
160	杜鹃花		1	1
161	茯苓		1	
162	海棕		1	
163	寒毯花		1	1
164	蘅		1	
165	红刺		1	
166	红锦带花		1	1
167	江蓠		1	
168	茭菂		1	
169	金凤花		1	1
170	笠簪花		1	
171	楝		1	

		(续表)		
172	灵芝		1	
173	曼陀		1	
174	玫瑰		1	1
175	楠		1	
176	匏		1	
177	桤木花		1	1
178	人面子		1	1
179	茹菜		1	1
180	山丹花		1	1
181	山竹		1	
182	生菜		1	
183	铁树		1	
184	雁来红		1	1
185	樱梅		1	
186	紫荆花		1	
187	蒲桃[注]		1	
188	天雄		1	1

[注] 此"蒲桃"又作"葡桃",又称香果、风鼓等,为蒲桃属植物,非葡萄在古文中通假之"蒲萄"。据《中国植物志》载,葡萄为葡萄科植物,《神农本草经》中作"蒲萄",与《汉书》之"蒲陶"、《本草纲目》之"草龙珠"、《群芳谱》之"赐紫樱桃"为同一物。而"蒲桃"乃桃金娘科蒲桃属植物,若将"蒲桃"作为"葡萄"的同类异名解,则误。

结合《诚斋集》相关文本对上述统计结果进行分析可以看出,总

体上杨万里对植物的书写呈现出以下几个特点:

图 02　北京圆明园遗址公园中的杨万里立像上部。图片引自网络。

首先是意象的特指和泛指。上表所列植物意象都是特指的,甚至具体到某一种植物还有更进一步的细分,如作为杨万里诗歌中最重要的植物意象之一的梅有墨梅、老梅、早梅、腊梅、落梅、残梅、月下梅、雨中梅、瓶中梅、园中梅、春梅、红梅、江梅、野梅等不同品种和情态,菊则有野菊、白菊、黄菊、残菊、寒菊,竹有麻竹、水竹、青竹、翠竹、新竹、银竹、黄竹、老竹、秋竹、野竹,桃有白桃、金桃、残桃、碧桃、小桃、蟠桃、仙桃,松有青松、茂松、长松、枯松、孤松、碧松、庭松、古松、赤松、芽松、苍松,柳有寒柳、古柳、新柳、枯柳、老柳、春柳、秋柳,桂有金桂、残桂之分等。这一现象反映了杨万里对日常生活中所见的植物观察之细致,同时也说明杨氏真可谓"多识草木、善解风情"。

上表并不含泛指的"花""树""草"一类的泛指意象,然而翻阅杨万里诗集可以发现,这些花、草、树虽然是泛指性质的意象,但其所指却常是真实而具体的。试看以下诗句:

园花落尽路花开,白白红红各自媒。(《过百家渡四绝句》,《全宋诗》第42册,卷二二七五)

百花亭前花如海,子厚宅前溪似油。(《张仲良久约出郊以诗督之二首》,《全宋诗》第42册,卷二二七五)

山鸟频招饮,江花解笑人。(《仲良见和再和谢焉四首》,《全宋诗》第42册,卷二二七五)

野花垂路止人行,田水偏寻缺处鸣。(《金溪道中》,《全宋诗》第42册,卷二二七八)

乱言缠迷树,回头已湿沙。(《夜雨泊新淦》,《全宋诗》第42册,卷二二七六)

日斜秋树转,市散暮船忙。(《泊樟镇》,《全宋诗》第42册,卷二二七六)

树头吹得叶冥冥,三日颠风不小停。(《万春即事二首》,《全宋诗》第42册,卷二二八一)

嫩谁春来别样光,草芽绿甚却成黄。(《丁亥正月新晴晚步二首》,《全宋诗》第42册,卷二二七八)

春禽处处讲心声,细草欣欣贺嫩晴。(《春暖郡圃散策三首》,《全宋诗》第42册,卷二二八二)

冷风萧萧日杲杲,露湿半青半黄草。(《入陂子迳》,《全宋诗》第42册,卷二二九一)

从字面上看，读者无法得知"园花""路花"到底指向何种，但这并不影响诗人的审美把握和读者对于诗句所勾勒出的春日早行所见路边花草盛开之图景的领略和意境的接受。"白白红红各自媒"中的"媒"作"介绍"解①，各种花儿好像在向行人展示自己的美丽。杨万里用这种简略却细致的刻画很确切地传达了一个讯息，即他不是在对所见之花作如"看花东上陌，惊动洛阳人"（李白《洛阳陌》），《全唐诗》卷一八）、"山泉两处晚，花柳一园春"（王勃《春园》，《全唐诗》卷五六）等走马观花式的描写，而在本质上是将表面上看似泛指之"花"和其他特指的如梅、兰、竹、菊等植物意象一视同仁地进行书写，其他诗例也是如此。这种泛指意象的写实化也在杨万里诗歌特别是咏物诗生动活泼、自然而不造作的艺术风貌的形成中起了一定作用。

其次，种类繁多。据石润宏《唐诗植物意象研究》一文所统计，唐诗中所包含的植物种类为186种②，而杨万里一人的部分诗集（焚毁了36岁之前所作的一千多首诗）所涵盖植物意象竟然超过了唐诗全貌，这不能不说是文学史上的一个奇观。杨万里现存诗集中出现的植物意象几乎涉及该时代人们日常生活的方方面面，观赏类、事物类、药材类、农事类无所不包。繁多的植物意象是诗人创作贴近现实生活的反映，这一点正好折射了杨万里后期对以文字、才学、议论为诗的江西法门的背离，而是真正的以生活为诗。

再次，集中于常见植物。虽然见于诚斋九部诗集中的植物名目繁多、数量巨大，但从上述表格我们可以清晰地看出杨万里笔端所写依然集中于部分常见植物。出现有效次数在10次以上的植物有67种，

---

① 周汝昌：《杨万里选集》，上海古籍出版社2012年版，第12页。
② 石润宏：《唐诗植物意象研究》，南京师范大学硕士学位论文，2014年，第4页。

只占总数的34%，表格中蓼花、枸杞以下大量植物出现次数均为个位数，其中还有部分域外植物、佛教植物、药材类植物等，这些出现在吟咏性情的诗作当中次数较少也是必然。这也在一定程度上说明杨万里在植物入诗上并非故意搜奇猎巧。

最后还有一个特点是以株型矮小的草本植物为主，株型高大的乔木相对较为少见。

图03　杨万里《诚斋集》书影。

第二节　专题咏植物诗数量

与植物意象在诗歌中的单纯出现相比，专题咏植物诗显然更明晰地表露了诗人的兴趣点。为了体现比较的有效性和合理性，笔者选取参照诗人的标准主要有两方面，其一，存诗必须达到一定数量，样本过小不予考虑；其二，入选诗人的诗歌创作实践能基本反映宋诗的总体风貌和较高的艺术水准。综上两个标准，入选诗人为梅尧臣、欧阳修、王安石、范成大、黄庭坚、苏轼以及陆游，上述诗人或开一代诗风，或寻唐人余韵，或集众家大成。检录专题咏植物诗的技术方法、样本来源与本章第一节之说明一致，这一部分只计诗题中出现植物者，且必须为具体的植物，如"庭花""春花""姚花"之类一概不计。

上表已统计杨万里咏植物诗歌的数量，为便于同宋代主要的几位诗人进行横向比较，现一并展示如下（括号内数字表示专题歌咏的篇数）：

杨万里：

梅（131），荷（54），海棠（29），牡丹（26），竹（25），桂（22），菊（18），酴醾（16），李（14），瑞香花（13），桃（12），杏（12），茶（11），水仙（11），柳（8），松（8），兰（8），芭蕉（5），芍药（5），石榴（5），蕙（5），麦（4），菱（4），荔枝（3），橘（3），葵（3），瓜（3），葡萄（3），牵牛花（3），芡（3），含笑花（3），梨（2），蕨（2），樱桃（3），稻（2），杨（1），芦荻（1），萍（2），菖蒲（2），梧桐（2），枫（3），柚（3），紫薇（2），白菜（2），米囊花（2），枇杷（1），覃（1），

栀子花（1），杜鹃花（1），寒毯花（1），红锦带花（1），金凤花（1），玫瑰（1），桤木花（1），人面子（1），茹菜（1），山丹花（1），雁来红（1），天雄（1），榕（1），槿（1），菌（1），甘露子（1），桄榔（1），桑（1），豆（1），蔷薇（1），柿（1），杉（1），芥（1），瓠（1），茉莉（1），木蕖（1），月季（1），蓽（1），山茶（1），巴榄花（1），报春花（1），莼菜（1），鸡冠花（1）。涉及植物种类81种，诗篇534首，占诗歌总数12.6%。

梅尧臣：

梅（26），竹（16），茶（11），牡丹（9），菊（9），橘（8），桃（5），梨（5），石榴（4），杏（4），荷（4），海棠（3），李（3），樱桃（3），芍药（2），山茶（2），桂（2），枇杷（2），菖蒲（2），枸杞（2），桑（2），芙蓉（2），荔枝（2），桧（2），柏（2），宝相花（1），葡萄（1），茅（1），栀子（1），藤（1），松（1），粟（1），苜蓿（1），鸡冠花（1），梧桐（1），薏苡（1），兰（1），橄榄（1），楸花（1），樱桐（1），荇（1），藓（1），寒菜（1），柳（1），芡（1），蓬（1），麻（1），楝花（1），林檎花（1），桫椤树（1），牵牛花（1），榧树（1），酴醾（1），椰子（1），芭蕉（1），鸭脚树（1），槐（1），木瓜（1），薜荔（1），红薇子（1），芸香（1），紫薇（1），甘棠（1），鸡冠花（1）。涉及植物种类64种，诗篇171首，占诗歌总数6.2%。

欧阳修：

牡丹（5），芙蓉（5），荷（4），桃（3），柳（3），杏（2），菊（2），茶（2），石榴（2），梧桐（2），梨（1），紫薇（1），橄榄（1），槐（1），银杏（1），李（1），海棠（1），芸香（1），

鸡头子（1），樱桃（1），金凤花（1），七叶树（1），桂（1），梅（1），桄（1）。涉及植物种类25种，诗篇45首，占诗歌总数5.2%。

王安石：

梅（15），杏（9），松（8），菊（7），荷（4），金沙花（4），柳（4），石竹花（3），槐（2），梧桐（2），竹（2），海棠（2），茶（2），芙蓉（2），桃（1），枣（1），甘棠（1），酴醾（1），四月果（1），谷子（1），菖蒲（1），麦（1），杨（1），山樱（1），桤木花（1），牡丹（1），李（1），梨（1），桑（1）。涉及植物种类29种，诗篇81首，占诗歌总数5.3%。

范成大：

梅（32），牡丹（16），海棠（14），桂（10），菊（6），荷（6），芙蓉（4），瑞香花（4），桃（4），荔枝（4），橘（3），麦（2），杏（2），兰（2），芍药（1），竹（1），金沙花（1），蓼花（1），稻（1），桑（1），紫芝朮（1），瓜（1），棣棠花（1），豆蔻花（1），锦带花（1），玉茗花（1），樱桃（1），宝相花（1），太平花（1），山茶（1），柳（1），艾（1），水仙（1），木瓜（1），鸡冠花（1），常春花（1），楠（1），梧桐（1），柿（1），棠梨（1），葵（1），茉莉（1），芰（1）。涉及植物种类43种，诗篇138首，占诗歌总数7.4%。

黄庭坚：

梅（28），竹（23），茶（13），荔枝（8），酴醾（8），水仙（8），牡丹（6），梨（5），松（5），芙蓉（5），银茄（4），桃（3），椰子（3），杏（3），荷（3），柏（2），菊（2），橘（2），芝（2），山礬花（2），槟榔（2），枸杞（1），橄榄（1），桂（1），金沙花（1），萍（1），春菜（1），萱草（1），海棠（1），石榴（1），瓜（1），

葡萄（1），芍药（1），含笑花（1），葫芦（1），茹菜（1），绿萝（1），豨莶（1），具茨（1）。涉及植物种类39种，诗篇155首，占诗歌总数8.1%。

苏轼：

梅（46），牡丹（17），茶（13），竹（9），荔枝（8），松（4），山茶（3），荷（2），芙蓉（2），桧（2），瑞香（2），芍药（2），杏（2），海棠（2），石芝（2），紫薇（2），兰（2），槟榔（2），桂（1），柳（1），春菜（1），黄耳覃（1），榆（1），槐（1），柏（1），橄榄（1），酴醾（1），黄葵（1），垂云花（1），枇杷（1），杜鹃花（1），橘（1），桃（1），桄榔（1），菖蒲（1），月季（1），稻（1），杨梅（1），甘蔗（1）。涉及植物种类39种，诗篇143首，占诗歌总数5.2%。

陆游：

梅（160），海棠（20），菊（16），茶（13），牡丹（9），荷（9），桃（8），竹（7），杨梅（5），松（4），桂（4），荠（4），菖蒲（4），葫芦（4），梨（3），山茶（3），荔枝（3），芝（3），柳（3），紫薇（2），梧桐（2），柏（2），杏（2），石榴（2），桧（2），麦（2），萱草（1），辛夷花（1），菰菜（1），桑（1），李（1），兰（1），凌霄花（1），杨（1），薏苡（1），芙蓉（1），蓼花（1），黄蜀葵（1），荞麦（1），枇杷（1），菱（1），芡（1），枫（1），藤（1），楠（1），栗（1），酴醾（1），橘（1）。涉及植物种类48种，诗篇318首，占诗歌总数3.4%。

通过对上述几位诗人专题咏植物诗情况的对比，我们基本可以得出杨万里是有宋一代对咏植物诗贡献最大的诗人这一结论。

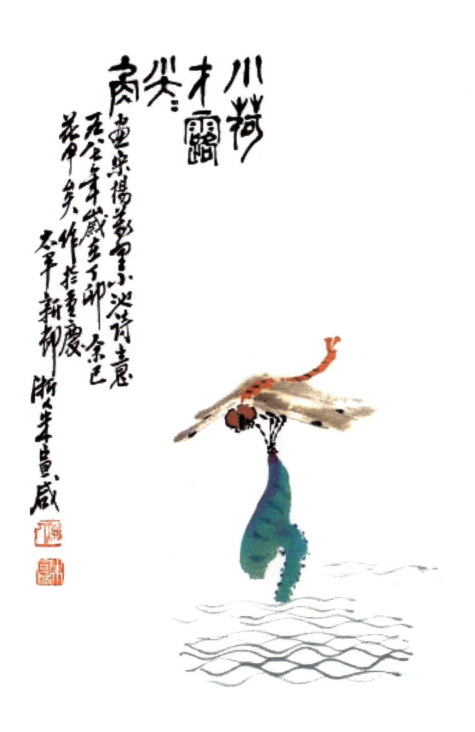

图04 当代朱宣咸《小荷才露尖尖角》诗意图。图片引自网络。

首先是题材的丰富。凡是一种植物进入了诗人专题歌咏的范畴，则应将其视为一种题材，专题歌咏植物诗歌所涉及种类之多寡直观显示了诗人对植物题材的开创程度。在所列举的8位宋代主要诗人中杨万里植物题材最为丰富，为81种，除了梅尧臣65种较为接近外，其他几位诗人均远远不及，分别为25、29、43、39、39、48种，即便是诗作数量远超同侪的大诗人陆游也不例外。

其次是专题咏植物诗的绝对数量以及占其诗总数的比重，绝对数量毫无疑问展示了诗人某一题材的创作实绩，而占其诗歌总数的比重则从另外一方面彰显了诗人对植物这一大类题材的总体兴趣。从上述数字也可以看出，杨万里专题咏植物诗歌绝对数量远超他人，比重也最大，换言之，杨万里是宋代主要作家中对植物题材倾注热情和心血最多的诗人。

最后是微观上对具体植物的书写情况。如果我们以专题歌咏数量10首为分界，则能清晰地看出杨万里不同于其他几位诗人之处。杨万里专题咏植物诗数量在10首以上的包括梅（131），荷（54），海棠（29），牡丹（26），竹（25），桂（22），菊（18），酴醾（16），李（14），瑞香花（13），桃（12），杏（12），茶（11），水仙（11），有14种之多。而其他几位作家中梅尧臣只有梅（26），竹（16），茶（11）；欧阳修无，最多的只有牡丹和芙蓉，分别是5首；王安石只有咏梅诗15首；范成大有梅（32），牡丹（16），海棠（14），桂（10）；黄庭坚有梅（28），竹（23），茶（13）；苏轼有梅（46），牡丹（17），茶（13）；陆游有梅（160），海棠（20），菊（16），茶（13）。这仅是笔者主观上以10首为界进行比较的结果，若将这一界限定位15、20，则情况愈加鲜明。这一情况充分说明了其他几位诗人植物题材的书写视野相对狭窄,只将目光聚焦在梅、竹、牡丹、茶、海棠、菊、桂这几种常见的传统草木上,虽然其专题歌咏的植物种类也都有数十种之多,但是大部分都是兴之所至,点染一二。而杨万里则不然,对多种植物都着力较深,显示了其对植物题材超出常人的关注和热情。

第二章　杨诗植物取材来源

第一节　行旅所见

一、行踪梳理

杨万里早年外出求学，中年步入仕途后又辗转于多地，大半生的时间都在舟车劳顿的奔波中度过。

（一）求学科举阶段

生于江西吉水→江西安福（师从王庭珪、刘延直、刘安世）→洪州（今江西南昌）解试→临安（今浙江杭州）省试→落榜后赴庐陵[①]（求学于刘才邵）→再赴临安省试。由于现存的杨万里诗歌最早作于绍兴三十二年（1162），故这一时间段不在论述范围内。

（二）仕宦阶段

吉水县待阙两年→赣州（任司户参军）→返回吉水建宅院→赴安福拜见王庭珪→湖南永州（任零陵县丞）→再返吉水→赴临安[②]（今浙江杭州）→三返吉水（父杨芾病重）→赴安福二次拜访王庭珪→庐

[①] 指庐陵县，在宋时为吉州州府的附廓之县（见聂冷：《花红别样·杨万里传》，作家出版社2014年版，第30页），非今广义上的庐陵（吉安）地区。

[②] 绍兴三十二年赵昚即位，主战派纷纷进入临安，此前张浚已允诺给杨万里改官，杨于是入临安等待机会。

陵县访周必大→经分宜、宜春、萍乡、醴陵①至长沙（吊张浚并访张栻）→四返吉水→临安（谒陈俊卿）→五返吉水（待阙）→庐陵县再访周必大→江西奉新（任奉新知事）→临安（任国子监博士）→寓居严州（今浙江桐庐）→六返吉水（待阙）→江苏常州（任常州知州）→七返吉水（待阙）→广州（提举常平盐茶公事）→韶关（提点广东刑狱公事）→八返吉水（逢母丧）→临安（任吏部员外郎、吏部郎中等）→筠州（今江西高安，任知州）→临安（任秘书监等职）→沿大运河北上，经苏州、无锡、镇江、扬州等地至楚州（今淮安）迎接并送返金国使者→建康（今南京，任江南东路转运副使，在任上曾安排了两次行部②）。

可以看出，杨氏足迹遍布江西、湖南、福建、广东、浙江、江苏等省份，用他自己的话来说就是"得观江涛，历淮楚，尽见东南之奇观"③。加之我国南方地区由于光照、热量、降水等气候上的优势，植物资源丰富，草木生长繁盛，便有了频繁与植物接触的机遇。清代杰出的植物学家吴其濬所著的《植物名实图考》和《植物名实图考长编》就是其在南方为官时完成的。

二、行旅诗中植物的情感寄托

外物对人内心情感的感发作用历来为文论家所重视，钟嵘在《诗品》开篇就说道："气之动物，物之感人，故摇荡性情，形诸歌咏。"④与游园诗中植物多言志不同的是，行旅诗中出现的植物主抒情，主要

---

① 聂冷：《花红别样·杨万里传》，作家出版社2014年版，第103页。
② 聂冷：《花红别样·杨万里传》，作家出版社2014年版，第252页。"第一次于绍熙二年八月出发，经秣陵、溧水、建平、宣州、青阳、池州……历时近两个月。"
③ 见《朝天续集序》，《影印文渊阁四库全书》本作"尽江东西之奇观"云云。
④ [梁]钟嵘：《诗品》，第31页。

抒发了诗人以下几方面的情感：

（一）思亲念友之情

隆兴二年（1164）杨万里父亲病危，他在从临安返回吉水的路途中见到几株梅花，作了《甲申上元前闻家君不快，西归见梅有感》，其二云："千里来为五斗谋，老亲望望且归休。春光尽好关侬事，细雨梅花只做愁。"①杨万里平生所作专题咏梅诗131首②，梅意象出现的有效次数更是达到513次，绝大部分情况下梅都是以一种高雅的姿态被欣赏、被描绘，出现在诚斋诗句中的梅意象极少带有愁苦意绪，而上述诗例之意外正是由于诗人羁旅途中内心挂念老父和宦海漂泊的无奈相缠绕。淳熙六年（1179）杨万里从常州被调到广东任提举常平盐茶公事，但因为待阙的原因要返回吉水，因故人范成大之故而取道苏州，途中作《舟过望亭三首》："常州尽处是望亭，已离常州第四程。柳线绊船知不住，却教飞絮半侬行。""雨霁风回花柳晴，忽然数点打窗声。游蜂误入船窗里，飞去飞来总是情。""此去苏州半日晴，归心长是觉船迟。一村树暗知何处，两岸草青无了时。"③这里生动地将柳树拟人化，柳树留人不住转而派柳絮伴人同行，大胆突破了传统意义上送别场景中柳意象的凄迷、感伤色彩，流露出诗人船行水中的轻松和惬意；第二首诗所描绘的一番风雨过后，花开柳展，招来蜂蝶无数的场景中花、柳意象的开朗澄明也是诗人内心感受的真实反映。

（二）宦海浮沉的无奈和羁旅漂泊的厌倦之情

---

① 《全宋诗》第42册，第26088页。
② 另有周静《梅生不是遇万里，万里原是梅花精——论杨万里的梅花情结》一文统计数字为140首，疑误。
③ 《全宋诗》第42册，第26240页。

如"吾生行路何时了，旧馆重来身渐老。路旁松桧只十年，如今修修旧小小"①（《宿杨塘店》），其实作该诗的时间是1163年，诗人37岁，赴调赶往临安，此前杨万里仅仅做过赣州司户参军和零陵县丞两任地方官，仕宦生涯尚处于初始阶段。然而从"吾生行路何时了，旧馆重来身渐老"一句可以明显地看出诗人已然流露出了对官场的厌倦。路边的松、桧曾经是多么矮小，十年过去，如今都已长得挺拔修长，而诗人自己只能日复一日地奔走，正所谓"役役名和利，憧憧马又车"②（《宿徐元达小楼》），转眼间"昨宵宿处又云边"，内心的疲倦可想而知。又如"烟昏山易远，岸阔树难高"③（《晓泊舟庙山》），山、树所营造的凄迷的氛围与孟浩然"野旷天低树，江清月近人"如出一辙，背后隐藏的羁旅愁思显得愈发蕴藉深沉。与之截然相反的是另一种直露的白描手法，如"雨蒲拳病叶，风条秃危梢。短胫知难续，长腰强自抄"④（《过安仁岸》），通过直接描写植物脆弱、病态的样子，不言一字愁苦，而满纸尽是涕泪，诗人饱经风霜、无力挣扎的样子跃然纸上。正所谓"江边一株柳，憔悴似余生"⑤（《阻风乡口一日，诘朝船进，雨作，再小泊雷江》），旅途中能将漂泊半生的苦楚向各种植物倾诉，对诗人自己而言也算一种莫大的幸运。

（三）对自然景物的喜爱之情

旅途中不仅有愁苦，更有因自然景物带来的欢乐，特别是对于本

---

① 《全宋诗》第42册，第26082页。
② 《全宋诗》第42册，第26084页。
③ 《全宋诗》第42册，第26084页。
④ 《全宋诗》第42册，第26116页。
⑤ 《全宋诗》第42册，第26553页。

图05　当代盛元富《杨万里醉卧荷池图》。引自中国书画服务中心网（中国书画服务中心网址：http://www.sh1122.com。此图引用自网络，本文中凡属此类引用情形，除查实作者或明确网站外，均简注"图片源于网络"。本文为学术专著，所有征引图片皆为学术研究之目的，而非营利性质，故不支付任何报酬，祈请图片原作者、原摄影者谅解。在此，对图片的摄影者、提供者和绘画作者致以最诚挚的敬意和谢意！）

就偏爱花草的杨万里而言，在寂寥的旅途中，"数菊能令客眼明"①（《题赤孤亭同馆》），植物往往能带给他久违的欣喜，如"畦丁绝须喜，菜甲正新栽"②（《发枫平》），书写自然界的勃勃生机；"殷勤唤醒梅花睡，枝上春禽一两声"③（《早行鸣山二首》其一），动与静的和谐堪比宋祁"红杏枝头"一联；"鸦鹊声欢人不会，枇杷一

---

① 《全宋诗》第 42 册，第 26113 页。
② 《全宋诗》第 42 册，第 26083 页。
③ 《全宋诗》第 42 册，第 26116 页。

树十分黄"①(《桐庐道中》),朴素的口语下掩饰不住内心之喜;"绿萍池沼垂杨柳,初见芙蕖第一花"②(《将至建昌》),诗人初见荷花的欣喜溢于言表……这种情况相当频繁,是杨万里童心童趣的典型表现。

(四)对宋金和平时局的珍惜之情

如"南北休兵三十载,桑畴麦陇正连天"③(《过瓜洲镇》),桑树、麦子的良好长势正是来之不易的和平带来的结果,作者表面写桑麦连天,实际上表达的是内心对和平的呼唤和珍惜。杨万里在骨子里是对金人非常轻视的,他在《舟过扬子桥远望》中这样写道:"今古战场谁胜负,华夷险要岂山川?六朝未可轻嘲谤,王谢诸贤不偶然。"④杨万里认为,华夷有明显的高下之分,仅凭借山川险要是无法固本开源、征服对方的,六朝虽然都是偏安的短命王朝,但依然无法掩盖其文治教化之兴盛。言外之意金人即夷狄,总是差宋一等的。可这份心理上的优越感总要面对现实,南宋自开国以来在宋金军事斗争中总是败多胜少,不得不局促于江南一隅。如今既然已经休兵,也顾不得内心的华夷之分了。淳熙十六年(1189),杨万里以秘书监的身份往返于淮河两岸,结伴金国使臣,内心的感情是复杂的。《晚泊扬州》一诗颔联、颈联为"百年旧观兵戈后,今岁新闻草木荒。杰阁高台云上出,野梅官柳雪中香"⑤,写法同上文所列桑、麦例,诗人虽然对朝

---

① 《全宋诗》第 42 册,第 26118 页。
② 《全宋诗》第 42 册,第 26119 页。
③ 《全宋诗》第 42 册,第 26436 页。
④ 《全宋诗》第 42 册,第 26437 页。
⑤ 《全宋诗》第 42 册,第 26437 页。

廷无力保疆护民表达过"长淮咫尺分南北，泪湿秋风欲问谁"①（《初入淮河四绝句》其二）和"廊庙谋谟出童蔡，笑谈京洛博幽燕"②（《题盱眙军东南第一山》）的不满，但是当诗人真正感受到和平对于百姓生活的重要时，所有复杂的情愫都会让位于对和平的珍视。

（五）思乡和归隐之情

绍熙三年（1192）诗人从建康西归吉水，途中作了一首《明发康郎山下，亭午过湖，入港，小泊棠阴砦，回望豫章两山，慨然感兴》，诗人由东流的江水想到自己西归故里，"恭惟月生处，下临故园池。青松一万株，牡丹三千枝。床下枕山北，檐前漱南溪。岁岁身不到，夜夜必魂归……旅情得暂歇，乡愁动长思……"③，万株青松、千枝牡丹这两个意象显然是诗人观念的中虚幻意象，但它们是故乡的代名词，也只有投入到故乡的山水草木中，毅然离开官场才能得到彻底的解脱和慰藉。这种写法和陶渊明《归去来兮辞》中"三径就荒，松菊犹存"一模一样，都是借助想象中故园的样子来反衬作者真实的思乡和归隐之情。又如，《发赵屯，得风，宿杨林池，是日行二百里》中第二联"无翻柳树知何喜，拜杀芦花未肯休"④，索性直接将柳意象和自己的喜悦之情联系起来，诗人摆脱牢笼、回归山林之喜可见一斑。

---

① 《全宋诗》第 42 册，第 26439 页。
② 《全宋诗》第 42 册，第 26439 页。
③ 《全宋诗》第 42 册，第 26549 页。
④ 《全宋诗》第 42 册，第 26557 页。

第二节　游园造园

一、宋代园林的成熟和游园风尚的盛行

古代士大夫们往往为五斗米东奔西跑，辗转各地。拥有一座可以长期徘徊其间陶冶性情的园林多属不易。杨万里也是如此，《退休集》中多次出现的"东园"也只是他决意离开官场之后才稍有余力搭建起来的。相较而言，游园活动则更容易完成，游园诗也更为常见。

从整体的社会文化和民族心理来看，两宋的内敛、沉静与唐之恢弘、外放形同天壤，但这仅仅是一种文化心理的区别，而与这一看似压抑的文化氛围相对应的却是两宋社会经济文化发展的迅猛。租佃制生产关系的确立带来的是开垦荒田、水利兴修、农作物品种的交流与丰富、畜牧水产、园艺手工业的全面繁荣，这在白寿彝、范文澜等诸先生不同版本的《中国通史》中都有明确和一致的论断。陈寅恪先生也曾在《邓广铭〈宋史·职官志〉考证序》一文中如此论断："华夏民族之文化，历数千年之演进，造极于赵宋之世。后渐衰微，终必复振。"①《宋史》卷三中有这样一段对宋太祖的评价："三百余载之基，传之子孙，世有典则。遂使三代而降，考论声明文物之治、道德仁义之风，宋于汉唐盖无让焉。乌虖创业垂统之君，规模若是，亦可谓远也已矣。"②虽或多或少有帝王家谱的美化成分，但也充分说明了宋代文物教化之兴隆昌盛。

具体到园林而言，从最初西周时期祭祀天神的灵台到秦汉时期展示帝国大一统气象的皇家园林，古代园林的建设有悠久而典重的开端。魏晋南北朝的皇家园林延续了汉代的风采，而士大夫阶层自己的园林

---

① 陈寅恪：《金明馆丛稿二编》，上海古籍出版社 1980 年版，第 245 页。
② [元] 脱脱等：《宋史》卷三，中华书局 1977 年版。

也在这一时期开始发展成熟,这在曹植、应璩等人的诗中有所反映,其中最为人熟悉的要数金谷园。与之相应的游园活动也逐渐流行起来,《世说新语》和《晋书》中就记载了很多游园史料,其中不乏著名的如王子猷游园等轶事。到了唐代,普通士人的园林进一步成熟,中唐以后甚至产生了对园林境界的新追求①。发展到宋已是高度成熟,用王毅先生《中国园林文化史》一书中的原话来概括即园林景观体系实现了"前所未有的精美"②。宋代游园风尚则更盛于以往,甚至某些园林在设计之初就特别注意考虑游人的需求,如李格非《洛阳名园记》中所记载的环谿园,"凉榭锦厅,其下可坐数百人,宏大壮丽,洛中无逾者。"③每到天王院花园子中所种的牡丹开时,"城中士女,绝烟火游之"④,可见游园的主体不再是魏晋南北朝时期的江南贵族了,普通士人和平常百姓开始成为游园赏花的主体。

二、几个不同仕宦阶段游园植物书写的差异性

杨万里曾在多地为官,游览过不少园林(含寺庙),也写下了很多游园诗,由于个人不同时间段遭遇、心境有异,反映在植物书写上也呈现出不同的特点。按时间先后之顺序梳理,其游园经历较为集中的时间段有如下几个:

(一)初入官场,以植物砥砺操守

绍兴三十二年(1162)至隆兴元年(1163)杨万里任零陵县丞,

---

① 王毅:《中国园林文化史》,上海人民出版社2004年版,第126页。
② 王毅:《中国园林文化史》,上海人民出版社2004年版,第441页。
③ [宋]李格非:《洛阳名园记》,《丛书集成初编》第1508册,中华书局1985年版,第105页。
④ [宋]李格非:《洛阳名园记》,《丛书集成初编》第1508册,中华书局1985年版,第107页。

这一时期诗人游园的一个重要去处就是寺庙，如零陵县城南的龙归寺、城北的普明寺①等。从现存的诚斋诗集版本来看，《题龙归寺壁》应是杨万里的第一首游园诗，"竹能知雨至，窗不隔江清"也是其诗集中非常重要的植物意象之一——竹的首次亮相。

如果说龙归寺见竹只是一场偶遇，并未倾注诗人对竹的过多情感因素，那么普明寺则不然，诗人是为寻梅而特意去造访的。《普明寺见梅》云："城中忙失探梅期，初见僧窗一两枝。犹喜相看那恨晚，故应更好半开时。今冬不雪何关事，作伴孤芳却欠伊。月落山空正幽独，慰存无酒写新诗。"②官任上俗事太多以至于让诗人错过了探梅的最佳时节，初见普明寺的一两枝梅花顿生相见恨晚之感。梅幽独、孤傲自芳的特质既是诗人写作新诗的材料，更是其一生追求的道德准则。

另外一个重要的游览去处则是唐德明的庭院。唐人鉴，字德明，零陵人，万里初到零陵，德明就与其相交往，两人声气相求，万里也颇赞许其诗。除杨万里外，还有其他诗人如徐照也曾专题赋咏过德明的竹园，杨万里《题唐德明秀才玉立斋》诗云："坡云无竹令人俗，我云俗人正累竹。玉立斋前一万竿，能与主人相对寒。看竹哦诗笔生力，山童怪予遽忘食。不但不可一日无，斯须无此看何如。诗成欲写且复歇，恐竹嫌诗未清绝。丁宁一竿不可除，竹亦何曾减风月。"③"玉立斋"即竹园，诗人对竹既敬又爱的感情表露得十分彻底。万里另外一首《题所寓唐德明书斋》也流露了对竹的喜爱之情。"凫鹥行中脱病身，竹

---

① 普明寺不见于当地方志，据辛更儒先生推测应在零陵县城北，详见辛更儒：《杨万里集笺校》第 1 册卷一，中华书局 2007 年版，第 16 页。
② 《全宋诗》第 42 册，第 26067 页。
③ 《全宋诗》第 42 册，第 26072 页。

林深处得幽人"①，在杨万里眼中，竹子不仅营造了清幽的环境，竹在一定程度上也就是幽人的化身。《题唐德明建一斋》则表露了诗人对枫树意象不同前人的书写方式，后文有专章论述，不赘言。

此外，这一时期杨万里还到黄才叔的南园探访牡丹，有《和仲良催看黄才叔秀才南园牡丹》一首。

（二）改任常州，以似锦繁花写为官之余的充实惬意

淳熙五年（1178），杨万里改任常州知州。常州是我国古代税收重镇之一，也是一座历史文化名城，杨氏初到常州便走遍全城，到处拜访古迹，瞻仰缅怀古人风采，包括季札、荀况、苏轼等。杨氏深知常州知州责任重大，但后来的事实证明杨万里在常州知州任上表现得轻松惬意、如鱼得水，主要有三个原因：其一是由于杨氏本人此前在官场上已有一定的历练；其二是宋代知州与知县相比，职事范围少了很多基础性工作，如下乡催科等繁杂事物；其三是通判张抑等同僚和下属的鼎力协助，使得杨万里工作起来相当顺利。在这种背景下，杨万里出游非常频繁，植物意象也相应地在诗歌中大量出现。杨万里曾于这一年的寒食节游览习园，留下《寒食相将诸子游习园得十诗》，这10首诗每一首都重在描绘习园内各种花草的情态，具体情况为：

第一首：松树、李花、海棠；

第二首：葱、菊花、兰花；

第三首：柳树、落花；

第四首：海棠；

第五首：海棠、柳树、萱草、梅花；

---

① 《全宋诗》第42册，第26077页。

第六首：花（不详）；

第七首：杏花、李花、柳树、竹；

第八首：花（不详）；

第九首：松树、花（不详）；

第十首：柳树。

值得注意的是，这10首诗除了第一首为律诗之外，其余9首均为绝句。在有限的篇幅之内多次出现一题咏多物的现象，这一现象可视为杨万里以植物入游园诗的一个缩影。这一年的重阳前，诗人又一次来到习园，这次写下的《重九前五日再游习园》则勾勒了一幅秋气萧瑟的画面，"寒梢冷夜秋萧瑟"，"只有黄花数点明，上照青松下苍石"①，不过依然延续了上述10首小诗一题多咏的特色，笔端所写杂有实景菊花、松树和虚景梅花、杏花。

另外一个杨万里常悠游其间的地方就是多稼亭。《多稼亭前芍药红白对开二百朵》中"好为花王作花相，不应只遣侍甘泉"②明确地概括了牡丹为王、芍药为近侍的论花传统；《晓登多稼亭三首》《休日晴晓，读书多稼亭》《多稼亭前黄菊》等诗则以梅子、冬青、稻秧、荷花、葵花、柿子、萱草、松树、菊花等为素材，描绘了多稼亭附近的美丽风光。

此外，还涉及怀古堂、凝露堂、净远亭、范成大石湖精舍等园林，《憩怀古堂》《晓登怀古堂》《凝露堂前紫薇花两株，每自五月盛开，九月乃衰》《凝露堂木犀》《饮罢登净远亭》等诗作，不一而足。多种植物夹杂其间，或起营造环境之用，或为诗人借物抒情、言志的载体，

---

① 《全宋诗》第42册，第26202页。
② 《全宋诗》第42册，第26189页。

是这些诗歌中不可或缺的重要部分。

（三）以植物写任京官时期的平顺心境

淳熙十一年（1184）至淳熙十四年（1187），杨万里任吏部郎中、秘书少监等京官。这一时期虽然不是杨万里第一次入朝为官，但在此（1184）前的3年内杨氏一直在庐陵老家为其母守孝，这段时间杨氏不仅几乎断绝了个人交游活动，而且也没有创作诗歌。杨万里于淳熙十一年（1184）十月重新入朝，虽然此次孝宗依然没有任何重用他的迹象，但由于来到中央政权所在的临安，所以与新旧朋友如陆游、尤袤、姜特立、姜夔、张镃等人的交往活动陡增，游园是其中必不可少的一部分，比如，仅仅是与陆游等人同游西湖就有3次。在这些游园诗里面，杨氏同样或描摹或勾勒了五彩斑斓的植物画卷。

这一时期诗人的政治生涯较为平顺，心境相应地比较平和，歌咏园中植物时极少抒发抑郁、愁苦之类的负面情绪。以其描绘最多的梅花为例，《和吴监丞景雪中湖上访梅》《立春后一日和张功父园梅未花之韵》《戊申元日立春，题道山堂前梅花》《走笔和张功父玉照堂十绝句》都是如此，或状其坚贞之品节，或描其傲岸之外形，绝少"梅残吾更忍，不折一枝看"①（《腊后二首》）、"春光尽好关侬事，细雨梅花只做愁"②（《甲申上元前闻家君不快西归见梅有感二首》）的哀愁情绪。又如荷花，杭州西湖是赏荷圣地之一，这一时期杨万里经常和诗友同游西湖，关于荷花的诗篇也不在少数。如《大司成颜几圣率同舍招游裴园，泛舟绕孤山赏荷花，晚泊玉壶，得十绝句》，以组诗的形式从审美的各个方面对荷花进行了细致的体认，既写荷花之

---

① 《全宋诗》第42册，第26068页。
② 《全宋诗》第42册，第26088页。

香、花开之盛、荷与鱼之组合下的生机勃勃，更有买莲、折荷、剥莲子等人事，可谓情趣盎然。再如芙蓉，《看刘寺芙蓉》描绘了秋天百花衰煞时芙蓉花仍旧色泽腴丽的情景，可见这一时期诗人积极、爽朗的心境。

由于杨万里此期间在朝为官，因而对皇宫内部的各种植物如柳、竹等也多有描摹，如《省内新柳》："元日新春已早归，却缘春雪勒春迟。一年柳色今何似，政是犹黄未绿时。"①对新柳初展枝叶时的颜色把握非常细致；又如《连日二相过史局，不到省中，后园杏花开尽》："史馆频催史笔迟，道山还解有忙时。后园两日不曾到，开尽杏花人不知。"②刻画了杏花无人欣赏的孤独情态；《和州元吉省中新竹》则写出了竹子雨后疯长的情景，进而联想到这一年秋天闰月，借着竹林好乘凉……

三、杨万里与东园

（一）东园营建始末、规模形制及其布景概况

拥有一座属于自己的园林是杨万里多年的夙愿，在其晚年退居吉水老家之后终于得偿所愿。《癸丑正月新开东园》一诗将自己新园落成、夙愿得偿的欢喜描绘得有声有色："长恨无钱买好园，好园还在屋东边。周遭旋辟三三径，只怕芒鞋却费钱。"③这就是《退休集》中多次出现的"东园"的由来。题中"癸丑"为公元1193年，诗人于1192年秋天致仕，次年正月就开了东园，急切之情可想而知。东园说是"园"，却并无真正意义上"园"的规模，亭台楼阁、水榭回廊一概没有，占

---

① 《全宋诗》第42册，第26387页。
② 《全宋诗》第42册，第26386页。
③ 《全宋诗》第42册，第26560页。

地面积也不过一亩地而已。杨氏同乡周必大有诗《上巳访杨廷秀，赏牡丹于御书扁榜之斋，其东圃仅一亩，为街者九，名曰三三径》可以为证①。东园有的仅仅是几条载满花木的小路，杨万里名其为"三三径"。其《三三径》诗前小序说："东园新开九径，江梅、海棠、桃、李、橘、杏、红梅、碧桃、芙蓉九种花木，各植一径，命曰三三径云。"②诗云："三径初开自蒋卿，再开三径是渊明。诚斋奄有三三径，一径花开一径行。"③蒋卿者，东汉蒋诩，字元卿，《三辅决录》记载："蒋诩归乡里，荆棘塞门，舍中有三径不出，惟求仲、羊仲从之游，二人不知何许人，皆治车为业，时人谓之二仲。"④"三径"之称源于此，指代归隐之所，也是隐士的代名词。后东晋大隐士陶渊明的《归去来兮辞》中也有"三径就荒，松菊犹存"⑤的说法。三径意指归隐，而杨万里开辟的是"三三径"，可见杨氏的归隐之意与前人蒋诩、陶渊明相比丝毫不下。

东园中巧妙安排的植物点也不止三三径，还有万花川谷、度雪台等。其实杨万里晚年所手栽的植物远远不止上述 9 种，这一时期诗人还栽种了木槿、水仙、酴醾、金沙、竹、芍药、牡丹等数十种。不仅栽种植物的种类多，栽种的数量也很巨大，如《与山庄子仁姪东园看梅四首》其三说他"手种江梅五百窠"，这里的"五百"即便不是确数，也足以说明数量很大。诗人不仅栽种植物品种多、数量大，而且对植物倾注心血、悉心照料，杨万里就曾经为芍药搭建过宅子。《芍药宅》

---

① [宋]周必大：《文忠集》卷四一，《影印文渊阁四库全书》第 1147 册，上海古籍出版社 1987 年版，第 440 页。
② 《全宋诗》第 42 册，第 26561 页。
③ 《全宋诗》第 42 册，第 26561 页。
④ [汉]赵岐撰，[晋]挚虞注，[清]张澍辑，陈晓捷注：《三辅决录》卷一。
⑤ 袁行霈：《陶渊明集笺注》，中华书局 2011 年版，第 317 页。

前小序云："风雨败花，为花作宅。上栋下宇，瓦之壁之，皆以油簾。"①为了保护芍药免受风雨的摧残，诗人竟然用雪白的清江油纸为其搭建宅子，他对草木的关爱可见一斑。

值得注意的是，杨万里的植物栽种水平也很高超，如《东园新种桃李结子成阴喜而赋之》："桃李今春胜去春，添新换旧却成新。冥搜奇特根窠底，妙简团栾树子匀。移处带花非差事，登时着子亦娱人。坡云十载方成荫，未解诚斋别有神。"②苏东坡也是一位喜亲近自然、对各种草木颇有研究的文人，但相比杨万里还是略逊一筹。又如，杨万里对养菊也颇有心得，《菊夏摘则秋茂朝凉试手》一诗诙谐幽默地阐述了夏天剪叶的养菊秘诀："种菊君须莫惜它，摘教秃秃不留些。此话贱相君知么，从此千千万万花。"③而《初秋戏作山居杂兴排体十二解》组诗中更是总结出了"梨子要肥千取百，麦苗每摘一生三"④的经验。

（二）东园与感伤色彩

然而，考察《退休集》中与东园相关的诗歌我们发现，伴随其造园、游园而来的诸多植物却并没有过多地表现出诗人对回归自然和自由的近乎"手之舞之，足之蹈之"的兴奋，反而流露出了明显重于前面八部诗集的感伤色彩。

具体到诗歌中则表现为落花、残花意象以及恋春行为的增多。此前八部诗集中落花意象出现的频率远远不及《退休集》中频繁，而落

---

① 《全宋诗》第 42 册，第 26564 页。
② 《全宋诗》第 42 册，第 26564 页。
③ 《全宋诗》第 42 册，第 26566 页。
④ 《全宋诗》第 42 册，第 26593 页。

花与伤春的心绪又往往是互相交杂的。如"昨日花开开一半，今日花飞飞数片。数花不住春竟归，不如折插瓶中看"①（《芍药宅》）、"欲落荷花先自愁，如何落后免沉浮"②（《云际院小池荷花才落一叶急承之》）、"醉则卧香草，落花为绣毡。觉来月已上，复饮落花前"③（《止酒》）、"可惜红梅将落去，怕风怕雨不来看"④（《中和节日步东园三首》其一）、"攀来欲折还休去，看到残红教自飞"⑤（其二）、"春归道是无情着，试看游丝舞落花"⑥（《上巳后一日同子文伯庄永年步东园三首》其三）、"风雨摧残桃李枝，东园无树不离披。海棠过后残花在，恰似上春初发时"⑦（《东园社日》）等等。或许《上巳后一日通子文伯庄永年步东园三首》其二最典型地描绘了落花对诗人情感的拨动过程，"九径阴阴一一穿，前谈后笑各欣然。缓行不是身无力，满地残红不忍前。"⑧最初还是谈笑风生，三三径里洋溢着欢喜的气氛，可是当诗人目光所触尽是满地残红时候，内心的伤感瞬间涌起，诗歌情感基调也急转直下，由喜入悲。而上文提及的《芍药宅》一诗也对自己百般呵护花草的行为作了诠释，"劝春入宅莫归休，劝花住宅且小留。"⑨对花的呵护、对春的留恋实际上都是对生命的挽留。

那么出现这种反差的原因是什么？笔者以为主要有以下两个方

---

① 《全宋诗》第 42 册，第 26564 页。
② 《全宋诗》第 42 册，第 26572 页。
③ 《全宋诗》第 42 册，第 26568 页。
④ 《全宋诗》第 42 册，第 26573 页。
⑤ 《全宋诗》第 42 册，第 26573 页。
⑥ 《全宋诗》第 42 册，第 26585 页。
⑦ 《全宋诗》第 42 册，第 26584 页。
⑧ 《全宋诗》第 42 册，第 26585 页。
⑨ 《全宋诗》第 42 册，第 26564 页。

面：

其一是抒发内心对年华老去、生命将终的哀叹。杨万里在下定决心离开官场回归本真之后，最初的一段时间他本人内心是极其欢喜甚至迫不及待的。如《和渊明〈归去来兮辞〉》一诗很明确地告诉了读者他当时的心境是"倦游半生，思归不得"①，归隐田园对他而言就像是"如鹿得草，望绿斯奔。如鹤出笼，岂复入门"②。在旅途中船上写了一首《自金陵西归至豫章发南浦亭宿黄家渡》："过了重湖雪浪堆，章江欲尽淦江来。到家无此江山景，画舫行迟不用催。"③湖中浪花如雪、两江一"尽"一"来"，暗寓诗人之欣喜与惬意，而最后一句诗人却故意说到了老家就没有这样的景色了，别催行船了，本是归心似箭，这里却"故作深沉"，诗人正是以这种方式强行按捺内心的喜悦和激动。回家之后马上开辟了东园，种上了各色草木，悠游其间。

等到杨万里如鹤出笼般回归自然的喜悦归于沉静之后，一些新的情绪便开始萌生。首当其冲的便是年华老去、生命将终的哀叹。杨万里最初回到江西故里已经66岁了，"人生七十古来稀"，尽管后来杨万里活到80岁，实属长寿，但他也很清楚自己已是苍颜白发的现实。他在开东园不久之后就流露出了这种心迹，《东园幽步见东山四首》其一："日日花开日日新，问天乞得自由身。不知白发苍颜里，更看

---

① [宋]杨万里：《诚斋集》卷四五，《影印文渊阁四库全书》第1160册，上海古籍出版社1987年版，第484页。
② [宋]杨万里：《诚斋集》卷四五，《影印文渊阁四库全书》第1160册，上海古籍出版社1987年版，第484页。
③ 《全宋诗》第42册，第26559页。

南溪几个春。"① 其二云:"何曾一日不思归,请看诚斋八集诗。到得归来身已病,是侬归早是归迟。"② 这里可以看到,杨万里已经完全没有了此前的喜悦,他甚至在反思自己是否回归得太迟了。想到自己已是须发皆白、老病交杂,还能看上这溪边几个美好的春天呢?正如他在诗中写道的,"桃李成阴侬已老,江山依旧岁还新"③(《乙卯春日三三径行散有感》),草木枯荣,周而复始,诗人自己也已垂垂老矣,感伤之情溢于言表。

  杨万里晚年病痛情况也很严重,从他的诗文里面无法判断具体患的何种疾病,但可以断定的是病魔已经很明显地影响了杨万里原本当是轻松惬意的退休生活。仅仅《退休集》一集中与"病"相关的句子就多达 94 处,多有"把酒看花绕画栏,病身只得忍轻寒"④(《赏牡丹》),"升车乃复下,故病动中腑。昏眩懔欲绝,低回不能去"⑤(《岁暮归自城中一病垂死病起遣闷》)等描写。杨万里有《晓登万花川谷看海棠》两首,其二云:"准拟今春乐事浓,依前枉却一东风。年年不带看花眼,不是愁中即病中。"⑥ 很直白地说明了这种情形,诗人自己说这些年都没有机会好好地赏一回花,要么是为各种事物所扰、所愁,要么就是因为生病,无力赏花。对一位心系自然、钟情花木的诗人来说,这无疑是残酷的。越是自己无力抓住的美就越显得珍贵,《退休集》中诗人之所以多用笔墨描写各种落花残红,甚至每每怨春留春,

---

① 《全宋诗》第 42 册,第 26563 页。
② 《全宋诗》第 42 册,第 26563 页。
③ 《全宋诗》第 42 册,第 26572 页。
④ 《全宋诗》第 42 册,第 26563 页。
⑤ 《全宋诗》第 42 册,第 26583 页。
⑥ 《全宋诗》第 42 册,第 26584 页。

这种看似俗套的写法背后隐藏的却是浓厚的生命意识，是杨万里"嘲红侮绿"①尽头的一曲生命挽歌。

其二是自己归隐背后的隐痛以及对政治生涯的稍许遗憾。杨万里的退休原因并非简单的年岁已满，他正式上奏章乞致仕是在1196年，时年70岁，表面上看既符合当时士大夫七十致仕的法律规定，也符合《礼记》所说的"大夫七十而致事"②传统。他自己在《陈乞引年致仕奏状》中也是这么解释的："臣犬马之齿，在官簿今年虽六十有六，而实年七十。"③此外他还言辞颇为恳切地解释了另外一个原因，即身体原因："今叨食厚禄已及半年，恩重命薄，福过灾生。入夏感湿臟之疾大作，服药不瘥，惟有纳禄辞荣庶可缓死。须至哀告君父，敢乞圣慈，施天地生成之仁，推父母鞠育之爱，许臣引年，仍裁减恩数，特与降职名一等，守本官致仕，荣宠稍减，灾疾大轻，万一余生未填沟壑，皆君父更生之恩。"④说自己因为年龄已满七十，明显是托辞。因为杨早在绍熙三年（1192）就已经回到了江西老家，开东园等事件是在次年正月，返回故里是其决绝离开官场的结果，《和渊明〈归去来兮辞〉》中的袒露心迹之描述可资佐证。可是当时他的实际年龄只是66岁，离70岁尚有4年之遥。那么他提前退休必然有其他原因，而这些原因是四年后他在奏章中所谓的"官岁"和"实年"之说无法掩盖的。

---

① 语出其《初夏即事》："嘲红侮绿成何事，自古诗人没一成。"《全宋诗》，第26564页。
② ［汉］郑玄撰，［唐］陆德明音义，鲁同群注评：《礼记》，凤凰出版社2011年版，第3页。
③ ［宋］杨万里：《诚斋集》卷七一，《影印文渊阁四库全书》第1161册，上海古籍出版社1987年版，第2页。
④ ［宋］杨万里：《诚斋集》卷七一，《影印文渊阁四库全书》第1161册，上海古籍出版社1987年版，第2页。

因此要注意这一时间关系，他说自己"入夏感湿臟之疾大作，服药不痊"的情况发生在1196年，那时诗人已经在老家过了4年的退休生活，并非杨在正常的官任上发病进而上表乞退的。况且以病患为由自贬的情况在此前也发生过，在绍熙元年（1190）那场《孝宗日历》风波之后，杨上《秘书省自劾状》，先是含沙射影地说自己"失职""失官"①，暗揭当朝宰相留正的权奸面目，然后也说自己"旧有肺气痰嗽之疾，遇秋复发，见请朝假将理"②。病患情况或许属实，但是此番表态虽然合乎情，但悖于正常的退休程序。

那么杨万里决意归隐的原因究竟是什么呢？《宋史·儒林传》关于杨万里退休始终的记载相关如下："会《孝宗日历》成，参知政事王蔺以故事俾万里序之，而宰臣属之礼部郎官傅伯寿。万里以失职力丐去，帝宣谕勉留。会进孝宗圣政，万里当奉进，孝宗犹不悦，遂出为江东转运副使，权总领淮西江东军马钱粮。朝议欲行铁钱于江南诸郡，万里疏其不便，不奉诏，忤宰相意，改知赣州，不赴，乞祠。除秘阁修撰提举万寿宫，自是不复出矣。"③其中两个主要事件之一的《孝宗日历》风波是杨万里心生退意的导火索。时任宰相留正是站在孝宗一边的，而孝宗和当朝天子光宗的矛盾由来已久，而杨万里却是东宫伴读，是孝宗阵线所要排挤的人物之一。留正利用孝宗对光宗的掣肘，在撰写《孝宗日历》序言事件上暗下杀招，杨万里只能以"失职""失官"的无奈口气上《自劾表》。虽然光宗明确表态，"宣谕勉留"，

---

① ［宋］杨万里：《诚斋集》卷七〇，《影印文渊阁四库全书》第1160册，上海古籍出版社1987年版，第679页。
② ［宋］杨万里：《诚斋集》卷七〇，《影印文渊阁四库全书》第1160册，上海古籍出版社1987年版，第679页。
③ ［元］脱脱等：《宋史》卷四三三，中华书局1977年版。

可是杨万里似乎对小人当政、君主受人牵制的时局萌生了失望之情，再上了一道《奏报状》，先是对光宗对他的庇护表示了感谢，然后说了一句"重念臣愚憨自信，遂至轻发。揆之进退，岂容无罪，难以复玷朝列"①。杨氏一直在用一种正话反说的方式屡次强调自己有罪，难以立足于朝廷，实际上是表明自己不愿与奸佞同朝的坚决态度，至于光宗对自己的隆宠恩渥，杨万里流露出的是深厚的愧疚之情，也不失为一段君臣相知的佳话。如果说《日历》事件之后杨万里出于耻与奸邪同朝的立场离开朝廷，那么在稍后光宗颇为照顾的江东转运副使、权总领淮西江东军马钱粮任上则完全断绝了跻身官场重整乾坤的意念。对在江南地区行铁钱会子命令的抵制固然出于杨万里忠君爱民的思想，更是杨万里对朝廷掠夺百姓行为的强烈不满。光宗皇帝虽然对杨万里恩遇有加，但是在是非原则上没有任何转圜的余地。哀莫大于心死，对朝局、对自己曾经伴读的光宗的失望是杨万里最后决意离开的根本原因。

综上所述，杨万里的退隐是无奈之举，深层原因是杨万里对朝局及宋光宗的失望。既是被逼，则心有不甘；又怀失望，更添伤悲。而杨万里又偏偏是一个虽处江湖之远仍忧其民的典型儒家士子，注定不可能像林和靖那样不问世事，专意田园。《宋史·儒林传》记载："家人知其忧国也，凡邸吏之报时政者，皆不以告。"②可以断定，杨万里长达15年的退隐生涯不可能是真正的乐山乐水，其中必定充满了愤懑和伤感，笔下的植物意象伤感色彩的突然加重也在情理之中。

---

① ［宋］杨万里：《诚斋集》卷七〇，《影印文渊阁四库全书》第1160册，上海古籍出版社1987年版，第679页。
② ［元］脱脱等：《宋史》卷四三二，中华书局1977年版。

第三节　田园情怀

一、杨万里的农村情怀

有学者认为杨万里根本没有参与过农业生产活动，更有甚者把范成大视为"农民诗人"却把杨万里称作所谓的"观稼诗人"[①]。杨万里不算真正意义上的农家子弟，其父杨芾虽然一生落魄，但是《宋史·杨芾传》和胡铨为其所作的墓志铭等资料均没有他曾务农的相关记载。杨万里自小苦读，十四岁开始就出外求学，从事农耕的可能性确实不大。但是类似"观稼诗人"这样的提法显然是不恰当的，它似乎故意拉开了杨万里与农村、农民的距离，事实上杨万里有着深厚的农村、农民情结。

杨万里的家乡吉水正处在吉泰盆地的范围之内，吉泰盆地西邻罗霄山，东、南接雩山，北荫玉华山，其间有赣江纵贯南北，是典型的亚热带季风气候区，稻作生产历史绵长。北宋时我国古代最早的水稻专著《禾谱》和《农器谱》的出现反映的就是吉泰盆地水稻生产的繁盛状况。残本《禾谱》已经记载了水稻品种44种[②]，其他经济作物如苎麻、笋、茶、橘、竹等生产也相当繁盛[③]。生于斯长与斯，即便自己没有亲身务农的经历，家乡人民年复一年的耕种场景无疑也在诗人脑海中留下了深刻的印记，我们能从诚斋诗中找到足够的证明。

杨诗中与农村生产生活相关的有70多首，不妨略看几首：

[①] 唐欣欣：《"观稼诗人"与"农民诗人"的比较——杨万里与范成大田园诗之比较》，《赤峰学院学报》2013年第9期。
[②] 钟起煌主编：《江西通史·北宋卷》，江西人民出版社2008年版，第81—83页。
[③] 钟起煌主编：《江西通史·北宋卷》，江西人民出版社2008年版，第88—90页。

图06 江西吉水县水稻长势喜人。引自人民网（人民网网址：http://www.people.com.cn）。

两月春霖三日晴，久寒初暖稍秧青。春工只要花迟着，愁损农家管得星。（《农家叹》，《全宋诗》第42册，卷二二七七）

稻云不雨不多黄，荞麦空花早着霜。已分忍饥度残岁，更堪岁里闰添长。（《悯农》，《全宋诗》第42册，卷二二七六）

田夫抛秧田妇接，小儿拔秧大儿插。笠是兜鍪蓑是甲，雨从头上湿到脚。唤渠朝餐歇半霎，低头折腰只不答。秧根未牢莳未匝，照管鹅儿与雏鸭。（《插秧歌》，《全宋诗》第42册，卷二二八七）

以上诗歌都是对水稻、麦等主要粮食作物生产状况的直接描写，仅稻（禾）意象在杨万里诗集中就出现了至少119次。不仅仅是水稻意象群，杨万里诗歌中还出现了大量的农事类植物，出现有效次数10次以上的就有茶（104）、笋（79）、桑（43）、麦（42）、粟（40）、麻（26）、豆（20）、橘（20）、葵（19）、菱（19）、葱（14）、柿（13）、山椒（12）、瓜（11）、栗（10）。

文学史上从来不乏关心农村和农民生存状态的诗人，但是不管是出身农民阶级的诗人还是地道的地主阶级知识分子，最常见的方式多半是正面描写农村的萧条破败、农民生活的艰辛苦难，并借此表达对统治阶级课税沉重的不满以及对农民的同情，很少有对农业生产活动作如白居易《观刈麦》式的第一线、最仔细的记叙。在这一点上，杨万里却不遑多让。上文所引的《插秧歌》就是如此，拔秧苗、捆匝秧苗、莳田几个小环节都作了具体细致的刻画，光是"插秧"这一个活动杨万里就在《插秧歌》《农家六言》《金溪道中》《雨中遣闷》《夏日杂兴》等多首诗中加以描绘。此外还有对老农耕田、稻穗脱粒等环节的描写。即便是在睡梦中，杨万里都念记着要去种菜，《梦种菜》诗前小序："予三月一日之夜梦游故园，课仆种菜，若秋冬之交者，尚有菊也，得菜子、菊花一联，觉而足之。"① 在如此深厚的农家情怀的驱动下的必然结果就是大量的农事类植物进入到作品中来。

二、植物的出现形式

（一）植物意象独立构成田园风光

杨万里诗歌并不只有活泼的气息和多样的趣味，也有对自然多情的审美。上文简要介绍了杨万里深厚的农村情结，有多年的农村生活经历，他对农村旖旎风光的描写应该成为我们不可忽视的内容。在这

---

① 《全宋诗》第42册，第26391页。

一部分诗里,植物意象经常是以主角的身份出现,独立构成画面。如《三月三日雨作遣闷十绝句》:"却是春残景更佳,诗人须记许生涯。平田涨绿村村麦,嫩水浮红岸岸花。"①平铺的麦田生机勃勃,涨起绿波,春季河水涌动,倒映着两岸绽放的花朵。虽然后两句有出于对仗的考量,斧凿气息稍过,但从意象的角度来看,麦和花两个意象,一绿一红,完全独立地构成了一幅晚春乡村图。

构成方式主要是通过丰富的修辞和表现手法。如《道旁槿篱》②一诗,该诗描写的是一种常见的乡村院落植物木槿,木槿插在土中易于成活,农家常用此法围筑篱笆。诗人不吝笔墨,对其进行了全面细致的观察和一定的联想,让木槿这一意象的内蕴丰富起来。起笔两句"夹路疏篱锦作堆,朝开暮落复朝开"点明了木槿花晨开暮落而且花期长、连续多日开放的特征。颔联运用比喻和拟人的手法状木槿花娇羞的情态,颈联"占破半年犹道少,何曾一日不芳来"重复表述木槿花花期长,没有一日不开放,至此诗人的强调意图已然明显,可是尾联依然用一句"花中却是渠长命,换旧添新底用催"第三次重复木槿花期之长。这在实质上类似于赋的铺陈排比。又如拟人,拟人是杨万里写景诗中最常见的修辞手法之一。《圩田二首·其二》:"古来圩岸护提防,岸岸行行种绿杨。岁久树根无寸土,绿杨走入水中央。"③杨树像人一样走入水中,既体现了杨树意象在画面中的主体性,又活泼了诗境。多样的修辞和表现方式让杨万里诗歌中植物世界呈现色彩斑斓的景象:

---

① 《全宋诗》第 42 册,第 26105 页。
② 《全宋诗》第 42 册,第 26503 页。
③ 《全宋诗》第 42 册,第 26503 页。

井字行都整,花香远已甜。穗肥黄俯首,芒劲紫掀髯。(《观稼》,拟人)

晚紫豆花初总角,早黄稻穗已长须。(《入玉山七里头》,拟人)

无边绿锦织云机,全幅青罗作地衣。(《麦田》,比喻)

桑椹垂红似荔支,荻芽如臂与人齐。(《水落二首其二》,比喻)

梳头花雾里,照水柳风前。(《雨后清晓梳头读书怀古堂二首其二》,互文)

记得春头来此嬉,梅花太瘦杏花肥。(《重九前五日再游习园》,对比)

坐看梅花一万枝,化成粉蝶作团飞。(《壕上感春》,夸张、比拟)

(二)与人的并列关系(共同构成田园风光)

即植物与人以平等的姿态共同构成诗歌意境。最典型的两个例子是植物与儿童、植物与农夫。

其一,植物与儿童,体现诚斋体的趣味。

《闲居初夏午睡起二绝句》[①]第一首中有"日长睡起无情思,闲看儿童捉柳花"之句,第二首则说:"戏掬清泉洒蕉叶,儿童误认雨声来。"前者仅着一普通的"捉"字,小儿好奇的心态和活泼的样子就跃然纸上,后者则用儿童认识上的单纯衬托出诗人居所之清新自然,既是造境又是写人,两者都流露出盎然的趣味。《梅熟小雨》:"风

[①] 《全宋诗》第42册,第26109页。

从独树忽然来，雨去前山远却回。留许枝间慰愁恨，儿童抵死打黄梅。"① 可口的黄梅对小儿有着巨大的诱惑力，"抵死打"这一细节描写非常形象地抓住了儿童天真、执拗的性格特点，作为成人的读者读起来都免不了会心一笑。《白莲》诗却表现了儿童被茎叶上毛刺戳到手后生气的可爱情态："花头素片剪成冰，叶背青琼刻作棱。珍重儿童轻手折，绿针刺手却渠憎。"② "儿童急走追黄蝶，飞入菜花无处寻"③（《宿新市徐公店》）一句中儿童虽然没有和植物发生直接关联，但是黄蝶、菜花、儿童三者却是有机统一的，既写儿童之天真烂漫，同时也状园中菜花之繁盛。此外，"儿童道是雪犹在，笑指梅花作雪花"④（《送客归至郡圃残雪销尽》）、"数间茅屋傍山根，一队儿童出竹门。只爱行穿杨柳渡，不知失却李花村"⑤（《与子仁登天柱冈过胡家塘莼塘归东园》）等都是如此，无不透着浓厚的童趣。

其二，植物与农夫，体现诚斋体的"新味"。

历来批评杨万里诗歌浅陋鄙俗、流于寡淡者多有人在，事实上他是很注重诗歌韵味的。他在《颐庵诗稿序》中用品茶先苦后甘、回味无穷的现象来比喻诗歌之味，《诚斋诗话》作为诗人主要诗学主张，其中有多处对"诗味"这一概念的论述。王守国先生《诚斋诗研究》一书对杨万里诗味理论展开了追本溯源和全面深刻的解读，认为杨诚斋诗歌的味区别于一般意义上如司空图式的韵味，而是一种具有"现

---

① 《全宋诗》第 42 册，第 26159 页。
② 《全宋诗》第 42 册，第 26198 页。
③ 《全宋诗》第 42 册，第 26528 页。
④ 《全宋诗》第 42 册，第 26225 页。
⑤ 《全宋诗》第 42 册，第 26605 页。

实主义精神与含蓄的艺术风格的统一"①的诗味，这里姑且称之为"新味"。这种"新味"中一个重要因素就在于现实精神的介入，这一点在植物与农夫的组合中得到了明显的体现。

如《九月三日喜雨盖不雨四十日矣》："玉帝愁闻早，雷公怒见须。搜龙无罅处，倒海不遗余。稻里云初活，荞梢雪再铺。老农啼又笑，欲去且安居。"②最后两句写久旱之后雨水降临，"初活""再铺"营造了一幅庄稼重现生机的欢欣图景；而此刻的老农则破涕为笑，可以回家安然休息了。这显然不同于司空图们所说的"味"，而是建立在关照现实基础上的醇厚的诗味。又如"一岁升平在一收，今年田父又无愁。接天稻穗黄娇日，照水蓼花红滴秋"③（《入建平界二首其二》），除了句法顺序上和前例不同，在庄稼植物意象的描写和农夫形象的刻画与两者如出一辙，所蕴之味也无二致。而"君不见老农驱牛耕垄头，稻云割尽牛亦休"④（《华镗秀才着六经解以长句书其后》）则用"稻云"极写庄稼种植面积之大和收割之后老农和耕牛耕地之辛苦忙碌，"休"字背后戏谑的口吻却表达了对耕牛的的同情，其实也是对广大农夫的深切关怀，这何尝不是一种含蓄、一种韵味？

由于水稻、豆、小麦等粮食作物的生产者只能是农夫，故更多情况下田园诗中往往"农夫"意象在字面上是省略的，但是对诗歌意境进行审美解读时则应该意识到这一意象的存在。如《江山道中蚕麦大熟》："黄云割露几肩归，紫玉炊香一饭肥。却破麦田秧晚稻，未教

---

① 王守国：《诚斋诗研究》，中州古籍出版社1992年版，第65页。
② 《全宋诗》第42册，第26638页。
③ 《全宋诗》第42册，第26509页。
④ 《全宋诗》第42册，第26233页。

水牯卧斜晖。"①诗句没有出现农夫,但所写内容是农人急着耕翻麦收后的田地便于及时种晚稻,以至于不能让水牛悠闲地卧在夕阳的斜晖中。"农夫"意象的隐去丝毫不影响诗人对农村、农民的殷殷关切,也不影响"言外之意"的营造和"新味"的流淌。

杨万里《和李天麟二首》简要阐发了他自己的诗学主张,其一云:"学诗须透脱,信手自孤高。衣钵无千古,丘山只一毛。句中池有草,字外目俱蒿。可口端何似?霜螯略带糟。"②杨万里认为好的诗歌就要像秋天的螃蟹伴酒糟那般令人回味无穷,而要达到这一追求,最核心的要求就是字面上要像谢灵运那样委婉、清新,而精神上则要关怀天下苍生。从杨万里诗歌中植物和农夫的组合情况来看,杨氏这首诗并非虚言。

(三)与人的主客体关系

一方面是生产与被生产关系。这是田园诗中人与植物最基本的关系。杨诗中所涉及的农业植物有竹(笋)、李、桃、稻、茶、桑、麦、粟、麻、芝麻、豆、橘、葵、葱、柿、椒、瓜、栗、葡萄、枸杞、葛、桄榔、黍、柚、薤、白菜、韭菜、高粱、山茶、枣、榛、槟郎、橙、莼菜、苣、枇杷、蒜、杨梅、芋、匏、茹菜、蒲桃,总计 42 种。

这组关系中主要反映的就是当时的农业生产情况,包括生产方式、主要农具、饮食习惯等,上述内容在《江西通史》《中国古代农业文明史》等专门性著作中都有详实的考证和细节还原,笔者限于学力在此就不作赘言。

另一方面是欣赏与被欣赏关系。这种情况是杨万里农村情怀受到

---

① 《全宋诗》第 42 册,第 26247 页。
② 《全宋诗》第 42 册,第 26112 页。

部分学者质疑的重要原因，除却一部分同情农民稼穑艰辛、直接描写农业生产的诗歌外，杨万里的确留存了相当数量的格调惬意、画面优美的乡村田园诗。正如笔者在上文所阐述的那样，把杨万里视为"观稼诗人"是欠考虑的，我们可以较为深入地对这一部分诗歌进行解读。

  这类诗歌在本质上就是一般的写景诗，植物和人的关系是欣赏和被欣赏，只不过植物本身是农村常见的生产作物。植物意象在这种情况下是作为人的审美对象而非生产对象出现的，如《秧畴》："田底泥中迹尚深，折花和叶插畦心。晚秧初捻金绒线，先种输他绿玉针。云垄雾畴俱水响，丝风毛雨政春深。莫听布谷相煎急，且为提壶强为斟。"①对于水稻秧苗，杨万里这首诗没有像他的《插秧歌》那样对农民插秧这一农事活动进行描写，而把重点放在了秧苗本身，包括先后下地的秧苗在颜色上的差别等。但是状物永远不是最终目的，诗中提到的布谷鸟叫声往往被人理解为"快快割麦"或"割麦插禾"，尾联说不要去听那布谷鸟催促赶紧割麦插禾的叫声，还是暂且提一壶酒（或茶）喝一喝吧。个中缘由已经在颈联中解答了，春雨蒙蒙、雨水充沛，今年的年景肯定是好的，言外之意农民不用担心这一年的收成了。杨万里和秧苗在此处虽然是欣赏与被欣赏的关系，但是我们依然能够强烈地感受到诗人对于年成和农民的关注。再如《麦田》："无边绿锦织云机，全幅青罗作地衣。此是农家真富贵，雪花销尽麦苗肥。"②一望无际的麦苗青翠如绿锦，庄稼长势很好。一般情况下农事诗常是在描写自然气候不顺导致劳作艰难的情况下表达对农民的关切之情，可是从这首诗来看杨万里即便看到的是麦田一片欣欣向荣的景象，仍

---

① 《全宋诗》第 42 册，第 26543 页。
② 《全宋诗》第 42 册，第 26460 页。

然下意识地想到雪水融化对麦苗生长的好处，在对植物意象作审美观照的背后依然是诗人深深的农村情怀。

  还有一种情况比较复杂，植物通常是作为诗歌内容中人的生产对象而出现的，而对诗歌进行外部观照的话又是作为作者的审美对象而出现的。如《菜圃》有句"看人浇白菜，分水及黄花"[1]，诗句内容中人和白菜的生产关系在创作者杨万里的视角下却是审美内容，用杨万里自己的诗句来说就是"老子朝朝弄田水，眼看翠浪作黄云"[2]（《观稼》），他眼里看的不仅局限于字面上所说庄稼颜色的改变，而是这改变对农民的意义。所谓"定知秧畴满，想见田父乐"[3]（《望雨》），诗人对农作物的欣赏都连带着农民的喜怒哀乐，已经超出了一般意义上的咏唱花木。植物意象在这种组合中虽然是欣赏与被欣赏的关系，但却因为诚斋的农村情怀而得到升华。

---

[1] 《全宋诗》第 42 册，第 26523 页。
[2] 《全宋诗》第 42 册，第 26155 页。
[3] 《全宋诗》第 42 册，第 26192 页。

第三章 三大重要植物意象

第一节 对"枫"意象的改造

一、"枫"意象悲苦色彩的传统文学表现

从我国古代诗文创作的实际情况来看,"枫"意象是一个比较常见且文化底蕴丰厚的审美对象。但是一个值得注意的现象是绝大多数时候"枫"意象都会被染上一层悲凉、凄恻的色彩。

"枫"意象正式进入文学创作始于宋玉,其《招魂》篇有辞"湛湛江水兮,上有枫。目极千里兮,伤春心"①,"枫"意象首次出现就与"伤心"的情感氛围联系起来了。此后汉魏古诗也有"长枫千余丈,肃肃临涧水"这一类句子,"肃肃"也是萧瑟、冷清之意。到了魏晋南北朝时期,梁简文帝《咏疏枫》云:"萎绿映葭青,疏红分浪白。花叶洒行舟,仍持送远客。"②这里"枫"意象开始出现在送别的场景中,此后这一情景模式也不断出现。而阮籍"湛湛长江水,上有枫树林"之句则完全是化用自宋玉,自然也继承了"枫"意象所携带的悲苦色彩。

---

① 关于本篇的作者为屈原还是宋玉、内容是屈原怀楚王还是宋玉怀屈原历来多有争讼,这里与《广群芳谱》保持一致,采宋玉说。
② [明]冯惟讷:《古诗纪》卷七九·梁第六,《影印文渊阁四库全书》第1380册,第49页。

通过检索《全唐诗》中出现"枫"意象的句子并进行分析，有以下两大类情况：其一是诗题中就含有"枫"的，见于下表。

表2：咏枫题材唐诗统计表		
作者	题目	含"枫"诗句
萧颖士	《江有枫十章》	江有枫，其叶蒙蒙。我友自东，于以游从。
萧颖士	《江有枫十章》	山有棫，其叶漠漠。我友徂北，于以休息。
萧颖士	《江有枫十章》	想彼棫矣，亦类其枫。剡伊怀人，而忘其东。
萧颖士	《江有枫十章》	其他7首均无含"枫"诗句。
成彦雄	《江上枫》	江枫自蓊郁，不竞松筠力。一叶落渔家，残阳带秋色。
张继	《枫桥夜泊》	月落乌啼霜满天，江枫渔父对愁眠。
张祜	《枫桥》	唯有别时今不忘，暮烟疏雨过枫桥。
姚合	《杏溪十首·枫林堰》	森森枫树林，护此石门堰。杏堤数里馀，枫影覆亦遍。鸂鶒与钓童，质异同所愿。
杜甫	《双枫浦》	辍棹青枫浦，双枫旧已摧。自惊衰谢力，不道栋梁材。
宋之问	《游陆浑南山自歇马岭到枫香林以诗代书答李舍人适》	楚竹幽且深，半杂枫香林。浩歌清潭曲，寄尔桃源心。

"枫"意象进入诗题意味着其引起了诗人极大的注意，而且只要标题中出现，诗歌内容大部分也都会出现。"枫"意象集中地与江、桥组合出现。从诗歌内容上看"枫"意象主要出现在送别场景，如萧颖士的《江有枫》、张祜的《枫桥》，但是"枫"作为一种送别意象

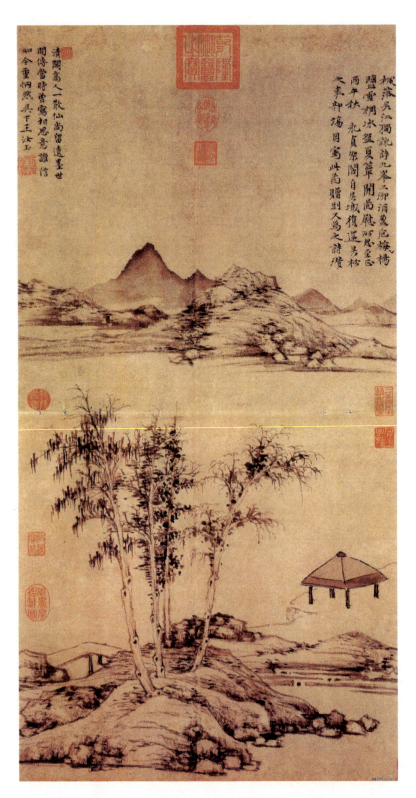

图 07 [元]倪瓒《枫落吴江图》。台北故宫博物院藏。

并非在唐代才开始,前文已有论及,南北朝时梁简文帝已经很明确地将这一意象运用到了送别场景中;或者是借以抒发羁旅愁思,如张继《枫桥夜泊》;或者是表达岁月蹉跎中功业不就的悲哀,如杜甫的《双枫浦》。

其余大量的"枫"意象则不见于诗题,通过对这些含"枫"诗句的分类可以看出,这一意象大部分情况下都起着营造冷清悲苦的情感氛围的作用,如"日暮秋烟起,萧萧枫树林"[1](戴叔伦《过三闾庙》)、"古庙枫林江水边,寒鸦接饭雁横天"[2](顾况《小孤山》)、"青枫绿草将愁去,远入吴云暝不还"[3](李群玉《汉阳太白楼》)等,枫林甚至成为黑暗、恶劣环境的代名词,如刘禹锡《元和甲午岁诏书尽征江湘逐客余自武陵赴京宿于都亭有怀续来诸君子》一诗就把贬谪的苦难之地说成是"楚水枫林"[4]。送别场景中出现"枫"意象则非常普遍,如"张邴卧来休送客,菊花枫叶向谁秋"[5](司空曙《过阎采病居》)、"怪来频起咏刀头,枫叶枝边一夕秋。又向江南别才子,却将风景过扬州"[6](施肩吾《送裴秀才归淮南》)……不胜枚举。另一方面则是思念故乡、亲友,如李嘉祐的《送严维归越州》有"乡心缘绿草,野思看青枫。春日偏相忆,裁书寄剡中"[7]之句,还有"乡在桃林岸,山连枫树春。因怀故园意,归与孟家邻"[8](张子容《送孟八浩然归襄阳二首》)、

---

[1] [清]曹寅等编:《全唐诗》,上海古籍出版社1986年版,第692页。
[2] [清]曹寅等编:《全唐诗》,上海古籍出版社1986年版,第665页。
[3] [清]曹寅等编:《全唐诗》,上海古籍出版社1986年版,第1456页。
[4] [清]曹寅等编:《全唐诗》,上海古籍出版社1986年版,第912页。
[5] [清]曹寅等编:《全唐诗》,上海古籍出版社1986年版,第738页。
[6] [清]曹寅等编:《全唐诗》,上海古籍出版社1986年版,第1249页。
[7] [清]曹寅等编:《全唐诗》,上海古籍出版社1986年版,第485页。
[8] [清]曹寅等编:《全唐诗》,上海古籍出版社1986年版,第272页。

"江边枫落菊花黄，少长登高一望乡"①（崔国辅《九日》）等。上文所述感叹宦海漂泊、功业难成，或是抒发羁旅愁思者同样有大量的诗歌材料，本文不作一一罗列。

如果说唐诗中"枫"意象还有杜牧"停车坐爱枫林晚，霜叶红于二月花"式的异响别调，宋词中"枫"意象的悲苦冷清色彩则更加浓厚，出现例外的情况屈指可数。一眼望去几乎全是"坠冷枫败叶，疏红零乱"②（柳永《阳台路》）、"扁舟岸侧，枫叶荻花秋索索"③（欧阳修《减字木兰花》）、"正试霜夜冷，枫落长桥"④（吴文英《惜黄花慢》）式的凄凉冷清。

可以看出"枫"意象从进入文学作品之初就承载了一定的悲苦色彩，在以后的文学史演变进程中这种悲苦色彩不断地被众多作家具体化，最终形成了这一显著的特色。

二、"枫"意象悲苦色彩的"去苗族化"

学界对枫树意象的研究尚少，只有寥寥数位学者发表了几篇论文对这一意象作了文艺批评上的研究，一个无法绕开的问题即枫树意象悲苦色彩的成因，就该问题学者们似乎过于看重《山海经》中的记载："有宋山者，有赤蛇名曰育蛇；有木生山上，名曰枫木。枫木，蚩尤所弃其桎梏。"⑤郭璞为其作注云："蚩尤为黄帝所得，械而杀之，已摘弃其械，化而为树也。"进而根据蚩尤为苗族始祖这一点将视线

---

① ［清］曹寅等编：《全唐诗》，上海古籍出版社1986年版，第277页。
② 唐圭璋点校：《全宋词》第1册，中华书局1965年版，第28页。
③ 唐圭璋点校：《全宋词》第1册，中华书局1965年版，第124页。
④ 唐圭璋点校：《全宋词》第4册，中华书局1965年版，第2913页。
⑤ ［晋］郭璞注：《山海经》卷一五，《影印文渊阁四库全书》第1042册，上海古籍出版社1987年版，第73页。

聚焦在枫树与苗族的关系上,并试图通过这一关系来分析我国古典文学中这一意象的审美表现。

侯智芳、崔英杰的《枫树:一个古典意象的原型批评》一文慧眼体察到《苗族古歌》枫树形象和背后的文化意义,并从原型批评的角度对枫树带有悲苦色彩的原因进行解剖,颇有启发意义。但是该文提到了一个观点,认为枫树伴随苗族人的多次迁徙而存在,苗人最后落脚于我国西南地区,楚国与苗族关系密切,故而《楚辞》中"枫"意象的情感表现实际上是苗文化的反映。王雨容《苗族古歌中枫树的文化内蕴》一文也基本上将视线聚焦在枫树与苗族的关系上。

详加考虑,这些观点似乎有待商榷。追根溯源,据国家民委《民族问题五种丛书》系列之《苗族简史》一书介绍,苗族的起源最早应该追溯到远古时期的"九黎"、尧舜禹时期的"三苗"和商周时期的"荆蛮"[1],以上三者都有今苗民的祖先在内。由贵州省苗学会、贵州省民族学会等主编的《苗学研究》一书也认定苗人的先祖是九黎[2]。蚩尤统治下的九黎部族生活范围是很广的,横跨黄河下游和长江中下游。在蚩尤败于炎黄联盟之后发生了第一次大规模的迁徙,从黄河流域南退至长江中下游地区。到了尧舜禹时期,三苗又进行了一次迁徙,这次是向西北移动,在这之后才是向南迁徙到四川、贵州、云南地区[3]。从《苗族古歌》的相关记载来看,苗族先祖的确将枫树视为图腾、生

---

[1] 柏贵喜、《苗族简史》编写组、《苗族简史》修订本编写组:《苗族简史·修订版》,民族出版社2008年版,第10—11页。

[2] 贵州省苗学会主编:《苗学研究》,贵州民族出版社2009年版,第6、19、22页。

[3] 柏贵喜、《苗族简史》编写组、《苗族简史》修订本编写组:《苗族简史·修订版》,民族出版社2008年版,第16页。

殖始祖和生命最终的归宿，但是《苗族古歌》只是在黔东南苗族部族流传下来的，而蚩尤九黎有众多部落，在不断的迁徙过程中各个分支产生各自有差异的民族"史诗"是很正常的，但是这也说明《苗族古歌》的记载未必就是真正的苗族始祖生活的反映。再者，一般而言，图腾、生殖始祖、生命归宿等都应该是在一个民族起源之初就开始流传下来的，但是为何在苗族发展的源头——华北平原地区却没有出现枫树见于"史诗"、诗歌吟唱的现象？华北地区也并非不产枫树，苗人迁徙过程中因枫树而产生的故土情结、思乡情绪也许确实属实，但这仅仅是苗族先民远古生活时期的现象，而没有证据表明苗族人的远古传统影响到了以汉族为主体的作家们文学创作中的审美方式。古代诗文中"枫"意象的确常常用来抒发诗人的故国之思、亲朋之念，但要将这一现象用苗族历史上的文化传统来解释则是不合情理的。以下证据可以证明：

首先是楚国和苗族的关系问题，《苗族简史》最新的研究成果表明，实际情况是自从楚王熊渠开始，楚国不断吞并南方的蛮夷，当然也包括苗族先民在内。春秋时期到楚国中期，苗族人一直是处于被统治的地位，充当的是近似于农奴的角色。[①]作为一种社会意识形态而言，文学创作的话语权自然也由经济地位所决定，屈原是"帝高阳之苗裔"，宋玉虽出身低微但是凭借各方面的才华也迅速跻身楚国社会的上流，他们在文学创作时受到苗族文化影响的可能性是非常小的，换言之，《楚辞·招魂》中"湛湛江水兮，上有枫。目极千里兮，伤春心"的凄恻与《山海经》中苗族始祖蚩尤被杀后桎梏化为枫树的悲凉是没有关系的，

---

① 柏贵喜、《苗族简史》编写组、《苗族简史》修订本编写组：《苗族简史·修订版》，民族出版社2008年版，第38—39页。

或者说关系不大，文学史上一种审美范式的建立并不应强行归因于另一个民族的神话演绎进程。

其次，《山海经》中关于蚩尤桎梏化为枫树之说本就十分玄幻，根本不符合科学常识，难以取信。况且《山海经》的成书时间尚无公论，袁行霈先生就认为《山海经》中的《海经》是秦汉时期的方士之书[①]，而蚩尤桎梏化枫说见于今本《山海经》中的《大荒南经》，这是《海经》中的一部分，照此说，蚩尤桎梏说的诞生就明显晚于屈原、宋玉的文学创作时期，则《楚辞》受蚩尤桎梏说的影响也是不大可能成立的。

追究枫树意象悲苦色彩的成因应该去苗族化，更多地还原枫树自然物性。我国古典诗歌中常见的植物意象如梅、兰、竹、松、飘蓬、柳等，它们丰富的情志意义大多源出其物理形态，并且在文学创作中不断被作家们演绎、丰富以至定型，枫树意象也该如此。

特点之一是善鸣。《广群芳谱》："枫，一名香枫，一名灵枫，一名摄摄。"[②]其下引了《汉书》为《尔雅》"枫"条所作之注："天风则鸣。"由于枫木"树高大"且"枝叶修"，起风的时候枝叶摩擦发出类似鸣叫的声音，用"鸣"字来形容植物是很少见的，汉书这般作注也说明枫树比其他高大乔木更善于发声。

特点之二是易摇摆，《说文解字》就说枫木"厚叶弱枝，善摇"[③]，这个特点并非简单地由其树形和枝叶特点决定的，"善摇"是枫树区别于其他高大乔木最显著的特征之一，《物类相感志》说："枫木无

---

① 袁行霈主编：《中国文学史》，高等教育出版社2005年版，第47页注释11。
② [清]汪灏：《御定佩文斋广群芳谱》卷七五，《影印文渊阁四库全书》第847册，上海古籍出版社1987年版，第131页。
③ 王桂元：《说文解字校笺》，学林出版社2002年版，第229页。

风自动，天雨则止。"①在没有风的情况下也能摇摆。

特点之三是长瘿瘤，似人形。这也是枫树通神的物质基础。《南方草木状》记载："五岭之间多枫木，岁久则生瘿瘤。一夕遇暴雷骤雨，其树赘暗长三五尺，谓之枫人。越巫取之作术有通神之验，取之不以法则能化去。"②枫木通神之说多见于古籍，如《述异记》："南中有枫子鬼，枫木之老者为人形，亦呼为灵枫。"③《化书》："老枫化为羽人，朽麦化为蝴蝶。"④既能通神，则演绎出一些相关的具体情形，如枫木求雨之事，兵法、卜筮中"枫天枣地"之说等。

特点之四是枫木枝干连理，《南齐书·祥瑞志》："建元二年九月，有司奏上虞县枫树连理，两根相去九尺，双枝均耸，去地九尺，合成一干。"⑤《宋史·五行志》："政和三年七月，玉华殿万年枝木连理，南雄州枫木连理。"⑥在我国古代，人们一般认为草木连理是大德教化的反映，《绎史》卷一五九《祥应》篇说："德至文表，则景星见，五纬顺轨；德至草木，则朱草生，木连理。"⑦《南史》中也有垣崇祖在竟陵令上广施教化以至于域内草木连理的记载⑧。从这层意义上讲，枫树是美德之木。若按照《山海经》的说法则枫树是蚩尤桎梏和鲜血所化，而蚩尤历来被视为凶恶、杀戮、野蛮的化身，包括史传文学、

---

① ［宋］释赞宁：《东坡先生物类相感志》，明抄本，卷一一。
② ［晋］嵇含：《南方草木状》，中华书局1985年版，第7页。
③ ［宋］李昉等：《太平御览》，中华书局1963年版，第4250页。
④ ［五代］谭峭：《化书》，中华书局1996年版，第2页。
⑤ ［梁］萧子颐《南齐书》，中华书局1972年版，第359页。
⑥ ［元］脱脱等：《宋史》卷六五，中华书局1977年版，第1417页。
⑦ ［清］马骕：《绎史》卷一五九，《影印文渊阁四库全书》第368册，上海古籍出版社1987年版，第611页。
⑧ ［唐］李延寿：《南史·垣崇祖传》，中华书局1975年版，第686页。

古典诗词甚至民间戏曲中多视其为恶神，则枫树应是恶木，这与《广群芳谱》所载的诸多祥瑞事件南辕北辙。如《周书·武帝纪》："（天和二年）秋七月，辛丑，梁州上言凤凰集于枫树，群鸟列侍以万数。"①《西京杂记》记载上林苑已经将枫树作为园林美化之树进行种植，《晋宫阁名》也说："华林园枫香三株。"②这也从侧面说明《山海经》的说法是海中孤岛，没有其他古籍记载与之相佐证。从唯物论的角度而言，蚩尤桎梏说和上述枫树通神说虽然都不合理，但是后者有牢靠物质基础，并且有后续资料相照应。

图08 枫树林。图片引自网络。

---

① ［唐］令狐德棻：《周书》，中华书局1971年版，第74页。
② ［宋］李昉等：《太平御览》卷九五七，中华书局1963年版，第4250页。

特点之五则是众所皆知的，即枫树因为树叶含有大量的叶青素，秋后遇霜叶子变红，杜牧"霜叶红于二月花"说的就是这个现象，文学史上也留下了大量和红叶相关的典故和诗句。树叶变红在我国常见植物中并不多见，这一现象本身就和叶落知秋一样让人很自然地意识到时序的更替，稍加演绎，这一现象就成了哀叹生命苦短、年华老去、功业难成的绝好题材，这是"枫"意象悲凉色彩的重要原因之一。

结合古代诗文中枫树意象的文学表达方式来看，都是与枫树上述自然特点相关的。善发声鸣叫和易摇摆这两个特点起着相同的作用，即感发人心。刘勰《文心雕龙》提出的外物感发人心理论已经论证得很明了了。而枫树的另一特点：长瘿瘤，似人形是其通神的物质基础，这一点非常关键。与其把《楚辞·招魂》中"枫"的悲凉和苗族联系起来，远不如从枫树的客观形态出发，而枫树能够感通神灵这一特点正好与《楚辞》中招魂这一活动不谋而合。《楚辞》和《诗经》一起被视为中国古典文学的源流，《楚辞》中"枫"意象的悲凉色彩才是后世文学史中枫树悲凉化的源头，而非苗族。

三、杨万里对"枫"意象的具体改造

杨万里诗歌中除了《宿枫平》《发枫平》两首诗中"枫"作地名之外，"枫"意象共出现在了35首诗中，这也是《诚斋集》中重要的植物意象之一。通过对这些含"枫"诗句的细读和归纳，可以清晰地看出，传统意义上"枫"意象悲苦、冷清色彩在杨万里笔下已经基本褪去，取而代之的是积极、明丽的情感指向。

（一）"碧树丹枫点缀秋"——对"枫"意象悲秋、伤春传统的颠覆

"枫"意象在传统审美方式下经常被视为悲秋、伤春的典型，最

负盛名的要数老杜《秋兴八首》中的那句"玉露凋伤枫树林，巫山巫峡气萧森"，时属深秋，白露降下，枫叶凋落，浓重的肃杀萧条之气直面而来。杨万里对枫树的描写同样经常和时序相关，而伴随"枫"意象而来的情感基调则完全不同。试看以下几首诗：

出真阳峡

江枫新染绿衣衫，知费春风几把蓝。

道是春光在桃李，试除桃李尽教参。①

霜晓

荒荒瘦日作秋晖，稍稍微暄破晓霏。

只有江枫偏得意，夜接霜水染红衣。②

两首诗一春一秋，具有代表性。前者用拟人的手法说春天来了，枫树的衣衫被春风染绿了，不知道这耗费了春天多少蓝色。人们都说春光都聚集在桃李身上，不妨去掉桃李再看看？言外之意是如此青翠可爱的枫树同样撑起了一片大好春光。后者同样采用了"染衣裳"的比喻，"得意"二字充分彰显了枫树在秋天"荒荒瘦日"里独标一格的昂扬，这与刘禹锡"自古逢秋悲寂寥，我言秋日胜春朝"的俊爽豪情如出一辙。此外，杨万里还在《秋山》里将丹枫和梧桐叶、柿叶、乌桕放在一起，勾画了一幅热烈奔放的西湖秋景图。即便是在本就肃穆的寒食节，枫树入诗的情景也只不过是"远山枫外淡，破屋麦边孤。宿草春风又，新阡去岁无"③（《寒食上冢》），杨万里笔下的"枫"意象不仅在春不伤，于秋不悲，反而透露着超脱尘俗的可爱和情趣。

---

① 《全宋诗》第 42 册，第 26315 页。
② 《全宋诗》第 42 册，第 26260 页。
③ 《全宋诗》第 42 册，第 26094 页。

（二）"枫年方少更红长"——"枫"意象背后生命张力的积极释放

以往很多诗人见到枫叶在秋天经霜变红，触动心神，自然地联想到岁月忽忽、年华老去，这种愁绪又时常和思乡怀人相互杂糅，"枫"意象传达给读者的便是生活的苦难、生命苦短的悲哀。外物感发人心的现象是普遍的，但是具体感发出的情感则因人而异，在由"枫"意象引发的对生命的思考问题上，杨万里同样作出了与前人截然不同的回答。

杨万里曾作《寒食前一日行部过牛首山》一首："捣蓝作雨雨宵倾，生怕难干急放晴。一路东皇新晒染，桑黄麦绿小枫青。"①如上文所述，杨万里热衷于将植物枝叶的颜色用"染色"的比喻来形容，首联中的"捣蓝"另见其《洗面绝句》中，"新捣春蓝浅染苍"，下雨就是天公泼下事先捣好的染料，雨过天晴染料晒干之后，桑叶、小麦、枫叶被染得黄黄绿绿，生机勃勃。又如《晚望二首·其二》，"万松不掩一枫丹，烟怕山狂约住山。却被沙鸥恼人损，作行飞去略无还。"②起笔就用反衬的手法，千万棵松树也掩映不住一树丹枫，秋日里枫树的独标一格彰显无遗。与此类似的还有一首《晚过黄洲铺二绝》："仆夫已倦路犹赊，脚底残阳眼底佳。绿锦堆中半团雪，千枫拥出一桐花。"③不同的是枫树在此充当的是绿叶的角色，是为"桐花"的出彩而存在。无论是作为主角时不甘于庸常的傲然独立还是作为背景烘托别人的精彩，都蕴藏着蓬勃向上的生命张力。类似这样的句子《诚斋集》中还

---

① 《全宋诗》第 42 册，第 26527 页。
② 《全宋诗》第 42 册，第 26101 页。
③ 《全宋诗》第 42 册，第 26141 页。

有如下一些：

> 独树丹枫谁不是，何须更立万松前。(《送客山行》，《全宋诗》第 42 册，卷二二九一)

> 楚楚江枫新结束，柿红衫子锦缠头。(《将赴高安出吉水报谒县官归宿五峰寺》，《全宋诗》第 42 册，卷二二九九)

> 我行谁与报江枫，旋摆旌旗一路红。(《同刘季游登天柱冈》，《全宋诗》第 42 册，卷二三一四)

> 却缘小队旌旗过，教得青枫学着红。(《过长峰径遇雨遣闷十绝》，《全宋诗》第 42 册，卷二二九一)

> 松寿已高犹绿发，枫年方少更红长。(《后一日再宿城外野店夙兴入城谒益公》，《全宋诗》第 42 册，卷二三一五)

（三）"枫"意象在意境营造中悲苦色彩的隐退

植物意象是营造意境的诸多元素中最重要的一种，"枫"意象由于自身承载了近乎约定俗成的悲苦色彩，所营造出的意境往往具有明显的冷、苦、寒、愁等特点。用杨万里自己的诗句来对这种现象做个概括即"向来枫落吴江冷，一句能销万古愁"[①]（《题山庄小集》），这一联本自唐人崔信明的残句"枫落吴江冷"，杨氏这里并非在写景造境，而是通过化用的方式对子仁的新创诗歌表示夸赞，其实杨万里笔下"枫"意象所营造的意境悲苦色彩已然消退，取而代之的是明朗、悠闲和趣味盎然。

---

① 《全宋诗》第 42 册，第 26182 页。

不妨略看一首《过陂子径五十余里乔木蔽天遣闷七绝句》："林中亭午始微明,枫倒杉倾满路横。黄叶青苔深一尺,先生却爱此中行。"①这首诗很清晰地体现了诚斋体的特色,密林中枫树与杉树西倒东斜,表面看上去是一番凌乱的景象,而诗人却偏爱这种不死板、有生机的景象,"枫"意象在此处成了趣味的代名词。再有《野炊猿藤径树下》,诗前半部分是"径仄旁无地,林间忽有天。丹枫明远树,黄叶暗鸣泉"②,下半部分中的"乐"字已经表明了本诗的情感基调,红色的枫叶让远处的树木都明丽了起来,所造之境非常明朗。而悠然闲适的特点在杨万里诗歌中则更为常见,如《过真阳峡》中的"莫道无人径亦穷,尚余碧筱伴青枫"③、《与侯子云溪上晚步》中的"杖藜紫菊霜风径,送眼丹枫夕照村"④、《题唐德明建一斋》中的"从渠散漫汗牛书,笑倚江枫弄江水"⑤等。

当然,杨诗中也有惨淡色彩的"枫"意象,但仅占据很小的比例(共计4首,占总数35首的11%),其中还有化用前人者:"分无枫落吴江句,博得池生春草诗"⑥(《和谢石湖先生寄二诗韵》)。可以不夸张地说,杨万里已经完成了对传统"枫"意象彻底的改造。

四、改造的原因

(一)性格原因

"枫"意象之所以会在杨万里诗歌中呈现出与传统文学表达中截

---

① 《全宋诗》第42册,第26299页。
② 《全宋诗》第42册,第26296页。
③ 《全宋诗》第42册,第26271页。
④ 《全宋诗》第42册,第26578页。
⑤ 《全宋诗》第42册,第26077页。
⑥ 《全宋诗》第42册,第26526页。

然不同的面貌，一个重要的原因就在于杨万里自身的性格。《宋史》对杨万里为人的评价是"刚而褊"，以至于"孝宗始爱其才，以问周必大，必大无善语。"①《南园记》事件②也很典型地说明了杨万里在大节问题上坚决地表现出刚正甚至盛气凌人的性格特征。葛天民曾经寄过一首《寄杨诚斋》给杨氏，其中有两句诗很贴切地概括了杨氏的性格，"不曾屈膝不皱眉，不做文章做出诗。玉川后身却不怪，乐天再世尤能奇"③。唐代诗人卢仝的偏激刚正和狷介不凡、白居易的安然淡薄情怀共同构成了杨万里丰富的个人性格。

杨万里喜爱自然是人所皆知的，这是发自内心的对自然造化的欣赏和接纳，植物入诗是他喜爱自然的必然结果而非最终目的，这也是杨诗读来兴味盎然、毫无功利气息的重要原因。这份对自然的喜爱使杨万里在作诗时会先入为主地赋予植物意象"喜""乐"的精神内核，我们对本文第一章表格中统计的出现次数较多的植物意象进行细致的解读，可以发现，绝大多数情况都体现了这个特点，就连芭蕉、柳等传统意义上有类似于枫树般"苦"色彩的意象在杨万里诗歌中都得到了一定的扭转。

退下朝堂之后，生活中的杨万里更多地是一个幽默旷达的人。罗大经《鹤林玉露》中记载了他和尤袤妙趣横生的调侃和斗嘴，他幽默的个性也时常展现在诗句中，同时他也常怀一种旷达的心态面对生活。据统计，光是"笑"这个动词就在他的诗集中出现了276次，"只怨

---

① ［元］脱脱等：《宋史》卷四三三，中华书局1977年版。
② 韩侂胄当国，令杨氏作《南园记》，被杨痛斥。后陆游失节作《南园记》和《阅古泉记》，遭到杨的谴责和嘲讽，一生的友谊几乎断绝。
③ ［宋］陈起：《江湖小集》卷六七，《影印文渊阁四库全书》第1357册，上海古籍出版社1987年版，第519页。

冲寒叹行役，青鞋布袜却芬香"①（《后一日再宿城外野店夙兴入城谒益公》）就是他旷达心态的一个缩影。杨万里一生的仕途经历完全说不上顺利，为官又廉洁自律，生活往往窘困，再加上晚年长期受到淋疾的折磨，可谓备尝磨难。但如同苏轼一样，面对苦难诗人往往一笑了之，与人交往常常幽默相随，这种乐观的心理反映在诗歌创作中就是整体情感基调的昂扬向上，很少作悲苦词，相应地，构成诗歌的种种意象也少了悲苦，多了乐观。

（二）诚斋体创作的必然结果

诚斋体最为核心的追求之一在"趣"的表现，在"活泼"的外在面貌，而传统诗人们对"枫"意象的使用却在追求一种悲"情"的效果②，要让诗句活泼灵动起来，以往的套路是行不通的。

具体到"枫"意象上而言主要是通过拟人手法的运用，不光是"枫"意象，杨诗中大量的植物意象往往被拟人化，进而活泼起来。枫树秋天经霜后树叶变红的现象很早就被心思敏感的诗人们写进了诗歌，"红叶"也成为我国古典诗歌中经典意象之一③。"丹枫"也是"枫"意象不可或缺的组成部分，与以往诗人通过树叶变红联想到时序交替、年华老去不同的是，杨万里往往采用拟人的方式，把枫树叶变红这一细节写的活泼有趣，如"小枫一夜偷天酒，却倩孤松掩醉容"④（《秋山》），作者将枫树比作一个贪酒的人，要靠松树的苍翠来掩盖自己

---

① 《全宋诗》第42册，第26646页。
② 这里并非指杨万里诗歌毫无情感可言，后文有专章论及杨万里对绝句创作的偏爱，绝句正好是重情韵的。
③ 并非所有出现的"红叶"都是指枫叶，从植物学角度而言还有黄栌等，这里仅就古代文学作品中大多数情况论。
④ 《全宋诗》第42册，第26423页。

酒醉之后的面容，趣意横生。"江枫"意象则因为《楚辞·招魂》的缘故，悲情色彩尤其明显，而杨万里笔下的"江枫"同样由于拟人手法的介入而展现出另一番情致，如"只有江枫偏得意，夜挼霜水染红衣"[①]（《霜晓》），秋日里万物肃杀，只有江枫独自洋洋得意，夜里擦着霜水将外衣染红，诚斋体透脱潇洒的特点表露无遗。

第二节 杨万里的竹情结

杨万里对竹气格、品性的理解集中体现在《清虚子此君轩赋》中，该赋虽是杨氏为友人清虚子新轩落成而贺作，但却通篇言竹，也是其唯一的一篇咏竹赋。杨万里认为王子猷只是爱竹，并非知竹，知竹者古来只有孔夫子一人。所谓"知竹"的内涵则包括"凛然而孤"之节、"顾然而臞"之貌、"洞然而虚"之中以及君子"温其如玉"为人准则和目标，并在上述内涵的基础上明确提出了"君子于竹比德"的概念：

> 吾友清虚子，家有竹轩，命曰此君，诚斋杨某为赋之。
>
> 客有问于清虚子曰："昔者子猷爱竹，字之曰君，谓此君一日之不可无。古之知竹者，未有若子猷之勤者欤？"清虚子曰："子猷可谓爱竹矣，知竹则未也。古之知竹者，其惟吾夫子乎？盖尝闻之，夫子适卫，公孙青仆子在淇园，有风动竹，闻萧瑟檀栾之声，欣然忘味，三月不肉。顾谓青曰：'人不肉则瘠，不竹则俗，汝知之乎？'其诗曰：'瞻彼淇奥，绿竹如箦。'言念君子温其如玉，吾乃今知，竹之所以

[①] 《全宋诗》第42册，第26260页。

清、武公之所以盛也，盖君子于竹比德焉。汝视其节，凛然而孤也，所谓'直哉史鱼，邦有道，如矢者欤'；汝视其貌，顽然而臞也，所谓伯夷、叔齐饿于首阳之下，民到于今称之者欤；汝视其中，洞然而虚也，所谓'回也其庶乎，屡空'，有若无者欤，故古之知竹者其惟夫子乎？子猷非知竹者也。"

客曰："甚哉，清虚子之言似夫子也，敢贺此君，从陈蔡者，皆不及门，君何修何饰乃得与四子而同席，愿坚晚节于岁寒，以无忘夫子之德。"①

此赋只是杨氏竹情结的冰山一角，远未包含杨氏对竹这一植物的全部情感。

一、食笋

笋，即筍，又有萌、箈竹、鶯、薍、竹胎②等多个别名，为竹子根部节间"乳赘而生者"③。我国先民早在周时就开始食笋，《诗经》中有相关记载，经两千余年而未衰，一直延续至今。然而竹多生于南方，虽然早在春秋战国时期南笋北运就已经开始④，但受到古代交通条件、食物冷藏保鲜等技术条件的限制，对笋的食用、品鉴仍然以笋的原产地南方为主。言江西笋当首推玉版笋。杨万里是江西吉水人，吉水于宋时属吉州，而吉州当地就产有笋中名品——玉版笋。

---

① ［宋］杨万里：《诚斋集》卷四四，《影印文渊阁四库全书》第1160册，上海古籍出版社1987年版，第478页。
② ［宋］释赞宁：《笋谱》，《影印文渊阁四库全书》第845册，上海古籍出版社1987年版，第183页。
③ ［宋］释赞宁：《笋谱》，《影印文渊阁四库全书》第845册，上海古籍出版社1987年版，第183页。
④ 廖国强：《中国食笋之风述论》，《思想战线》1994年第5期。

图09 新鲜竹笋。引自昵图网（http://www.nipic.com）。

元代画家李衎所撰之《竹谱》这样记载道："今此竹（䈽竹）不同，生岭南，江广之间皆有之。丛生，极高，叶大且密。一丛有生至十八九叶者，节上每茁小笋三，篗破成枝，中间一枝，彷佛与本身等。傍二枝亦麄大，皆横出，尤易植。至秋，根旁出大笋，绵绵不绝，来年成竹。或云擘下节间笋，植之亦活。江西人呼为横枝竹笋，色甚白，味甚佳，名玉版。"①清人陈鼎的《竹谱》则说："（玉版竹）产江右吉安府白鹭洲，皮洁如玉而笋味甘香，亦如玉版，成竹青青可爱。"②

令人奇怪的是杨万里诸多食笋诗作中都未尝言及玉版笋，最有可能的原因一是杨万里一生仕途奔波，辗转多地（前文已有论述），而

---

① ［元］李衎：《竹谱》卷五，《影印文渊阁四库全书本》第845册，上海古籍出版社1987年版，第183页。
② ［清］陈鼎：《竹谱》，清昭代丛书本。

玉版主要产地就在庐陵；另外，杨氏一生待在庐陵老家有两个时间段，一个是外出求学前，另一个是退休后的十年，而杨氏早年家境贫寒，为官后本人又特别勤俭节约，恰恰玉版笋又相当珍贵，故未得一品玉版美味。罗大经《鹤林玉露》载："杨东山尝为余言，昔周益公、洪容斋尝侍寿皇宴，因谈肴核。上问容斋卿乡里所产，容斋，番阳人也，对曰：'沙地马蹄鳖，雪天牛尾狸。'又问益公，公庐陵人也，对曰：'金柑玉版笋，银杏水精葱。'……三公笑且惭。"①周必大向皇帝推荐玉版笋，可见其珍贵。杨诗中出现的有确定名字的名笋是猫头笋，其《记张定叟煮笋经》一诗是杨氏食笋诗的代表作，诗云："江西猫笋未出尖，雪中土膏养新甜。先生别得煮簹法，丁宁勿用酰与盐。岩下清泉须旋汲，熬出霜根生蜜汁。寒芽嚼作冰片声，余沥仍和月光吸。菘羔楮鸡浪得名，不如来参玉板僧。醉里何须酒解酲，此羹一碗爽然醒。大都煮菜皆如此，淡处当知有真味。先生此法未要传，为公作经藏名止。"②杨万里在这里提到的猫笋就是猫头笋，黄山谷有《猫头笋》诗留世，稍后南宋人方岳更是在《食猫笋》诗中对猫头笋之美味不吝溢美之词："此君乃有宁馨儿，犀角丰盈玉不如。老去烟姿元耸壑，生来风骨已专车。诗肠惯识猫头笋，食指宁知熊掌鱼。莫遣匆匆万竿绿，一春心事政关渠。"③从这首诗可以看出诗人对猫头笋之喜爱程度，更为可贵的是诗人从张定叟的煮笋方法中悟出了淡处见真滋味的烹饪哲理，同时也是文学、人生的至理。然而名笋毕竟不可多得，更多的是一些名字不

---

① ［宋］罗大经：《鹤林玉露》卷一一，《影印文渊阁四库全书》第865册，上海古籍出版社1987年版，第352页。
② 《全宋诗》第42册，第26453页。
③ ［宋］方岳：《秋崖集》卷一〇，《影印文渊阁四库全书》第1182册，上海古籍出版社1987年版，第245页。

见于典籍所载的笋,但这丝毫无损杨万里对食笋的乐趣。大多数的笋因为生长成本较低,而且在南方,从上一年的冬季至次年春夏都有新鲜笋可吃,兼之味道鲜美,自然而然地会在诗人们心中占据很高的位置。《都下食笋自十一月至四月戏题》一诗将诗人这一情结说的很透彻:"竹祖龙孙渭上居,供侬樽俎半年余。班衣戏彩春无价,玉版谈禅佛不如。若怨平生食无肉,何如陋巷饭斯蔬。不须庾韭元修菜,吃到憎时始忆渠。"①又说:"庖凤烹龙世浪传,猩唇熊掌我无缘。只逢笋蕨杯盘日,便是山林富贵天。"②(《初食笋蕨》)笋的常有也是相对的,并不意味着随时都能吃到,"老子平生汤饼肠,客间汤饼亦何尝。怪来今晚加餐饭,一味庐山笋蕨香"③。(《梳头看可正平诗有寄养直时未祝发等篇戏题七字》)

二、赏竹

"竹"意象是《诚斋集》中最重要的意象之一,总共出现次数达到326次(不含笋意象79次),专题咏竹诗25首。同不少人一样,杨万里赏竹也重在其"清"。苏东坡说住所周围没竹子会让主人变得俗气,而杨万里则说正是世间的俗人拖累了竹的清高,以至于自己写诗时诚惶诚恐,生怕有负于竹之"清绝":"诗成欲写且复歇,恐竹嫌诗未清绝"④(《题唐德明秀才玉立斋名人鉴》),而杨氏写竹的目标则是"诗人与竹一样瘦,诗句与竹一样秀"⑤(《题太和主簿赵昌父思隐堂》),难怪诗人常竹梅共写,互衬其清。如"犯雪寻梅雪满衣,

---

① 《全宋诗》第 42 册,第 26338 页。
② 《全宋诗》第 42 册,第 26282 页。
③ 《全宋诗》第 42 册,第 26320 页。
④ 《全宋诗》第 42 册,第 26072 页。
⑤ 《全宋诗》第 42 册,第 26267 页。

池边梅映竹边池"①(《雪中看梅》)、"无梅有竹竹无朋,无竹有梅梅独醒。雪里霜中两清绝,梅花白白竹青青"②(《寄题更好轩二首》)、"竹映梅花花映竹,翠毛障子玉妃图"③(《南斋前梅花》)等。

图10 [宋]苏轼《竹石图》。引自华夏收藏网(http://www.cang.com)。

① 《全宋诗》第42册,第26179页。
② 《全宋诗》第42册,第26163页。
③ 《全宋诗》第42册,第26589页。

杨万里赏竹在情感上是多方面的，不仅局限于"卫道士"般地人格拔高，也爱发现竹子动态中的可爱，特别富于人情味，如"柳丝自为春风舞，竹尾如何也学渠"①（《寒食相将诸子游习园得十诗》其七）、"霜林遮眼八九叶，露竹出墙三四梢"②（《冬日归自天庆观》）等。而《雨中道旁丛竹》的着眼点则是竹的凄冷色调，"竹色岂不好，道旁端可嗔。只教寒雨里，将冷洒行人。"③观察的角度也比较全面，既写竹干、竹节，也写竹色、竹叶；既有老竹、陈竹，也有幼竹、新竹，考察宋代咏竹诗不可忽视《诚斋集》。杨万里不仅赏竹，还将目光投注到笋上。正所谓"雪中密竹能抽笋，冰底寒江更跃鱼"④（《题安城赵宽之慈顺堂》），冬笋因其悄然于地下萌生滋长，而春笋则生长速度惊人，故而诗人着重表现其所蕴藏的勃勃生机。如《春尽感兴》："春事忽忽掠眼过，落花寂寂奈愁何。故人南北音书少，野渡东西芳草多。笋借一风争作竹，燕分数子别成窠。青灯白酒长亭夜，不胜孤舟兀绿波。"⑤惜春题材诗中出现迎风生长的"笋"意象，可谓别出心裁，"梦入故园数新笋，穿篱破藓几茎茎"⑥（《二月望日迟宿南宫和尤延之右司郎署疏竹之韵》），"笋"意象的介入也起到了避免整首诗情感基调过分低沉伤感的作用。基于"笋"意象的这一特点，诗人将其巧妙地运用到写人中去，如《题左正卿寿慈堂》以"雪底笋""冰下鱼"⑦

---

① 《全宋诗》第42册，第26186页。
② 《全宋诗》第42册，第26216页。
③ 《全宋诗》第42册，第26303页。
④ 《全宋诗》第42册，第26354页。
⑤ 《全宋诗》第42册，第26245页。
⑥ 《全宋诗》第42册，第26321页。
⑦ 《全宋诗》第42册，第26165页。

暗喻左正卿母之身体康健，比喻十分贴切。另一方面，在形态上笋同竹一样，都有直耸挺立的特点，因此，杨万里也特别喜欢将笋作为喻体，借以形容山峰之陡峭高耸。如"出了真阳恰惆怅，数峰如笋雨中青"①（《出真阳峡十首》）、"夹岸对排双玉笋，此峰外面万青山"②（《真阳峡》）、"好山近看未为奇，远看全胜近看时。回望七峰云外笋，两峰高绝五峰低"③（《回望摩舍那滩石峰》）、"两峰玉笋初出土，三峰冰盘钉角黍"④（《过乌沙望大唐石峰》）等。有时候还故意本喻体倒置，不说山像笋，反言笋如山，如"身行衢信两中间，夹路尖峰面面寒。只道秋山似春笋，不知春笋似秋山"⑤（《过玉山东三塘》五首其四）。

三、竹入挽诗考

在我国古代的神仙体系中，竹本身就是一种长生之物，汉刘向撰《列仙传》，专事记载各路神仙及其事迹，该书下卷有这样一段记载：

> 若夫草木，皆春生秋落必矣，而木有松、栢、橿、檀之伦百八十余种，草有之英、萍实、灵沼、黄精、白符、竹翣、戒火长生不死者万数，盛冬之时，经霜历雪，蔚而不雕，见斯其类也，何怪于有仙邪？⑥

长生不死的神仙是一个"道教的理想典型"⑦，而材料中的竹、

---

① 《全宋诗》第 42 册，第 26314 页。
② 《全宋诗》第 42 册，第 26285 页。
③ 《全宋诗》第 42 册，第 26288 页。
④ 《全宋诗》第 42 册，第 26297 页。
⑤ 《全宋诗》第 42 册，第 26422 页。
⑥ [汉]刘向：《列仙传》卷下，《影印文渊阁四库全书》第 1058 册，上海古籍出版社 1987 年版，第 507 页。
⑦ 詹石窗：《道教文化十五讲》，北京大学出版社 2003 年版，第 85 页。

松与神仙是地位同等的,都是长生的代表。《列仙传》后为《道藏》所收,基本被视作道教范畴,在道教中,竹不仅自身长生不死,而且具有令人起死回生的"法力"。南北朝时期太清真人述作的《神仙九丹经》有如下记载:

图11 竹节特写。图片引自网络。

  仙人吕恭,字文敬,所受起死方,传云恭去家二百余年,子孙皆死,还乃掘出诸死人,以药涂之,皆更生肉成人,言语了了,无错谬者,百余死人皆生也,其方以正月一日取竹根五斤、二月二日取松根五斤、三月三日取柏根五斤、四月四日取忍冬根五斤、五月五日取麦门冬根五斤、六月六日取天门冬根五斤……鸡鸣时服用,清酒毕,食枣五枚,清斋静志百日,便知得道也。①

竹根同松根、柏根一道,居然能让吕恭过世已久的子孙起死回生,从上述材料可见,在宗教视野中竹与人之生死关系密切,尤其在道教中,竹很明显地承载了古人祈求长生、死而复生的美好愿望。在非宗教的视野下,竹同样与古人的生死观关系甚密,尤其在我国的南方民族中,竹在丧葬礼仪中占有重要地位。王平先生在《中国竹文化》一书中从随葬物、丧葬仪式、祭祀仪式等方面对竹与南方民族和部分少数民族的丧葬习俗作了系统全面的考察,认为"竹在我国传统的丧葬习俗中占有重要地位,既是一种具有广泛实用性的自然物,又是一种具有丰富内涵的文化载体"②。

专门的咏竹诗赋(类似《诗经》中的《淇奥》等以竹起兴者除外)最早产生于魏晋时期,而这一时期作家们主要致力于对竹外在体貌的描摹③,"竹"意象与人之死、葬的联系尚未确立。到了唐代,一方面,诗人们在写诗怀念已故亲友时开始选取竹这一意象,主要见于以下几首诗歌:卢照邻《哭明堂裴主簿诗》、王维《哭祖六自虚,时年十八》、孟浩然《过景空寺故融公兰若》)、刘长卿《过隐空和尚故居》、元稹《哭吕衡州六首》其六、沈千运《感怀弟妹》、钱起《哭空寂寺玄上人》、周朴《哭李端》④等。另一方面,"竹"意象也正式进入了真正意义上的挽诗中,如李峤《天官崔侍郎夫人吴氏挽歌》、卢僎《让

---

① [南北朝]太清真人:《神仙九丹经》卷下,明正统道藏本。
② 王平:《中国竹文化》,民族出版社2001年版,第372页。
③ 马利文:《唐代咏竹诗研究》,南京师范大学硕士学位论文,2008年,第14页。
④ 《唐诗拾遗》卷一〇该诗题后有注称此诗疑非周朴之作,《文苑英华》中此诗作者署"前人",而明人王志庆所编之《古俪府》和清编《全唐诗》以及《佩文韵府》《骈字类编》等均采周朴说。

帝挽歌词二首》、顾非熊《武宗挽歌词二首》和崔涯的《悼妓》四首。我们发现，第一类情况多是已故之人旧居附近有竹，诗人睹竹怀人，如卢照邻、孟浩然、刘长卿等，或是诗人与旧友生前在竹林间的活动引发怀人之感，如王维、沈千运等，这些"竹"意象都是实实在在的物体，只是诗人抒怀的媒介之一，尚未具备它在挽诗中该有的符号化内涵。第二类情况显然有所不同，在这几首明确的挽诗中，最起码竹这一意象本身已经由实而虚，开始符号化。如李峤《天官崔侍郎夫人吴氏挽歌》："笼服当年盛，芳魂此地穷。剑飞龙匣在，人去鹊巢空。簟怆孤生竹，琴哀半死桐。唯当青史上，千载仰嫔风。"①顾非熊《武宗挽歌词二首》其一："睿略皇威远，英风帝业开。竹林方受位，薤露忽兴哀。静塞妖星落，和戎贵主回。龙髯不可附，空见望仙台。"②《全唐诗》所有挽诗中见"竹"意象者仅上述4例，唐诗中含竹的句子多达3365例③，这个比例几乎可以忽略，这一方面是"竹"意象审美历程不断演进、自身文化内涵不断丰富的过程中的必然现象，另一方面也与唐代政治、经济、文化中心在北方有关系（上文有论及南方民族的丧葬习俗与竹的关系）。

而在杨万里笔下，"竹"意象进入挽诗中的现象比较多见，如《文远叔挽词》《挽谢母安人胡氏》《薛舍人母方氏太恭人挽章二首》《范女哀辞》等。《黄太守元授挽词二首》其二："我忝通家子，公如父行亲。一书虽不欠，半面遂无因。旅榇千江远，铭旌两竹新。庆门宁

---

① ［清］曹寅等编：《全唐诗》，上海古籍出版社1986年版，第171页。
② ［清］曹寅等编：《全唐诗》，上海古籍出版社1986年版，第1286页。
③ 马利文：《唐代咏竹诗研究》，南京师范大学硕士学位论文，2008年，第1页。

有此，造物岂其仁。"①旅榇，指棺木；铭旌，《通典》："周礼，大丧司常供铭旌，下注：'王则太常也。'士丧为铭，各以其物……书铭于末曰：'某氏某之柩。'"②指的是葬礼上挂在竹竿上的旗幡，"旅榇千江远，铭旌两竹新"一联中的"竹"显然就不是一种植物了，而是一种丧礼符号，这与其《祭西和州太守陈师宋文》中的"再竹其符，再朱其幡"类似，这也证实了上文提到的王平先生的观点。杨万里在部分祭文中也同样提到了竹类似的文化意义，如《范女哀辞》："有齐石湖之季女兮，肇莜茂而青葱……乐彤管以傲载兮，逝将眇青竹而论功……翁顾笑而惊寤兮，皦寒日其生于东。"③"眇青竹而论功"一句当源出于东汉班固《东都赋》之"案《六经》而校德，眇古昔而论功"④，"青竹"指代的是古人，有已经亡故的意思。这些挽诗中的"竹"意象自然而然地带有肃穆庄重的情感色彩，如"雪封青竹笋，雾失白藤舆"⑤（《挽谢母安人胡氏》）、"不堪青竹笋，归路不迎舡"⑥（《薛舍人母方氏太恭人挽章二首》）。

四、竹如其人

竹的人格化意义非常明显，其罹凝寒而不改本色、傲视天地而又虚怀若谷的品质给了历代诗人无穷的吟咏动机，诗人咏竹往往也以竹自比、自勉，杨万里就是其中的典型。

---

① 《全宋诗》第 42 册，第 26103 页。
② ［唐］杜佑《通典》卷八四，《影印文渊阁四库全书》第 604 册，第 107 页。
③ ［宋］杨万里：《诚斋集》卷四五，《影印文渊阁四库全书》第 1160 册，第 487 页。
④ ［梁］萧统编，［唐］李善注：《六臣注文选》卷一，《影印文渊阁四库全书》第 1330 册，上海古籍出版社 1987 年版，第 25 页。
⑤ 《全宋诗》第 42 册，第 26165 页。
⑥ 《全宋诗》第 42 册，第 26188 页。

杨万里尤其推重竹之"风节",如其《西斋旧无竹,予归自毗陵,斋前忽有竹满庭,盖墙外之竹迸逸而生此也,喜而赋之》所说的那样,"风衿月佩霜雪身,只谈风节不论文"①,并且时时勉励自己要像竹一样于节无亏、于心不悔,"终身历清直之操"②。作为一名传统儒家知识分子,胸怀天下、为国为民、不畏强权、始终以真理和天下苍生为念当是大节。《鹤林玉露》有这样的记载:"(杨万里)晚年退休,怅然曰:'吾平生志在批鳞请剑,以忠鲠南迁,幸遇时平主圣,老矣,不获遂所愿矣。'立朝时论谏挺挺,如乞用张浚配享、言朱熹不当与唐仲友同罢、论储君监国,皆天下大事。高宗尝曰:'杨万里直不中律。'孝宗亦曰:'杨万里有性气。'故其自赞云:'禹曰也有性气,舜云直不中律。自有二圣玉音,不用千秋史笔。'"③材料中提到的"乞用张浚配享"事件另见《宋史》《宋元诗会》《楚纪》和《诚斋集》等,关于这一事件的焦点人物之一张浚的道德人品虽然历来评说纷纭,但可以断定的是,打压张浚的洪迈与孝宗是站在同一战线的,杨万里在《配享不当疏》中言辞颇为激切,虽是批评洪迈,实则直接影射了孝宗没有做到"秉大公廓至明如天之清,如水之止,无偏如周武,毋我如仲尼",批评其"徇议臣一已之私说而尽违天下之公议也"④。与杨万里一起力争的另一位大臣吴猎也被贬斥,"出为江西转运判官"⑤。

---

① 《全宋诗》第42册,第26254页。
② [宋]罗大经:《鹤林玉露》卷五,《影印文渊阁四库全书》第865册,上海古籍出版社1987年版,第295页。
③ [宋]罗大经:《鹤林玉露》卷五,《影印文渊阁四库全书》第865册,上海古籍出版社1987年版,第295页。
④ [宋]杨万里:《诚斋集》卷六二,《影印文渊阁四库全书》第1160册,上海古籍出版社1987年版,第588页。
⑤ [元]脱脱等:《宋史》卷三九七,中华书局1977年版。

如果说据理力争、不惜顶撞圣意对于担任御史一职的吴猎来说虽是无奈之举但也是分内之职，那么杨万里当时担任的只是"秘书少监兼太子侍读"，主要工作是管理全国典籍图书、陪伴太子读书等，敢于对最高统治者说出这样的言辞是难能可贵的。又如，宋孝宗淳熙十四年（1187），遭逢大旱，孝宗下旨征求群意以期补救政事之失。杨万里怀着沉痛而又愤怒的心情上了一道《旱暵应诏上疏》，开篇就说"旱及两月，然后求言，不曰迟乎？上自侍从，下止馆职，不曰隘乎？臣请为陛下历言致旱之由，然后精讲备旱之策……"[①]批评孝宗求言太慢，求言面太窄，丝毫不讲情面，足见其满腔之公义凛然。

  杨万里于天下大事面前立场坚定，至于私交，他同样表现出明确的原则性，最典型的例子莫过于学界争讼已久的"陆游晚年失节"事件。尽管有部分学者认为陆游虽然晚年接受了权臣韩侂胄的邀请出山并为之作了两篇序，但仍说不上失节，如倪海权的《陆游晚年"失节"公案》，但是这类说法在目前学界中只能被视作个别的翻案之说。是否失节牵涉个人的主观价值评判尺度，不好定性，但从史实的角度上看，陆游当时的一些同辈如杨万里、朱熹、周必大等人都对其投韩的行为表示了相当程度的不齿。杨万里表现得尤为激烈，杨陆二人此前相交甚笃，对彼此的诗文、人品都有极高的评价。在陆游明确投韩之前，杨万里

---

① ［宋］杨万里：《诚斋集》卷六二，《影印文渊阁四库全书》第1160册，上海古籍出版社1987年版，第581页。

就作了那首著名的《寄陆务观》①，劝其砥砺操守，以文学事业为重，要做当代之夔、龙（夔与龙是上古舜时期的贤臣）。等到庆元三年陆游依然为韩作《南园记》，杨万里满怀失望地写了一首《纪闻悼旧》，诗中"衫短枯荷叶，墙高过笋舆。人生须富贵，富贵竟何如"②的句子讽刺了陆游为求富贵而失了文人原则，这对于此前惺惺相惜的两人来说无疑是很尖锐的。

面对曾经挚友不留情面的批评，陆游则表现出一副近乎知错忍辱的姿态，通过寄字帖、书信并推举杨氏为文坛盟主③等方式期待取得杨万里的谅解并试图维护曾经的友情，没想到杨万里完全不买账，依然对其进行嘲讽。嘉泰二年（1202），陆游在韩侂胄的一手操纵下入朝编修《实录》，杨万里的失望变为愤怒，在《再答陆务观郎中书》这封信中几乎在对陆游进行羞辱。杨陆两人的交情似乎已经走到了尽头，陆游为韩侂胄作《阅古泉记》、为韩献寿词的行为将其"晚年堕节"④的行为推向了高潮，此后杨陆两人再无交集，至死无言以吊。

在官场日久，唯有过人的毅力和始终如一的道德砥砺方能保全自

---

① 辛更儒《杨万里集笺校》第四册："查诚斋与陆游自从淳熙十六年冬一别，至绍熙五年五月作此诗时，为五见春花凋落，而此诗谓'花落六回'，时序不合。疑此诗应为庆元元年作，非绍熙五年。《退休集》为诚斋卒后其子长孺所编，不知是否有意无意将此诗置于此年。盖此诗一出，诗人致疑于陆游之晚节，在当时影响极大，议论从出，伯子辈或不能不加以矫饰也。"（1866—1867页）周汝昌《杨万里选集》第243页则认定此诗"系绍熙五年作"，周氏疑为推算有误，笔者从辛氏说。
② 《全宋诗》第42册，第26635页。
③ 《诚斋集》卷六七《答陆务观书》中有"推人以主盟司命"之语，《影印文渊阁四库全书》第1160册，上海古籍出版社1987年版，第648页。
④ 四库馆臣语："游晚年隳节，为韩侂胄作《南园记》，得除朝官，万里寄诗规之。"《影印文渊阁四库全书》第1160册，上海古籍出版社1987年版，第2页。

己的棱角和良知,罗大经在《鹤林玉露》中对这一现象阐述得相当精彩:"士大夫危言峻节,迁谪凄凉,晚岁收用,衰落惩创,刓方为圆者多矣。吕子约谪庐陵,量移高安,杨诚斋送行诗云:'不愁不上青霄去,上了青霄莫爱身。'盖祖杜少陵送严郑公云:'公若居台辅,临危莫爱身。'然以之送迁谪向用之士,则意味尤深长也。"①杨万里劝戒友人不要因为仕途的升降而忧愁,既入官场就要有为国为民不计身家的情怀。杨氏自己也正是因为这种理想的指引才能坚持自己的"性气"到最后,没有随波逐流,像其他人一样"刓方为圆"。

图12 荼蘼花。图片引自网络。

---

① [宋]罗大经:《鹤林玉露》卷八,《影印文渊阁四库全书》第865册,上海古籍出版社1987年版,第321页。"不愁不上青霄去,上了青霄莫爱身"一句为罗大经所引,然检阅《诚斋集》未见,疑佚。

杨万里的谥号是"宝谟阁学士文节公"①,《中兴以来绝妙词选》对杨万里的评价是:"杨廷秀,名万里,号诚斋,吉州人,以道德风节映照一世,实为四朝寿俊。"②宋代诗人程珌在《代上杨诚斋》一诗中这样称赞杨万里的凛然风节:"那知开眼大江西,突兀见公正冠帻。凌然清风不可攀,千载懦夫毛骨槀。"③杨万里这份对原则、道德品质异乎寻常的坚守是他留给后人一笔极大的精神财富,八百多年后依然熠熠生辉。

第三节 荼 蘼

一、白黄两种荼蘼的区分

古诗文作品中又作荼䕷、酴醾、酴醿、酴釄,是杨万里非常喜爱的植物之一,"坐看桃李缤纷落,等得酴醾烂熳开"④(《上印有日代者未至》),与梅、荷、海棠等名花相比,荼蘼晚出,而杨氏对其的喜爱之情丝毫不亚于它们。诗人对荼蘼的描写清晰地体现了诚斋体活泼透脱的个性。《入上饶界道中野酴醾盛开》其二:"走上松梢绕却它,为他满插一头花。未论似得酴醾否,且是幽香野得些。"⑤荼

---

① [宋]陈振孙:《直斋书录解题》卷一八,《影印文渊阁四库全书》第674册,上海古籍出版社1987年版,第847页。
② [宋]黄昇:《中兴以来绝妙词选》卷二,唐圭璋等校点:《唐宋人选唐宋词》,上海古籍出版社2004年版,第716页。
③ [宋]程珌:《洺水集》卷二三,《影印文渊阁四库全书》第1171册,上海古籍出版社1987年版,第466页。
④ 《全宋诗》第42册,第26238页。
⑤ 《全宋诗》第42册,第26250页。

蘑是一种蔓生植物，多攀沿在花架、篱笆和其他枝干挺拔的植物上。这首诗写荼蘼花附着在松树上，起笔不说"攀""爬"而着一"走"字，接着又把荼蘼附着在松树上开花说成是为后者插了"满头花"，将原本静态的画面写得活泼灵动、意趣盎然。又《东园墙隅双松可爱，栽酴醾、金沙以绕其上》："双松树子碧团栾，红锦缠头白锦冠。尽放花枝过墙去，不妨分与路人看。"①轻松俏皮的风格与前例如出一辙。

荼蘼花之所以得酴醾酒之名，一个重要原因就在于颜色似酒，《全芳备祖》前集卷一五花部："酴醾本作荼䕷，后加酉。""唐寒食宴宰相用酴醾酒，酴醾本酒名，世以所开花颜色似之故取为名。"②荼蘼花原本有白、黄荼蘼两种，考虑到古代的酿酒技术，白如清水的酒似乎很难酿造，荼蘼得酒名应当指的是黄荼蘼。关于这一点，清人吴其濬在《植物名实图考》中说得很清楚："《群芳谱》曰（荼蘼）：'一名独步春，一名百宜枝，一名琼绶带，一名雪缨络，一名沉香蜜友。大朵千瓣，香微而清，本名荼䕷，一种色黄似酒，故加酉字。'"③这说明，最初进入文人视野并以酒命名的荼蘼指的是黄荼蘼，而非后来吟咏较多的白荼蘼。至于白荼蘼则是荼蘼花的一个变种佛见笑——《植物名实图考》："佛见笑，荼蘼别种也，大朵千瓣，青跗红萼，及大放则纯白。"④又说："《益部方物记》：'人情尚奇，贱白贵黄，

---

① 《全宋诗》第42册，第26563页。
② ［宋］陈景沂：《全芳备祖》前集卷一五，《影印文渊阁四库全书》第935册，上海古籍出版社1987年版，第170页。
③ ［清］吴其濬：《植物名实图考》卷二一，顾廷龙等编：《续修四库全书》第1118册，上海古籍出版社2002年版，第255页。
④ ［清］吴其濬：《植物名实图考》卷二一，顾廷龙等编：《续修四库全书》第1118册，上海古籍出版社2002年版，第256页。

厥英略同，实寡于香，右黄酴醾，（下注）蜀荼蘼多白，而黄者时时有之，但香减于白花。"①根据宋祁《益部方物略记》的记载，宋时在剑南一带白荼蘼较黄荼蘼更为常见，而且香气更胜于后者。

二、杨万里笔下的荼蘼

杨万里作为宋代咏荼蘼的代表作家之一，自然不会忽视这一方面，且杨万里偏爱白荼蘼。《入上饶界道中野酴醾盛开》："千朵齐开雪面皮，一茅初长紫兰枝。一芽来岁还千朵，谁见开花似雪时。"②诗人用雪来比喻荼蘼花之白，一方面是如实的状貌，另一方面也为烘托荼蘼的清雅神韵。以雪比荼蘼之白并非故作惊人之语，明人陈继儒《致富奇书》："酴醾一名雪海墩，多刺，四月初开花。"③"雪海墩"之俗名并不是说它开在寒冬的冰天雪地里，而是言其花片之白。至于烘托荼蘼的清雅神韵，则是荼蘼审美在宋代兴起并且迅速成为一个重要文学意象的内部原因所在。

最早写荼蘼花的作品是唐代署名"汉州朱衣人"之《题崇圣寺》，然而笔者遍检基本古籍库发现有唐一代写荼蘼者仅此一例，其诗云："禁烟佳节同游此，正值酴醾夹岸香。缅想十年前往事，强吟风景乱愁肠。"④该诗只言其香，未写其韵，尚停留在一般的状物阶段。

入宋之后，咏荼蘼的现象迅速升温并且蔚为大观，据上海大学文学院常德荣、吴慧娟统计，宋代咏荼蘼者，凡诗人140多人、作品450

---

① ［清］吴其濬：《植物名实图考》卷二一，顾廷龙等编：《续修四库全书》第1118册，上海古籍出版社2002年版，第256页。
② 《全宋诗》第42册，第26250页。
③ ［明］陈继儒：《致富奇书》卷二，清乾隆刻本。
④ ［宋］洪迈：《万首唐人绝句》卷六六，明嘉靖刻本。

余首①。从宋代咏荼蘼的几位主要作家苏轼、黄庭坚、范成大、杨万里等人的作品来看,他们已着重发掘了荼蘼的清高雅韵。如苏轼《杜沂游武昌以酴醾花菩萨泉见饷二首》中这样描绘:"青蛟走玉骨,羽盖蒙朱幰。不妆艳已绝,无风香自远。"②完全是一副冰肌玉骨、遗世独立的清高姿态。而范成大则更是在《乐先生辟新堂以待芍药、酴醾,作诗奉赠》一诗中将荼蘼奉为绝世之天香,"芍药有国色,酴醾乃天香。二妙绝世立,百草为不芳。"③杨万里笔下的荼蘼花既有活泼可爱的一面,更有以雅韵见胜者。为了突出这一雅韵,杨万里多用冰、雪、玉、月、翡翠、仙等带有超凡脱俗情感色彩的词语,如"花飞十不啬五六,青子团枝失红簇……酴醾珍重不浪开,晚堆绿云点冰玉。体熏山麝非一脉,水洗银河费千斛……醉眸须及月下来,破鼻细从风处触……先生何得便杜门,霜鬓犹烦玉堂宿"④(《和罗武冈钦若酴醾长句》)、"翡翠堆头辞不梳,梅花脑子糁肌肤。夜来急雨元无事,晓起看花一片无"⑤(《雨中酴醾》)、"以酒为名却谤他,冰为肌骨月为家。借令落尽仍香雪,且道开时是底花。白玉梢头千点韵,绿云堆里一枝斜。休休莫斸西庄柳,放上松梢分外佳"⑥(《酴醾》)、"溪桃红霞作红雨,海棠飘尽春无处。约斋锦幄一夜空,行李移归雪宫住。只道青蛟弱无力,飞上朱檐还有翼。贫看翡翠积成堆,忽吐琼瑶真作剧。素影与月相将迎,

---

① 常德荣、吴慧娟:《一个宋型文化符号的解读——宋诗中的酴醾》,《古典文学知识》2010年第6期,第76页。
② [宋]苏轼撰,[宋]王十朋注:《东坡诗集注》卷二〇,《四部丛刊》景宋本。
③ [宋]范成大:《石湖诗集》卷二,《影印文渊阁四库全书》第1159册,上海古籍出版社1987年版,第609页。
④ 《全宋诗》第42册,第26106页。
⑤ 《全宋诗》第42册,第26173页。
⑥ 《全宋诗》第42册,第26338页。

绿云和露相扶擎。南枝暗香久寂寞，此花与梅同一清……约斋诗瘦浪作痴，君不见酒不到刘伶坟上土"①（《张功父送牡丹续送酴醾且示酴醾长编和以谢之》）等，不一而足。

同梅花一样，茶蘼也是诗人日常生活的一部分。杨万里庭院多栽种茶蘼花，满院清香，氤氲环绕，置身其中犹如睡在茶蘼铺成的床枕之上，诗人将这一情形形容为"枕茶蘼"："起来洗面更焚香，粥罢东窗未肯光。古语旧传春夜短，漏声新觉五更长。近来事事都无味，老去波波有底忙。还忆山居桃李晚，酴醾为枕睡为乡。"②（《二月十三日谒西庙早起》）而种茶蘼需要搭花架，宋代诗人巧妙地赋予茶蘼花架"茶蘼洞"这一风雅的说法，说的是茶蘼因其枝叶繁茂、花开时花朵繁密从而形成一个天然的风雅空间。杨万里大胆地将之比喻为起伏磅礴的山峰峡谷，将茶蘼枝叶比喻为层层浮云，"涌岫跳峰尺许宽，坐看云雾起岩间。九疑荒远巫阳险，未必真山胜假山"③。（《右茶蘼洞》）在诗人眼中，论韵致，真山远不如眼前的茶蘼架。又《右清浅池》："旧绕新萦绿万蟠，架余篱剩复垂栏。先生醉帽堆香雪，知自茶蘼洞里还。"④可见诗人在茶蘼架下流连忘返，一解忧愁。不仅如此，诗人还常常食用茶蘼花，《夜饮周同年权府家》："老赵渔船泊馆娃，月明夜饮故人家。春风吹酒不肯醒，嚼尽酴醾一架花。"⑤茶蘼花可食用，也可制酒，杨氏有一首《尝茶蘼酒》，"月中露下摘茶蘼，泻酒银缸花倒垂。若要花香薰酒骨，莫教玉醴湿琼肌。一杯堕我无何有，百罚知君亦不

---

① 《全宋诗》第 42 册，第 26392 页。
② 《全宋诗》第 42 册，第 26281 页。
③ 《全宋诗》第 42 册，第 26351 页。
④ 《全宋诗》第 42 册，第 26351 页。
⑤ 《全宋诗》第 42 册，第 26241 页。

辞。敕赐深之能几许，野人时复一中之。"①详细记载了制荼蘼酒的流程。荼蘼香贵清、逸不贵馥、浓，而杨万里熏制荼蘼酒却偏好浓香，"午时睡起忽心惊，一事开心太嫩生。速摘荼蘼薰白酒，不愁香重只愁轻"②。(《睡起即事》)

宋人任拙斋《酴醾》诗云："一年春事到荼蘼，香雪纷纷又扑衣。尽把檀心好看取，与留春住莫教归。"③管鉴《立夏日观荼蘼作》也有"一年春事到酴醾，何处更花开莫趁"④。清人曹雪芹更是在《红楼梦》中借麝月之手发出"韶华胜极""开到荼蘼花事了"⑤的感慨，尔后"开到荼蘼"也成为一个表达韶华将尽之时深婉愁绪的固定短语。其实荼蘼花开背后所蕴含的时光流逝之感在杨万里诗中已有涉及，只是未曾用"开到荼蘼"这一后来流传甚广的短语而已，杨氏《酴醾初发》诗："一春长是怨春迟，过却春光总不知。已负海棠桃李了，再三莫更负酴醾。"⑥荼蘼之所以有这一文化意义原意在于它的花期，如杨氏所言"二月尽头三月来，红红白白一齐开"⑦(《度雪台》)，荼蘼花大放在农历三月，凋零在三四月之交，正是春尽夏来之时。我国古代有"二十四番花信风"之说，据明人王逵《蠡海集》的阐释，"谷雨一候牡丹，二候酴

---

① 《全宋诗》第42册，第26631页。
② 《全宋诗》第42册，第26596页。
③ [清]厉鹗：《宋诗纪事》卷七〇，《影印文渊阁四库全书》第1485册，上海古籍出版社1987年版，第433页。
④ [明]陈耀文：《花草稡编》卷七，《影印文渊阁四库全书》第1490册，上海古籍出版社1987年版，第293页。
⑤ [清]曹雪芹：《红楼梦》第六十三回，岳麓书社2010年版。
⑥ 《全宋诗》第42册，第26408页。
⑦ 《全宋诗》第42册，第26560页。

醾，三候楝花，花竟则立夏矣"①。时序更替，正巧碰上荼蘼落花如雨，这一场景很自然地撩动诗人的思乡愁绪，如《舟中小雨》："漠漠轻寒粟晓层，酴醾半落牡丹初。颠风无赖难拘管，小雨多情为破除。半世光阴行路里，一年春事客愁余。浙西尚远江西在，何日章江买白鱼。"②江西简称赣，赣江既是江西省内最大的河流，也是江西的代名词，而章、贡二江则是赣江的主要支流。杨氏"章江买白鱼"之盼犹如晋人张翰鲈鱼脍之思，故园之念溢于言表。

　　杨万里对荼蘼的关注不仅局限在自己或者友人园林中所栽种者，还常常写野生的荼蘼花。除上文提到的《入上饶界道中野酴醾盛开》两首，另外《过南荡》："秧才束发幼相依，麦已掀髯喜可知。笑杀槿篱能耐事，东扶西倒野酴醾。"③《入城》："杜鹃有底怨春啼，莺子无端贴水飞。不种自红仍自白，野酴醾压野蔷薇。"④都写得珊珊可爱。野生荼蘼混杂在草丛中不易被人发现，杨万里对各种植物兴趣广泛，也不免不识荼蘼真面目，"去岁诸司赏物华，荼蘼一会属侬家。今年不识荼蘼面，却买茅柴对野花。""不识荼蘼恨杀人，野花香里度芳衣。寄笺为报东皇道，不理今年一个春。"⑤（《野荼蘼》二首）

---

① ［明］王逵：《蠡海集》，明《稗海》本。
② 《全宋诗》第 42 册，第 26241 页。
③ 《全宋诗》第 42 册，第 26395 页。
④ 《全宋诗》第 42 册，第 26174 页。
⑤ 《全宋诗》第 42 册，第 26547 页。

第四章 杨万里植物书写的修辞技巧

第一节 篇章修辞

"修辞"一词尚未形成明确的概念,这一词语最早出自《周易》,古代文论中论及"修辞"者不在少数,从《文心雕龙》开始,唐代以后诸多文论多有提及,早在1931年就出版了学者董鲁安的专著《修辞学》,董氏对古人眼中的"修辞"旨归作了精辟的归纳:"大共不出四途,一曰命意,二曰气息,三曰辞彩,四曰法度。"[1]可以看出古人眼中的"修辞"远不局限于今天我们常用的、狭义的"修辞格"这一方面,而是囊括了文章的立意、作品的格调、遣词造句的法度规则以及必要的语汇润色手段,可以说修辞之于作家作文既有宏观的旨趣要求,又有微观的指导手段。如董氏所说,修辞的要求在于"教给我们文章的内容上和工具上是否必须表现以及如何表现。一方帮助我们开关思想的径路,论发情感的渊泉;一方指给我们选择和排列的法度和伎俩"[2]。近年来学界比较看重的陈望道先生也在其《修辞学发凡》一书中提出,广义修辞的"修"不应当作"修饰"解,而是"当作调整或适用解"[3],

---

[1] 董鲁安:《修辞学》,文化学社1931年版,第1页。
[2] 董鲁安:《修辞学》,文化学社1931年版,第3页。
[3] 陈望道:《修辞学发凡》,复旦大学出版社2008年版,第1页。

既是调整也说明修辞的涵盖面应当有所外延。就诗歌而言，文辞较少，修辞显得尤为重要。1995年有古远清、孙光萱二先生之《诗歌修辞学》一书问世，其中提出了建立诗歌修辞学这一独立学科的构想并对其进行了理论阐发，依二先生的体系，修辞学的视角涵盖诗歌的篇章修辞、词句修辞、辞格分析以及诗歌风格等方面，本章主要从前三方面进行论述。

古、孙二先生理论中的篇章修辞概念包括意象的组合、结构的设计、体式的创造等内容[①]，就杨万里植物书写而言，最大的亮点在于意象的组合。

古典诗歌中意象的重要性无须言表，但是对于创作者而言，情感和志趣往往是复杂多样的。因此，在一首诗歌中往往会出现多个意象，甚至意象群。如袁行霈先生所说："一首诗从字面看是词语的联缀，从艺术构思的角度看则是意象的组合。"[②]绝妙好诗必然要求诗人对笔下多个意象进行巧妙地组合[③]，以期"戴着镣铐"跳出最美妙的舞蹈。本节对杨万里诗歌中庞大的植物意象进行组合方面的粗浅探究。

一、植物与自然物象

风起云涌、露下霜降、日月盈亏……自然界的各种物象是触发人们丰富情感的重要因素之一。我国古代诗歌中含有风、云、雨、雪、露等自然物象者不可胜数，相关的名句也比比皆是，如耳熟能详的《静夜思》，李白一句"举头望明月，低头思故乡"，以朴素的语言勾起

[①] 古远清、孙光萱：《诗歌修辞学》，湖北教育出版社1995年版，第2页。
[②] 袁行霈：《中国诗歌艺术批评》，北京大学出版社1997年版，第70页。
[③] 也有学者将意象组合称之为意象的外部构成，如耿建华《诗歌的意象艺术与批评》。

了千万游子浓浓的思乡之情。这首诗的成功很典型地说明了自然物象在意境的营造和诗人情感的寄托中起到的重要作用。自然物象在古人眼里往往具有相当的神秘性,也承载了丰富的文化意蕴。而植物的生长离不开自然物候,很多植物的形态美、色香情韵等都要借助自然物候,所以诗人们也往往将二者共同写进诗歌,别有洞天。

至于杨万里诗歌中植物与自然物象的组合类型,笔者检阅耿建华先生《诗歌的意象艺术与批评》中提出的连续性结构、对列性结构等6种结构[1],发现均不恰当,归为贯穿式结构[2]似乎更为妥当。在这种组合里,显然植物是主、物候为次,虽然物候不是诗人描写的重点,但是其对于植物意象审美特质、情志意义的表现都起到了重要作用。杨万里非常喜欢桂花树,创作了多首咏桂花的诗歌,如《木樨二绝句》:"只道秋花艳未强,此花尽更有商量。东风染得千红紫,曾有西风半点香。""轻薄西风未办霜,夜揉黄雪作秋光。吹残六出犹余四,匹似天花更着香。"[3]

后两句说总是东风吹开了春日里花朵万紫千红的盛况,可是何曾有过西风带来的半点香味?春花当然也有香味,杨万里此处用夸张的说法极言桂花之香,表面看是东风与西风的对比,实际上凸显的却是春花在香味上与桂花的差距。第二首通篇都有风这一意象,但是核心意象仍然是桂花,无论西风"夜揉黄雪"还是把花朵吹残得只剩四成,这一系列行为起的都是反衬作用,目的都是为了表现桂花之香。

植物的生长离不开自然物候,植物意象和自然物候关联在一起同

---

[1] 耿建华:《诗歌的意象艺术与批评》,山东大学出版社2010年版,第23—38页。
[2] 吴敏:《论诗的意象组合》,《浙江树人大学学报》2006年第5期,第95页。
[3] 《全宋诗》第42册,第26064页。

时出现的现象也常见于我国古代文学作品中,两者组成的固定短语不断产生并积累,其中有一些流传甚广,如我们熟悉的杨柳风、蕙风、杏花雨、梧桐雨等,杨万里甚至还提出了"木樨风"、麦风槐雨、稻云、花雾之说,可见在诗人眼中植物意象与自然物候的关系已经密切到不可分离的程度,只有二者在概念上融为一体才是最妥帖的做法。不仅仅是桂花与风,杨诗中植物与物候的贯穿式意象组合非常常见,摘录部分诗句如下:

一岁秋香又一空,落英憔悴怨西风。(《木犀落尽有感二首》其二,《全宋诗》第42册,卷二二八八)

风急杏花吹不脱,落梅无数掠人飞。(《二月望日劝农既归散策郡圃》,《全宋诗》第42册,卷二二八二)

行尽空房忽尽栏,竹光和月入亭寒。(《又题寺后竹亭》,《全宋诗》第42册,卷二二七六)

柳丝自为春风舞,竹尾如何也学渠。(《寒食相将诸子游习园》,《全宋诗》第42册,卷二二八三)

露酣月蕊苍茫外,梅与山矾伯仲间。(《丙戌上元后和昌英叔李花》,《全宋诗》第42册,卷二二七七)

衣染龙涎与麝脐,裁云剪月作冰肌。(《昌英知县作岁赋瓶里梅花时座上九人七首》其五,《全宋诗》第42册,卷二二七九)

日斜秋树传,市散暮船忙。(《泊樟镇》,《全宋诗》第42册,卷二二七六)

斜枝饱风雪,疏花淡冰玉。(《董主簿正道壁间水墨老梅一枝宿鹊缩颈合半眼栖焉》,《全宋诗》第42册,卷

二二七五）

  春风已入寒蒲节，残雪犹依古柳根。（《同岳大用甫抚干雪后游西湖早饭显明寺步至四圣观访林和靖故居观鹤听琴得四绝句时去除夕二日》，《全宋诗》第42册，卷二二七六）

  上述诗句只是杨万里对植物意象和自然物候两者之间紧密联系的把握和运用情况的部分写照，这一常见的意象组合模式丰富了写景或状物题材诗歌的表现手法和技巧。

二、植物与动物

  清人李道平在《周易集解纂疏》中对"天者亲上"和"地者亲下"有这样的阐释："荀爽曰：'谓坤六五，本出于坤，故曰本乎地，降居乾二，故曰亲下也。'崔憬曰：'谓动物亲于天之动，植物亲于地之静。'"[1]可见古人在看待动植物的联系上似乎犯了孤立和片面看问题的错误，只见二者表面上一动一静的差距。本文所初步探究的内容是杨万里诗歌中的植物，但是动物同样是杨氏诗歌中的另一重要题材，动物有先天的动态性、与人关系的紧密性等优势，在某些角度上甚至可以说与诚斋体活泼、透脱、趣味等艺术特色的关系较植物更为密切，杨诗中动植物之间的组合不可不察。

（一）飞鸟虫鱼

  自然界中种类繁多的飞鸟虫鱼与植物关系最为密切，反映在诗歌中也是如此。在这种情况下往往是植物意象的主体地位为动物所取代，这是值得注意的一个方面。

---

[1] ［清］李道平：《周易集解纂疏》卷一，清道光刻本。

比如，荷与鱼的组合。这是杨诗中较常见的组合之一，虽然杨万里咏荷花的"接天莲叶无穷碧，映日荷花别样红"①(《晓出净慈送林子方》)、"蕉叶半黄荷叶碧，两家秋雨一家秋"②(《秋雨叹十解》)等久负盛名，但是我们发现，当荷花与鱼一同出现时，诗人关注的侧重点往往向后者转移。如《料理小荷池》："侧塞浮荷更泛苔，为荇数路水痕开。鱼儿便喜新开港，绕去绕来千百回。"③《西府直舍盆池种莲》也有一联"稍添菱荇相萦带，便有龟鱼数往回"④，《料理小荷池》所写的清理荷花、为鱼儿开辟新空间的行为本身就似乎在向读者宣扬诗人对活泼鱼儿的喜爱和对阻塞空间荷花的厌弃，从诗句的关键字眼也可以看出一二：写鱼儿是"绕来绕去千百回"，这种欢喜和灵趣已然超越了"鱼"意象本身转移到了人的身上，读者似乎可以想见诗人坐在池边望着鱼儿嘴角浮起微笑的模样。荷花原本是高洁挺立、超脱流俗的形象，而此处在和"鱼"意象的对比中诗人竟然用了"塞""泛"等了无生机的字眼，高下立判。后一首诗中"菱荇"也只是作为"龟鱼"活动的引子、整个画面的点缀而已。

不仅仅是荷与鱼，荷与蜻蜓的组合也呈现了类似的特点，不妨比较下面两首诗：

小池

泉眼无声惜细流，树阴照水爱晴柔。

小荷才露尖尖角，早有蜻蜓立上头。⑤

---

① 《全宋诗》第 42 册，第 26375 页
② 《全宋诗》第 42 册，第 26167 页
③ 《全宋诗》第 42 册，第 26575 页。
④ 《全宋诗》第 42 册，第 26341 页。
⑤ 《全宋诗》第 42 册，第 26165 页。

晓坐荷桥四首·其二

四叶青苹点绿池，千重翠盖护红衣。

蜻蜓空里元无见，只见波间仰面飞。①

图 13　当代吴青霞《荷鱼图》四屏。引自博宝拍卖网（http://auction.artxun.com）。

历来对《小池》的后两句存在多种品评，从文字上看诗人本意是

---

①　《全宋诗》第 42 册，第 26194 页。

要突出蜻蜓的，小荷露角是时序来临、生机勃发的象征，而"蜻蜓立上头"则是要突出其对大自然变化的敏锐感觉，也正是通过蜻蜓的这一行为得以将小池整体的生命活力推向高潮。而第二首诗对蜻蜓的侧重就显得更为明显，诗人先用荷的绿叶红花做铺垫，渲染美丽的场景，然后宕开一笔，故作发问："蜻蜓怎么不见了？"最后用自答收束，原来他们在水面上自在地飞舞。

再看以下诗句：

> 岭花袍紫不知名，涧草茸青取次生。便是常州草虫本，只无蚱蜢与蜻蜓。（《寒食前一日行部过牛首山七首·其一》，《全宋诗》第42册，卷二三〇八）

> 蝴蝶新生未解飞，须拳粉湿睡花枝。后来借得风光力，不记如痴似醉时。（《道傍小憩观物化》，《全宋诗》第42册，卷二二八七）

> 荼蘼蝴蝶浑无辨，飞去方知不是花。（《披僊阁上观荼蘼》，《全宋诗》第42册，卷二二九九）

当然，并非说杨诗中凡是花鸟虫鱼与植物一起出现时侧重点都在动物上，如"只有花草偏称意，强留蝴蝶不教归"[①]（《三月晦日闲步西园》），显然重在花草而非蝴蝶，又如"群莺乱飞春画长，极目千春草香"[②]（《寄题萧邦怀步芳园》）则难分轻重，还有植物为本体，动物为喻体的，如"柄似蟾蜍股样肥，叶如蝴蜨翼相差"[③]（《菱沼》）。上文只是对植物与花鸟虫鱼意象组合中后者主体地位的取得这个重要

---

① 《全宋诗》第42册，第26282页。
② 《全宋诗》第42册，第26260页。
③ 《全宋诗》第42册，第26508页。

现象进行粗浅探究，并非同类诗歌的全部特点。

钱钟书先生说："古代作家言情写景的好句或者古人处在人生各种境地的有名轶事，都可以变成后世诗人看事物的有色眼镜，或者竟间离了他们和自然的亲密关系，支配了他们观察的角度，阻止了他们感受的范围，使他们的作品'刻板'、'落套'、'公式化'。"①杨万里要践行诚斋体诗歌不落窠臼、透脱活泼、生动有趣而又饱含哲理的诗学追求，必然要求自己创新写景模式。杨万里对飞鸟虫鱼等体型较小的动物所进行的仔细观察不同于晚唐诗人对琐屑甚至阴暗事物的偏好，后者是诗人们盛极难继的艺术困惑和特殊时代背景共同的产物，而杨万里则是对宋诗意象抽象化、文人化、典雅化的反拨。历来谈论唐宋诗的对比时往往视苏、黄为宋诗的代表，而杨万里诗歌在意象的选取上具体化、世俗化的特点与这两位宋诗代表形同天壤。而在意象组合里重飞鸟虫鱼而轻植物既是诚斋体趣味和活泼的题中之义，也体现了杨万里在写景模式上的不"刻板""落套""公式化"，侧重点从植物向动物的转移意味着转换了观察的视角，结果就是扩大了感受的范围，进而成就了多样的外在风格。

（二）家养畜禽

家养畜禽是我国古代乡村生活图景中极具生活气息的组成部分，古人很早就有"鸡栖于埘，日之夕矣，牛羊下来"②的深情吟唱，杨万里在《庚子正月五日晓过大皋渡》中说："雾外江山看易昏，尽凭

---

① 钱钟书：《钱钟书集·宋诗选注》，生活·读书·新知三联书店 2002 年版，第 255 页。
② 周振甫：《诗经译注》，中华书局 2002 年版，第 96 页。

鸡犬认前村。"①有鸡犬的地方就有村落。这类动物意象和植物意象组合在一起往往能通过动静结合、虚实相生、点面结合的方式弥补诗句中意象单一、画面不立体的缺陷。

杨万有一首《桑茶坑道中》:"清明风日雨干时,草满花堤水满溪。童子柳阴眠正着,一牛吃过柳阴西。"②如果说上联运用春日典型的花、草等植物意象只是在中规中矩地写春,那么下联牛吃着草穿过柳阴这一动态行为的介入则是全诗展现风光静谧而又不失乡村气息风格的关键因素。"皂荚树阴黄草屋,隔篱犬吠出头来"③(《发孔镇晨炊漆桥道中纪行》)、"白鹭池沼菰蒲影,红枣村虚鸡犬声"④(《早炊高店》)、"不羞卑冗颇得志,草根更与猪为戏"⑤(《戏题所见》)等诗句与前例如出一辙。

有时家养动物在诗句中看似是与诗歌核心事件或意象较为疏离的孤立的点,实际上却隐藏着一幅丰富的农家劳动、生活画面。《插秧歌》是杨氏农事诗的代表作之一:

> 田夫抛秧田妇接,小儿拔秧大儿插。
> 笠是兜鍪蓑是甲,雨从头上湿到胛。
> 唤渠朝餐歇半霎,低头折腰只不答。
> 秧根未牢莳未匝,照管鹅儿与雏鸭。⑥

本诗核心事件是插秧,尾联中的"鹅""雏鸭"意象看似和"秧

---

① 《全宋诗》第 42 册,第 26265 页。
② 《全宋诗》第 42 册,第 26534 页。
③ 《全宋诗》第 42 册,第 26507 页。
④ 《全宋诗》第 42 册,第 26510 页。
⑤ 《全宋诗》第 42 册,第 26228 页。
⑥ 《全宋诗》第 42 册,第 26246 页。

苗"意象没有联系，在表现技巧上也不存在动与静的关系，而且在秧苗到鸭鹅的跳跃中省略了"小儿"。熟悉我国传统水稻春耕的人就会了解一个常识：南方水田稻作春耕是非常重时效性的，有"春争一日，夏争一时"之说，受到农业生产器械等方面的限制，古人劳动效率相对低下，为了不误农时，生产时往往是非常紧张的，颈联中农民吃饭都只能在田间地头进行的细节很形象地说明了这一情况。小儿们照管鸭鹅不是打发时间，也不是帮助大人养殖家禽，而是因为"秧根未牢莳未匝"，忙碌的春耕不容有任何纰漏，这是为了不让它们把刚插好的秧苗踩坏或啄食掉。"秧苗"与"鸭、鹅"意象是对立的两个点，正如矛盾双方既相互对立又互为依存，两者在整首诗中都以点的形式存在，却牵连出了一幅内容充实的农事图。

还有的则是单纯在画面的铺展上直接通过动植物意象远近不同的分布来达到以点带面的目的，如"远草平中见牛背，新秧疏处有人踪"[1]（《过百家渡四绝句》）、"远渚长汀草如积，牛羊须上最高山"[2]（《过白沙竹枝歌六首》、"绿杨拂水双浮鸭，碧草粘天一落鸥"[3]（《清明日午憩黄池镇》）等。

（三）虚拟动物

我国传统文化中的虚拟动物主要是指龙、凤、麒麟等，这一类动物意象虽然具有虚拟性，但是与古人的生活有较为密切的联系，本身也承载了丰富的文化意义。该类意象与植物意象在杨诗中有以下几种情况：

---

[1] 《全宋诗》第 42 册，第 26071 页。
[2] 《全宋诗》第 42 册，第 26428 页。
[3] 《全宋诗》第 42 册，第 26530 页。

图 14　农民水田插秧摄影。引自昵图网。

1. 动植物对举，起象征作用。这种情况下动植物意象都是虚拟的，如《王式之直阁不远千里来访野人赠以佳句次韵奉谢》中颈联是"王家龙凤重英持，谢砌芝兰有耿光"[1]，此处的芝兰自东晋谢安谢玄轶事化出，是个符号化的意象，指代家族里品行高、才具好的后生子弟，上联中对举出现的龙凤意象也是如此，指代王式之。

2. 两者是本喻体关系。动物的虚拟性并不影响其作为喻体来表现植物的外在形态，参考以下例句：

　　榕影下照水，翠蛟舒复橓。（《丁酉初春和张钦夫榕溪阁五言曾达臣挽词》，《全宋诗》第 42 册，卷二二八一）

---

[1] 《全宋诗》第 42 册，第 26630 页。

翠旌绿纛夹车轮，龙作长身铁作鳞。莫笑道傍数松树，古来老却几官人。（《官道古松》，《全宋诗》第42册，卷二二九〇）

两枝垂地却翻上，活似双龙戏翠毯。（《道旁怪松》，《全宋诗》第42册，卷二三〇〇）

上述诗句中的"蛟""龙"意象都是作为树的喻体出现，或形容榕树青翠而舒展的样子，或形容松树弯曲遒劲的枝干。虚拟动物和现实动物之区别在于，后者以牛为例，即便在农耕时代，受地域形态和生活方式的影响，各人眼中的牛意象差别也很大——有人可能联想的是勤恳低调的老黄牛，有人想到的是健壮敦实的水牛；有的诗人偏爱写牛犊，有的诗人却爱刻画老牛。而虚拟动物虽然在现实生活中不存在，但是其已经在人们头脑中形成了固定的样子，诗人用这些约定俗成的形态来向读者描绘实实在在的植物意象的外在模样，易于被读者所接受。

三、植物之间的扎堆式集合

杨万里《晓登多稼亭三首》其三："尚无池水泛荷香，幸有园英照竹窗。雪白葵花持玉节，柿红萱草立金幢。"①这首小诗给我们最直观的印象就是花团锦簇、草木盈眼，甚至给人留下植物"扎堆"的印象，杨万里在短短的28个字之间居然糅进了5种植物，对于惜字如金、重情韵意境的绝句来说这是比较少见的，而这在《诚斋集》中却是极其常见的现象。

杨氏曾经在诗中明确写道："花草岂厌多？"②这些既有全部是实景的如《晚春即事二绝》其一："尺许新条长杏栽，文余班笋出墙隈。

---

① 《全宋诗》第42册，第26190页。
② 见杨万里《晚步南溪弄水》一诗，《全宋诗》第42册，第26261页。

浪愁草草酴醾过，不道婷婷芍药来。"①四种意象基本可以确定是诗人眼见的实景，通过诗人观察视角的转变，将晚春时节出现的典型植物作了一番全景式搜罗。这组诗的第二首尾联是"只是向来枯树子，知他那得许多青"，可知诗人所要表达的并不是一般的晚春时节伤感情绪，而是对生机勃勃的赞叹，诗人在第一首诗中大量抓取典型植物正是这一情感的自然流露。

又如本文第二章所举的诗例《寒食，相将诸子游习园，得十诗》，在这一首律诗、九首绝句中有四首只出现了一种植物意象，其余六首分别出现的植物意象种类为3、3、2、4、4、2，而且绝少重复，总计13种。且不论这十首小诗对植物的刻画技巧和水平如何，可以肯定的是诗人通过这一简单粗暴的植物意象堆积，对所游览之习园的春日图景作了最大可能的全景化写生，近乎于大巧若拙、大象无形。又有虚实结合的如《寄题萧民望扶疏堂二首》其一："不栽繁杏试晴红，不种垂杨拂暖堂。堂下生涯无一物，月中修竹雪中松。"②全诗中出现的四个植物意象都是半虚半实，意在用上联中的繁杏、垂杨的热闹、多彩烘托下联修竹、松的清雅神韵，也意在表现扶疏堂主人萧民望的品味。

第二节　词句修辞

杨万里诗歌的语言风貌总体来说是雅俗共生，其大量的山水景物诗给读者呈现的多是清新晓畅、活泼可爱的特点，对于这一点学界多

---

① 《全宋诗》第42册，第26174页。
② 《全宋诗》第42册，第26169页。

有论及。笔者在对其植物题材诗的通读过程中也常有体会，参照诸位先生的阐述，草率增加以下两点，挂一漏万，期有所补益于杨万里诗歌研究。

一、巧用量词、别有洞天

数量词不仅仅是诗句中普通的限定性成分，巧用数量词往往能取得出人意料的效果。传闻五代诗僧齐己的咏梅名作《早梅》颔联原作"前村深雪里，昨夜数枝开"，后经郑谷点拨遂改"数枝开"为"一枝开"，如此一改，尽收画龙点睛之效，变"数"为"一"也是该诗得以借"平淡无奇的语言塑造出一个典型臻极的'早梅'形象"[①]的关键。而杨万里也是这方面的行家里手。例如，通过数量的多寡从侧面不着痕迹地烘托出植物的审美特征。如《梅花下小饮》："今年春在腊前回，怪底空山早见梅。数点有情吹面过，一花无赖背人开。为携竹叶浇琼树，旋折冰葩浸玉杯。近节雨晴谁料得，明朝无兴也重来。"[②]首联已经写明了当年的春天来得早，因而梅花此时的状貌是"数点"和"一花"，这两个词描绘的是梅花零星点缀枝头的情态，尤其是"一花无赖背人开"既写了梅开之早，也塑造了梅清高孤傲、不染世俗气的形象。《探梅》："山间幽步不胜奇，政是深寒浅暮时。一树梅花开一朵，恼人偏在最高枝。"[③]诗人此处重在写梅之"幽"，与其《瓶中梅花长句》中"谷深梅盛一万株，十顷雪波浮欲涨"[④]两相对照可以发现，数量词的恰当运用在彰显两处梅花一幽一盛的差异上起了重要作用。《昌

[①] 程杰：《梅文化论丛》，中华书局 2007 年版，第 166 页。
[②] 《全宋诗》第 42 册，第 26162 页。
[③] 《全宋诗》第 42 册，第 26171 页。
[④] 《全宋诗》第 42 册，第 26161 页。

英叔门外小树木犀早开》:"触鼻无从觅,看林小缀黄。旋开三两粟,已是十分香。入夜偏相恼,擐先有底忙。移床月枝下,坐对略传觞。"①以"两三朵"呼应诗题之"早开",与"十分香"形成鲜明的对比,反衬木樨香之馥郁。

值得注意的是,杨万里对"百""千""万"这类带有夸张色彩的量词有着异乎寻常的兴趣。光是咏竹题材的诗歌中就有如此频繁的运用:

千竿修竹一江碧,只欠梅花三两枝。(《跋尤延之山水两轴》其二,《全宋诗》第42册,卷二二九五)

嘉林市中尘一丈,嘉林寺后竹千竿。(《寄题刘成功锦里》,《全宋诗》第42册,卷二二九六)

隔溪数间黄草屋,绕屋千竿翠琼竹。(《泊舟临平》,《全宋诗》第42册,卷二三〇三)

青松万树竹千竿,苍翠中间别一天。(《碧瑶洞天》,《全宋诗》第42册,卷二三一〇)

老夫老伴竹千竿,海石江梅更畹兰。(《跋刘敏叔梅兰竹石四清图》,《全宋诗》第42册,卷二三一四)

玉立斋前一万竿,能与主人相对寒。(《题唐德明秀才玉立斋名人鉴》,《全宋诗》第42册,卷二二七五)

茅亭夜集俯万竹,初月未光让高烛。(《癸未上元后永州夜饮赵敦礼竹亭闻蛙醉吟》,《全宋诗》第42册,卷二二七五)

---

① 《全宋诗》第42册,第26110页。

一风来瑟瑟,万竹冷修修。(《拟吉州解试秋风楚竹冷诗》,《全宋诗》第42册,卷二三一一)

竹多为丛生,用"千""万"等语状其多也属常见,但是其他丛生特性不显的植物也多如此,如写芙蓉的"两岁芙蓉无一枝,今年万朵压枝低"①(《晓看芙蓉》)、写荼蘼之"千朵齐开雪面皮,一茅初长紫兰枝"②(《入上饶界道中野酴醾盛开》)、写牡丹之"家有洛阳一千朵,三年归梦绕栏干"③(《紫牡丹二首》),杨诗中甚至还出现了"十万枝""千万枝"的写法。作者极言其数量之多,一方面是展现眼前景物的繁盛的写作需要,另一方面也透露了诗人对于植物多多益善、来者不拒的喜爱。

又如,数量词的重叠,主要是"一一"。杨万里非常偏爱"一一"重叠,在写植物时多次运用,其中又多伴随着拟人手法,如"最是杨花欺客子,向人一一作西飞"④(《都下无忧馆小楼春尽旅怀二首》其二)、"松树尚堪驱使在,为公一一捧诗牌"⑤(《题周子中司户乘成台三首》其三)、"千梢万叶无重数,一一分明报雨声"⑥(《道旁草木二首》)、"角头一一张芦箔,不遣鱼虾过别塘"⑦(《过临平莲荡四首》)。"一一"作为汉语的一种构词法,大致意为"逐个",原本并不算独特之处,但如果运用得当,也常有"炼字"之效。诗人

---

① 《全宋诗》第42册,第26639页。
② 《全宋诗》第42册,第26250页。
③ 《全宋诗》第42册,第26363页。
④ 《全宋诗》第42册,第26118页。
⑤ 《全宋诗》第42册,第26120页。
⑥ 《全宋诗》第42册,第26304页。
⑦ 《全宋诗》第42册,第26459页。

将这一多运用于修饰动词的状语成分用于描写植物，形象地将杨柳飞絮随风飞舞、松树高昂挺立等典型形态刻画出来，而且在这些句子中，"一一"的字面意思已经逐渐虚化，如果用"逐个"去解上述诗例显然是不通的，反倒更倾向于"一齐"的意思。

二、调皮打俏、似贬还褒

杨万里生性幽默，好与人插科打诨，每以互相调侃为乐事，我们在其咏植物诗中也能或多或少地看出其影响。如《竹林》："珍重人家爱竹林，织篱辛苦护寒青。那知竹性元薄相，须要穿来篱外生。"① 诗歌通俗易懂，言主人为了保护竹林不惜辛苦、花费精力为其搭建篱笆，哪知道竹子本是那轻薄调皮的货色，偏偏要长到篱笆外去。表面上看这是诗人对竹子的不满，俨然是大人责怪淘气小孩的语气。事实上杨万里对竹子的喜爱丝毫不逊苏东坡，虽然表面上说"竹性元薄相"，内心却是要表达对竹子生机盎然的欢喜之情。类似这种写法在《诚斋集》中多有出现，又如《次东坡先生腊梅韵》："梅花已自不是花，冰魂谪堕玉皇家……此花含香来又去，恼损诗人难觅句……"② 梅花之暗香浮动原本是触发诗情的极好诗材，诗人在此却说梅花带着香气来去无定，害人写不好诗，让人气恼。用拟人的手法将梅花香气在空气中的浮动现象说成是"此花含香来又去"已显风趣，再辅之以"恼损诗人难觅句"的嗔怪语气，越见诗人对梅之喜爱。再有《菊夏摘则秋茂朝凉试手》："种菊君须莫惜他，摘教秃秃不留些。此花贱相君知么，从此千千万万花。"③ 不光是菊，历来咏植物者绝少有用"贱""性薄"

---

① 《全宋诗》第 42 册，第 26460 页。
② 《全宋诗》第 42 册，第 26102 页。
③ 《全宋诗》第 42 册，第 26567 页。

等词者，这首诗和前例《咏竹》极为相似，都是通过字面上的贬斥，用正话反说的方式不着痕迹地表达对植物某种特性的褒扬。

三、明知故问、反复铺陈

这种写法目的是强化所要描写植物的某方面特征。如《烛下和雪折梅》："梅兄冲雪来相见，雪片满须仍满面。一生梅瘦今却肥，是雪是梅浑不辨。唤来灯下细看渠，不知真个有雪无。只见玉颜流汗珠，汗珠满面滴到须。"[①]将梅花之白与雪花作比早已有之，且不说这组本喻体之形成有两者精神内涵方面的原因，光是外在形态方面也是很容易辨别的，况且是折下的一枝。而作者为了彰显梅花色之洁白，先是选取了梅瓣上落满了雪花这一常见情景，在颔联"雪梅不辨"的基础上更煞有介事地说要把它拿到蜡烛下仔细观察，居然还说"不知真个有雪无"，一直到最后雪花融化才了然。"世间除却梅梢雪，便是冰霜也带埃"[②]（《至后十日雪中观梅》），在杨万里的眼中，梅与雪是世间最洁净之物。无论其笔法如何曲折多变、角度多么里外周旋，其目的只有一个，无非要告诉读者，梅与雪浑然一体，难辨真假，以凸显梅之高洁。

又如《梅花下遇小雨》："偶来花下聊散策，落英满地珠为席。绕花百匝不忍归，生怕幽芳怨孤寂。仰头欲折一枝斜，自插白鬓明乌纱。旁人劝我不用许，道我满头都是花。初来也觉香破鼻，顷之无香亦无味。虚疑黄昏花欲睡，不知被花熏得醉。忽然细雨湿我头，雨落未落花先愁。三点两点也不恶，未要打空花片休。"[③]"入芝兰之室，久而不闻其香"

---

① 《全宋诗》第42册，第26232页。
② 《全宋诗》第42册，第26581页。
③ 《全宋诗》第42册，第26229页。

是常识，诗人却故作糊涂，偏疑花睡；花香本不醉人，诗人却说被熏而醉。真醉假醉无须明辨，反而营造出芳香泽国如梦似幻的气息。我们仿佛看到了诗人在对花草漫长的一生歌咏中，每每像孩童般发出简单天真的疑问，然后又一本正经地观察、辨别，最后诉诸诗篇的一个个剪影，正是由于诚斋对植物这般发自肺腑的喜爱之情和绝无半点造作的创作动机，才有了《诚斋集》中的山花烂漫、草长莺飞的植物世界。

第三节　辞格举隅——以拟人为主

杨万里对拟人技巧的运用充分体现了其对植物独特的审美视角，主要表现在以下几个方面：

一、植物的主体性

为了避免落入以植物被人观察的附属地位为视角进行描写的传统窠臼，从而彰显植物本身的主体性，杨万里在拟人手法的运用上有一个鲜明的特点，即在比拟的过程中主动隐去人的存在感以及人的情感。对植物的拟人是一个常见的写法，其中有一类是如梁诗人沈约《咏芙蓉》那样，物我一体，"我"即是物，"微风摇紫叶，轻露拂朱房。中池所以绿，待我泛红光"。更为普遍的一类则是物我分离，"我"就是诗人，物就是物，诗句中也不再出现诗人，转而通过更为精练的关键字词借以抒发情感或者生成象征意义，无数的文学实践证明了这一常见的拟人咏物写法的成功，留下了大量包括"感时花溅泪""兰秋香风远，松寒不改容""墙角数枝梅，凌寒独自开"等审美典范。

而杨万里对植物的拟人独特性在于，着力隐去"我"的存在感，无意过多倾注个人感情，至少是在诗歌外在的字句上尽量淡化个人情感的影响，而直接描写植物的"行为"本身，通过诗人自我的隐退以期做到对植物最客观、最贴切的观察和书写。换言之，沈约等人上述诗文中写的不是植物，而是诗人的内心，而杨万里则致力于描写植物本身，这也是植物主体性在杨万里诗歌中的一大表现。

我们可以将杨万里同类题材的咏植物诗和其他诗人作些横向的比较以彰显差异，如黄庭坚受到苏轼、晁补之等人的影响，也是一位爱竹之人，他创作的专题咏竹诗数量在两宋仅略少于杨万里。黄庭坚也好用拟人，如：

画墨竹赞

人有岁寒心，乃有岁寒节。

何能貌不枯，虚心听霜雪。①

整首诗无论是主题还是表现手法都是非常传统的，即便末句通过拟人的手法塑造了墨竹虚怀若谷、四季常青的君子形象，也未能避免陷入为褒竹而写竹的窠臼。在对竹的审美问题上，正是因为黄庭坚受前人的影响太过，颂竹必言其"节"，主观上极力强化竹这一意象的出尘的风骨，客观结果反而造成了咏竹诗写法的千篇一律和"竹"意象生命力的萎缩。同样是拟人手法，我们再看杨万里的表达：

题周子中司户乘成台三首其三

先生不剗何须补，上到乘成尽放怀。

松竹尚堪驱使在，为公一一捧诗牌。②

---

① ［宋］黄庭坚：《山谷集》卷一四，《影印文渊阁四库全书》第1113册，上海古籍出版社1987年版，第118页。
② 《全宋诗》第42册，第26120页。

新竹

东风巧弄补残山，一夜吹添玉数竿。

半脱锦衣犹半着，箨龙未信没春寒。①

我们可以从以上两个诗例中很明晰地看到，杨万里完全不像黄庭坚那样先注入情感，再进行事先已经预想好的描写，而是完全淡化了诗人本身的存在，类似于一种"无我之境"，诗人的目的就在于对植物经行一番毫无隔阂的审美关照。

不仅是竹，杨万里对其他众多植物意象的描写都体现了这一特色，如用"能坐未能立"②（《道旁小松》）写初长的小松树枝干不坚；用"隔岸山迎我，沿江柳拜人"③（《过横山塔下》）状垂柳之婀娜体态；用"水仙头重力纤弱，碧柳腰支黄玉萼。娉娉袅袅谁为扶，瑞香在旁扶着渠"④（《再并赋瑞香水仙兰三花》）状水仙之柔、瑞香之挺……诗人将视角、笔墨最大限度地聚焦于植物本身，在杨万里的植物观中不再将植物视作单纯的"诗材"，植物也得以从文学创作的附庸地位中解放，得到其应有的主体性。

二、植物与人的平等性

如前所述，在杨氏拟人手法中，人作为审美主体反而处于边缘化、隐退性的地位，但植物主体性的取得归根结底还要从透过其与人之关系才能彰显，那么在杨诗中植物与人的关系如何？

首先是诗人对植物的称谓。先看他的一首长诗《西斋旧无竹，予

---

① 《全宋诗》第 42 册，第 26243 页。
② 《全宋诗》第 42 册，第 26419 页。
③ 《全宋诗》第 42 册，第 26427 页。
④ 《全宋诗》第 42 册，第 26456 页。

归自毗陵,斋前忽有竹满庭,盖墙外之竹迸逸而生此也,喜而赋之》:

> 平生取友孤竹君,馆之山崦与卜邻。风衿月佩霜雪身,只谈风节不论文。我开西斋对清润,每嫌隔窗不相近。别来桃李一再花,我长在外君在家。归来西斋挂窗处,此君忽在窗前住。绕墙检校无来路,此君来路从何许?向来先生初出去,遣猿看墙鹤看户。如何鹤睡眼未开,此君一夜过墙来。明朝稚子满庭砌,豹丈玉骨龙苗裔。春风吹堕锦衣裳,仰看青士冠剑长。先生岂惜窗前地,与君同醒复同醉。①

诗中多次出现的一个称谓"君"完全不同于周敦颐《爱莲说》中"莲,花之君子者也"中的"君",后者不出草木比德的范畴,而此诗中的"君"则是用在人姓、名之后表示对对方的尊称,许慎《说文解字》:"君,尊也。"类似于今天的张君、李君等,可以看出杨万里是从心底将植物视为朋友的。前代作家中视植物为亲友者代不乏人,早杨万里不久的林逋就有"梅妻鹤子"之称,林和靖本人在梅花审美和文学书写历程中也起了划时代的作用②,然而他的所有咏梅诗中却未曾见呼梅为君、为兄、为弟的写法。杨万里在诗歌中大量地采用这种对人的称呼方式来称呼植物:

> 御风不必问雌雄,只有炎风最不中。却是竹君殊解事,炎风筛过作清风。(《午热登多稼亭》,《全宋诗》第42册,卷二二八二)

> 竹君不作五斗谋,风前折腰也如磬。(《壕上感春》,《全宋诗》第42册,卷二二八六)

---

① 《全宋诗》第42册,第26254页。
② 程杰:《中国梅花审美文化研究》,巴蜀书社2008年版,第51—52页。

此君见我眼犹青，笑我吟髭雪点成。（《二月望日递宿南宫和尤延之右司郎署疏竹之韵》，《全宋诗》第42册，卷二二九三）

石友拳然万仞姿，竹君啸处一川漪。（《寄题俞叔奇国博郎中园亭二十六咏》，《全宋诗》第42册，卷二二九五）

老竹坚刚幼竹柔，此君年少也风流。（《省中直舍因敲新竹怀周元吉》，《全宋诗》第42册，卷二二九六）

行从江北别梅兄，归到江南见竹君。（《过京口以南见竹林》，《全宋诗》第42册，卷二三〇三）

且呼斑竹君，寸步与我俱。（《岁暮归自城中一病垂死病起遣闷》，《全宋诗》第42册，卷二三一一）

酒兵半已卧长瓶，更看梅兄巧尽情。（《昌英知县叔作岁坐上赋瓶里梅花时坐上九人七首》其三，《全宋诗》第42册，卷二二七九）

翁欲还家即明发，更为梅兄留一月。（《郡治燕堂庭中梅花》，《全宋诗》第42册，卷二二八六）

梅兄冲雪来相见，雪片满须仍满面。（《烛下和雪折梅》，《全宋诗》第42册，卷二二八六）

道是梅兄不解琴，南枝风雪自成音。玉绳低后金盆落，独与此君谈此心。（《和张功父梅诗十绝句》其七，《全宋诗》第42册，卷二二九八）

银台金琖谈何俗，礜弟梅兄品未公。（《右瑞香》，《全宋诗》第42册，卷二三〇二）

竹国风世界，梅兄雪友朋。（《冰壶阁》，《全宋诗》

第42册，卷二三一六）

上述诗例充分证明杨万里对植物既尊重又引为知交，然而称谓毕竟有流于表面之嫌，如果继续深入考察《诚斋集》中人对植物施加的行为更能说明问题。那么具体到实际行为方面，杨万里又是如何做的呢？以梅花为例，杨万里爱梅，其对梅花的喜爱不仅仅表现在赏梅、探梅等闲情雅致，更有发自肺腑的对"梅兄"的关怀。风雨过后杨万里会因为担心梅花被摧残而整夜失眠，次日一大早拖着病体急忙赶去查看："前日看梅风吹倒，昨日看梅雨沾帽……夜来为梅愁雨声，挑灯起坐至天明。不知消息平安否，早来问讯还疾走……如今老病不饮酒，梅花也合怜衰翁。"[①]（《雨后晓起问讯梅花》）也会在赏花之余生怕自己走了留下梅花怕它孤单寂寞："绕花百匝不忍归，生怕幽芳怨孤寂。"[②]（《梅花下遇小雨》）这些行为表明，杨万里与梅花的关系已经从传统的审美与被审美的主客体关系上升为心意相通、互为知己的平等关系。

不仅是植物与人，植物与植物之间的关系也能说明这点。看他的一首小诗《寄题更好轩二首》其二："无梅有竹竹无朋，无竹有梅梅独醒。雪里霜中两清绝，梅花白白竹青青。"[③]诗人一方面不言竹、梅与"我"之朋友关系，而说梅、竹是朋友，二者不可独存；另一方面，整首诗一如既往地隐去了诗人自己的存在，轻轻地在白描的同性对比中烘托出此二者"清绝"的特点，将梅与竹的客观存在和主体性体现

---

① 《全宋诗》第42册，第26230页。
② 《全宋诗》第42册，第26229页。
③ 《全宋诗》第42册，第26163页。

得十分明显。类似的句子还有不少,如"竹国风世界,梅兄雪友朋"[①](《冰壶阁》)、"枨香醋酽作三友,露叶霜芽知几锄"[②](《芥薷》)、"雪里寒香得三友,溪边梅与畹边兰"[③](《瑞香盛开呈益国公二首》其二)等。杨万里一方面视植物为友,另一方面又安排自己笔下的各种植物互相为友,这正体现了杨万里植物观中平等、博爱的情怀。

杨万里重视植物的主体性,有时候甚至把植物置于比人还重要的地位。故而他在《赏菊》诗中发出"菊生不是遇渊明,自是渊明遇菊生"[④]的感慨也就不足为奇了,陶渊明是菊意象实现品格升华的关键人物,而在杨万里的眼里菊却是第一位的,陶渊明反倒居其次,菊花成就了陶渊明。

三、植物的动态性

植物一般都是静态的,植物产生动态感则需要借助外力如风霜雨雪等的作用,而杨万里写植物却完全无视各种陈规陋俗,偏偏喜爱抓取其动态性特征,将其写得生机勃勃、别有韵味。香气是诸多花朵审美内容中的重要组成部分,最典型的例子当属林和靖"暗香浮动"一联,它将梅香之清幽写得缥缈缱绻、意境空灵,遂名千古。而杨万里写梅花之香则另出机杼,"推门欲开犹未开,猛香排门扑我怀"[⑤](《瓶中梅花长句》),两个动词一"排"、一"扑"足见其香之"猛",以至于这股香气能"径从鼻孔上灌顶,拂拂吹尽发底埃",完全化身成为具有强大力量的人,完全颠覆了传统写法。荷花之香又如何呢?

---

① 《全宋诗》第 42 册,第 26650 页。
② 《全宋诗》第 42 册,第 26236 页。
③ 《全宋诗》第 42 册,第 26642 页。
④ 《全宋诗》第 42 册,第 26577 页。
⑤ 《全宋诗》第 42 册,第 26161 页。

诗人也不囿于陈规，写香气借助风在空气中飘散等老套情形，而说："一天星点明归路，十里荷香送出城"①（《六月将晦夜出凝归门》），将荷香的飘动拟为随同送行的朋友，不言飘字，而动态尽显。对于杨花柳絮之类常见的动态性意象杨万里也能写出新意，如《杨花》："只道垂杨管别离，杨花一去不思归。浮踪浪迹无拘束，飞到蛛丝也不飞。"②作者将杨柳意象所承载的一些低落或者负面的情感内蕴（如别离、轻薄等）消除，写出了一个中性的无拘无束、向往自由的形象。诗人经常表现同一时间段内几种不同植物的不同情态，在对比中展示差异。如《山店松声二首》其一用"忽有凉风飒然至，小松呼舞大松号"③巧妙地彰显了小松和大松在枝干上的较大差异，同时，"呼舞"和"号"则不着痕迹地将无忧无虑、天性活泼和历经沧桑两种不同的人格化形象刻画得惟妙惟肖。这里所说的动态性还表现在同一植物在几个不同时间段上的形态变化，如"两岁芙蓉无一枝，今年万朵压枝低"④（《晓看芙蓉》）、"五年出仕喜还家，双桂成阴不阙些"⑤（《山居午睡起弄花三首》其一）等，表面不写动态，在对比中展现动态性的变化。

当然，杨万里对植物动态性的追求并非十全十美，也不可避免地存在一些败笔，如"绿杨走入水中央"⑥（《圩田》）、"何须走入地底藏"⑦（《甘露子一名地蚕》）、"麦到野童肩"⑧（《入浮梁界》）

---

① 《全宋诗》第 42 册，第 26568 页。
② 《全宋诗》第 42 册，第 26323 页。
③ 《全宋诗》第 42 册，第 26420 页。
④ 《全宋诗》第 42 册，第 26639 页。
⑤ 《全宋诗》第 42 册，第 26401 页。
⑥ 《全宋诗》第 42 册，第 26503 页。
⑦ 《全宋诗》第 42 册，第 26445 页。
⑧ 《全宋诗》第 42 册，第 26542 页。

等，都给人留下画面脱节、逻辑生硬的印象，在遣词造句上似乎大有改善的空间。

第五章 植物意象与诚斋绝句之关系

从诚斋诗歌中植物意象出现之频繁、种类之丰富程度来看，我们可以基本认为这种对植物书写近乎疯狂的热衷并非偶然，而是诗人自觉主动的一种艺术追求。而如果从诗歌体式上看，绝句这一体裁占据了杨诗总数的一大半，本章从植物在杨诗中的大量出现和杨万里绝句创作两者的关系进行论述。

第一节 诚斋体总体风格的直观表现

杨诚斋得以名世，诗风自成一体是最重要的原因。学界对杨万里诗学理论方面的研究可谓成果斐然，多认为诚斋体是杨万里经过一段时期的创作实践和理论摸索在中后期才慢慢形成的。莫砺锋先生也认为杨万里最初创作《江湖集》时的那次诗风转变"对'诚斋体'的形成没有起到关键的作用"①。与此同时也有部分学者认为诚斋体在杨氏创作生涯的早期就已经确立。笔者注意到一个现象，即按时间顺序的先后，从《江湖集》到《退休集》9部诗集中杨万里歌咏自然景物（又以植物为大宗）的热情是始终没有衰退的。从笔者检录其诗歌植物意象出现次数的情况来看，没有出现任何一段时间内的诗歌不言草木的

---

① 莫砺锋：《论杨万里诗风的转变过程》，《求索》2001年第4期，第106页。

情况。换言之，以植物入诗是杨氏整个创作生涯一以贯之的自觉艺术追求。在这一点上笔者更倾向于丁功谊先生的观点，他从重要诗论、代表作、主要诗歌体式的考察上认为诚斋体的形成在《江湖集》时期已经完成[1]。按照这个逻辑，即杨万里留存诗集开端也就是诚斋体特色形成并不断完善的开始，这也正好能够比较妥帖地解释植物意象在杨万里9部诗集中的延续不断现象。

最重要的一点即植物意象非常贴切地满足了杨氏对诗歌创作活泼和趣味的追求。诚斋体的特色不能简单地加以概括，但核心精神不出"活泼""情趣（理趣）"藩篱。"活泼"不是油嘴滑舌，"情趣"也非低级趣味，而是通过诗歌取材的生活化、细节化，体味到人生的乐趣。就像"日长睡起无情思，闲看儿童捉柳花"[2]那般，柳花原本只是随风飘落，诗人没有孤立地采集这一意象，而是注意到场景中更为重要的角色——儿童，并巧妙地着一"捉"字，画面瞬时动了起来，杨万里就是这样终生抱有乐天的情怀，不断发现生活中的种种"情思"。杨氏同时还是一位理学家，这一身份也让他习惯于格物致知，善于挖掘出平常事物背后的理和趣。一切形式的文学创作都源于现实生活，而植物与人（尤其是古人）的日常生活息息相关，"衣"出桑麻棉竹，"食"于五谷果蔬，"住"有芝兰玉树，"行"于草木山河。发掘生活的趣和理也离不开植物，而从杨万里诗歌体式的分布情况来看，植物意象的大量入诗则是其绝句创作的必然结果。

---

[1] 邓声国、丁功谊：《庐陵文化与古代文学研究》，江西人民出版社2012年版，第3—4页。
[2] 《全宋诗》第42册，第26109页。

第二节　杨氏学习唐人绝句的必然结果

无论是诚斋诗歌中常见的即景抒情还是直抒胸臆，都离不开一个概念即"吟咏性情"。张玖青的博士论文《杨万里思想研究》一文通过宋人严羽评诗时于南宋独选诚斋体这一现象认为，这是由于杨万里诗歌符合严羽"诗者，吟咏情性也"的诗论主张[①]，这是颇有见地的。诚斋体中的情感因素问题诸多前辈先贤已有阐发，这里从杨万里的绝句创作角度进行论述。

杨万里曾经多次提到过自己对王安石的拜服与学习，我们发现这一学习对象主要指的是王安石晚年退隐之后的作品，体裁上则学习王氏的绝句。杨万里曾在《读诗》中这样写道："船中活计只诗篇，读了唐诗读半山。不是老夫朝不食，半山绝句当朝餐。"[②]可以看出杨万里对王安石的绝句非常喜爱，以至于到了以之为早餐的程度。不妨比较一下二人的两首小诗：

王安石《书湖阴先生壁》诗云："茅檐长扫静无苔，花木成畦手自栽。一水护田将绿绕，两山排闼送青来。"[③]

杨万里《闲居初夏午睡起二绝句》则云："松阴一架半遮苔，偶欲看书又懒开。戏掬清泉洒蕉叶，儿童误认雨声来。"[④]

二者句法非常相似，可以说植物意象也是这两首诗造境的根基，同样造就了二者相同的活泼、轻灵又不失意蕴的艺术风貌。此外，在《诚

---

① 张玖青：《杨万里思想研究》，中国社会科学出版社2013年版，第277页。
② 《全宋诗》第42册，第26489页。
③ ［宋］王安石：《临川先生文集》卷二九，《四部丛刊》景明嘉靖本。
④ 《全宋诗》第42册，第26109页。

斋诗话》的论诗过程中引用王介甫的次数更是多达17次，现录其中比较经典的一段论述如下：

> 五七字绝句最少而最难工，作者亦难得四句全好者，晚唐人与介甫最工于此者。如李义山忧唐之衰云"夕阳无限好，只是近黄昏"……皆佳句。如介甫云"更无一片桃花在，为问春归有底忙""祇是虫声已无梦，三更桐叶强知秋"、"百啭黄鹂口不见，海棠无数出墙头""暗香一阵风吹起，知有蔷薇涧底花"，不减唐人。①

杨万里这段文字是在赞许王安石在五七言绝句上的造诣，值得注意的是此处所引的王安石四联诗句不仅都出现了植物意象，而且细读起来可以看出，植物意象"桃花""桐叶""海棠""蔷薇"的介入正是这四联诗显现出不同于宋诗生硬、冷峭、瘦削、拼学问、用典故的一般性面貌，反而通过巧妙修辞、动静结合等途径获得韵味从而彰显唐人遗韵的关键。

需要指出的是王安石的绝句固然高妙，其身后很多诗人包括黄庭坚、叶梦得、杨万里、方回等诗坛领袖们都不吝赞扬之辞，但正如杨万里自己所说的那样，"不分唐人与半山，无端横欲割诗坛。半山便遣能参透，犹有唐人是一关"②。王安石毕竟也是学习唐人，用功再甚，终究不如。对于这一点，叶适是为数不多的能够冷静看待并且客观评价的人，其《习学记言序目》中有论述如下：

> 王安石七言绝句，人皆以为特工，此亦后人貌似之论尔。

---

① [宋]杨万里：《诚斋集》卷一一五，《影印文渊阁四库全书》第1161册，上海古籍出版社1987年版，第447页。
② 《全宋诗》第42册，第26184页。

> 七言绝句，凡唐人所谓工者，今人皆不能到。惟杜甫功力气势之所掩夺，则不复在其绳墨中。若王氏则徒有纤弱而已，而今人绝句无不祖述王氏，则安能窥唐人之藩墙，况甫之所掩夺者尚安得至乎？①

叶适认为王安石的绝句只是徒有外表，远未习得唐人绝句之神韵。不仅王安石不能达到唐人的程度，而且他说"今人皆不能到"，在绝句这个问题上叶适对南宋一代的诗人作了群体性否定。杨万里于众多诗体中对绝句用力最甚，他最经典的诗歌篇目如《小荷》《初入淮河四绝句》《过松源晨炊漆公店》《晓出净慈寺送林子方》等都是绝句；从数量上看，绝句占了《诚斋集》诗歌总数的一大半，仅仅是七绝一项就有诗歌2102首②，占总数的50%。

那么杨万里为什么不直接标榜盛唐绝句而是采用一种"退而求其次"的方式旗帜鲜明地学习王安石呢？笔者认为这和杨万里与江西诗派的渊源有关，杨氏初学江西是人所皆知的，而王安石和江西诗派也有密切的关系。对于江西诗派的发展源流这一问题，通行的是"一祖三宗"说，而事实上，王安石才是有宋一代江西诗派的先驱。傅义先生从江西社主要成员对王安石的高度认可和学习甚至对王诗的直接引用、王安石在唐宋诗风转换中的关键作用、王安石对"点铁成金"之法的早期使用、王安石与黄庭坚诗歌理论的一致四个方面做了详细的论证，认为王氏对于江西诗派有"草创和先导之功"③。杨万里对王

---

① ［宋］叶适：《习学记言序目》卷四七，中华书局1977年版。
② 莫砺锋：《论杨万里诗风的转变过程》，《求索》2001年第4期，第109页。
③ 傅义：《王安石开江西诗派的先声》，《江西社会科学》1987年第1期，第96页。

安石的学习是在其创作之初就已经开始的,鉴于王安石和江西社的渊源,这和杨氏早年师出江西是一致的。所以说杨对王的学习或多或少有宗派成分在内,他自己后来也说放弃了对王安石、陈与义等人的学习,但是王荆公体清新流丽的外在风貌,体察自然万物、抒发真实情感的创作方式对诚斋诗歌的影响是连续的,而这些从根本上说都源出盛唐,这也是杨万里所要学习的终极目标。

审视一下绝句这一诗歌体式本身可以发现,以唐人绝句为例,其最为关键的内在活力在于意境的营造、韵味的绵长和情感的抒发。歌行和排律可以正反相较、里外相生,可以自由地叙事和议论,也能从容不迫地抒情;绝句则不然,要在局促的篇幅之内完成创作,只能靠意境、韵味和情感取胜。即便是有特殊创作旨趣的咏史诗也常常表现出这个特色,如杜牧《金谷园》:"繁华事散逐香尘,流水无情草自春。日暮东风怨啼鸟,落花犹似堕楼人。"[①]此外众多的感物、怀人、送别之作就更无须赘言了。意境的营造必须要有外物的介入,情感的抒发也离不开适当的媒介。植物意象在这个方面则是最为常见的,也是最有优势的。在自然意象里,相比较而言,天文意象玄远有余贴切不足;动物意象则死板有余灵性不足,或是寄托特定的情感如"马"意象寄托壮志豪情、"鼠"意象表达对剥削阶级的讽刺等,或是演化成为固定的文化符号,如"雁""锦鲤"指代远方亲人的讯息,人也有"鸿鹄""燕雀"之分等,固定化的特点比较明显,不适合造境和情感的自然流露;峰谷河川等地理意象则适用范围有限。

古人非常重视植物,他们认为植物不单是自然界简单的草木,而

---

① 缪钺:《杜牧诗选》,人民文学出版社 1957 年版,第 102 页。

是一种能够感应天道、顺乎时变的存在，如《周易传义附录》中就有"天地变化，草木繁；天地闭，贤人隐"[①]之说，而且具有性别之分："草木之有雌雄，银杏、桐、楮、牝牡麻、竹之类皆然。"[②]自然界草木众多，自然而然进入到诗人眼中和笔下，就如《诗经》托物起兴时常用植物一样。绝句虽少用"兴"，但是如上文所述，它有重意境、情感的内在需求，植物意象能够出色承担这一任务。

既然杨万里一直致力于绝句的学习和创作，结合上文所述绝句本身和情感、意境的关系以及植物意象在其间所起的作用，那么杨诗中出现众多的植物意象则在情理之中了。

---

① ［宋］董楷：《周易传义附录》卷一一，《影印文渊阁四库全书》第20册，上海古籍出版社1987年版，第121页。
② ［宋］朱熹等著，［宋］黎靖德编：《朱子语类》卷七六，中华书局1986年版，第1943页。

征引文献目录

说明：

一、凡本学位论文征引的各类专著、文集、资料汇编及学位论文、期刊论文均在此列，其他一般参考阅读文献见当页页脚注释；

二、征引文献目录按书名首字汉语拼音排序；

三、学位论文及期刊论文以作者姓名首字母排序。

一、书籍类

1.《本草纲目》，[明]李时珍撰，北京：人民卫生出版社，1982年。

2.《草木典》，[清]蒋廷锡等编，上海：上海文艺出版社，1999年。

3.《诚斋集》，[宋]杨万里撰，《影印文渊阁四库全书》本，上海：上海古籍出版社，1987年。

4.《诚斋易传》，[宋]杨万里撰，上海：上海古籍出版社，1990年。

5.《楚辞集注》，[宋]朱熹撰，蒋立甫校点，上海：上海古籍出版社，2001年。

6.《道教文化十五讲》，詹石窗著，北京：北京大学出版社，2003年。

7.《杜牧诗选》，缪钺选注，北京：人民文学出版社，1957年。

8.《东坡诗集注》，[宋]苏轼撰，[宋]王十朋注，《四部丛刊》景宋本。

9.《东坡先生物类相感志》,［宋］释赞宁撰,明抄本。

10.《广群芳谱》,［清］汪灏著,《影印文渊阁四库全书》本,上海:上海古籍出版社,1987年。

11.《古俪府》,［明］王志庆编,《影印文渊阁四库全书》本,上海:上海古籍出版社,1987年。

12.《古诗纪》,［明］冯惟讷编,《影印文渊阁四库全书》本,上海:上海古籍出版社,1987年。

13.《古诗景物描写类别词典》,朱炯远等主编,沈阳:辽宁人民出版社,1991年。

14.《汉书》,［东汉］班固撰,郑州:中州古籍出版社,1996年。

15.《鹤林玉露》,［宋］罗大经撰,《影印文渊阁四库全书》本,上海:上海古籍出版社,1987年。

16.《红楼梦》,［清］曹雪芹著,长沙:岳麓书社,2010年。

17.《花红别样·杨万里传》,聂冷著,北京:作家出版社,2014年。

18.《花草稡编》,［明］陈耀文编,《影印文渊阁四库全书》本,上海:上海古籍出版社,1987年。

19.《化书》,［五代］谭峭撰,北京:中华书局,1996年。

20.《江湖小集》,［宋］陈起编,《影印文渊阁四库全书》本,上海:上海古籍出版社,1987年。

21.《江西通史·北宋卷》,钟起煌主编,南昌:江西人民出版社,2008年。

22.《蠡海集》,［明］王逵撰,明《稗海》本。

23.《列仙传》,［汉］刘向撰,《影印文渊阁四库全书》本,上海:上海古籍出版社,1987年。

24. 《临川先生文集》，[宋]王安石撰，《四部丛刊》景明嘉靖本。

25. 《六臣注文选》，[梁]萧统编，[唐]李善注，《影印文渊阁四库全书》本，上海：上海古籍出版社，1987年。

26. 《庐陵文化与古代文学研究》，邓声国、丁功谊著，南昌：江西人民出版社，2012年。

27. 《陆游与杨万里咏梅诗较析》，欧纯纯著，台南：汉风出版社，2006年。

28. 《梅文化论丛》，程杰著，北京：中华书局，2007年。

29. 《梅文化与梅花艺术欣赏》，魏明果著，武汉：武汉大学出版社，2008年。

30. 《苗族简史·修订版》，柏贵喜、《苗族简史》编写组、《苗族简史》修订本编写组编写，北京：民族出版社，2008年。

31. 《苗学研究》，贵州省苗学会主编，贵阳：贵州民族出版社，2009年。

32. 《苗族古歌》，田兵编，贵阳：贵州人民出版社，1979年。

33. 《洺水集》，[宋]程珌撰，《影印文渊阁四库全书》本，上海：上海古籍出版社，1987年。

34. 《南史》，[唐]李延寿撰，北京：中华书局，1975年。

35. 《南方草木状》，[晋]嵇含撰，北京：中华书局，1985年。

36. 《南齐书》，[梁]萧子显撰，北京：中华书局，1972年。

37. 《全宋笔记》第三编，上海师范大学古籍整理研究所编，郑州：大象出版社，2008年。

38. 《全宋诗》，傅璇琮等编，北京：北京大学出版社，1998年。

39. 《全宋词》，唐圭璋点校，北京：中华书局，1965年。

40.《钱钟书集·宋诗选注》，钱钟书著，北京：生活·读书·新知三联书店，2002年。

41.《秋崖集》，[宋]方岳撰，《影印文渊阁四库全书》本，上海：上海古籍出版社，1987年。

42.《全唐诗》，[清]曹寅等编，上海：上海古籍出版社，1986年。

43.《全芳备祖》，[宋]陈景沂撰，《影印文渊阁四库全书》本，上海：上海古籍出版社，1987年。

44.《三辅决录》，[汉]赵岐撰，[晋]挚虞注，[清]张澍辑，陈晓捷注，西安：三秦出版社，2006年。

45.《山海经》，[晋]郭璞注，《影印文渊阁四库全书》本，上海：上海古籍出版社，1987年。

46.《神农本草经》，顾观光辑，周贻谋、易法银点校，长沙：湖南科学技术出版社，2008年。

47.《神仙九丹经》，[南北朝]太清真人撰，明正统道藏本。

48.《诗品》，[南北朝]钟嵘撰，郑州：中州古籍出版社，2010年。

49.《诗歌的意象艺术与批评》，耿建华著，济南：山东大学出版社，2010年。

50.《诗经译注》，周振甫著，北京：中华书局，2002年。

51.《诗歌修辞学》，古远清、孙光萱著，武汉：湖北教育出版社，1995年。

52.《石湖诗集》，[宋]范成大撰，《影印文渊阁四库全书》本，上海：上海古籍出版社，1987年。

53.《说文解字校笺》，王桂元编著，上海：学林出版社，2002年。

54.《宋代咏梅文学研究》，程杰著，合肥：安徽文艺出版社，2002年。

55.《宋史》，[元]脱脱等撰，北京：中华书局，1977年。

56.《宋诗纪事》，[清]厉鹗撰，《影印文渊阁四库全书》本，上海：上海古籍出版社，1987年。

57.《笋谱》，[宋]释赞宁撰，《影印文渊阁四库全书》本，上海：上海古籍出版社，1987年。

58.《述异记》，[梁]任昉撰，上海：上海书店，1994年。

59.《太平御览》，[宋]李昉等编，北京：中华书局，1963年。

60.《唐诗拾遗》，《影印文渊阁四库全书》本，上海：上海古籍出版社，1987年。

61.《陶渊明集笺注》，袁行霈笺注，北京：中华书局，2011年。

62.《通典》，[唐]杜佑撰，《影印文渊阁四库全书》本，上海：上海古籍出版社，1987年。

63.《万首唐人绝句》，[宋]洪迈编，明嘉靖刻本。

64.《文忠集》，[宋]周必大撰，《影印文渊阁四库全书》本，上海：上海古籍出版社，1987年。

65.《习学记言序目》，[宋]叶适撰，北京：中华书局，1977年。

66.《修辞学》，董鲁安编，北平：文化学社，1931年。

67.《修辞学发凡》，陈望道著，上海：复旦大学出版社，2008年。

68.《杨万里评传》，张瑞君著，南京：南京大学出版社，2001年。

69.《杨万里年谱》，于北山著，于蕴生整理，上海：上海古籍出版社，2006年。

70.《杨万里选集》，周汝昌编选，上海：上海古籍出版社，2012年。

71.《杨万里思想研究》，张玖青著，北京：中国社会科学出版社，2013年。

72.《杨万里集笺校》，辛更儒笺校，北京：中华书局，2007年。

73.《杨万里范成大资料汇编》，湛之编，北京：中华书局，1985年。

74.《绎史》，［清］马骕撰，《影印文渊阁四库全书》本，上海：上海古籍出版社，1987年。

75.《影印文渊阁四库全书》，［清］纪昀等编，上海：上海古籍出版社，1987年。

76.《直斋书录解题》，［宋］陈振孙撰，《影印文渊阁四库全书》本，上海：上海古籍出版社，1987年。

77.《植物名实图考》，［清］吴其濬撰，顾廷龙等编，《续修四库全书》第1118册，上海：上海古籍出版社，2002年。

78.《致富奇书》，［明］陈继儒撰，清乾隆刻本。

79.《中国园林文化史》，王毅著，上海：上海人民出版社，2004年。

80.《中国梅花审美文化研究》，程杰著，四川：巴蜀书社，2008年。

81.《中国诗歌艺术批评》，袁行霈著，北京：北京大学出版社，1997年。

82.《中国文学史》，袁行霈等著，北京：高等教育出版社，2005年。

83.《中国园林》，吕明伟著，北京：当代中国出版社，2008年。

84.《中国竹文化》，王平著，北京：民族出版社，2001年。

85.《中国植物志》，中国科学院中国植物志编辑委员会编，北京：科学出版社，1982年。

86.《中兴以来绝妙词选》，［宋］黄昇编选，唐圭璋等校点，《唐宋人选唐宋词》，上海：上海古籍出版社，2004年。

87.《周易集解》，［唐］李鼎祚撰，成都：巴蜀书社，1991年。

88.《周易本义朱文公易说》，［宋］朱熹撰，上海：上海古籍出版社，

1989 年。

89.《周易集解纂疏》,[清]李道平撰,清道光刻本。

90.《周易传义附录》,[宋]董楷撰,《影印文渊阁四库全书》本,上海:上海古籍出版社,1987 年。

91.《周书》,[唐]令狐德棻撰,北京:中华书局,1971 年。

92.《竹谱》,[元]李衎撰,《影印文渊阁四库全书》本,上海:上海古籍出版社,1987 年。

93.《竹谱》,[清]陈鼎撰,清《昭代丛书》本。

二、论文类

(一)期刊论文

1. 常德荣、吴慧娟:《一个宋型文化符号的解读——宋诗中的酴醾》,《古典文学知识》2010 年第 6 期。

2. 陈树宝:《诗歌中的意象与意象组合》,《宁波教育学院学报》2006 年第 3 期。

3. 程杰:《二十四番花信风考》,《阅江学刊》2010 年第 1 期。

4. 程杰:《论中国花卉文化的繁荣状况、发展历程、历史背景和民族特色》,《阅江学刊》2014 年第 1 期。

5. 傅义:《王安石开江西诗派的先声》,《江西社会科学》1987 年第 1 期。

6. 莫砺锋:《论杨万里诗风的转变过程》,《求索》2001 年第 4 期。

7. 侯智芳、崔英杰:《枫树:一个古典意象的原型批评》,《河北北方学院学报(社会科学版)》2013 年第 1 期。

8. 黄雪晴：《荼蘼（酴醾）音义源流考辨》，《长江学术》2011年第4期。

9. 廖国强：《中国食笋之风述论》，《思想战线》1994年第5期。

10. 骆耀军：《论盛唐余韵里韩翃诗歌的"枫"意象》，《华中师范大学研究生学报》2012年第2期。

11. 倪海权：《陆游晚年"失节"公案》，《语文教学通讯（学术刊）》2011年第11期。

12. 沈松勤：《杨万里"诚斋体"新解》，《文学遗产》2006年第3期。

13. 唐欣欣：《"观稼诗人"与"农民诗人"的比较——杨万里与范成大田园诗之比较》，《赤峰学院学报》2013年第9期。

14. 王雨容：《苗族古歌中枫树意象的文化内蕴》，《铜仁学院学报》2012年第1期。

15. 吴敏：《论诗的意象组合》，《浙江树人大学学报》2006年第5期。

16. 闫艳：《释唐诗中的酴醾》，《古籍研究》2013年第2期。

17. 周静：《梅生不是遇万里，万里原是梅花精——论杨万里的梅花情结》，《赣南师范学院学报》2007年第4期。

（二）学位论文

1. 冯旖旎：《〈全宋词〉植物意象研究》，广州大学硕士学位论文，2009年。

2. 李娜：《杨万里咏物诗研究》，河北师范大学硕士学位论文，2012年。

3. 马利文：《唐代咏竹诗研究》，南京师范大学硕士学位论文，2008年。

4. 向二香：《杨万里花卉文学研究》，湖南科技大学硕士学位论文，

2013年。

5. 石润宏：《唐诗植物意象研究》，南京师范大学硕士学位论文，2014年。